高职高专电子信息类课改系列教材

电子线路 CAD 技术

(第二版)

主　编　张玉莲

副主编　葛　宁　洪云飞

西安电子科技大学出版社

内 容 简 介

本书以具体实例为出发点，介绍了 Protel 99 SE 软件的基本功能与操作技巧。全书共分四个部分(11章)：Protel 99 SE 软件知识、原理图设计系统、PCB 设计系统和电路仿真系统。第 1 章主要介绍了软件的界面、组成及使用环境；第 2～6 章主要介绍了电路原理图的绘制及图形对象的编辑技巧，原理图元件符号的创建及应用方法；第 7～10 章主要介绍了 PCB 编辑器的基本知识，PCB 板的设计原则，手工布局与布线、自动布局与布线的方法及 PCB 图的打印输出，PCB 元件封装的制作方法；第 11 章主要介绍了电路仿真的基本知识及仿真参数的设置方法。

针对初学者在 CAD 技术方面的局限性，本书在内容安排上以实际电路为主线，按照操作顺序，系统地介绍了各类编辑工具的使用方法和操作技巧。本书结构合理、条理清晰、内容翔实、图文并茂，方便学习者轻松掌握 Protel 99 SE 软件的应用技巧。

本书既可作为高职高专院校电子、通信类专业，自动化专业及机电一体化专业学生用书，也可作为工程技术人员和自学者进行电子线路计算机辅助设计的参考用书。

★ 本书配有电子教案，需要者可与出版社联系，免费提供。

图书在版编目(CIP)数据

电子线路 CAD 技术 / 张玉莲主编. —2 版. —西安：
西安电子科技大学出版社，2017.8(2022.8 重印)
ISBN 978-7-5606-4636-7

Ⅰ. ① 电…　Ⅱ. ① 张…　Ⅲ. ① 电子电路—计算机辅助设计—AutoCAD 软件
Ⅳ. ① TN702.2

中国版本图书馆 CIP 数据核字(2017)第 166365 号

策　　划　毛红兵
责任编辑　张晓燕
出版发行　西安电子科技大学出版社(西安市太白南路 2 号)
电　　话　(029)88202421　88201467　　邮　　编　710071
网　　址　www.xduph.com　　电子邮箱　xdupfxb001@163.com
经　　销　新华书店
印刷单位　西安日报社印务中心
版　　次　2017 年 8 月第 2 版　2022 年 8 月第 7 次印刷
开　　本　787 毫米×1092 毫米　1/16　印　张　22.5
字　　数　529 千字
印　　数　12 301～13 300 册
定　　价　54.00 元
ISBN 978-7-5606-4636-7 / TN
XDUP 4928002-7

前　　言

随着计算机应用软件的发展，在电路设计中很多工作都可以由计算机自动完成，从而提高了电路设计的速度与可靠性，降低了设计成本。Protel 99 SE 是建立在 PC 工作环境下的电路设计系统。它集原理图设计、PCB 制作及电路仿真为一体，为电路设计提供了可靠保证。

《电子线路 CAD 技术》从 2009 年出版至今，历经 8 年的使用，得到很多高校老师和学生及社会各界同仁的认可，使用效果良好，深受广大读者的好评。为了紧跟科技的发展，保持知识的前沿性，适应高校教学方法的变革，特对本教材进行修订再版。

修订教材坚持"理论联系实际，学以致用，工学结合"的指导原则，结合具体实例系统地介绍了 Protel 99 SE 软件的基本功能与应用技巧，使读者能够方便快捷地掌握电路原理图与 PCB 板的绘制方法及其相互转换，对 PCB 板转换过程中出现的问题及其解决方法进行了详细介绍，并利用仿真工具模拟电路实际运行情况，使学生学会电路参数的设置方法。

本次修订保持原书结构，共分 11 章。第 1 章主要介绍了软件的界面、组成及使用环境；第 2～6 章主要介绍电路原理图的绘制及图形对象的编辑技巧、原理图元件符号的创建及应用方法；第 7～10 章主要介绍 PCB 编辑器的基本知识、PCB 板的设计原则，手工布局与布线、自动布局与布线的方法与 PCB 图的打印输出，PCB 元件封装的制作方法；第 11 章主要介绍电路仿真的基本知识及仿真参数的设置方法。同时，针对初学者知识的局限性，本书在各章内容安排上以实际电路为主线，按照操作顺序，介绍各类编辑工具的使用方法和操作技巧。针对读者对元件库以及元件符号、外形认识比较陌生，本次修订特在附录里增加了常用元件封装及其对应的实物图形、元件库列表及元件库说明。

本书由西安航空职业技术学院张玉莲担任主编、统稿全书，并编写了第 1 章～第 6 章及附录；第 7 章～第 10 章由西安航空职业技术学院葛宁编写；第 11 章由西安航空职业技术学院洪云飞编写。本书可与西安航空职业技术学院宋双杰、张玉莲编著的《电子线路 CAD 技术实训教程》(西安电子科技大学出版社出版)配套使用，以期达到更好的学习效果。

本书在编写过程中，查阅了大量有关资料，得到了同仁的大力支持，谨此表示感谢。

由于时间仓促，加之作者水平有限，书中难免有不妥之处，恳请读者批评指正。

作者联系方式(Email)：zylian999@126.com

编　者

2017 年 5 月

第一版前言

随着计算机应用软件的发展，在电路设计中很多工作都可以由计算机自动完成，从而提高了电路设计的速度与可靠性，降低了设计成本。Protel 99 SE 是建立在 PC 工作环境下的电路设计系统。它集原理图设计、PCB 制作及电路仿真为一体，为电路设计提供了可靠的保证。

本书从使用者的角度出发，坚持“理论联系实际，学以致用”的原则，结合具体实例系统地介绍了 Protel 99 SE 软件的基本功能与应用技巧，使读者能够方便快捷地掌握电路图与 PCB 板的绘制方法。利用仿真工具模拟电路实际运行情况，学会电路参数的设置方法。

本书共 11 章。第 1 章主要介绍了软件的界面、组成及使用环境；第 2～6 章主要介绍了电路原理图的绘制及图形对象的编辑技巧、原理图元件符号的创建及应用方法；第 7～10 章主要介绍了 PCB 编辑器的基本知识、PCB 板的设计原则，手工布局与布线、自动布局与布线的方法及 PCB 图的打印输出，PCB 元件封装的制作方法；第 11 章主要介绍了电路仿真的基本知识及仿真参数的设置方法。同时，针对初学者知识的局限性，本书在各章内容安排上以实际电路为主线，按照操作顺序，介绍各类编辑工具的使用方法和操作技巧。

本书由西安航空职业技术学院宋双杰担任主编，并编写了第 1～6 章及附录；第 7～10 章由西安航空职业技术学院葛宁编写；第 11 章由西安航空职业技术学院洪云飞编写。全书由西安航空职业技术学院张玉莲教授担任主审。张玉莲教授以高度的责任心审阅了全文，并提出了许多宝贵意见，在此表示衷心的感谢。

本书可与西安航空职业技术学院张玉莲编著的《电子 CAD(Protel 99 SE)实训指导书》(西安电子科技大学出版社出版)一书配套使用，以达到更好的学习效果。

在本书的编写过程中编者查阅了大量有关资料，并得到了同仁的大力支持，谨此表示感谢。

本书既可作为高职高专院校电子、通信类专业，自动化专业及机电一体化专业学生用书，也可作为工程技术人员和自学者进行电子线路计算机辅助设计的参考用书。

由于时间仓促，加之作者水平有限，书中难免有不妥之处，恳请读者批评指正。

作者联系方式(E-mail)：zylian999@126.com

编　者

2009 年 2 月

本书符号说明

为了便于读者熟练掌握 Protel 99 SE 的基本操作，书中电路图中的元件符号均取自该软件中的各种元件库，有些符号与国家标准不同，在这里特此说明，读者使用本书时请予以注意。

目　录

第一部分　Protel 99 SE 软件知识

第二部分　原理图设计系统

第三部分　PCB设计系统

第一部分

Protel 99 SE 软件知识

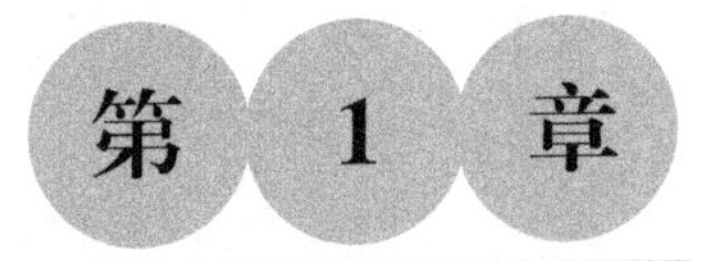

Protel 99 SE 概述及操作基础

内 容 提 要

本章主要介绍 Protel 99 SE 的发展、功能；Protel 99 SE 软件的启动；设计数据库的建立、组成；设计数据库的界面管理，Protel 99 SE 软件的基本操作及系统参数设置。

1.1　Protel 99 SE 的发展

Protel 软件是由澳大利亚的 Altium(前称 Protel International Limited)有限公司研制出的从事印刷电路板设计的软件。从 DOS 环境到 Windows 平台，Altium 公司对软件进行了一系列的升级与改进，1997 年，Altium 公司把所有核心 EDA 软件工具集中到一个集成软件包中，从而实现了从设计概念到生产的无缝集成。因此 Altium 公司发布了专为 Windows NT 平台构建的 Protel 98，这是首次将 5 种核心 EDA 工具集成于一体的产品，这 5 种核心 EDA 工具包括原理图输入、可编程逻辑器件(PLD)设计、仿真、印刷电路板设计和自动布线。随后在 1999 年又发布了 Protel 99 和第二个修订版本 Protel 99 SE(Second Edition)，在这版中提供了增强的设计过程自动化程度，将不同的设计工具进一步集成，并增加了“Design Explorer”(设计浏览器)平台。Design Explorer 平台使电子设计的所有方面——设计工具、文件管理、元件库等实现无缝集成，这一平台也是 Altium 公司构建涵盖所有电子设计技术范围的完全集成化设计系统理念的起点。

1.2　Protel 99 SE 的功能简介

1.2.1　电路工程设计部分

1. 电路原理图设计系统

电路原理图设计系统(Advanced Schematic 99)包括电路图编辑器(简称 SCH 编辑器)、电路图元件库编辑器(简称 SchLib 编辑器)和各种文本编辑器。本系统的主要功能是：绘制、修改和编辑电路原理图；更新和修改电路图元件库；查看和编辑有关电路图和零件库的各种报表。

2. 印刷电路板设计系统

印刷电路板设计系统(Advanced PCB 99)包括印刷电路板编辑器(简称 PCB 编辑器)、元件封装编辑器(简称 PCBLib 编辑器)和电路板组件管理器。本系统的主要功能是：绘制、修改和编辑印刷电路板；更新和修改元件封装；管理电路板组件。

3. 自动布线系统

自动布线系统(Advanced Route 99)包含一个基于形状(Shape-based)的无栅格自动布线器，用于印刷电路板的自动布线，以实现 PCB 设计的自动化。

1.2.2　电路仿真与 PLD 部分

1. 电路模拟仿真系统

电路模拟仿真系统(Advanced SIM 99)包含一个数字/模拟信号仿真器，可提供连续的数字信号和模拟信号，以便对电路原理图进行信号模拟仿真，从而验证其正确性和可行性。

2. 可编程逻辑设计系统

可编程逻辑设计系统(Advanced PLD 99)包括一个有语法功能的文本编辑器和一个波形编辑器(Waveform)。本系统的主要功能是：对逻辑电路进行分析、综合；观察信号的波形。利用 PLD 系统可以最大限度地精简逻辑部件，使数字电路设计达到最简化。

3. 高级信号完整性分析系统

高级信号完整性分析系统(Advanced Integrity 99)提供了一个精确的信号完整性模拟器，可用来分析 PCB 设计，检查电路设计参数、实验超调量、阻抗和信号谐波要求等。

1.3　Protel 99 SE 软件的启动与设计数据库的建立

1.3.1　Protel 99 SE 软件的启动

1. 启动 Protel 99 SE 常用的方法

(1) 用鼠标双击 Windows 桌面的 Protel 99 SE 快捷方式图标 

，打开软件。

(2) 执行“开始”→“程序”→Protel 99 SE，打开软件。

(3) 执行“开始”→点击 Protel 99 SE，打开软件。

(4) 在软件安装的根目录 Design Explorer 99 SE 下，双击 Client99SE.exe，打开软件。

2. 进入 Protel 99 SE 主界面

启动 Protel 99 SE，进入 Protel 99 SE 主窗口，如图 1-1 所示。

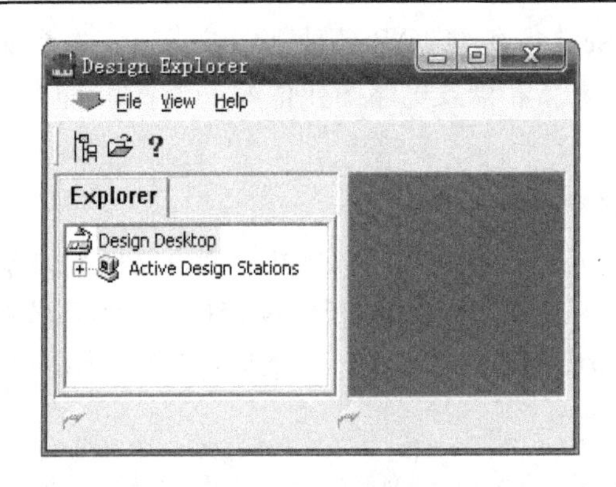

图 1-1　Protel 99 SE 的设计环境

1.3.2　设计数据库文件的建立

在 Protel 99 SE 中，所有的设计文件都集成在一个单一的设计数据库中，这个设计数据库类似于一座大厦，所有的设计工作都要在这座大厦中进行，所有的设计文件也都保存在这座大厦中。设计完成，软件关闭后我们看到的仅仅是以 .ddb 为扩展名的一个图标(如 MyDesign.ddb DDB 文件 192 KB，即设计数据库文件)，就类似于我们站在大厦的外面只看到这座大厦的轮廓，而看不见大厦中存放的东西，只有打开设计数据库(进入大厦)才能看见所设计的文件内容。

在图 1-1 中，执行菜单命令 File→New（Design Expl File View New），屏幕弹出如图 1-2 所示的对话框，建立新的设计数据库。

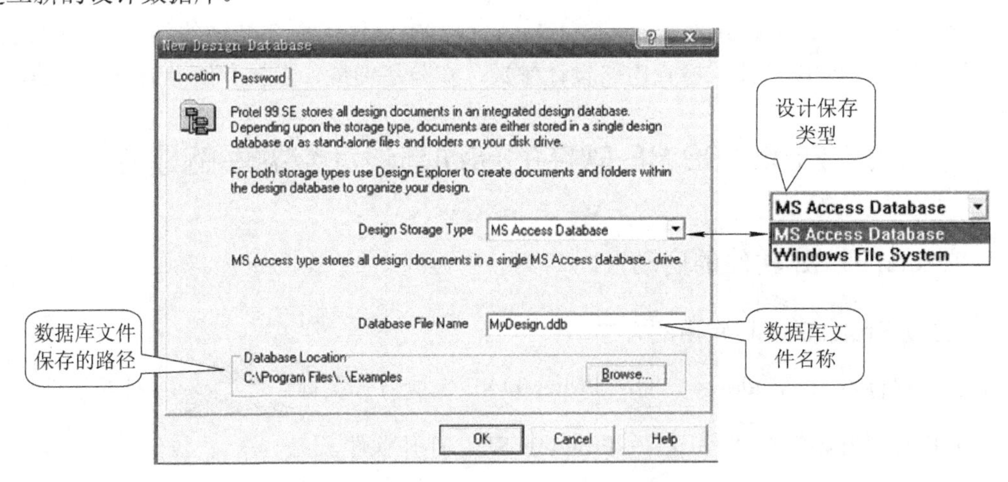

图 1-2　新建设计数据库对话框(MS Access Database 保存类型)

新建设计数据库对话框的具体设置内容如下：

1. 设计保存类型(Design Storage Type)

用鼠标左键单击其下拉菜单按钮，包括两个类型选项：

(1) MS Access Database。设计过程中的全部文件都存储在单一的数据库中，即所有的原理图、PCB 文件、网络表、报表文件等都存在一个 xxx.ddb 文件中，在资源管理器中只能看到唯一的 xxx.ddb 文件。

(2) Windows File System。在对话框底部指定的硬盘位置建立一个设计数据库的文件夹，所有文件被保存在该文件夹中。该选项可以直接在资源管理器中对数据库中的设计文件，如原理图、PCB 文件等进行复制、粘贴等操作，但不支持 Design Team(设计组)特性。

选择 MS Access Database 类型(Protel 99 SE 软件数据默认保存类型)，界面如图 1-2 所示，对话框有 Location 和 Password 两个选项卡；选择 Windows File System 类型，界面如图 1-3 所示，对话框没有 Password 选项卡。

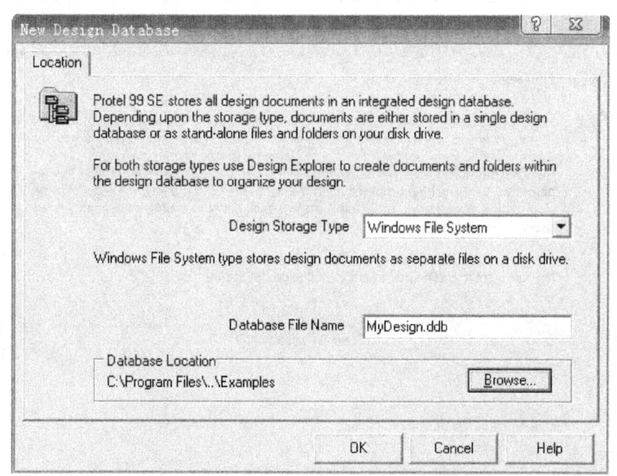

图 1-3　新建设计数据库对话框(Windows File System 保存类型)

注意：本书所有设计均对应于 MS Access Database 类型的设计数据库。

2. 数据库文件名(Database File Name)

在 Database File Name 文本框中输入设计数据库的文件名。系统默认名称为“MyDesign.ddb”。注意：扩展名“.ddb”不可更改！

3. 数据库文件的保存路径(Database Location)

在该栏的左下方，显示出保存该设计数据库的默认路径。如果要改变默认的路径，单击【Browse】按钮，弹出如图 1-4 所示的文件保存对话框。单击“保存在”下拉列表框的按钮来选择路径；在“文件名”文本框中输入设计数据库的名称；最后单击【保存】按钮，设计数据库文件就保存在设计者选定的路径下了。

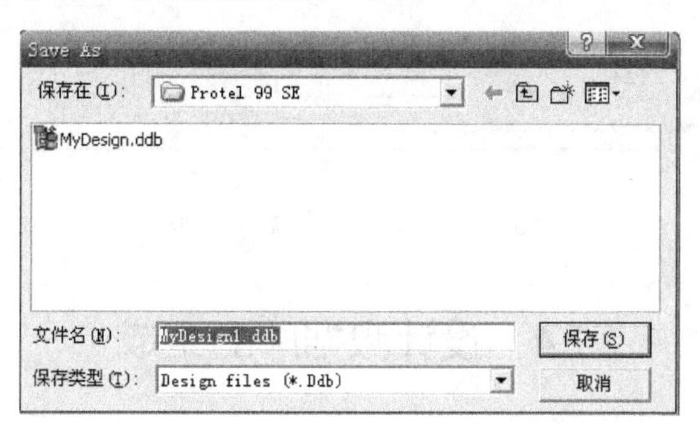

图 1-4　保存文件对话框

4. 密码设置(Password)

当设计者选择 MS Access Database 类型，需要设置密码时，可单击 Password 选项卡，则进入设计数据库文件密码设置对话框，如图 1-5 所示。选择【Yes】单选框，可在 Password 文本框中输入所设置的密码，然后在 Confirm Password(确认密码)文本框中再次输入设置的密码，最后，单击【OK】按钮，就完成了设计数据库文件设置密码的操作。如果不需要设置密码，可直接单击【OK】按钮。如图 1-6 所示为新建设计数据库界面。(注意：设置密码之后，打开此数据库文件时需要输入用户名和密码，此时设定密码的默认用户名是 Admin；其他用户登录请参考 1.4.1 节设计组管理器内容。)

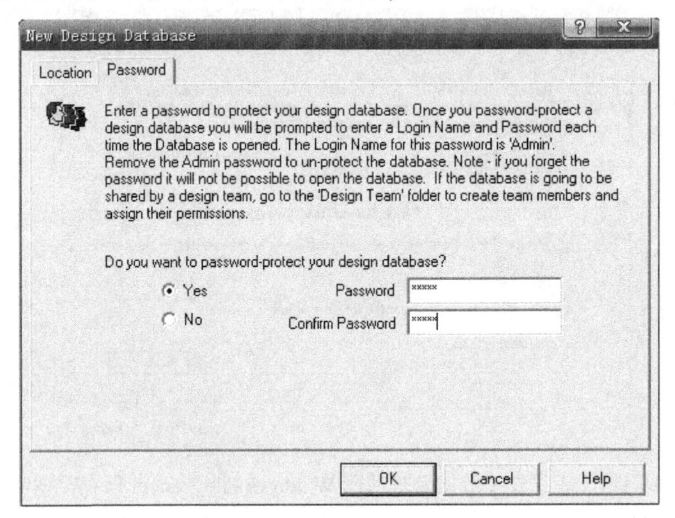

图 1-5　密码设置对话框

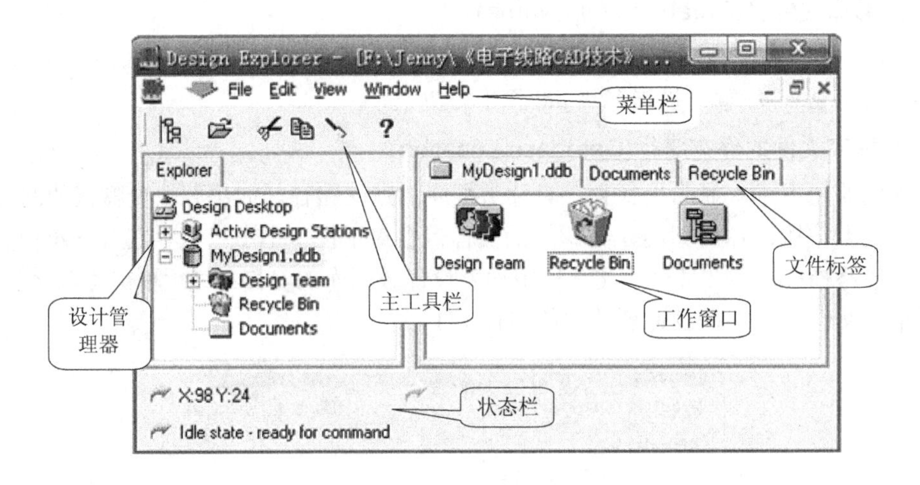

图 1-6　新建设计数据库界面

1.4　设计数据库的组成

在 Protel 99 SE 中，设计数据库文件主要由 Design Team、Documemts 和 Recycle Bin

三部分组成，如图 1-6 所示。

1.4.1　设计组管理器(Design Team)

Protel 99 SE 的设计是面向设计组的，设计组的成员和特性都在 Design Team 管理器中进行管理。在 Design Team 管理器中定义设计组的成员和权限，使得设计变得更加方便。

设计组文件夹 Design Team 用于存放权限数据，包括三个文件夹。其中 Members 文件夹包含能够访问该设计数据库的所有成员列表；Permissions 文件夹包含各成员的权限列表；Sessions 文件夹是设计数据库的网络管理，包含处于打开状态的属于该设计数据库的文档或者文件夹的窗口名称列表。文件夹 Design Team 如图 1-7 所示。

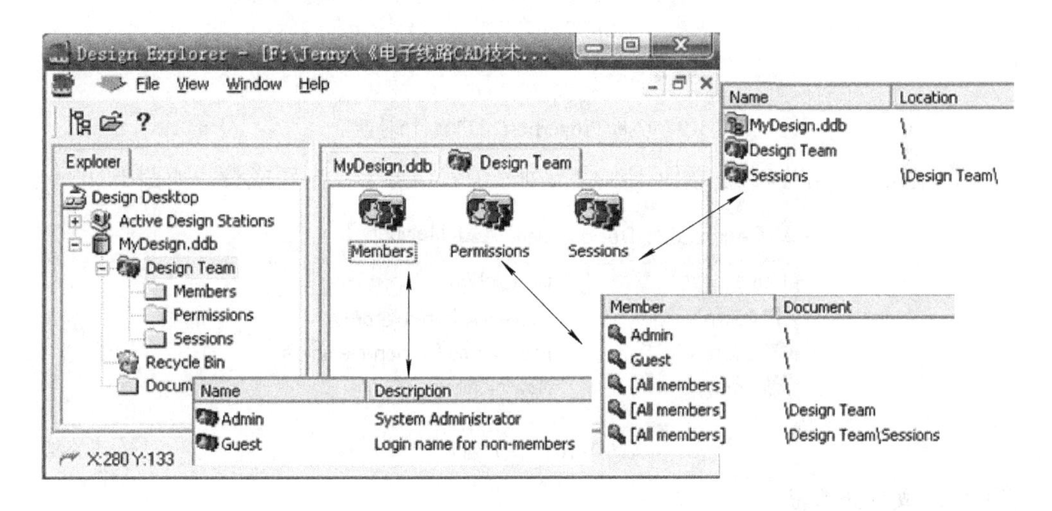

图 1-7　设计组管理器(Design Team)

1. 设计数据库的所有成员(Members)

在 Members 文件夹中系统自带两个默认的组成员，系统管理员 Admin 和用户 Guest。建库者一般就是此项目的主管即系统管理员。如允许多人对设计数据库进行操作，则需要增加设计组成员。

1) 增加新成员的操作步骤

(1) 以系统管理员 Admin 的身份打开一个设计数据库文件，或新建一个带有登录密码的设计数据库文件。

(2) 双击 Members 文件夹，则在右边视图窗口显示组成员列表，如图 1-8 所示。

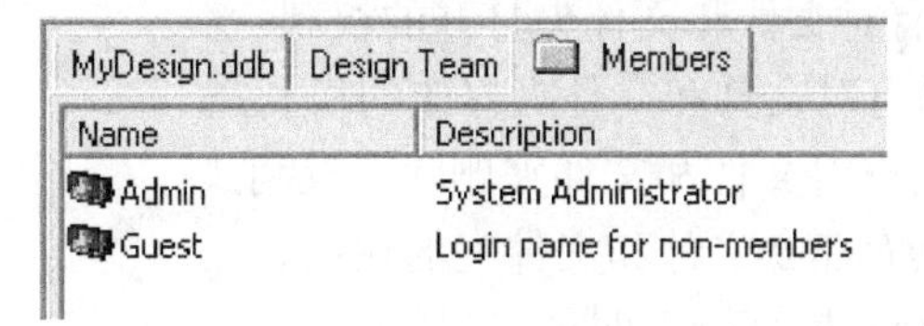

图 1-8　Members 视图窗口

(3) 在 Members 视图窗口空白处单击鼠标右键，在弹出的 New Member 快捷菜单中，执行菜单命令 File→New Member。

(4) 系统弹出 User Properties(用户属性)对话框，如图 1-9 所示。

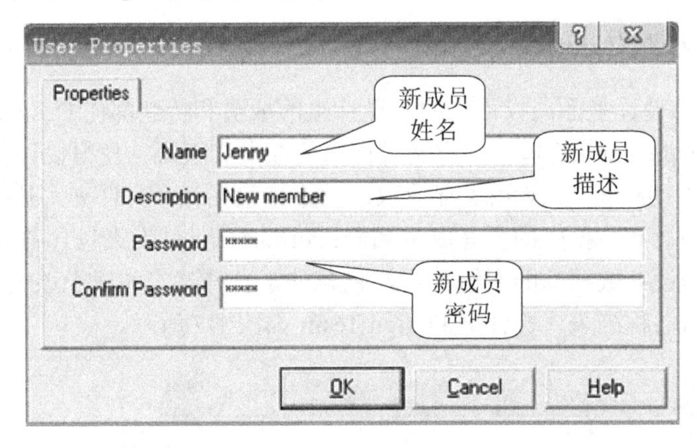

图 1-9　User Properties(用户属性)对话框

(5) 设置完毕单击【OK】按钮，在成员列表中就增加了一个新成员，如图 1-10 所示。

MyDesign.ddb | Design Team | Members

Name	Description
Admin	System Administrator
Guest	Login name for non-members
Jenny	New member

图 1-10　成员列表

2) 修改成员登录密码

若需修改某成员的登录密码，在 Members 视图窗口中双击相应的成员名，在弹出的 User Properties(用户属性)对话框中(如图 1-9 所示)进行修改。

3) 删除成员操作步骤

(1) 在 Members 视图窗口中相应成员名上单击鼠标右键。

(2) 在弹出的快捷菜单中选择 Delete。

(3) 在弹出的 Confirm(确认)对话框中，选择【Yes】。

2. 设计组成员权限设置(Permissions)

为了避免设计数据库的内容遭到意外损坏，系统管理员可以设置每个设计组成员使用文件和文件夹的权限。Protel 99 SE 提供了四种权限：

Read(R)：只读，具有对文件和文件夹打开的权利；

Write(W)：写入，具有对文件和文件夹修改的权利；

Delete(D)：删除，具有对文件和文件夹删除的权利；

Create(C)：新建，具有建立文件和文件夹的权利。

系统管理员 Admin 同时拥有以上四种权限。

1) 为新成员设置权限

为新成员设置权限的操作步骤如下：

(1) 以系统管理员 Admin 身份登录设计数据库，在 Design Team 文件夹中双击

Permissions 文件夹，将其打开。

(2) 在 Permissions 视图窗口空白处单击鼠标右键，在弹出的快捷菜单中选择 New Rule 命令，如图 1-11 所示。

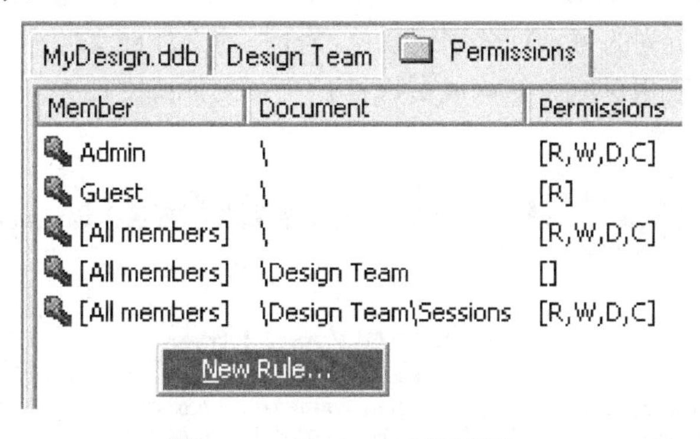

图 1-11　Permissions 视图窗口

(3) 系统弹出 Permission Rule Properties(权限属性)对话框，如图 1-12 所示。

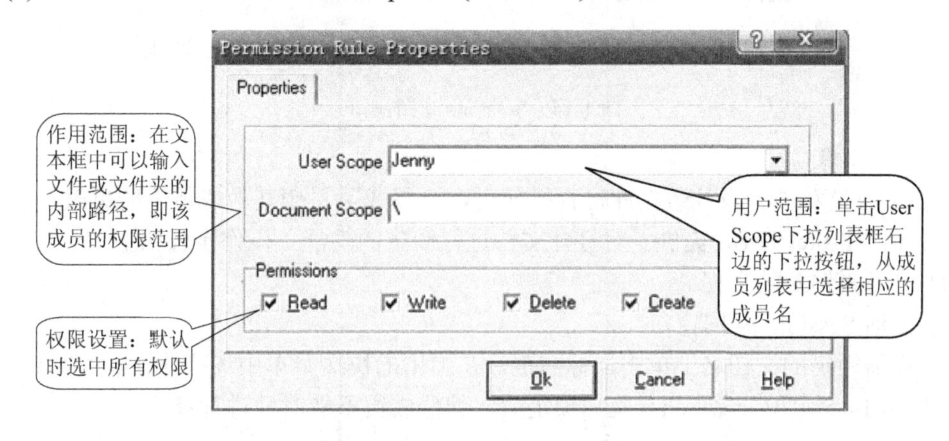

图 1-12　Permission Rule Properties(权限属性)对话框

(4) 设置完毕单击【OK】按钮，则在 Permissions 视图窗口中显示新成员 Jenny 及其新设置的权限，如图 1-13 所示。

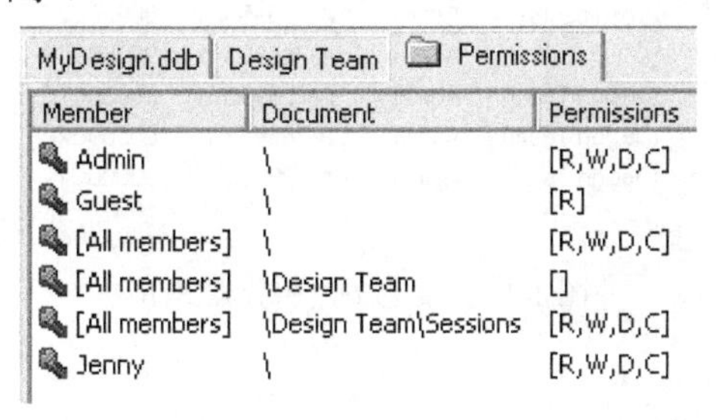

图 1-13　成员权限窗口

2) 成员权限修改

要修改已设置好的成员权限，可以在 Permissions 视图窗口中双击该成员名，在弹出的 Permission Rule Properties 对话框(如图 1-12 所示)中进行修改。

3. 设计数据库的网络管理(Sessions)

1) Sessions 视图窗口

双击 Design Team 中的 Sessions 文件夹，打开 Sessions 视图窗口， 如图 1-14 所示。Sessions 视图窗口中所列的每一行分别表示已经打开的文件或文件夹，每一行均与顶部打开的文件或文件夹标签相对应。任何成员每打开一个文件或文件夹，对话信息列表就增加一行。

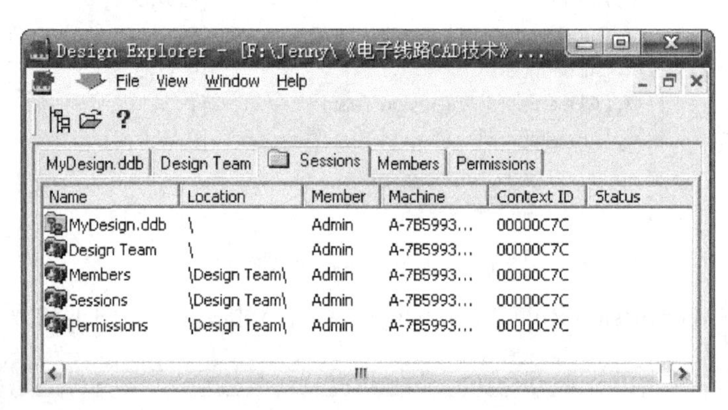

图 1-14　Sessions 视图窗口

2) 锁定文档

在多个成员对同一设计数据库进行操作时，有些成员希望其他成员不能更改自己正在操作的文档，Protel 99 SE 提供了对打开文档进行锁定的功能。操作步骤如下：

(1) 打开需锁定的文档。

(2) 激活 Sessions 视图窗口。

(3) 在需锁定的文档名上单击鼠标右键，在弹出的快捷菜单中选择 Lock，则该文档被锁定，如图 1-15 中积分器.Sch。文档锁定后，其他成员不能对其进行修改。

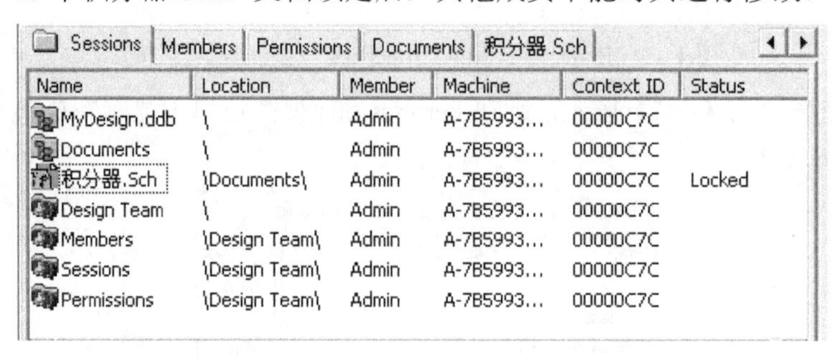

图 1-15　锁定文件积分器.Sch

3) 解除对文档的锁定

(1) 打开 Sessions 视图窗口。

(2) 在要解除锁定的文档名上单击右键，选择 Unlock 即可。

1.4.2　文件管理器(Document)

Protel 99 SE 的所有设计文件都包含在这个管理器中，包括电路原理图文件、印刷电路板文件、报表文件和仿真分析文件等。并且还可以输入任何类型的应用文件，如 Word 文件、Excel 文件、AutoCAD 文件等，设计者可以直接在设计管理器中打开和编辑这些文件。

1.4.3　回收站(Recycle Bin)

在进行电路原理图、印刷电路板等文件的编辑修改过程中，Recycle Bin 用于存放所有临时删除的编辑对象。

1.5　设计数据库的界面

建立或打开一个设计数据库后，设计数据库的界面如图 1-6 所示。它包括标题栏、菜单栏、工具栏、设计管理器、工作窗口和状态栏。

1.5.1　菜单栏

新建的设计数据库在没有打开任何编辑器(如原理图、PCB 等)时，菜单栏只有 File、Edit、View、Windows 和 Help 等五项。下面具体认识一下各菜单的含义。

1. File 菜单

如图 1-16 所示，File 菜单主要命令包括文件或设计数据库的新建、打开、关闭和保存；文件的导入、导出、链接、查找和查看属性等。每个命令的主要功能将在后面的具体操作中详细介绍。

2. Edit 菜单

如图 1-17 所示，Edit 菜单主要命令包括对文件的剪切、复制、粘贴、删除和更名等操作。

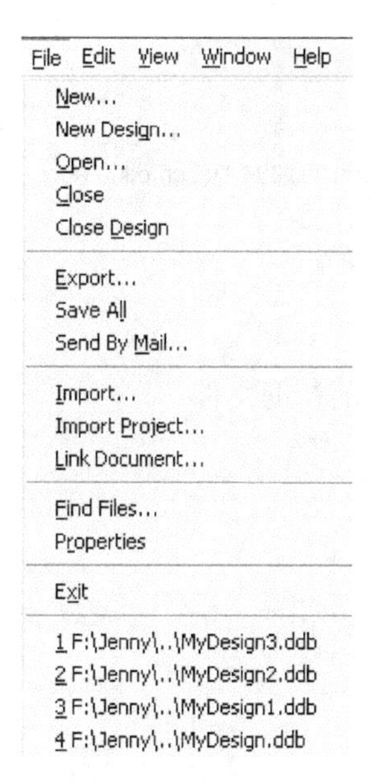

图 1-16　File 菜单

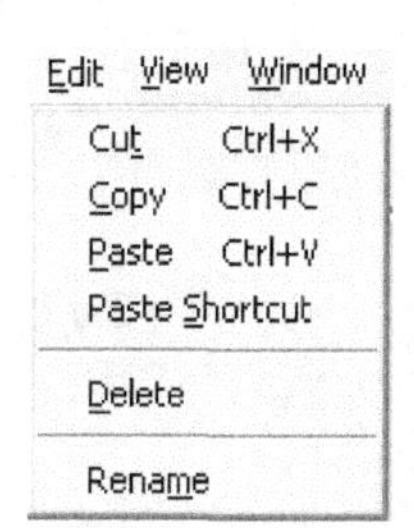

图 1-17　Edit 菜单

3. View 菜单

如图 1-18 所示，该菜单中 Design Manager、Status Bar、Command Status 和 Toolbar 命令分别用于打开和关闭设计管理器、状态栏、命令栏和工具栏。在命令前有“√”表示已经打开。中间四个命令用于改变文件夹中文件显示的方式(大图标、小图标、列表、详细资料等)。Refresh 为刷新命令。

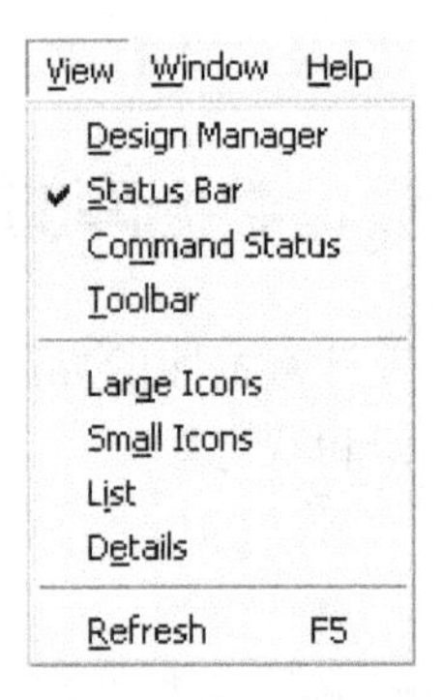

图 1-18　View 菜单

4. Windows 菜单

如图 1-19 所示，Windows 菜单中的命令主要用于工作窗口的管理，其主要功能将在后面详细介绍。

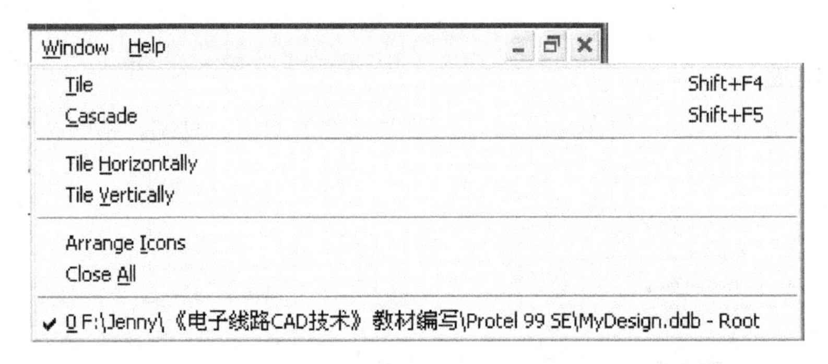

图 1-19　Windows 菜单

5. Help 菜单

如图 1-20 所示，该菜单主要用于打开系统提供的帮助文件。

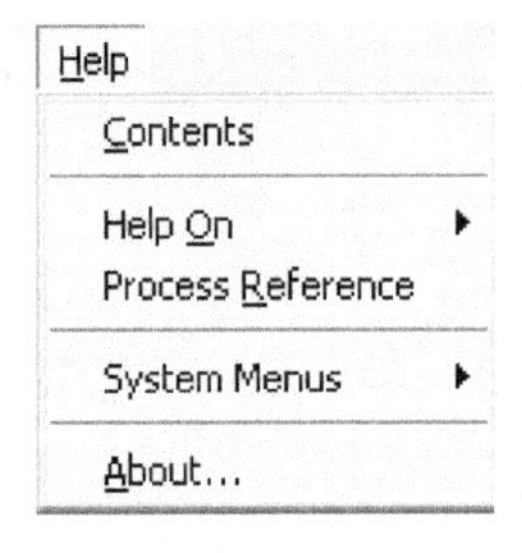

图 1-20　Help 菜单

1.5.2　工具栏

在没有打开任何应用文件时，工具栏提供的工具按钮仅有六个，如图 1-21 所示。其功能见表 1-1。

图 1-21　工具栏

表 1-1　工具栏中各种工具的功能

工具图标	对应菜单命令	功　能
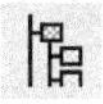	View→Design Manager	打开或关闭设计管理器
	File→Open	打开设计数据库文件
	Edit→Cut	剪切文件
	Edit→Copy	复制文件
	Edit→Paste	粘贴文件
	Help→Contents	打开帮助内容

1.5.3　Design Explorer 设计管理器

在 Protel 99 SE 中，设计管理器(Design Explorer)是以目录树的形式对设计数据库进行管理的，这和 Windows 资源管理器中的左窗口类似，如图 1-22 所示。

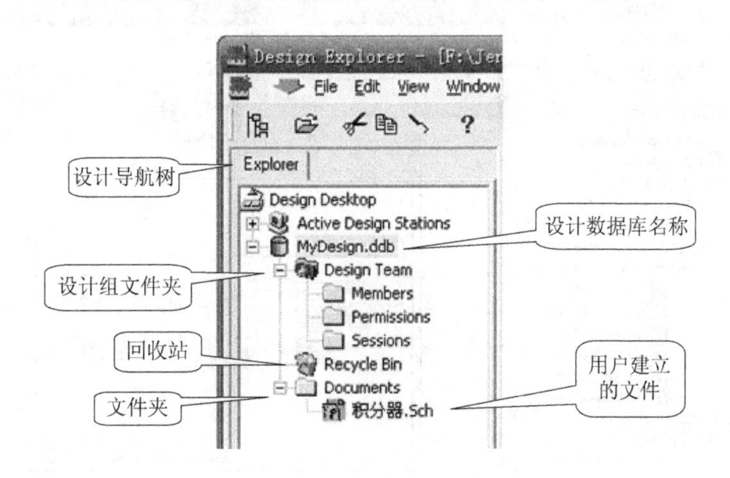

图 1-22　设计管理器

从图中可以看出，设计管理器不仅显示设计数据库中所有文件夹和文件，而且还将这些文件之间的关系以树形方式表示出来。单击设计管理器中的某个文件，可以打开该文件，并将其内容在工作窗口显示出来。

注意：目录树也可称为设计导航树。

1.5.4　工作窗口

打开设计数据库文件后，会在设计环境窗口的右边打开一个对应的工作窗口，在工作窗口内可进行文件操作或文件编辑工作。工作窗口大致分为文件类型工作窗口和编辑类型工作窗口。图 1-23 所示窗口是文件类型工作窗口(文件类型窗口也称视图窗口)，显示已打开的设计数据库下的文件及文件夹。图 1-24 所示窗口是编辑类型工作窗口，显示已打开的某个原理图文件的内容。

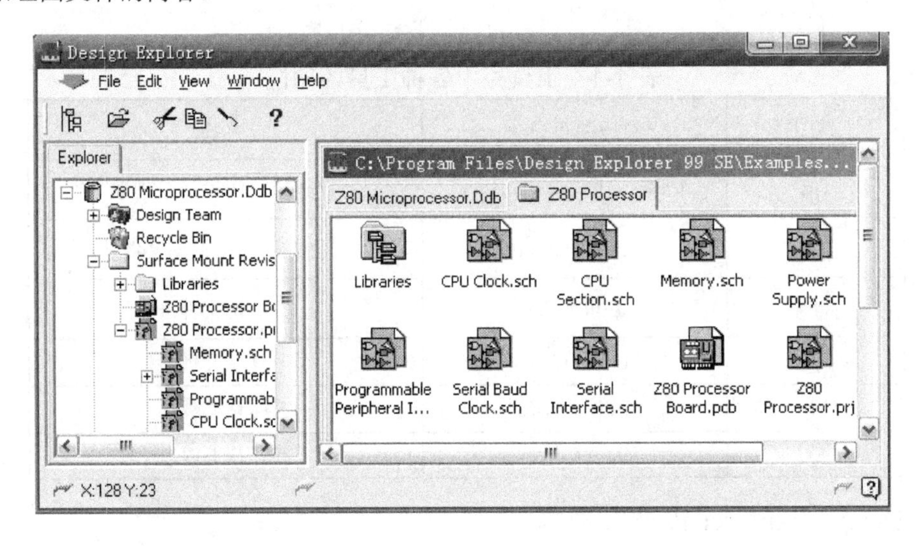

图 1-23　文件类型工作窗口

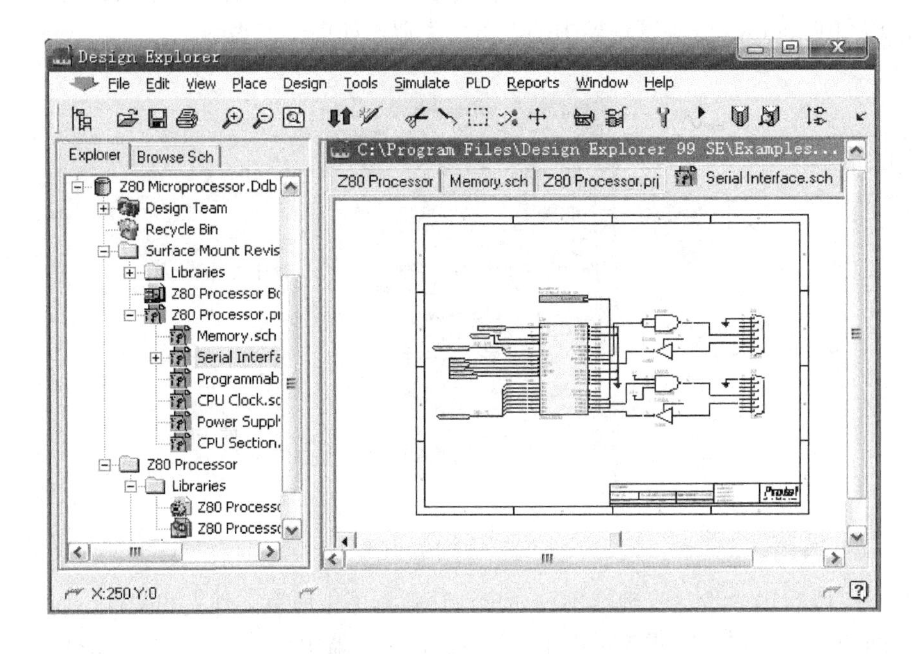

图 1-24　编辑类型工作窗口

以上我们讲解了打开设计数据库文件时的界面。当打开设计数据库下的某个应用文件时，如 SCH 文件或 PCB 文件，其呈现在我们面前的界面会有所变化，如菜单项和工具栏的工具按钮会增多，我们将在后面章节中陆续讲解。

1.5.5　状态栏

状态栏位于设计窗口的右下方，包括 Status Bar、Command Status 两项，如图 1-25 所示。

图 1-25　状态栏

(1) Status Bar 一般显示设计过程中鼠标所在位置的坐标。

(2) Command Status 显示当前命令执行情况。

1.6　Protel 99 SE 软件的基本操作

Protel 99 SE 软件的基本操作包括设计数据库文件的建立、打开、关闭及文件的新建、保存、复制、剪切、粘贴、删除、恢复等基本操作，下面将详细介绍它们的操作方法。

1.6.1　设计数据库文件的打开

打开已经存在的设计数据库，其操作步骤如下：

(1) 在 Protel 99 SE 的设计环境下，执行菜单命令 File→Open，或单击主工具栏的按钮(对于最近打开过的设计数据库文件，也可以在 File 菜单项下面的文件名列表中直接选择文件名)，如图 1-26 所示。

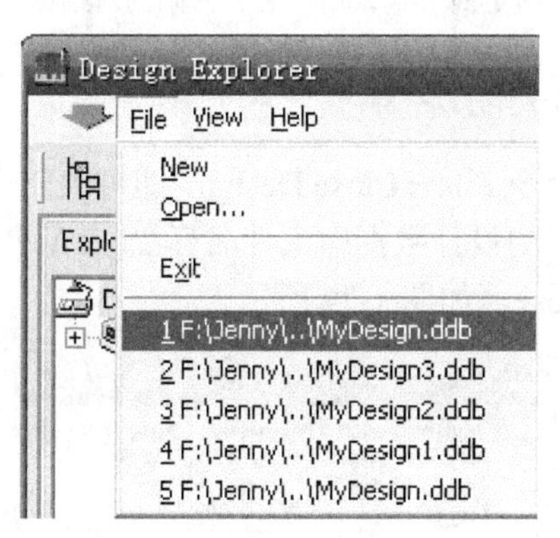

图 1-26　File 菜单项下面的文件名列表

(2) 执行命令后，系统弹出打开设计数据库的对话框，如图 1-27 所示。利用搜寻下拉列表框来确定设计数据库所在的路径，然后在文件列表框中选取要打开的文件名称，最后单击【打开】按钮。

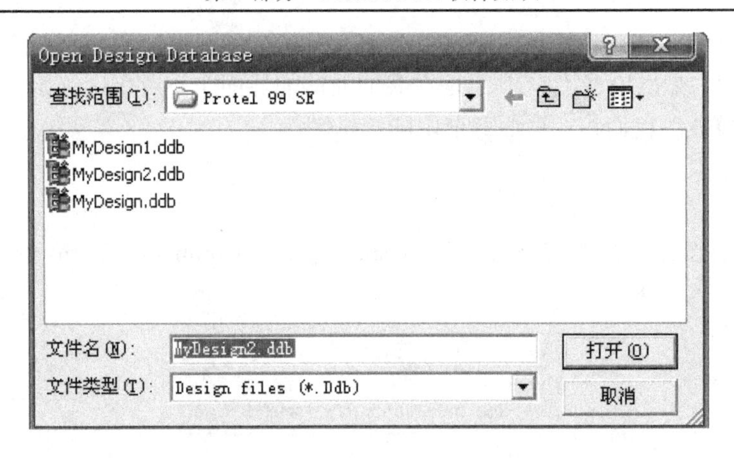

图 1-27　打开设计数据库对话框

(3) 如果对设计数据库设置了密码，则系统弹出如图 1-28 所示的要求输入用户名和用户密码的对话框。在 Name 文本框中输入 Admin(系统管理员)，在 Password 文本框中输入密码，单击【OK】按钮，则该设计数据库文件被打开。如果该设计数据库没有设置密码，则系统直接打开该设计数据库文件。

图 1-28　输入用户名和密码的对话框

1.6.2　设计数据库文件的关闭

第一种方法：执行菜单命令 File→Close Design，即可关闭当前打开的设计数据库文件。

第二种方法：在工作窗口的设计数据库文件名标签(如 MyDesign.ddb)上单击鼠标右键，在弹出的快捷菜单中选择 Close，如图 1-29 所示。

图 1-29　关闭设计数据库对话框

注意：Protel 99 SE 在打开设计数据库时会自动回到上一次关闭时的状态，因此最好先将设计数据库中所有已打开的文件或文件夹关闭，再关闭设计数据库。

1.6.3　新建文件或文件夹

新建设计数据库后，相应的应用文件并没有建立，所以编辑工作还无法进行。要想使用 Protel 99 SE 的各种编辑器进行相应的功能操作，必须在该设计数据库下建立相应的设计文件，打开编辑器。

新建文件或文件夹的操作步骤如下：

(1) 打开相应的设计数据库文件，如图 1-6 所示。

(2) 用鼠标双击工作窗口的 Documents 文件夹将其打开，你会发现里面是空的，说明没有建立任何文件。观察图 1-6 中左边的设计管理器的变化，Documents 文件夹名称前既无“+”也无“–”，这就说明该文件夹下无任何文件。

(3) 在工作窗口空白处单击鼠标右键，在弹出的快捷菜单中选择 New，或执行菜单命令 File→New，如图 1-30 所示，弹出如图 1-31 所示的新建文件对话框。在该对话框中选择对应的文件类型图标后，单击【OK】按钮，或直接双击选中的文件类型图标，即在 Documents 文件夹下建立了新的文件或文件夹。此时在设计窗口中增加了一个图标，并允许用户给新的文档更名，如图 1-32 所示。输入新的名称后按回车键确认。

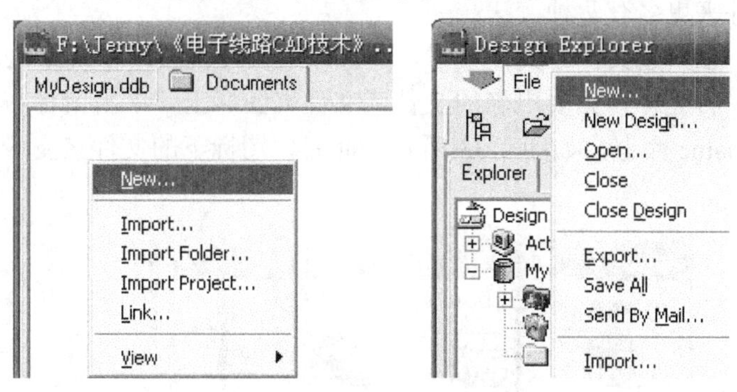

图 1-30　新建文件操作视窗

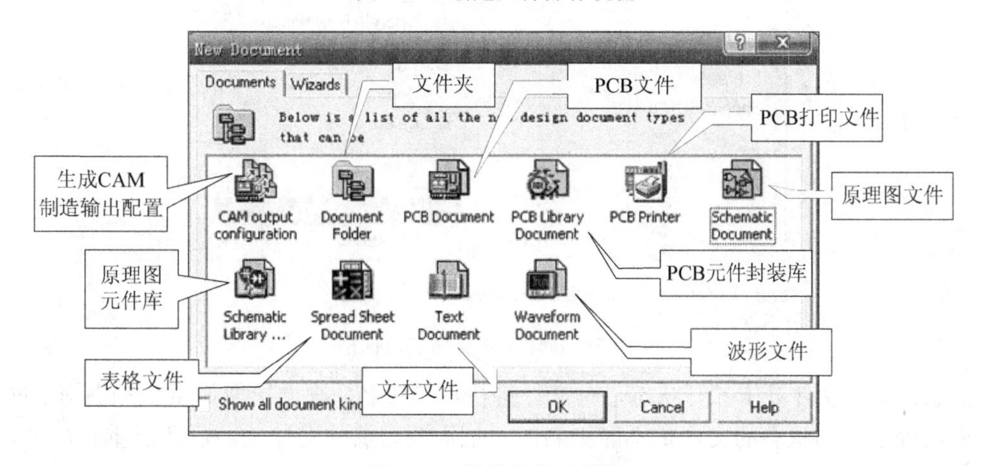

图 1-31　新建文件对话框

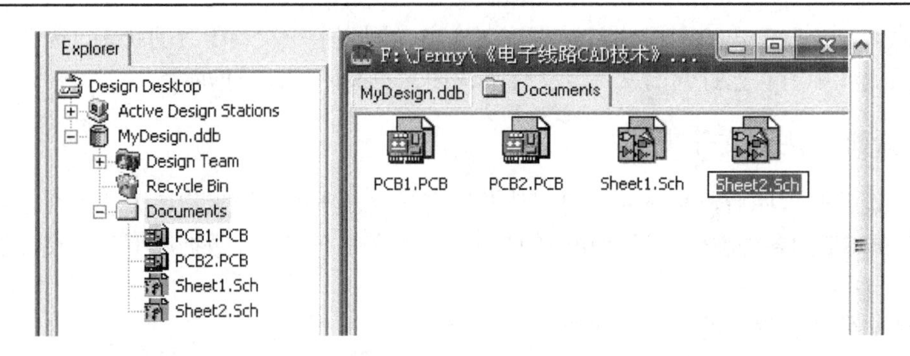

图 1-32　新建文件图标

注意：也可以在该设计数据库下的其他地方建立文件或文件夹。

1.6.4　文件或文件夹更名

在新建一个文件或文件夹时，系统将自动生成文件名或文件夹名。例如，新建原理图文件时，系统将自动命名为 Sheet1.Sch、Sheet2.Sch 等；新建 PCB 文件时，系统将自动命名为 PCB1.PCB、PCB2.PCB 等。一般来说，最好给文件或文件夹起一个有具体含义的与所画图相对应的名字。

对文件或文件夹更名有两种方法：

第一种方法：在新建文件或文件夹时，直接命名，而不采用系统默认的名字。

第二种方法：将光标移到要更名的文件或文件夹图标上，单击鼠标右键，在弹出的快捷菜单中选择 Rename 命令，如图 1-33 所示。此时，图标下的文件名变成了编辑状态，再输入新的名字即可。

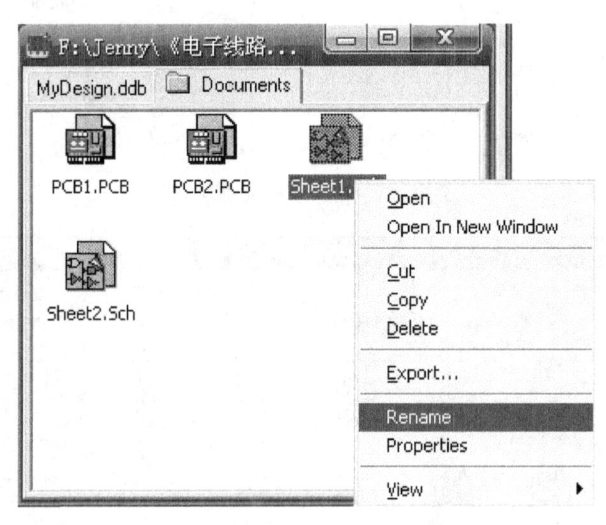

图 1-33　新建文件重命名对话框

注意：如果文件处于打开状态，对文件进行重新命名，则会出现如图 1-34 所示的对话框，表明处于活动状态的文件是不能更名的。把需要命名的文件关闭后才能重新命名。文件的扩展名 .Sch、.PCB 等不可更改。

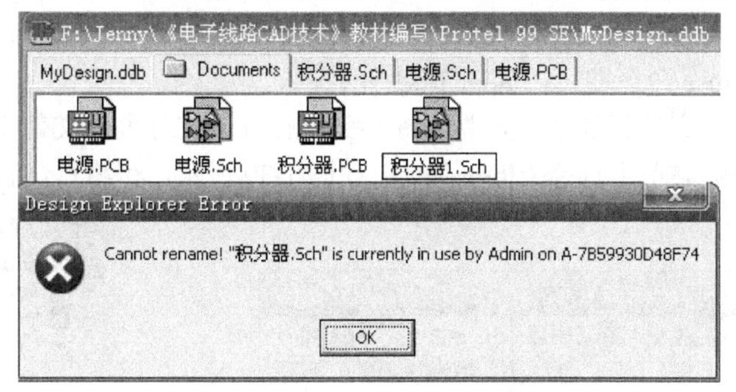

图 1-34　禁止文件重命名对话框

1.6.5　打开与关闭文件或文件夹

1. 打开文件夹和文件的方法

用鼠标左键单击设计管理器窗口导航树中的文件夹或文件图标，或在右边的工作窗口双击文件(文件夹)图标，即可打开它们。打开的文件夹或文件以标签的形式显示在工作窗口中，并成为当前的活动窗口。如图 1-35 所示，已打开的文件夹和文件以层的结构按打开顺序排列，图 1-35 所示的积分器.Sch 文件是当前的活动窗口。

图 1-35　文件标签

2. 关闭文件夹或文件的方法

第一种方法：执行菜单命令 File→Close，如图 1-36 所示，可将打开的文件夹或文件关闭，同时文件标签也消失。如果文件在打开后已经被修改，系统会弹出一个确认对话框，如图 1-37 所示，询问是否在关闭文件之前先保存。选择【Yes】按钮为保存；选择【No】按钮为不保存而直接关闭该文件。

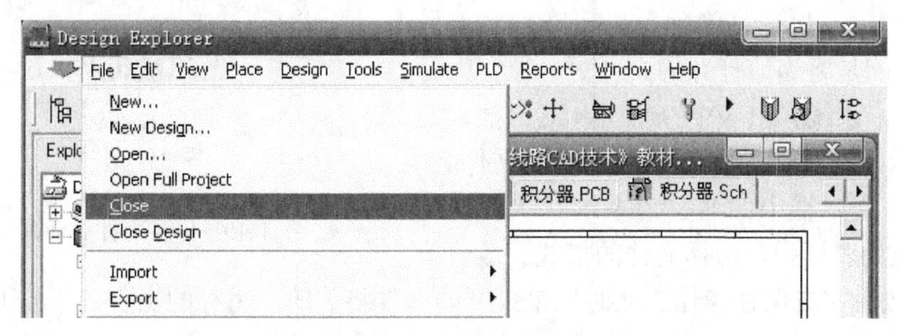

图 1-36　关闭文件操作

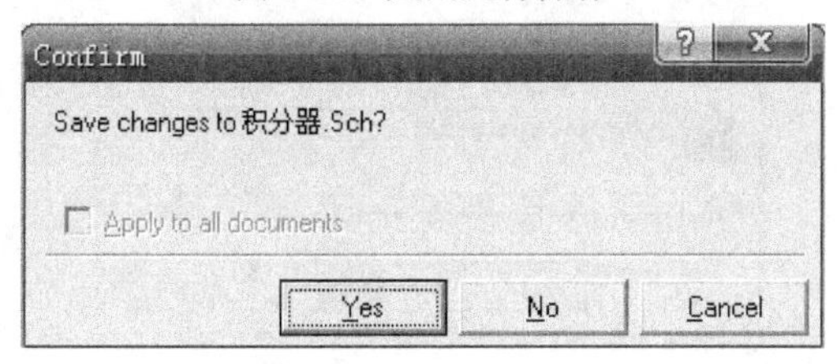

图 1-37　确认对话框

第二种方法：将光标移到工作窗口中要关闭的文件标签上，单击鼠标右键，在弹出的快捷菜单中选择 Close 命令即可，如图 1-38 所示。

第三种方法：在文件管理器中，将光标移到已打开的文件夹或文件图标上，单击鼠标右键，在弹出的快捷菜单中选择 Close 命令，如图 1-39 所示，可将该文件夹或文件关闭。

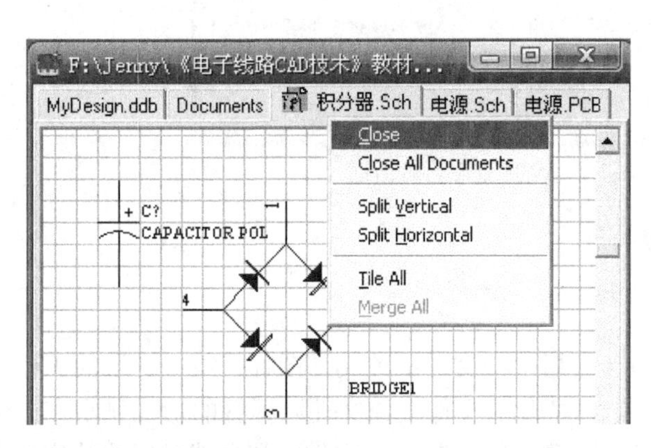

图 1-38　关闭文件对话框

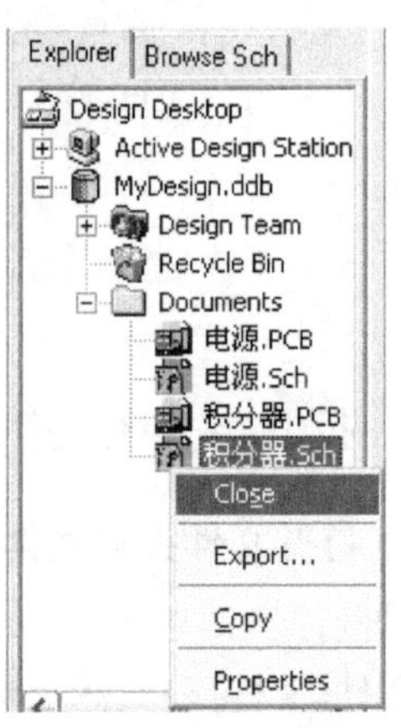

图 1-39　关闭文件操作

1.6.6　保存文件

当完成原理图或印刷电路板图等各种文件的编辑操作后，必须将各种文件的内容及时保存在所在的设计数据库文件内。系统提供的保存文件的方法有三种：

第一种方法：执行菜单命令 File→Save ，如图 1-40 所示，或单击工具栏的按钮，可保存当前打开的文件。

图 1-40　保存文件对话框

第二种方法：执行菜单命令 File→Save As(另存为)，其功能是将当前打开的文件更名保存为另一个新文件。系统弹出一个 Save As 对话框，如图 1-41 所示，在 Name 文本框中输入新的文件名，图中 Name 文本框中的名字为系统默认名；在 Format 下拉列表框中，选择文件的格式。最后单击【OK】按钮完成保存操作。此时原来打开的文件将关闭，另存的文件处于打开的状态，如图 1-42 所示。

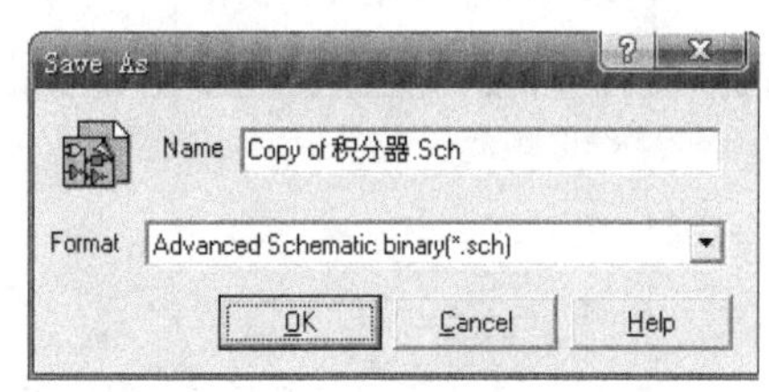

图 1-41　Save As 对话框

图 1-42　Save As 操作结果

第三种方法：执行菜单命令 File→Save Copy As(另存为)，系统同样弹出一个 Save As 对话框，如图 1-41 所示，在 Name 文本框中输入新的文件名，在 Format 下拉列表框中，选择文件的格式，最后单击【OK】按钮完成保存操作。这种方法与 Save As 的区别是：原来打开的文件仍处于活动状态，只是在文件列表中多了一个图标，如图 1-43 所示。

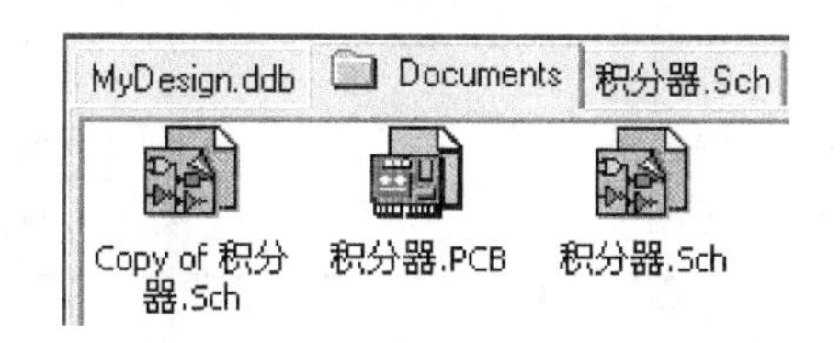

图 1-43　Save Copy As 操作结果

第四种方法：执行菜单命令 File→Save All，将保存当前打开的所有文件。

1.6.7　导出文件或文件夹

Protel 99 SE 将所有的文件夹或文件都保存在一个设计数据库文件中，在磁盘上我们仅仅看到的是一个扩展名为 .ddb 的文件，而设计数据库中的所有文件夹或文件在磁盘上是看不见的。如果要在磁盘上看到设计数据库中的文件，可利用系统提供的文件夹或文件的导出命令，将设计数据库中的文件夹或文件复制输出，生成独立于该设计数据库的文件夹或文件，以便于将文件移到另外的计算机上进行编辑。导出文件的方法及操作步骤如下：

第一种方法：在工作窗口中，将光标移到要导出的文件图标上，单击鼠标右键，在弹出的快捷菜单中选择 Export，如图 1-44 所示。

第二种方法：在左边的设计管理器中选中要导出的文件，单击鼠标右键，在弹出的快捷菜单中选择 Export，如图 1-45 所示。

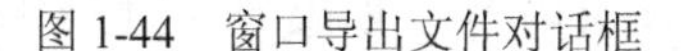
图 1-44　窗口导出文件对话框

图 1-45　设计管理器导出文件对话框

第三种方法：选中导出的文件夹或文件图标，然后执行菜单命令 File→Export。

上述三种方法执行后，弹出的导出文件对话框如图 1-46 所示，设定导出文件的路径及导出后的文件名，单击【保存】按钮，完成导出操作。

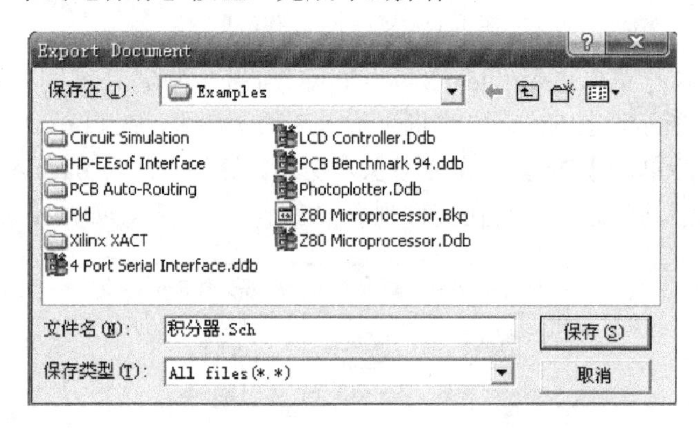

图 1-46 导出文件路径及导出文件名设定对话框

1.6.8 导入文件或文件夹

Protel 99 SE 系统不仅支持文件夹和文件的导出，同时还支持文件夹和文件的导入操作。其功能是将位于某个设计数据库文件之外的文件夹或文件复制输入到该设计数据库文件中。一般来说，任何文件均可导入进来，但有些文件的格式是 Protel 99 SE 系统无法识别打开的。导入文件夹或文件的方法及操作步骤如下：

第一种方法：在设计数据库中，先选择需要导入文件的目标文件夹(打开该文件夹即可)，然后在工作窗口的空白处单击鼠标右键，在弹出的快捷菜单中选择 Import，如图 1-47 所示。

第二种方法：执行菜单命令 File→Import，如图 1-48 所示。

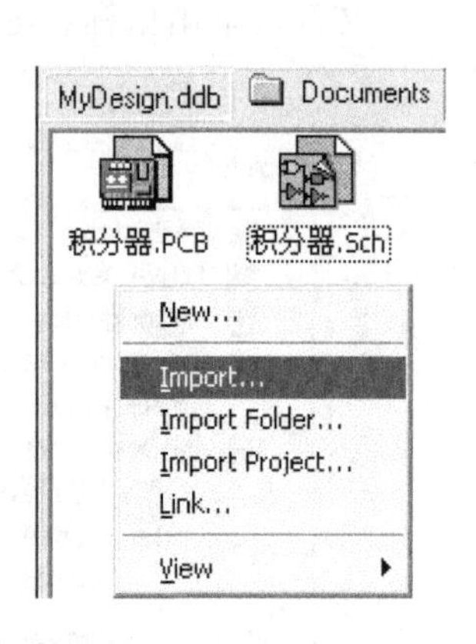

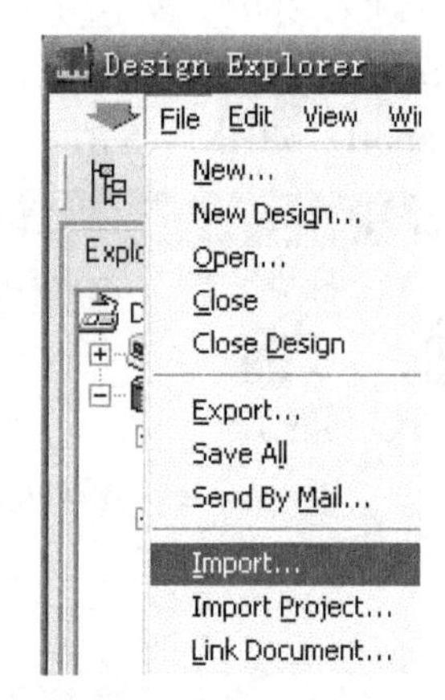

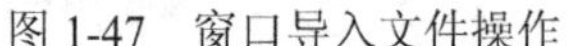

图 1-47 窗口导入文件操作　　图 1-48 菜单导入文件操作

随后在导入文件对话框中，确定要导入文件的路径和名称，如图 1-49 所示。单击【打开】按钮，完成导入文件的操作。如选择 Import Folder 命令，则完成导入文件夹的操作。

注意：0 字节文件是不能导入的(即文件里面没有内容)，如果导入的文件是 0 字节，则出现如图 1-50 所示的对话框。

图 1-49　导入文件路径和名称对话框

图 1-50　不能导入文件对话框

1.6.9　链接文件

Protel 99 SE 提供了链接文件的功能，可将外部的文件与设计数据库文件链接起来。链接文件与导入文件的不同之处在于：链接文件只是在设计数据库中建立了该文件的快捷方式，所链接的文件仍保留在原路径下；而导入文件则将要导入的文件复制一份保存到设计数据库中。链接文件的操作步骤如下：

(1) 打开需要链接文件的目标文件夹，执行菜单命令 File→Link Document，或在工作窗口的空白处单击鼠标右键，在弹出的快捷菜单中选择 Link 命令，如图 1-51 所示。

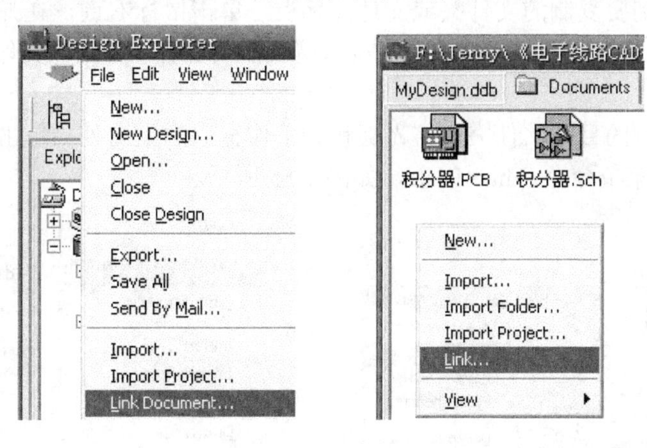

图 1-51　链接文件操作对话框

(2) 系统弹出 Link Document(链接文件)对话框，如图 1-52 所示。确定所要链接文件的路径及名称后，单击【打开】按钮，完成链接文件的操作。此时，在目标文件夹下，多出一个虚化的文件快捷方式图标，如图 1-53 所示。

图 1-52　Link Document 对话框

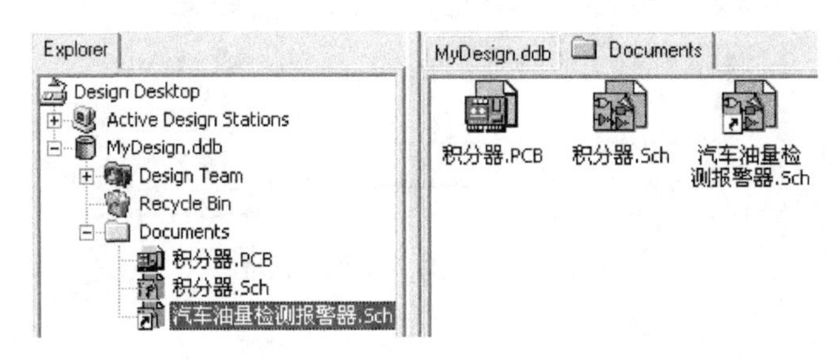

图 1-53　Link Document 快捷方式图标

1.6.10　剪切、复制与粘贴文件或文件夹

利用系统提供的文件夹或文件的剪切、复制和粘贴功能，可以很方便地在不同设计数据库下或单个设计数据库的不同文件夹下，实现文件夹或文件的复制和移动操作。

1. 复制文件夹或文件

(1) 将光标移到要复制的文件夹或文件图标上，单击鼠标右键，在弹出的快捷菜单中选择 Copy 命令；或执行菜单命令 Edit→Copy，如图 1-54 所示，则该文件夹或文件进入剪贴板中。

(2) 选择要复制的目的文件夹，将光标移到工作窗口的空白处，单击鼠标右键，弹出快捷菜单；或执行菜单命令 Edit→Paste，如图 1-55 所示。

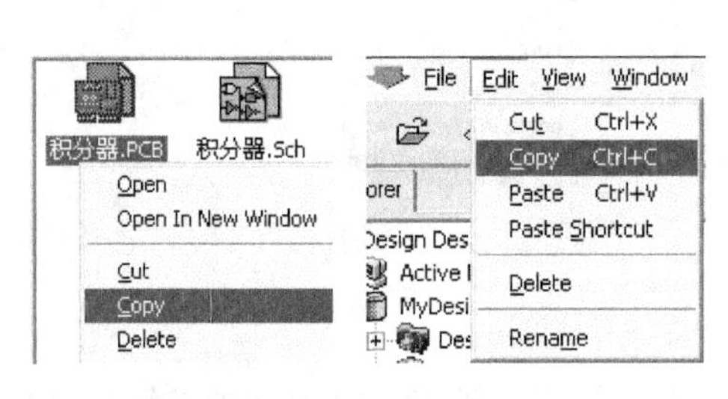

图 1-54　复制操作对话框

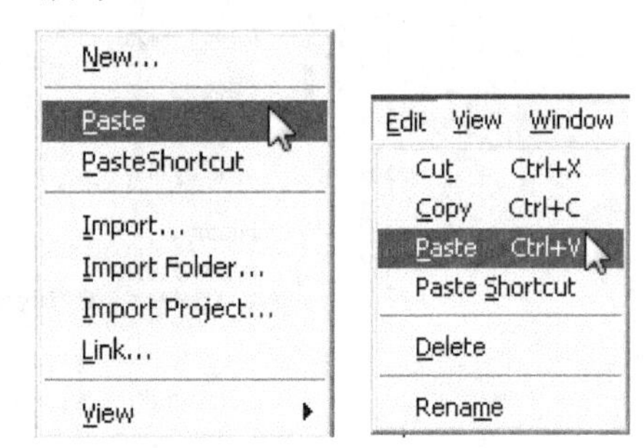

图 1-55　粘贴操作对话框

(3) 如选择 Paste 命令，则将剪贴板中的内容复制到目的文件夹中，并在工作窗口中显示出来。如选择 Paste Shortcut 命令，那么剪贴板中的内容仅以快捷方式复制。

2. 剪切移动文件夹或文件

(1) 将光标移到要移动的文件夹或文件图标上，单击鼠标右键，在弹出的快捷菜单中选择 Cut 命令；或执行菜单命令 Edit→Cut，则该文件夹或文件进入剪贴板中。

(2) 选择目标文件夹，然后将光标移到工作窗口的空白处，单击鼠标右键，在弹出的快捷菜单中选择 Paste 命令；或执行菜单命令 Edit→Paste，完成文件夹或文件的移动操作，并在工作窗口中显示出来。

1.6.11 删除文件或文件夹

Protel 99 SE 为每个设计数据库建立了一个回收站(Recycle Bin)，它提供了与 Windows 下回收站相似的功能，系统可将删除的文档发送到回收站，而不是永久删除。

1. 删除文件操作(将文件放到 Recycle Bin 中)

(1) 关闭要删除的文件夹或文件。

(2) 将光标移到要删除的文件夹或文件图标上，单击鼠标右键，在弹出的快捷菜单中选择 Delete 命令，系统将弹出 Confirm(确认)对话框，如图 1-56 所示，询问是否确认将该文件放入 Recycle Bin，单击【Yes】按钮，则将文档放入设计数据库回收站中。

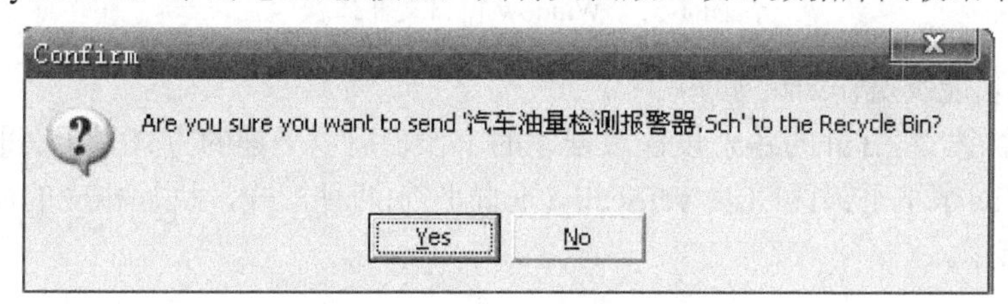

图 1-56 确认删除文件对话框

2. 彻底删除文档(文件不会放到 Recycle Bin 中)

(1) 关闭要删除的文件夹或文件。

(2) 在工作窗口选中文件夹或文件(用鼠标左键单击文件名即可)。

(3) 按 Shift+Delete 键，系统弹出 Confirm(确认)对话框，询问是否确认删除该文件，选择【Yes】按钮，即可将文件彻底删除。

3. 恢复文档

对于放入回收站的文件，系统可以将其恢复。

(1) 在工作窗口打开回收站 Recycle Bin。

(2) 在要恢复的文件图标上单击鼠标右键，在弹出的快捷菜单中选择 Restore，或选中该文件名，执行菜单命令 File→Restore，则将该文件恢复到原路径下。

4. 清空回收站

(1) 在工作窗口打开回收站 Recycle Bin。

(2) 在空白处单击鼠标右键，选择 Empty Recycle Bin，即可将回收站中的所有内容清空。

1.6.12　窗口管理

当建立或打开一个设计数据库时，系统就为其分配一个工作窗口。打开设计数据库中的文件夹或文件后，工作窗口中会出现相应的图标，并以标签的形式在工作窗口的上部显示出来，如图 1-35 所示。

1. 多设计数据库的窗口管理(与 Windows 类似)

如果打开了多个设计数据库，单击菜单 Window，可在菜单下看到打开的各设计数据库的路径及名称，如图 1-57 所示。单击窗口管理的各种命令可对窗口进行显示操作。

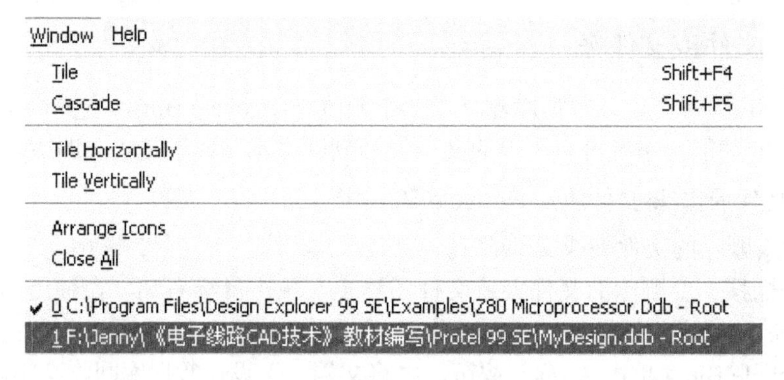

图 1-57　Window 窗口文件列表

各命令的功能及操作结果如下：

(1) Tile 命令。将打开的各个设计数据库的工作窗口以平铺的方式显示。平铺方式分为 Tile Horizontally(水平平铺)和 Tile Vertically(垂直平铺)两种形式，执行相应的命令即可，效果如图 1-58 所示。

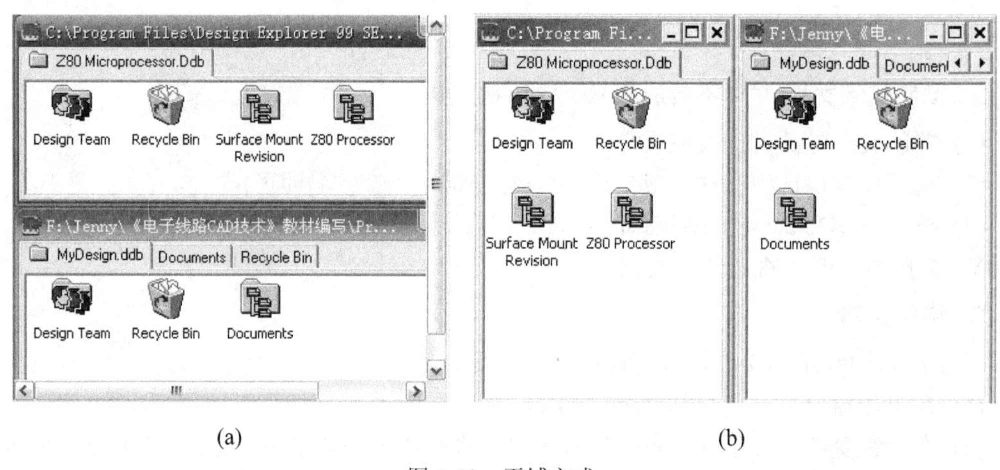

(a)　　　　(b)

图 1-58　平铺方式

(a) Tile Horizontally(水平平铺显示)；(b) Tile Vertically(垂直平铺显示)

(2) Cascade 命令。将打开的各个设计数据库的工作窗口以层叠的方式显示，如图 1-59 所示。

图 1-59　层叠方式(Cascade)

(3) Arrange Icons 命令。当设计数据库最小化时，执行该命令可使最小化图标在工作窗口底部有序地排列，如图 1-60 所示。

图 1-60　Arrange Icons

(4) Close All 命令。执行该命令，可关闭所有的设计数据库文件。

2. 单设计数据库的窗口管理

打开一个设计数据库时的窗口管理与打开多个设计数据库的窗口管理有所不同。将光标移到文件标签位置，单击鼠标右键，弹出的快捷菜单和窗口管理有关的命令功能如下：

(1) Split Vertical 命令。将光标所在的文件标签与其他的文件标签垂直分割显示，如图 1-61 所示。

(2) Split Horizontal 命令。将光标所在的文件标签与其他的文件标签水平分割显示，如图 1-62 所示。

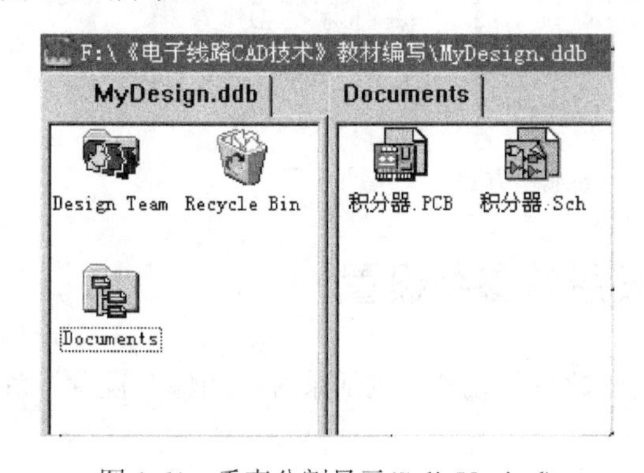

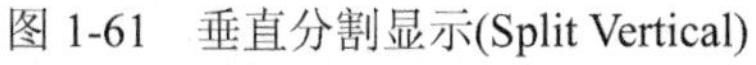
图 1-61　垂直分割显示(Split Vertical)

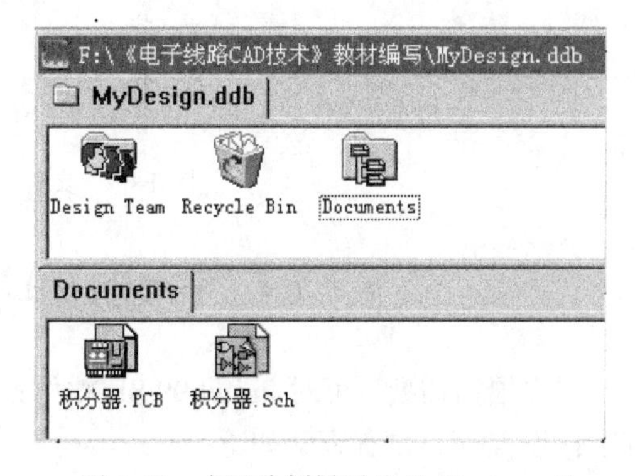

图 1-62　水平分割显示(Split Horizontal)

(3) Tile All 命令。将设计数据库中打开的文件夹及文件在工作窗口平铺显示，如图 1-63 所示。

(4) Merge All 命令。将设计数据库中的文件标签合并在一起。这是系统默认的显示方式，如图 1-64 所示。

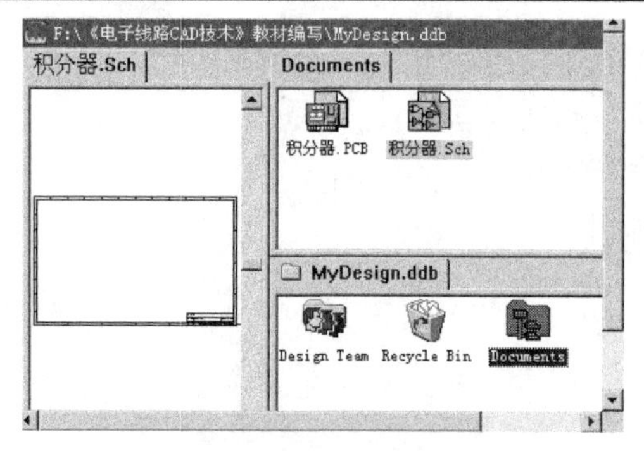

图 1-63　平铺显示(Tile All)

图 1-64　文件标签合并显示(Merge All)

3. 文件夹及文件的显示方式

对于文件夹或文件，系统提供了四种显示方式，如图 1-18 所示的菜单，其中和文件夹及文件显示方式有关命令的功能如下：

(1) Large Icons 命令。大图标显示方式，如图 1-65 中的窗口 1。

(2) Small Icons 命令。小图标显示方式，如图 1-65 中的窗口 2。

(3) List 命令。列表显示方式，如图 1-65 中的窗口 3。

(4) Details 命令。详细资料显示方式，显示内容包括文件图标、名称、大小、类型、修改时间和描述等，如图 1-65 中的窗口 4。

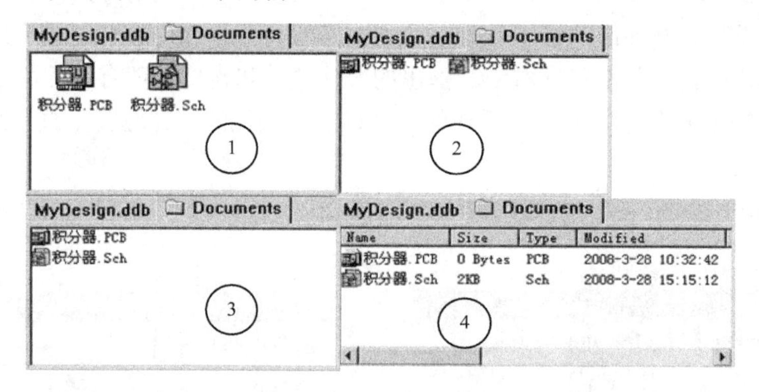

图 1-65　文件夹内容的显示方式

1.7　Protel 99 SE 系统参数设置

用户根据需要，可对 Protel 99 SE 软件系统参数进行设置，包括系统自动保存设置、系统字体设置等。设置方法如下：

(1) 启动 Protel 99 SE 系统。

(2) 单击屏幕窗口左上方的图标，系统弹出如图 1-66 所示菜单选项对话框。

(3) 选中 Preferences 命令，屏幕弹出如图 1-67 所示系统参数设置对话框。

(4) 选中 Create Backup Files 复选框，系统将自动备份设计文件。

(5) 选中 Save Preferences 复选框，则在设计时系统保存对话框中设置的选项和电路原理图设计软件的外观。

(6) 选中 Display Tool Tips 复选框，电路中可以显示工具栏，一般(3)、(4)、(5)三个复选框均要选中。

图 1-66　菜单选项对话框　　　　图 1-67　系统参数设置对话框

(7) 自动备份设置。单击图中【Auto-Save Settings】按钮，弹出如图 1-68 所示自动备份设置对话框。其中 Number 框中设置文件备份数；Time Interval 框中设置自动备份的时间间隔，单位为分钟；单击【Browse】按钮可以指定保存备份文件的文件夹。

(8) 字体设置。选中 Use Client System Font All Dialogs 复选框。单击【Change System Font】，系统弹出字体对话框，如图 1-69 所示。可以进行按钮字体、字形、字号大小、字体颜色等设置。由于 Protel 99 SE 系统的字体较大，对话框内的文字常常被切掉，通过重新设置对话框字体，可以使对话框文字显示完整。

(9) 设置好后，单击【OK】按钮，关闭对话框。

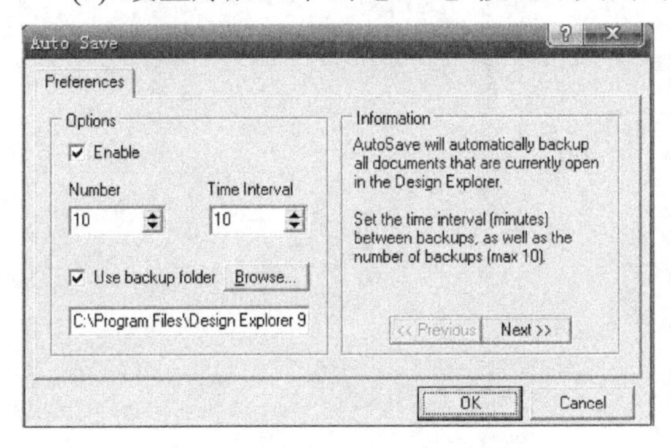

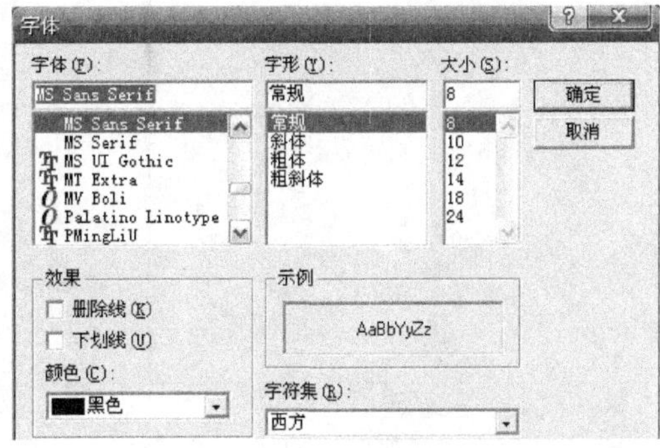

图 1-68　自动备份设置对话框　　　　图 1-69　字体设置对话框

本 章 小 结

本章简单介绍了 Protel 99 SE 的发展及功能，重点讲解了设计数据库的概念、设计数据库的建立、设计数据库的组成、文件操作、系统参数设置等。学完本章，可以熟悉 Protel 99

SE 的设计数据库的界面，熟练掌握设计数据库的打开和关闭，设计数据库中的文件夹和文件的建立、保存、更名、复制、删除、导出与导入等基本操作，熟悉窗口显示方式；熟练设置系统参数。

思考与练习

1. 如何启动 Protel 99 SE?

2. Protel 99 SE 中的设计数据库保存类型有几种？有何区别？

3. 设计数据库由几部分组成？如何新增成员、更改成员权限？

4. Protel 99 SE 中提供的文件类型有哪几种？

5. 对于设计数据库，文件的链接和文件的导入有何区别？使用文件导出功能有何优点？

6. 新建一个设计数据库，选择 MS Access Database 保存类型，命名为“我的设计.ddb”，文件保存路径为“D: \CAD 设计”，不设置密码。

7. 新建一个设计数据库，选择 MS Access Database 保存类型，命名为“我的设计 1.ddb”，文件保存路径为“D\CAD 设计”，并设置密码。将自己新增到设计组成员中，并修改操作权限。

8. 关闭“我的设计.ddb”、“我的设计 1.ddb”，再打开。观察操作结果。

9. 在“我的设计.ddb”设计数据库中建立原理图、PCB 文件，并对文件进行重命名、复制、粘贴、删除、还原、导出、导入等操作。

10. 请修改系统字体为 MS Sans Serif，常规 8 号。

第二部分

原理图设计系统

第 2 章

电路原理图设计

内 容 提 要

本章主要介绍绘制一张完整、正确、漂亮的电路原理图的操作步骤；图纸尺寸的设置和原理图编辑器的工作环境、原理图各对象属性的编辑方法等内容。

电路原理图设计是印刷电路板设计的基础，是决定整个电路板功能的基础，它决定了后续工作的进展。因此读者首先要学会绘制一张完整、正确、漂亮的电路原理图的操作方法。

2.1 电路原理图设计的一般步骤

电路原理图的设计过程一般可以按图 2-1 所示的设计流程进行。

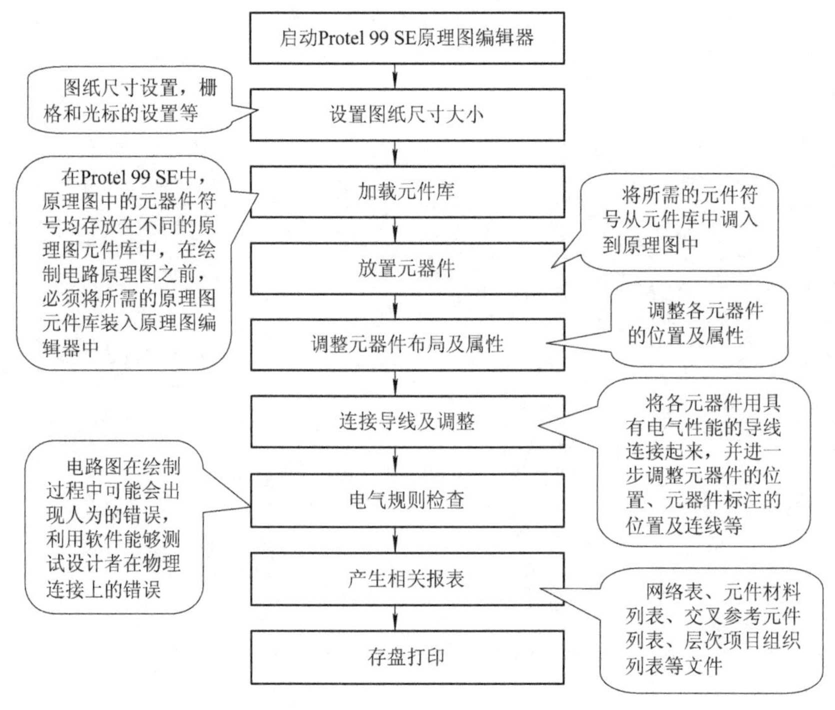

图 2-1 电路原理图设计流程

2.2　启动 Protel 99 SE 原理图编辑器

新建一个设计数据库文件，进入如图 1-6 所示的界面。双击打开 Documents 文件夹，原理图文件放在该文件夹中。

第一种方法：

(1) 在 Documents 文件夹窗口的空白处单击鼠标右键，在弹出的快捷菜单中选择 New(如图 1-30 所示)。

(2) 系统弹出 New Document 对话框，如图 2-2 所示，在对话框中选择 (Schematic Document)图标，单击【OK】按钮(或双击 Schematic Document 图标)，则系统建立一个默认文件名为 Sheet1.Sch 的原理图文件，如图 2-3 所示。其中 .Sch 是原理图文件的扩展名，Sheet1 是系统默认的主文件名。此时可对原理图文件进行重命名。

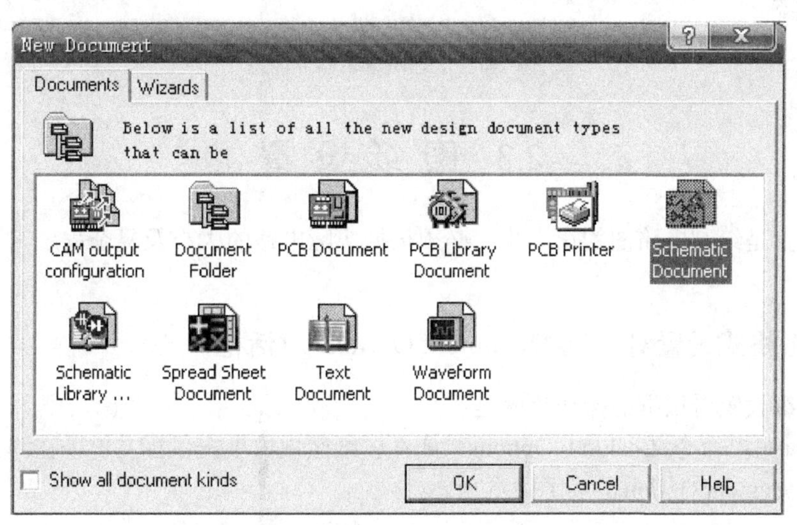

图 2-2　New Document 对话框

图 2-3　新建原理图文件

第二种方法：

(1) 执行菜单命令 File→New。

(2) 系统弹出如图 2-2 所示 New Document 对话框，以下步骤同第一种方法。

(3) 双击 Sheet1.Sch 图标，则系统启动了原理图编辑器，如图 2-4 所示。

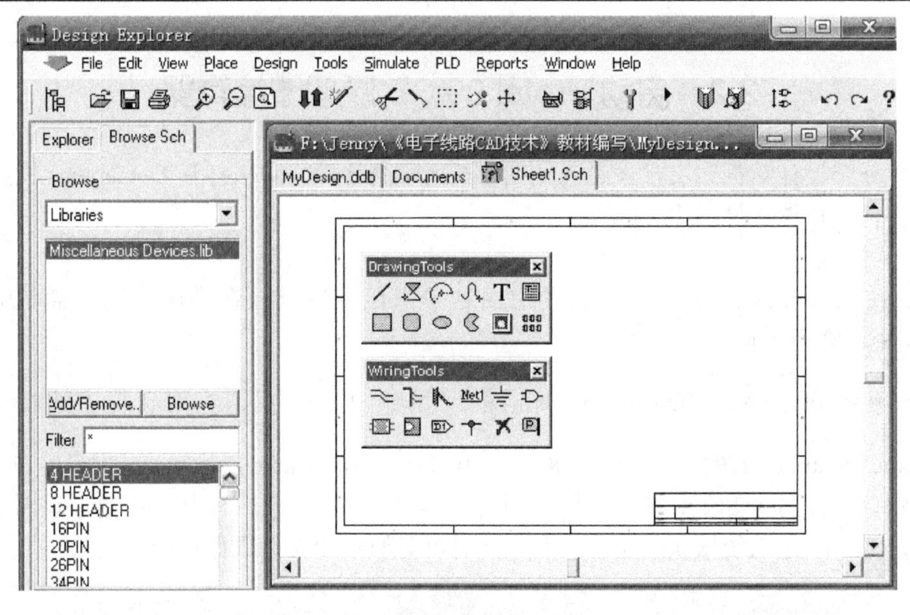

图 2-4　原理图编辑器界面

2.3 图 纸 设 置

图纸设置是绘制电路图的第一步，必须根据实际电路的大小及复杂程度来选择合适的图纸尺寸。

2.3.1　图纸格式设置对话框(Document Options 对话框)

打开图纸设置对话框的操作步骤是：

(1) 执行菜单命令 Design→Options，或在图纸区域内单击鼠标右键，在弹出的快捷菜单中选择 Document Options，如图 2-5 所示。

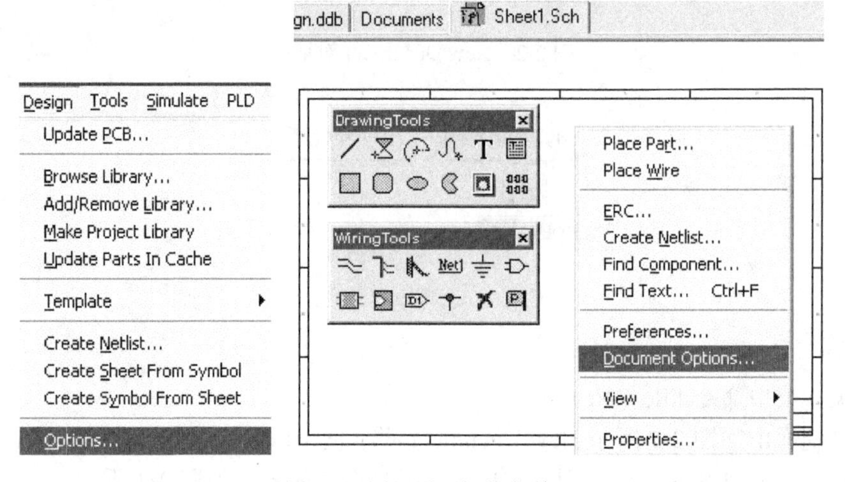

图 2-5　图纸设置操作菜单

(2) 系统弹出 Document Options 对话框，如图 2-6 所示，选择 Sheet Options(图纸设置)选项卡。

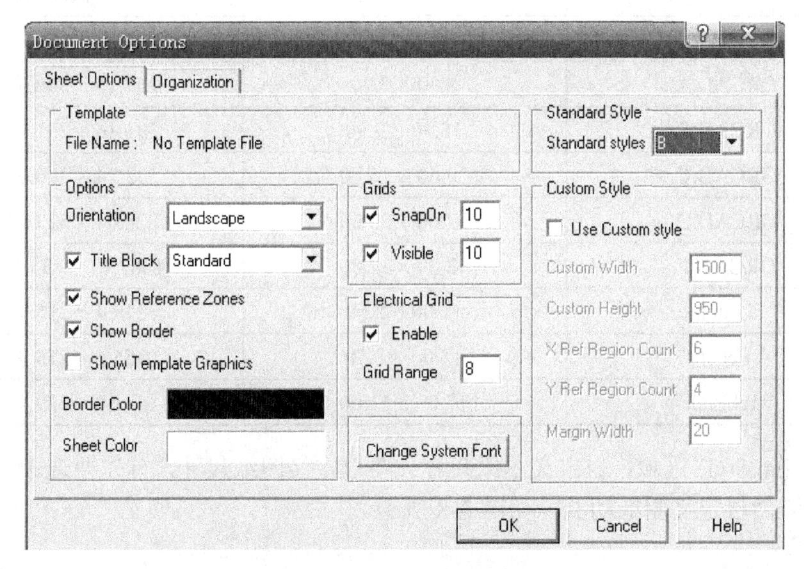

图 2-6　Document Options 对话框

2.3.2　图纸格式设置选项卡(Sheet Options 选项卡)

图纸的默认尺寸单位是 mil，1 mil = 1/1000 英寸 = 0.0254 mm。

选项卡中的内容说明如下：

(1) Standard Style 区域：设置图纸尺寸。用鼠标左键单击 Standard Style 旁边的下拉按钮，可从中选择标准图纸的大小，如图 2-7 所示。

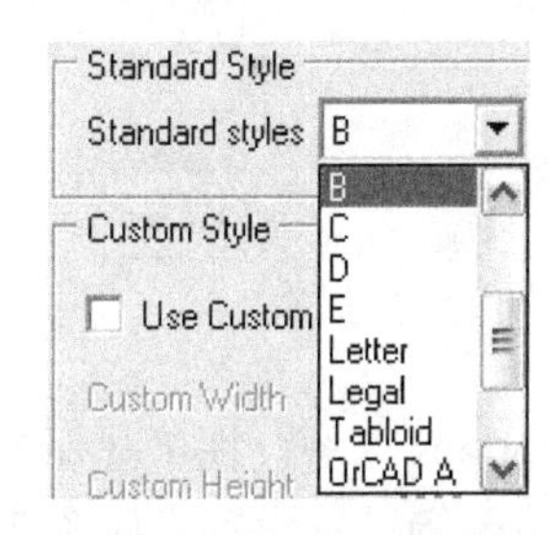

图 2-7　图纸尺寸选择

Protel 99 SE Schematic 提供了多种英制或公制图纸尺寸，见表 2-1。

表 2-1　Protel 99 SE Schematic 提供的标准图纸尺寸

图 纸 名 称	(宽度 × 高度)/in	(宽度 × 高度)/mm
A	11.00 × 8.50	279.42 × 215.90
B	17.00 × 11.00	431.80 × 279.40
C	22.00 × 17.00	558.80 × 431.80
D	34.00 × 22.00	863.60 × 558.80
E	44.00 × 34.00	1078.00 × 863.60
A4	11.69 × 8.27	297 × 210
A3	16.54 × 11.69	420 × 297
A2	23.39 × 16.54	594 × 420
A1	33.07 × 23.39	840 × 594

续表

图 纸 名 称	(宽度 × 高度)/in	(宽度 × 高度)/mm
A0	46.80 × 33.07	1188 × 840
ORCAD A	9.90 × 7.90	251.15 × 200.66
ORCAD B	15.40 × 9.90	391.16 × 251.15
ORCAD C	20.60 × 15.60	523.24 × 396.24
ORCAD D	32.60 × 20.60	828.04 × 523.24
ORCAD E	42.80 × 32.80	1087.12 × 833.12
Letter	11.00 × 8.50	279.4 × 215.9
Legal	14.00 × 8.50	355.6 × 215.9
Tabloid	17.00 × 11.00	431.8 × 279.4

(2) Custom Style 区域：自定义图纸尺寸。要自定义图纸尺寸，首先要选中 Use Custom 复选框，以激活自定义图纸功能，如图 2-8 所示。

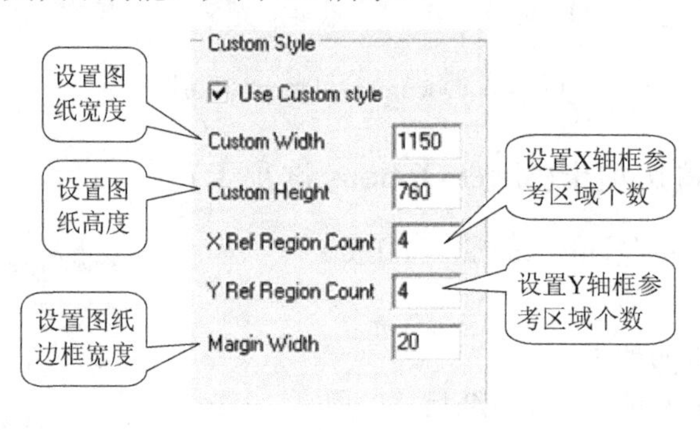

图 2-8　自定义图纸设置

(3) Options 区域。图纸显示参数的设置。在这个区域中，用户可以对图纸方向、标题栏、图纸边框等进行设置，如图 2-9 所示。

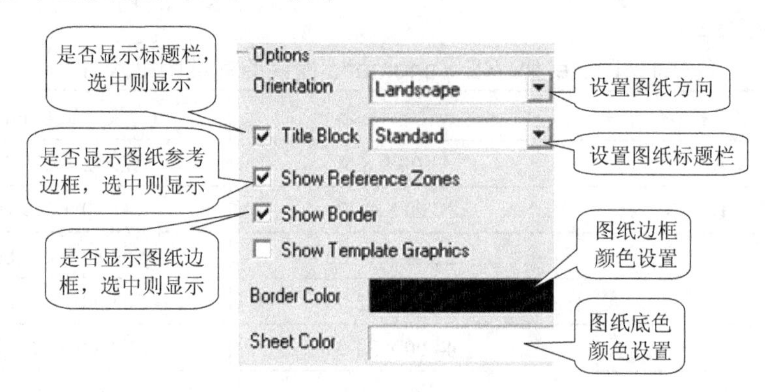

图 2-9　Options 选项区域

- Orientation：有两个选项，如图 2-10 所示。两种方向对应图纸样式如图 2-11 所示。
- Title Block：设置图纸标题栏，有两个选项，如图 2-12 所示。标题栏的样式如图 2-13 所示。

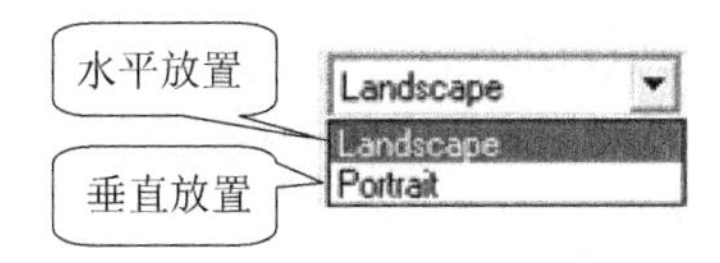

图 2-10　设置图纸方向

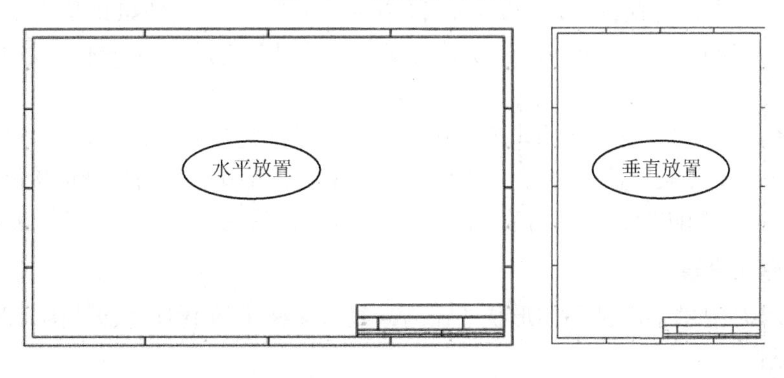

图 2-11　图纸方向样式

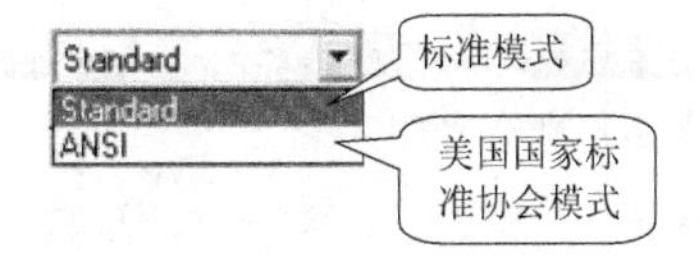

图 2-12　设置图纸标题栏

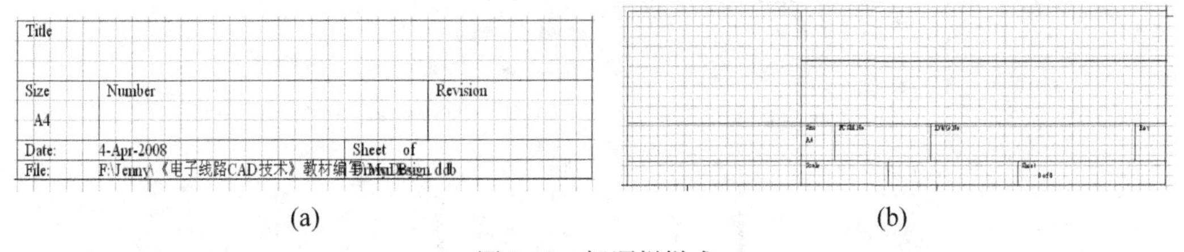

(a)　　　　(b)

图 2-13　标题栏样式

(a) Standard 标题栏；(b) ANSI 标题栏

2.3.3　栅格和光标设置

在 Protel 99 SE 中栅格类型主要有 3 种，即捕捉栅格(Snap On)、可视栅格(Visible)、电气栅格(Electrical Grid)，如图 2-14 所示。

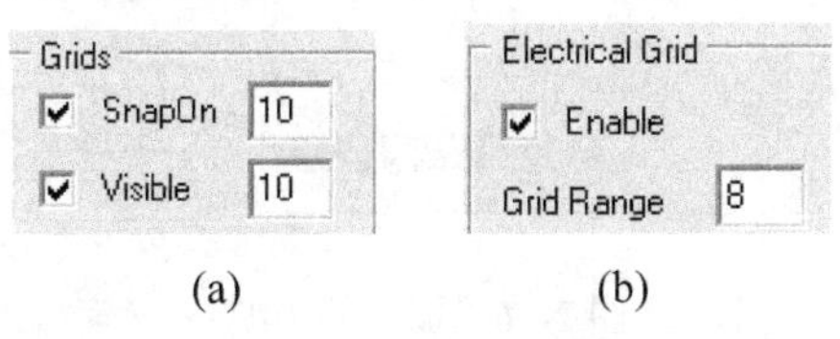

(a)　　　　(b)

图 2-14　栅格设置

(a) 图纸栅格设置；(b) 电气栅格设置

1. 栅格设置(Grids 区域)

(1) Snap On。捕捉栅格，即光标在设计窗口移动一步的步长。选中此项表示光标移动时以 Snap On 右边的设置值为单位移动。

(2) Visible。可视栅格，图纸上实际显示的栅格之间的距离。选中此项表示栅格可见，栅格的尺寸为 Visible 右边的设置值。

捕捉栅格和可视栅格是相互独立的。

图 2-14 所示为系统默认值，一般可以将 Snap On 设置为 5，Visible 仍为 10，这样设置的效果是光标一次移动半个栅格，在以后绘制电路原理图的过程中，你会发现这样设置的方便之处。

(3) Electrical Grid。电气栅格。若选中此项，系统在连接导线时，以光标位置为圆心，以 Grid Range 栏中的设置值为半径，自动向四周搜索电气节点，当找到最接近的节点时，就会将光标自动吸到此节点上，并在该节点上显示一个黑色的圆点。此项一般选中。

2. 栅格形状设置

Protel 99 SE 提供了两种不同形状的栅格：线状栅格(Line)和点状栅格(Dot)。栅格设置的操作步骤是：

(1) 执行菜单命令 Tools→Preferences，系统弹出 Preferences 对话框，如图 2-15 所示。

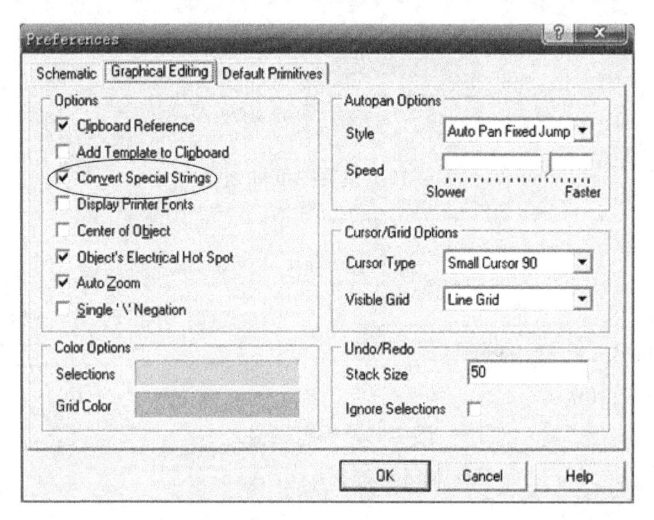

图 2-15　Preferences 对话框

(2) 在 Graphical Editing 选项卡中单击 Cursor/Grid Options 区域中 Visible Gird 选项的下拉箭头，从中选择栅格的类型，如图 2-16 所示。

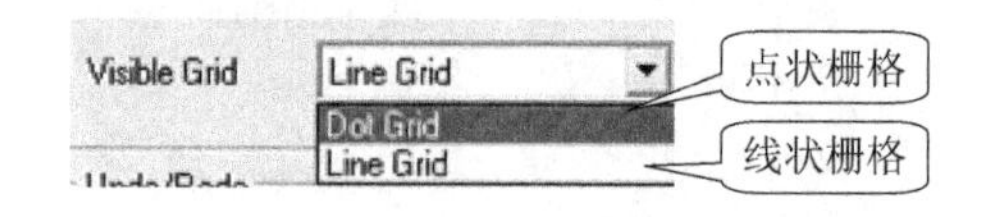

图 2-16　栅格的类型

(3) 设置完毕单击【OK】按钮。系统的默认设置是线状栅格。

3. 栅格颜色设置

在图 2-15 的 Color Options 区域可以设置栅格的颜色。用鼠标单击 Grid Color 颜色区域即可打开颜色选项对话框，如图 2-17 所示，在对话框中选中所需要的颜色，单击【OK】

按钮，即可设置栅格颜色。

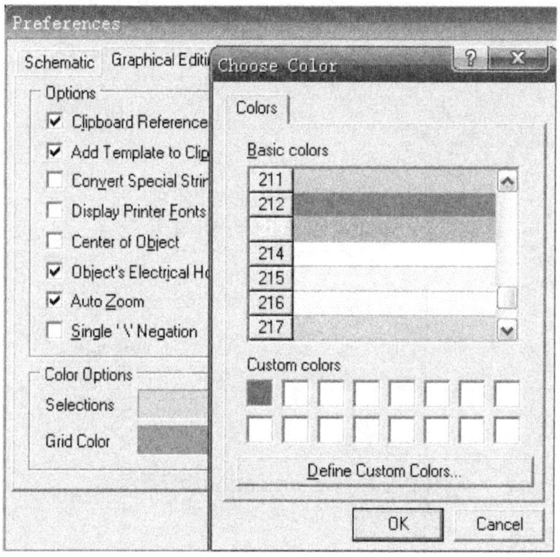

图 2-17　栅格颜色设置

4. 光标形状设置

Protel 99 SE 可以设置光标在画图、连线和放置元件时的形状。设置方法是：在图 2-15 中 Cursor/Grid Options 区域中，单击 Cursor Type 选项的下拉箭头，从中选择光标形式。如图 2-18 所示，共有三项。图 2-19 所示为三种光标的样式。

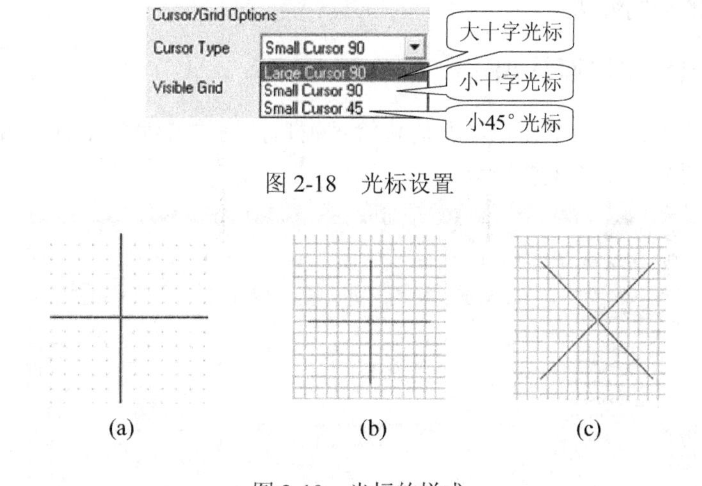

图 2-18　光标设置

图 2-19　光标的样式

(a) 大十字光标；(b) 小十字光标；(c) 小 45° 光标

2.3.4　文件信息选项卡(Organization 选项卡)

Organization 选项卡主要用来设置电路原理图的文件信息，为设计的电路建立档案，如图 2-20 所示。用户可以将文件信息与标题栏配合使用，构成完整的电路原理图文件信息。

1. 标题栏中的内容设置

按图 2-20 所示设置文件信息。

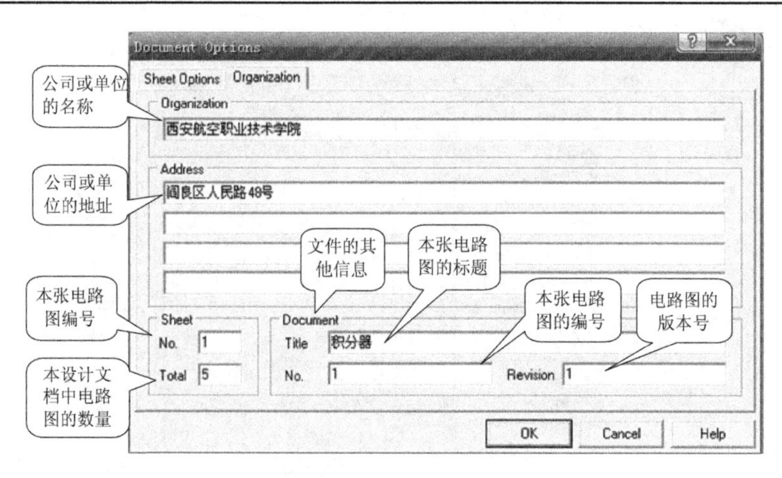

图 2-20　Organization 选项卡

2. 标题栏中的内容显示

当我们在 Organization 选项卡中建立了文档信息后，信息中的内容并没有立即显示在标题栏中，而要经过一定的设置才能显示出来。具体设置方法将在放置说明文字一节中具体介绍。

2.4　绘制电路原理图

下面我们先认识一下原理图编辑器的界面及原理图常用工具的功能，再用一个实例来讲解电路原理图的绘制方法。

2.4.1　原理图编辑器界面认识

原理图编辑器中共有两个窗口，左边称管理窗口，右边称编辑窗口，如图 2-21 所示。下面将介绍编辑器界面中的主要部分。

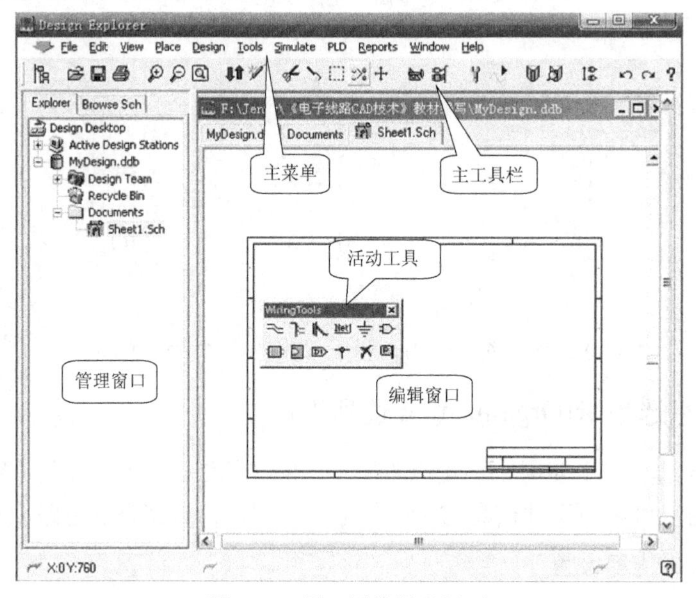

图 2-21　原理图编辑器界面

2.4.2　主菜单

利用主菜单中的命令可以完成 Protel 99 SE 提供的原理图编辑的所有功能。各菜单命令如下：

(1) File。文件菜单，完成文件方面的操作，如新建、打开、关闭、打印文件等功能。

(2) Edit。编辑菜单，完成编辑方面的操作，如拷贝、剪切、粘贴、选择、移动、拖动、查找替换等功能。

(3) View。视图菜单，完成显示方面的操作，如编辑窗口的放大与缩小、工具栏的显示与关闭、状态栏和命令栏的显示与关闭等功能。

(4) Place。放置菜单，完成在原理图编辑器窗口放置各种对象的操作，如放置元件、电源接地符号、绘制导线等功能。

(5) Design。设计菜单，完成元件库管理、网络表生成、电路图设置、层次原理图设计等操作。

(6) Tools。工具菜单，完成 ERC 检查、元件编号、原理图编辑器环境和默认设置的操作。

(7) Simulate。仿真菜单，完成与模拟仿真有关的操作。

(8) PLD。如果电路中使用了 PLD 元件，可实现 PLD 方面的功能。

(9) Reports。完成产生原理图各种报表的操作，如元器件清单、网络比较报表、项目层次表等。

(10) Window。完成窗口管理的各种操作。

(11) Help。帮助菜单。

主菜单命令的快捷键：命令中带有下划线的字母即为该命令对应的快捷键，如 Place→Part，其操作可简化为依次按两下 P 键。再如 Edit→Select→All，其操作可简化为依次按 E 键、S 键、A 键。其余同理。

在原理图文件的编辑窗口，单击鼠标右键，可弹出快捷菜单，其中列出了一些常用的菜单命令，读者可自行查看。

菜单中有关命令的具体使用情况，将在后续章节中陆续介绍。

2.4.3　主工具栏

主工具栏的打开与关闭可执行菜单命令 View→Toolbars→Main Tools，如图 2-22 所示。该命令是一个开关。主工具栏打开后的结果如图 2-23 所示。

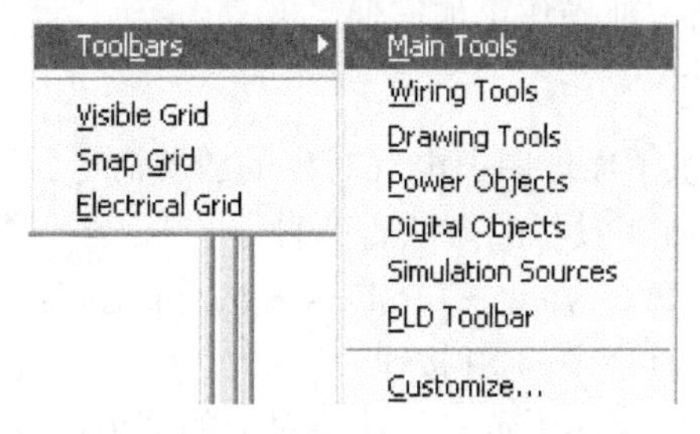

图 2-22　打开主工具栏的操作

图 2-23　主工具栏

主工具栏中的每一个按钮，都对应一个具体的菜单命令。表 2-2 中列出了这些按钮的功能及其对应的菜单命令。

表 2-2　主工具栏按钮功能及其对应的菜单命令

按钮	功能及其对应的菜单命令	按钮	功能及其对应的菜单命令
	切换显示设计管理器，对应于 View→Design Manager		撤消选择，对应于 Edit→Deselect→All
	打开文档，对应于 File→Open		移动选中对象，对应于 Edit→Move→Move Selection
	保存文档，对应于 File→Save		打开或关闭绘图工具栏，对应于 View→Toolbar→Drawing Tools
	打印文档，对应于 File→Print		打开或关闭连线工具栏，对应于 View→Toolbar→Wiring Tools
	画面放大，对应于 View→Zoom In		仿真分析设置
	画面缩小，对应于 View→Zoom Out		运行仿真器，对应于 Simulate→Run
	显示整个文档，对应于 View→Fit Document		加载或移去元件库，对应于 Design→Add/Remove
	层次原理图的层次转换，对应于 Tools→Up/Down Hierarchy		浏览已加载的元件库，对应于 Design→Browse Library
	放置交叉探测点，对应于 Place→Directives→Probe		增加元件的单元号，对应于 Edit→Increment Part
	剪切选中对象，对应于 Edit→Cut		取消上一次操作，对应于 Edit→Undo
	粘贴操作，对应于 Edit→Paste		恢复取消的操作，对应于 Edit→Redo
	选择选项区域内的对象，对应于 Edit→Select→Inside	?	激活帮助

2.4.4　设计工具栏

在原理图编辑器中，Protel 99 SE 提供了各种活动工具栏，有效地利用这些工具栏可以使设计工作更加方便、灵活，使操作更加简便。

1. Wiring Tools 工具栏

Wiring Tools 工具栏提供了原理图中电气对象的放置命令。

打开或关闭 Wiring Tools 工具栏的方法有两种：

第一种方法：执行菜单命令 View→Toolbars→Wiring Tools，如图 2-24 所示。

第二种方法：单击主工具栏中的按钮。

Wiring Tools 工具栏如图 2-25 所示，其功能对应的菜单命令如表 2-3 所示。

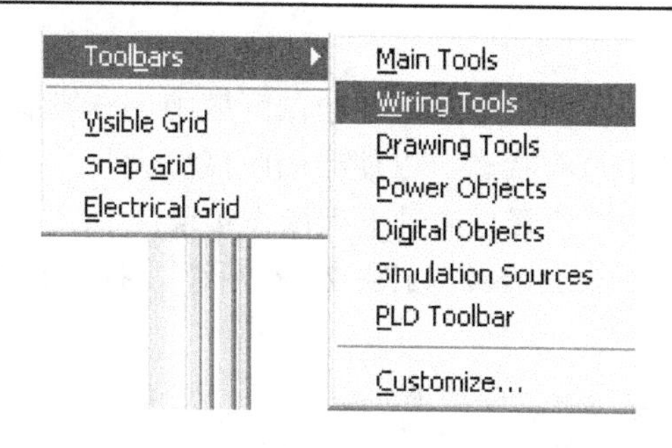

图 2-24　Wiring Tools 工具栏的打开

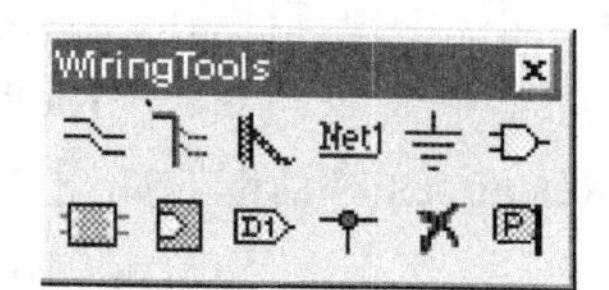

图 2-25　Wiring Tools 工具栏

表 2-3　Wiring Tools 工具栏按钮功能及其对应的菜单命令

按钮	功能及其对应的菜单命令	按钮	功能及其对应的菜单命令
	绘制导线(Place→Wire)		绘制电路方块图(Place→Sheet Symbol)
	绘制总线(Place→Bus)		绘制方块电路端口(Place→Add Sheet Entry)
	绘制总线分支线(Place→Bus Entry)		放置端口(Place→Port)
	放置网络标号(Place→Net Label)		放置电路节点(Place→Junction)
	放置电源/接地符号(Place→Power Port)		放置忽略 ERC 测试点(Place→Directives→No ERC)
	放置元件(Place→Part)		放置 PCB 布线指示(Place→Directives→PCB Layout)

2. Power Objects 工具栏

Power Objects 工具栏提供了一些在绘制电路原理图中常用的电源和接地符号，如图 2-26 所示。

打开或关闭 Power Objects 工具栏的方法：执行菜单命令 View→Toolbars→Power Objects。

3. Digital Objects 工具栏

Digital Objects 工具栏提供了一些常用的数字器件，如图 2-27 所示。

打开或关闭 Digital Objects 工具栏的方法：执行菜单命令 View→Toolbars→Digital Objects。

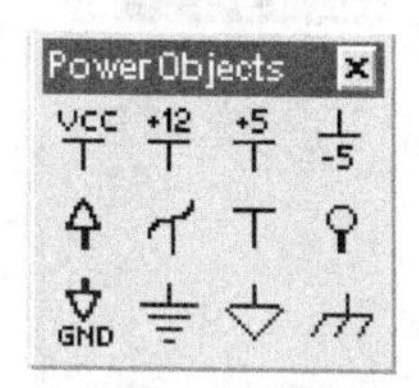

图 2-26　Power Objects 工具栏

图 2-27　Digital Objects 工具栏

注意：以上所讲工具栏操作命令具有开关特性，每执行一次，命令对象的状态就会变化一次，即如果第一次执行此命令是打开某工具栏，下一次执行此命令就是关闭某工具栏。

工具栏可固定在屏幕的上下左右某一位置，也可悬浮在绘图区域中。一般情况下，主工具栏固定在主菜单下，其他工具栏则处于悬浮状态，以使绘图区域更大些，并且可随时打开和关闭，不影响编辑操作。工具栏的放置位置可通过下列操作实现：

(1) 执行菜单命令 View→Toolbars→Customize，如图 2-28 所示。打开自定义资源 Customize Resources 对话框，如图 2-29 所示。

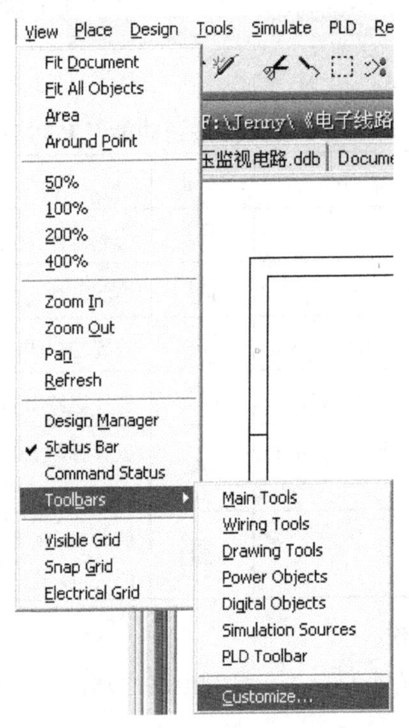

图 2-28　自定义工具栏的打开

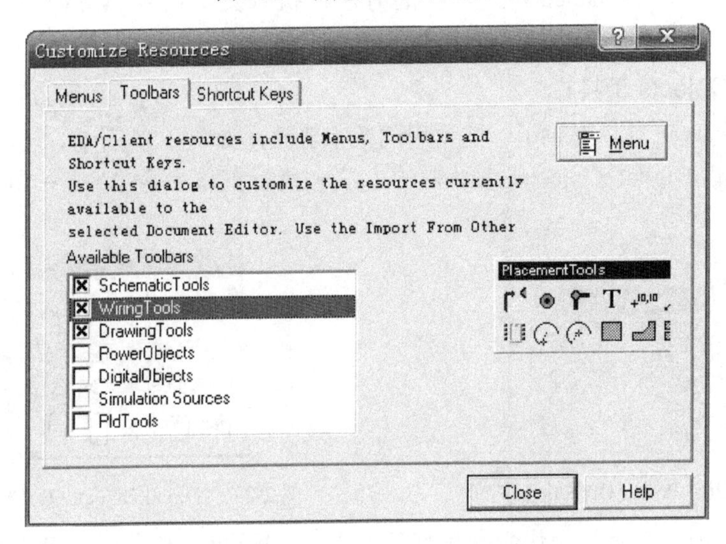

图 2-29　Customize Resources 对话框

(2) 在图 2-29 所示对话框中单击 Toolbars，并选中某一工具如图中的 Wiring Tools。

(3) 单击 Toolbars 对话框中右上角的【Menu】按钮，打开如图 2-30 所示选项。

(4) 在图 2-30 中选中 Edit，打开工具属性 Toolbar Properties 对话框，如图 2-31 所示。

(5) 在图 2-31 中 Position 右侧的下拉菜单中，选择工具栏的放置位置。

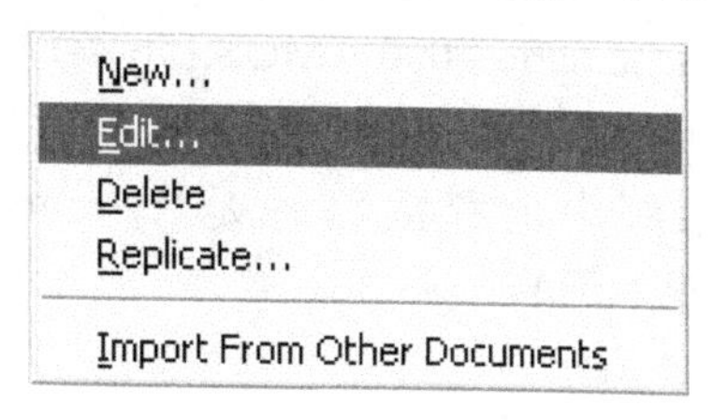

图 2-30　【Menu】按钮选项

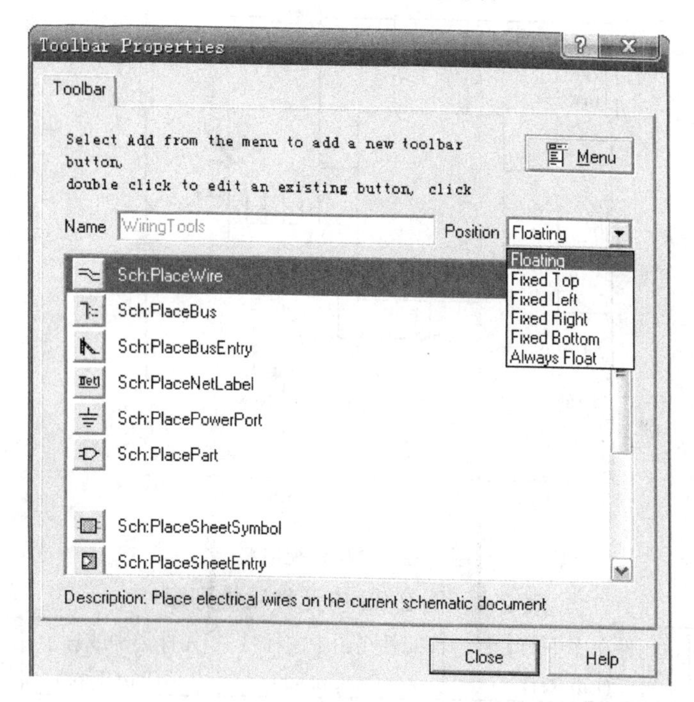

图 2-31　Toolbar Properties 对话框

2.5　一个简单原理图的绘制

上面简单介绍了原理图的界面及原理图绘制工具，下面以图 2-32 所示“过压监视电路”为例，详细介绍原理图绘制方法。

2.5.1　创建 Sch 文档、加载原理图元件库

新建一个原理图文档，并将文档命名为“过压监视电路.Sch”，设置图纸尺寸大小为 A4 图纸，加载原理图元件库。Protel 99 SE 原理图的元件符号都分门别类地存放在不同的原理图元件库中。

1. 原理图元件库简介

原理图元件库的扩展名是 .ddb。此 .ddb 文件是一个容器，它可以包含一个或几个具体的元件库，这些包含在 .ddb 文件中的具体元件库的扩展名是 .Lib。

在这些具体的元件库中，存放不同类别的元件符号。如元件库 Protel DOS Schematic Libraries.ddb 中的 Protel DOS Schematic 4000 CMOS.Lib 存放的是 4000 CMOS 系列的集成电路符号，Protel DOS Schematic TTL.Lib 存放的是 TTL74 系列的集成电路符号。

原理图元件库文件在系统中的存放路径是 *:\Program Files\Design Explorer 99 SE\Library\Sch。(*为软件的安装目录)

图 2-32 中元件属性如表 2-4 所示。

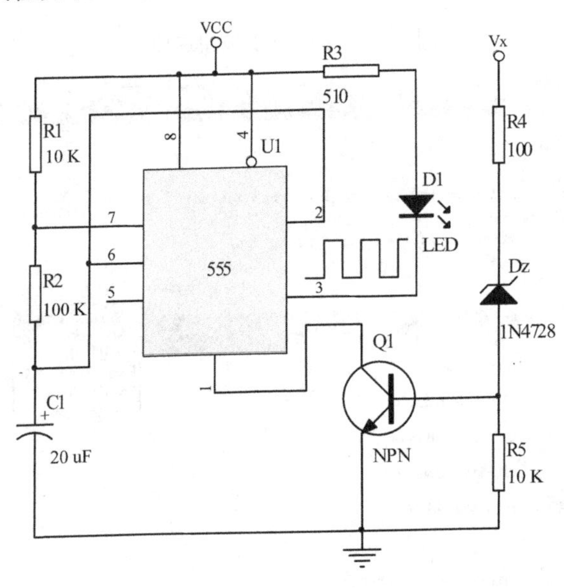

图 2-32　过压监视电路

表 2-4　图 2-32 中元件属性列表

元件库名称	元件在库中的名称 (Lib Ref)	元件在图中的标号 (Designator)	元件类别或标示值(Part Type)	元件的封装形式 (Footprint)
Miscellaneous Devices.ddb	RES2	R1	10K	AXIAL0.4
	RES2	R2	100K	AXIAL0.4
	RES2	R3	510	AXIAL0.4
	RES2	R4	100	AXIAL0.4
	RES2	R5	10K	AXIAL0.4
	CAPACITOR POL	C1	20uF	POLAR0.6
	NPN	Q1	NPN	TO-5
	LED	D1	LED	RB.2/.4
Sim.ddb 中的 DIODE.LIB 中	1N4728	Dz	1N4728	DIODE0.4
Sim.ddb 中的 TIMER.LIB 中	555	U1	555	DIP8

2. 加载原理图元件库(有 3 种方法)

第一种加载元件库的方法：

(1) 打开新建的“过压监视电路.sch”原理图文件。

(2) 在 Design Explore 管理器中选择 Browse Sch 选项卡，如图 2-33 所示。

(3) 在 Browse 下面的下拉列表框中选择 Libraries。

(4) 单击【Add/Remove】按钮。

(5) 弹出 Change Library File List(加载或移出元件库)对话框，如图 2-34 所示。

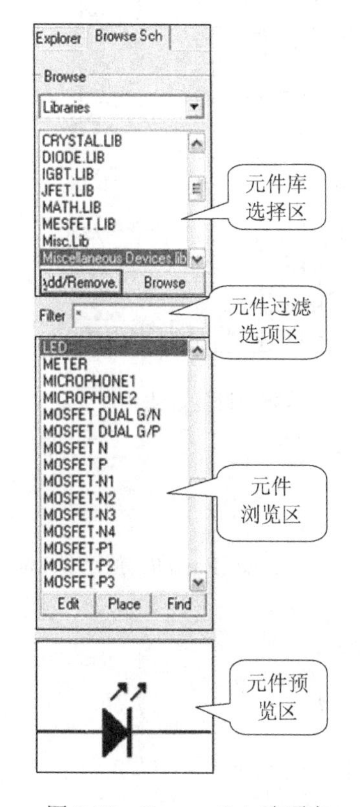

图 2-33　Browse Sch 选项卡

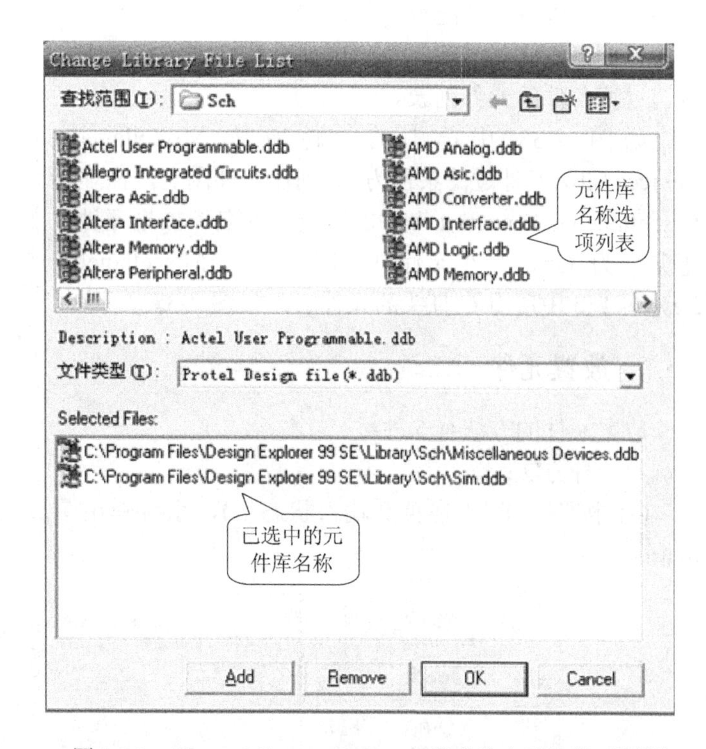

图 2-34　Change Library File List(加载或移出元件库)对话框

(6) 在存放元件库的路径下，选择所需元件库文件名，然后单击【Add】按钮，或双击所选中的元件库图标，则所选元件库文件名出现在 Selected Files 显示框内。

(7) 重复上述操作，可加载多个元件库，最后单击【OK】按钮，关闭此对话框，所加载元件库就出现在图 2-33 所示的元件库选择区。

图 2-33 显示的是加载了元件库 Miscellaneous Devices.ddb 和 Sim.ddb 后的情况。

若从原理图元件库选择区中移出元件库，仍要在 Browse Sch 选项卡中单击【Add/Remove】按钮，在弹出的图 2-34 Selected Files 显示框中选中文件名，单击【Remove】按钮或双击元件库图标即可。

第二种加载元件库的方法：执行菜单命令 Design→Add/Remove Library，弹出图 2-34 所示对话框，后面的操作同第一种方法。

第三种加载元件库的方法：单击主菜单中的图标，弹出图 2-34 所示对话框，后面的操作同第一种方法。

3. 浏览元件库

在图 2-33 所示的 Browse Sch 选项卡中，通过三个区域可以浏览元件库。

元件库选择区：显示的是所有加载的元件库文件名。因为 .ddb 文件是个容器，里面包含一个或几个具体的元件库文件(扩展名为 .Lib)，所以元件库加载后，在原理图管理器中显示的是这些具体的元件库文件名，如 Miscellaneous Devices.Lib 等。

元件过滤选项区：可以设置元件列表的显示条件，在条件中可以使用通配符 * 和 ? 。

元件浏览区：显示元件库选择区所选中的元件库中符合过滤条件的元件列表。

如图 2-33 中选中的元件库是 Miscellaneous Devices.Lib，元件过滤条件为 *，则在元件浏览区内显示 Miscellaneous Devices.Lib 中的所有元件名。如果元件过滤条件为 C*，则在元件浏览区内显示 Miscellaneous Devices.Lib 中所有 C 打头的元件名，如图 2-35 所示。

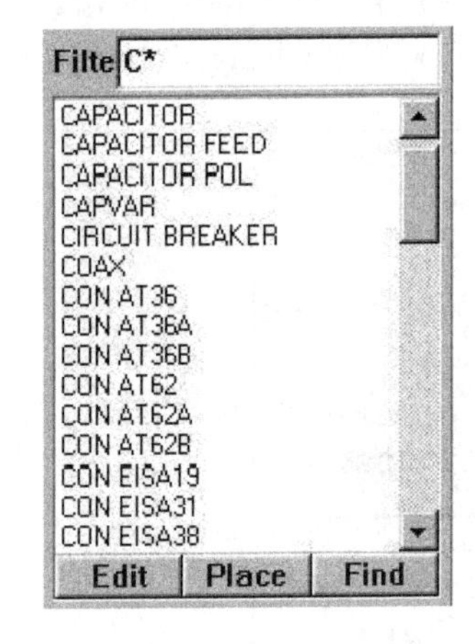

图 2-35　设置过滤条件

2.5.2　放置元件

放置元件的方法有 5 种：

第一种方法：

(1) 按两下 P 键(在英文输入状态下)，系统弹出图 2-36 所示 Place Part(放置元件)对话框。

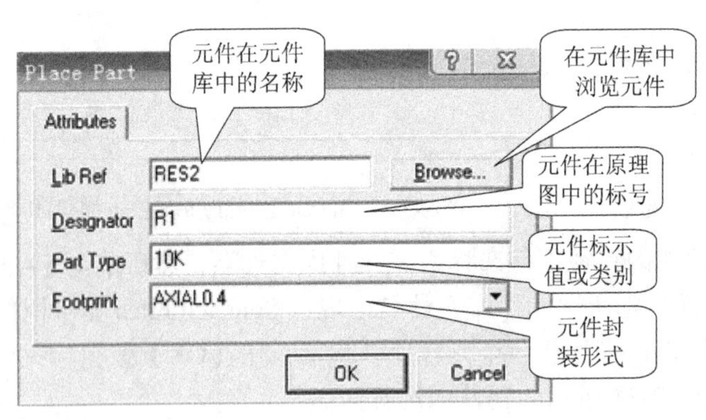

图 2-36　Place Part 对话框

Place Part 对话框(元件属性)说明：

Protel 99 SE 中对原理图元件符号设置了四个属性，分别介绍如下：

- Lib Ref(元件名称)：元件符号在元件库中的名称。如上图中的电阻符号在元件库中的名称是 RES2，在放置元件时必须输入，但不会在原理图中显示出来。
- Designator(元件标号)：元件在原理图中的标号，如 R1、C1 等。
- Part Type(元件标示值或类别)：如 10K、20uF、NPN 等。

• Footprint(元件的封装形式)：是元件的外形名称。一个元件可以有不同的外形，即可以有多种封装形式。元件的封装形式主要用于印刷电路板图。这一属性值在原理图中不显示。关于元件的封装，将在 PCB 中介绍。

在这四个属性中，Lib Ref(元件名称)必须输入具体内容，否则系统将找不到元件；Designator(元件标号)也应输入，如果没有输入具体的元件标号，系统自动给出一个默认的元件标号前缀，如 U?；Part Type(元件标示值或类别)可以不输入具体值；对于 Footprint(元件的封装形式)，如果绘制的原理图需要转换成印刷电路板，在元件属性中必须输入该项内容。

(2) 在对话框中依次输入 R1 元件的各属性值后，单击【OK】按钮。

(3) 光标变成十字形，且元件符号处于浮动状态，随十字光标的移动而移动，如图 2-37 所示。

(4) 在元件处于浮动状态时，可按空格键旋转元件的方向、按 X 键使元件水平翻转、按 Y 键使元件垂直翻转。按 Page Up、Page Down 键放大或缩小画面的显示状态。

(5) 调整好元件方向后，单击鼠标左键放置元件，如图 2-38 所示。

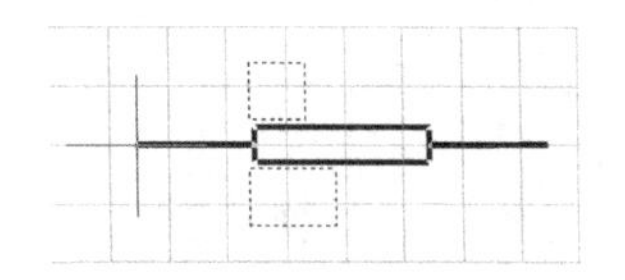

图 2-37　处于浮动状态的元件符号

R1

10K

图 2-38　放置好的元件符号

(6) 系统继续弹出如图 2-36 Place Part(放置元件)对话框，重复上述步骤，放置其他元件，或单击【Cancel】按钮，退出放置状态。

第二种方法：单击 Wiring Tools 工具栏中的图标，系统弹出如图 2-36 所示对话框，后面的操作同第一种方法。

第三种方法：执行菜单命令 Place→Part，系统弹出如图 2-36 所示对话框，以下操作同第一种方法。

第四种方法：(以放置 U1 为例)

(1) 在图 2-33 所示的元件库选择区中选择相应的元件库名 TIMER.LIB。

(2) 在元件浏览区中选择元件名 555。

(3) 单击【Place】按钮，则该元件符号附着在十字光标上，处于浮动状态。

(4) 此时可移动，也可按空格键旋转、按 X 键或 Y 键翻转。

(5) 移动到适当位置后，单击鼠标左键放置元件。

(6) 单击鼠标右键退出放置元件状态。

第五种方法：如果不知道元件名，可在图 2-36 所示的 Place Part 对话框中单击【Browse】按钮，弹出如图 2-39 所示 Browse Libraries(浏览元件库)对话框。

在 Libraries 下拉列表框中选择相应的元件库名(如果列表框中没有所需的元件库，可单击【Add/Remove】按钮加载元件库)，在 Components 区域的元件列表中选择元件名，则在旁边的显示框中显示该元件的图形，如图中的 NPN 元件。找到所需的元件后，单击【Close】按钮，返回图 2-36 Place Part 对话框继续下面的操作。

注意：在用对话框放置元件的过程中，如果元件的标号是以序号结尾的，那么在连续放置元件时，元件的标号自动加 1，所以为了快速地放置元件，放置第一个元件时，其属性一定要编辑好。

图 2-40 所示为元件全部放入原理图后的情况。

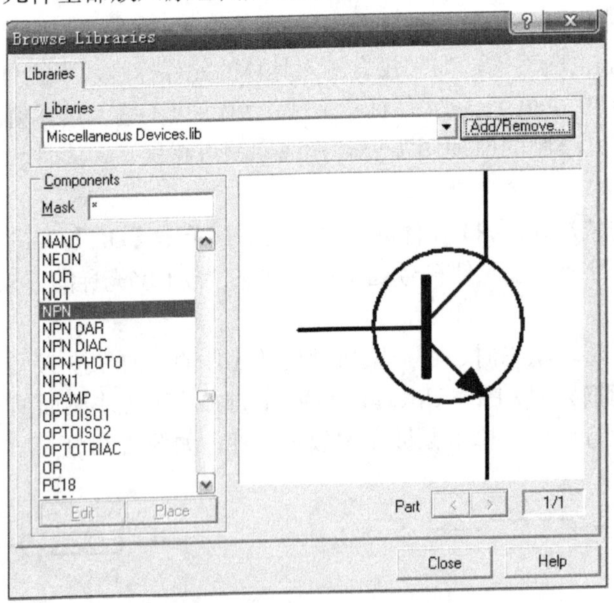

图 2-39　Browse Libraries 对话框

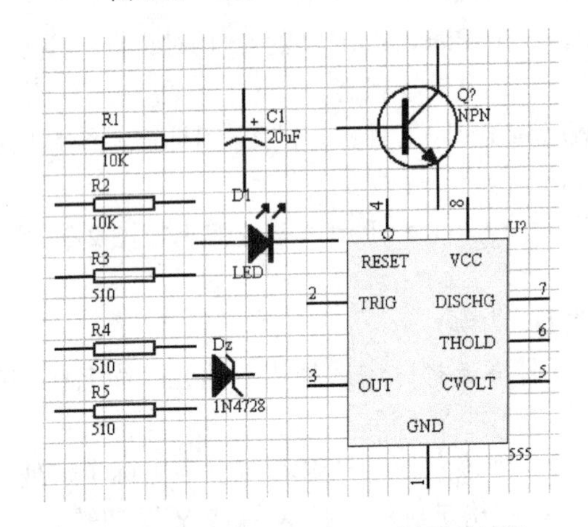

图 2-40　元件全部放入原理图后的情况

2.5.3　画面显示状态调整

在绘制电路图过程中，我们有时需要查看整张电路图，有时需要查看某一局部视图，以便更合理地布置整个电路图。Protel 99 SE View 菜单提供了很多调整画面显示状态的命令，如图 2-41 所示。下面逐一进行介绍。

1. 画面管理

• 显示整个电路图及边框：执行菜单命令 View→Fit Document 或单击主工具栏上的图标。

- 显示整个电路图中的元件，不包括边框：执行菜单命令 View→Fit All Objects。
- 放大指定区域：执行菜单命令 View→Area。

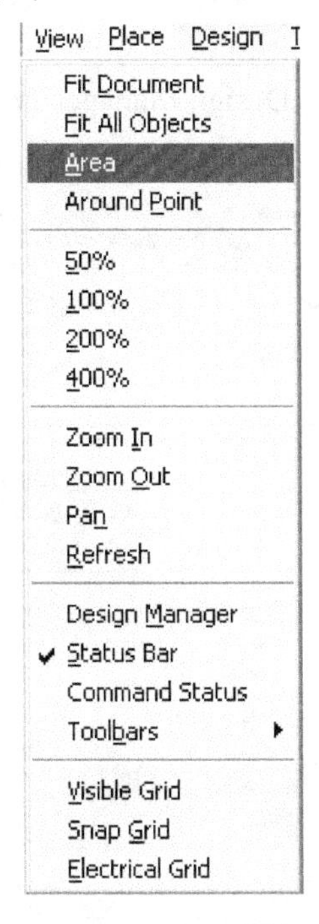

图 2-41　View 菜单

操作方法：执行此命令后，光标变成十字形，单击鼠标左键确定区域左上角，再在对角线位置单击鼠标左键确定区域右下角，则选中的区域放大到充满编辑窗口。

- 放大指定区域：执行菜单命令 View→Around Point。

操作方法：同 View→Area。只是第一次单击鼠标左键是确定所放大区域的中心，第二次确定区域的半径大小。

- 将电路按 50%大小显示：执行菜单命令 View→50%。
- 将电路按 100%大小显示：执行菜单命令 View→100%。
- 将电路按 200%大小显示：执行菜单命令 View→200%。
- 将电路按 400%大小显示：执行菜单命令 View→400%。
- 放大画面：执行菜单命令 View→Zoom In 或单击图标，或按键盘上的 Page Up 键。
- 缩小画面：执行菜单命令 View→Zoom Out 或单击图标，或按键盘上的 Page Down 键。
- 以光标为中心显示画面：执行菜单命令 View→Pan。

操作方法：只能用快捷键执行此命令。先按 V 键，再按 P 键，此时光标变成十字形，在要确定区域的中心单击鼠标左键并拖动光标，此时屏幕上形成一个虚线框，在此虚线框的任意一个角单击左键，则选定区域出现在编辑窗口中心。

- 刷新屏幕：执行菜单命令 View→Refresh 或按键盘上的 End 键。

注意：鼠标在执行其他操作命令时，只能用 Page Up、Page Down、End 来调整画面显示状态。Page Up、Page Down、End 键在任何时候都有效。

2. Design Explore 管理器的切换

如果原理图很复杂，编辑窗口就显得比较小，可关闭 Design Explore 管理器，以扩大编辑窗口的大小。

操作方法：执行菜单命令 View→Design Manager 或单击主工具栏上的图标，可以打开或关闭 Design Explore 管理器。图 2-42 所示为关闭管理器窗口的界面。

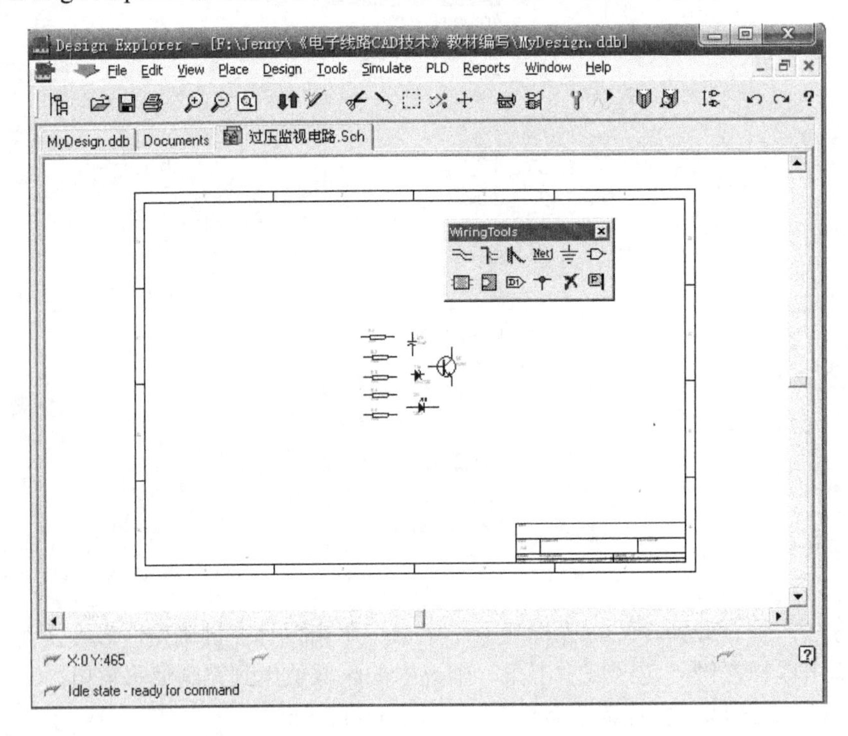

图 2-42　关闭 Design Explore 管理器时的界面

3. 状态栏和命令栏的切换

可将状态栏和命令栏关闭或打开以调整编辑窗口的大小。

(1) 状态栏的切换。执行菜单命令 View→Status Bar。状态栏用来显示光标的当前位置。在命令前有√表示打开。

(2) 命令栏的切换。执行菜单命令 View→Command Status。命令栏用来显示当前正在执行的命令。在命令前有√表示打开，如图 2-43 所示。

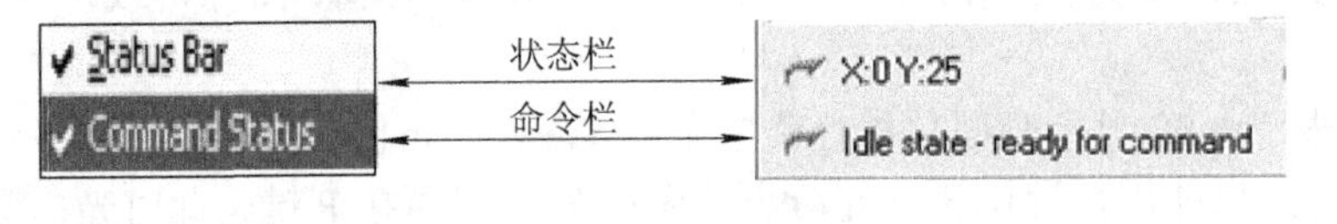

图 2-43　状态栏和命令栏

2.5.4　调整元件布局位置

1. 调整元件布局及元件标号、标注的位置及方向

元件全部调入原理图后，元件放置的位置及方向，元件间的间距、元件标号和标注的

位置等各项要调整完美，以利于连线。调整方法如下：

(1) 移动对象。第一种方法：

① 执行菜单命令 Edit→Move→Move，如图 2-44 所示，光标变成十字形。

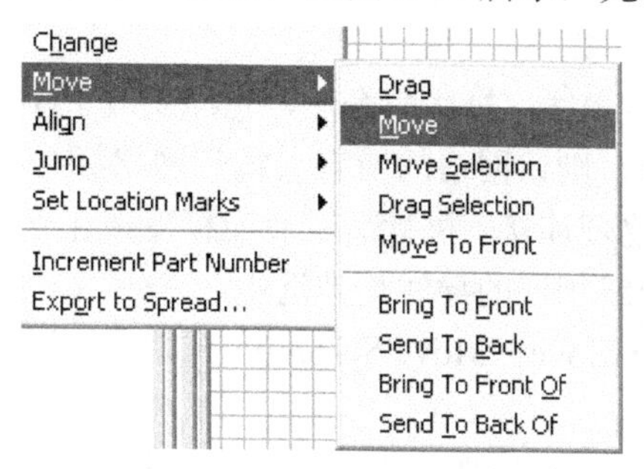

图 2-44　移动对象操作

② 在要移动的对象上单击鼠标左键，则该对象随着光标移动。

③ 在适当的位置单击鼠标左键，完成了对象的移动操作。

第二种方法：选中需要移动的对象(选中对象的方法有 3 种)。

① 第一种方法：按住鼠标左键并拖动，此时屏幕出现一虚线框，松开鼠标左键后，虚线框内的所有对象全部被选中。对象被选中时周围出现黄线框，且所有被选中的元件成为一个整体，如图 2-45 所示。

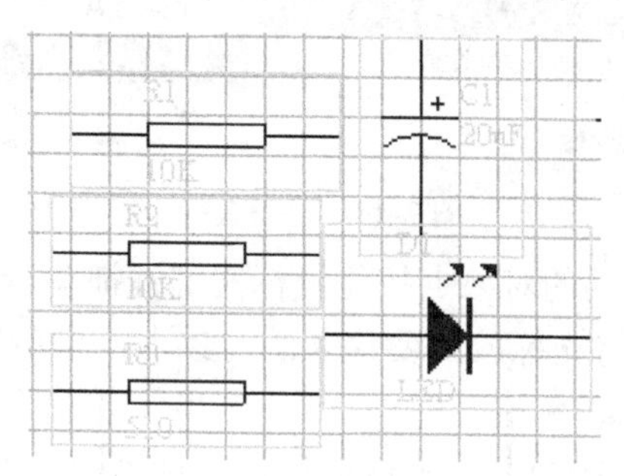

图 2-45　对象的选择

② 第二种方法：

- 单击主工具栏上的图标，光标变成十字形。
- 在适当位置单击鼠标左键，确定虚线框的一个顶点。
- 在虚线框另一对角线单击鼠标左键确定另一顶点。
- 虚线框内的所有对象全部被选中。

③ 第三种方法：

- 执行菜单命令 Edit→Selection，在下一级菜单中选择有关命令，如图 2-46 所示。

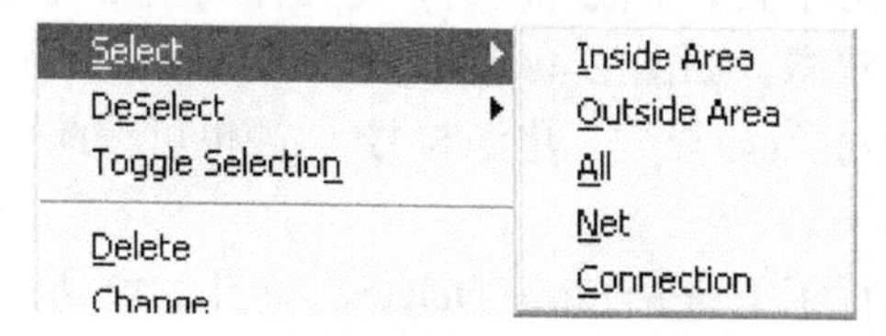

图 2-46　选中对象

菜单中各命令解释如下：

Inside Area：选择区域内的所有对象，同第一、二种方法。

Outside Area：选择区域外的所有对象，操作同上，只是选中的对象在区域外面。

All：选择图中的所有对象。

Net：选择某网络的所有导线。执行命令后，光标变成十字形，在要选择的网络导线上或网络标号上单击鼠标左键，则该网络的所有导线和网络标号全部被选中。

Connection：选择一个物理连接。执行命令后光标变成十字形，在要选择的一段导线上单击鼠标左键，则与该段导线相连的导线均被选中。

- 执行菜单命令 Edit→Move→Move Selection，或单击主工具栏上的图标，光标变成十字形。
- 在选中的对象上单击鼠标左键，则该对象随着光标移动。
- 在适当的位置单击鼠标左键，完成了对象的移动操作。
- 取消对象的选择状态：

最简单的方法是单击主工具栏上的图标，则所有选中状态被取消。或执行菜单 Edit→DeSelect 中的各命令，也可以取消选中状态，如图 2-47 所示。其操作与选择的操作类似，不再赘述。

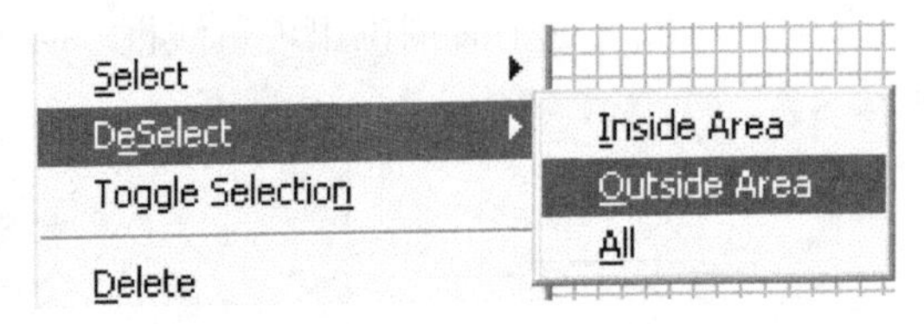

图 2-47　取消选择

(2) 拖动对象。在需要移动的对象上按住鼠标左键并拖动，或执行菜单命令 Edit→Move→Drag，光标变成十字形，将光标放到要移动的对象上，单击鼠标左键，则该对象随着光标移动。单击右键结束操作。

注意：在移动对象时，可在 Document Options 对话框中设置捕捉栅格(Snap On)值(见图 2-14)，以便更好地调整对象的位置。

(3) 改变方向。在元件、元件标号或标注上按住鼠标左键，再按空格键旋转、按 X 键水平翻转或按 Y 键垂直翻转。

注意：在元件没放下之前(处于活动状态时)，也可按空格键旋转、按 X 键水平翻转或按 Y 键垂直翻转，来改变元件的方向。

2. 删除元件

在放置元件过程中，有时需要删除多余的元件。

第一种删除方法：在元件上单击鼠标左键，使元件周围出现虚线框，即元件处于聚焦状态，如图 2-48 所示，按 Delete 键，即可删除。对于其他放置对象(如导线、电源符号等)，也可按此方法进行删除。

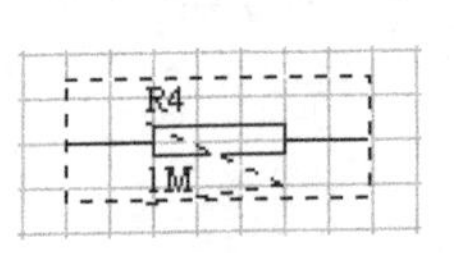

图 2-48　元件聚焦

第二种删除方法：执行菜单命令 Edit→Delete，如图 2-49 所示。鼠标变成十字形，将鼠标移到要删除的元件上单击左键，即可删除选中的元件。此时仍可继续删除其他对象，也可单击鼠标右键退出删除状态。

Edit　View　Place　Design

Undo　Alt+BkSp
Redo　Ctrl+BkSp
Cut　Ctrl+X
Copy　Ctrl+C
Paste　Ctrl+V
Paste Array...
Clear　Ctrl+Del
Find Text...　Ctrl+F
Replace Text...　Ctrl+G
Find Next　F3
Select
DeSelect
Toggle Selection
Delete

图 2-49　删除元件操作

第三种删除方法：

(1) 选中要删除的元件。

(2) 按 Ctrl+Delete 键，或执行菜单命令 Edit→Clear。所有选中的元件将被删除。

注意：Clear 可一次删除多个元件，Delete 一次只能删除一个元件。

调整位置后的元件如图 2-50 所示。

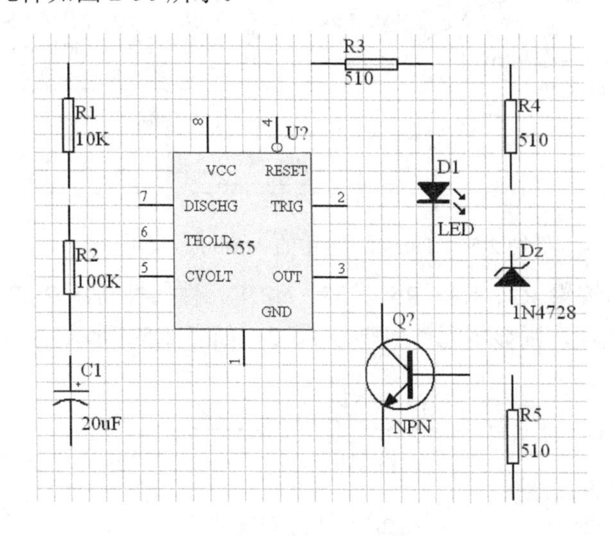

图 2-50　调整位置后的元件

2.5.5　元件的属性编辑

在放置元件的过程中，有时需要修改元件的标号、标注、封装形式、元件引脚位置以及显示字体的颜色和大小等，如图 2-50 中的电阻 R4、R5、555(U?)、NPN(Q?)元件的标注、标号与图 2-32 不符，需要修改，这就是元件及其标号等的属性编辑。

1. 元件的属性编辑

元件的属性编辑在图 2-51、图 2-53 所示的 Part(元件属性)对话框中进行，调出元件属性对话框的方法有四种。

第一种方法：在放置元件过程中，元件处于浮动状态时，按 Tab 键。

第二种方法：双击已放置好的元件。

第三种方法：在元件符号上单击鼠标右键，在弹出的快捷菜单中选择 Properties。

第四种方法：执行菜单命令 Edit→Change，用十字光标单击对象。

其他对象的属性对话框均可采用这四种方法调出。

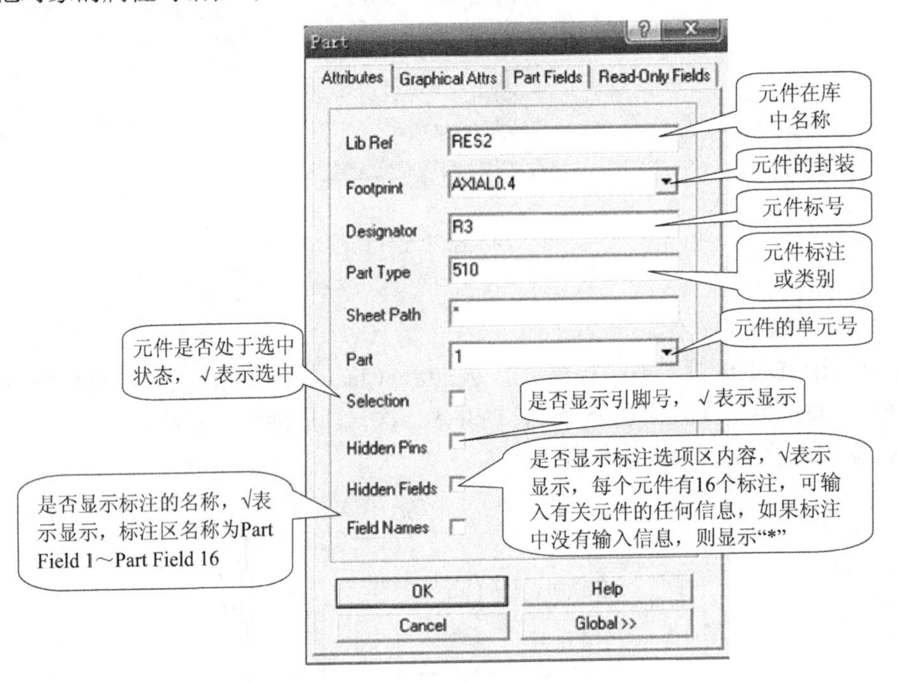

图 2-51　Part 对话框中的 Attributes 选项卡

根据上述方法，编辑 R2、R4、R5、555、NPN 元件属性与图 2-32 一致。如果选中图 2-51 中 Hidden Pin 选项，则显示元件引脚号 1、2，如图 2-52 所示。

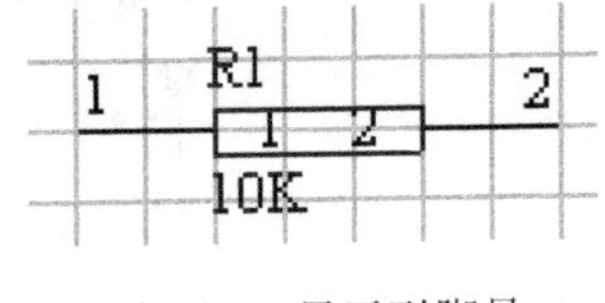

图 2-52　显示引脚号

2. 元件标号的属性编辑

要修改元件标号的显示属性，如元件标号的内容、显示方向、字体及颜色、是否被隐藏等，可在元件标号属性对话框中进行。双击某元件标号(如 R1)，系统弹出 Part Designator(元件标号)属性对话框，如图 2-54 所示。

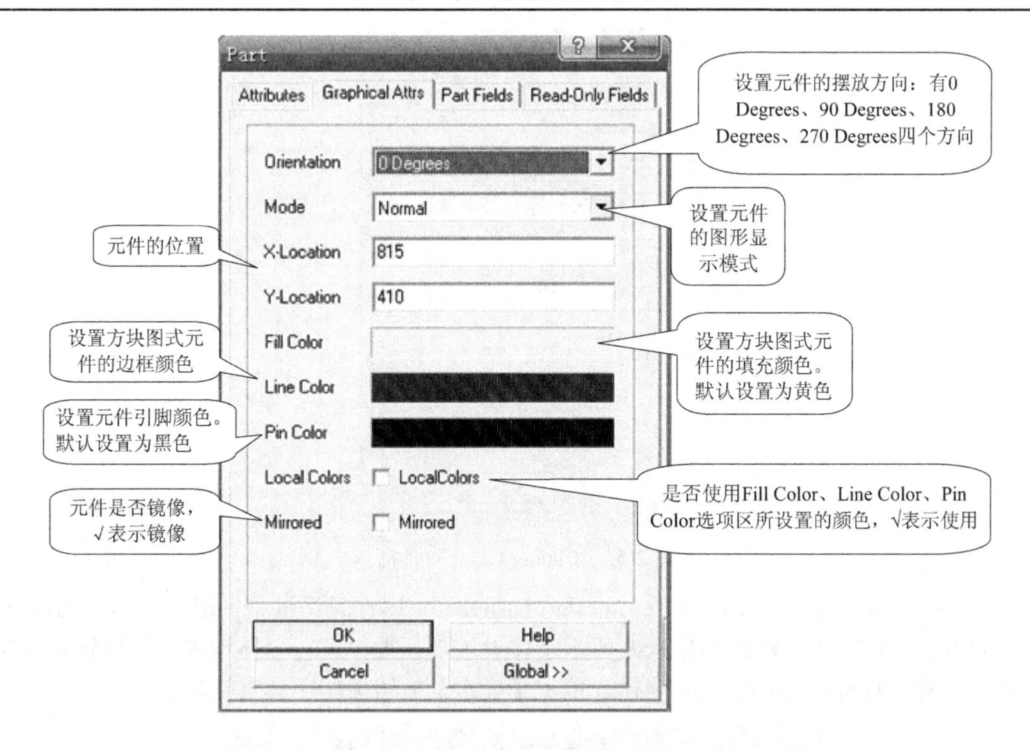

图 2-53　Part 对话框中的 Graphical Attrs 选项卡

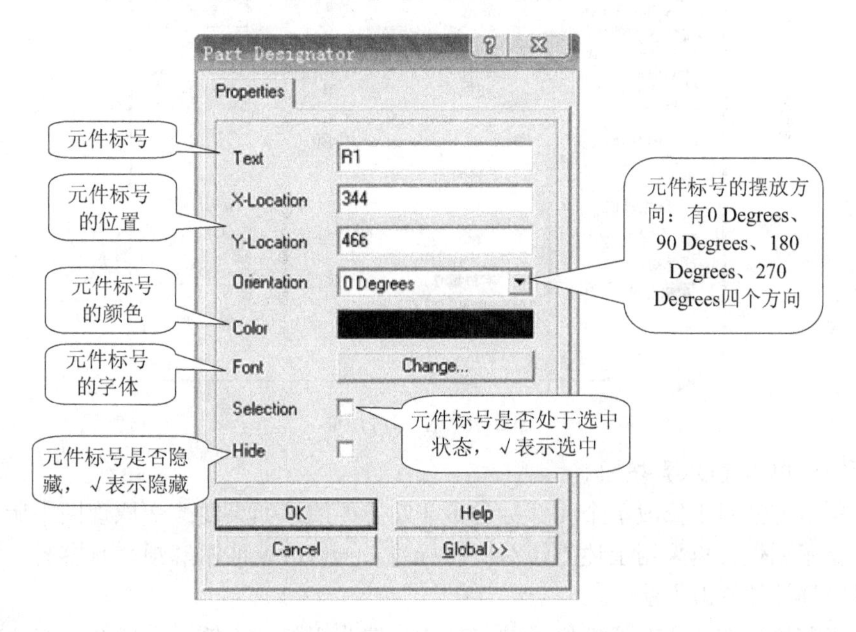

图 2-54　Part Designator(元件标号)属性对话框

标号的颜色设置：在图 2-54 Part Designator 属性对话框中，用鼠标单击 Color 右边的蓝颜色处，弹出如图 2-55 所示 Choose Color 对话框，选择所需颜色(如黑色)后，单击【OK】按钮关闭 Choose Color 对话框，则将 R1 显示的颜色变为黑色。系统默认颜色为蓝色。

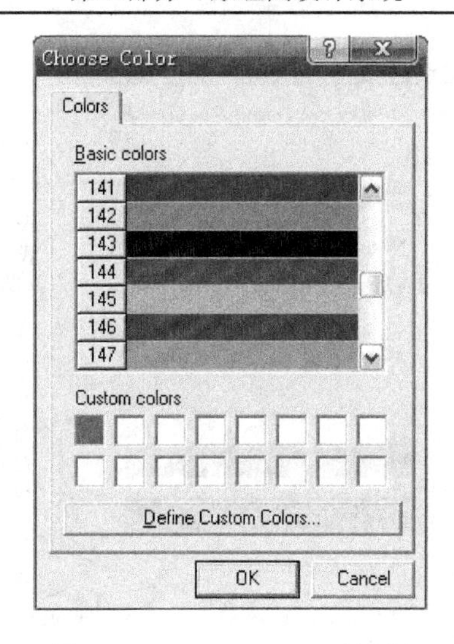

图 2-55　Choose Color 对话框

标号的字体设置：在图 2-54 所示的 Part Designator 属性对话框中，用鼠标单击 Font 右边的【Change】按钮，弹出如图 2-56 所示字体设置对话框，进行字体设置。如设置字体为常规、12 号、Times New Roman 字体，单击【确定】按钮关闭字体对话框。

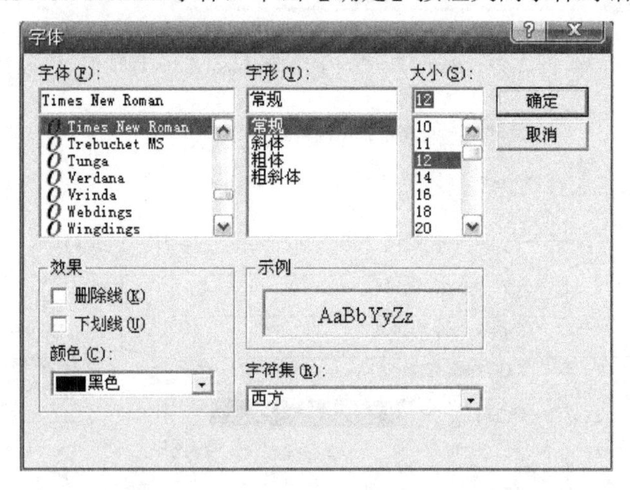

图 2-56　字体对话框

设置完毕单击【OK】按钮。

以上所讲方法对于修改单个元件标号是非常方便的，如果要改变原理图中所有元件标号的某一显示属性，再采用上述方法对所有标号一一修改就非常麻烦，且容易出错，下面介绍一种全局性的修改方法。

以将当前原理图中所有元件标号的字体均设置为粗斜体为例，介绍全局修改方法的操作步骤。

第一步：双击某元件标号(如 R1)，系统弹出如图 2-54 所示的 Part Designator 属性对话框。在对话框中单击【Change】按钮，在字体对话框中将字体改为粗斜体、字号改为 14，单击【确定】按钮关闭字体对话框。

第二步：在 Part Designator 属性对话框中单击【Global】按钮，此时 Part Designator(元件标号)属性对话框变为图 2-57 所示界面。

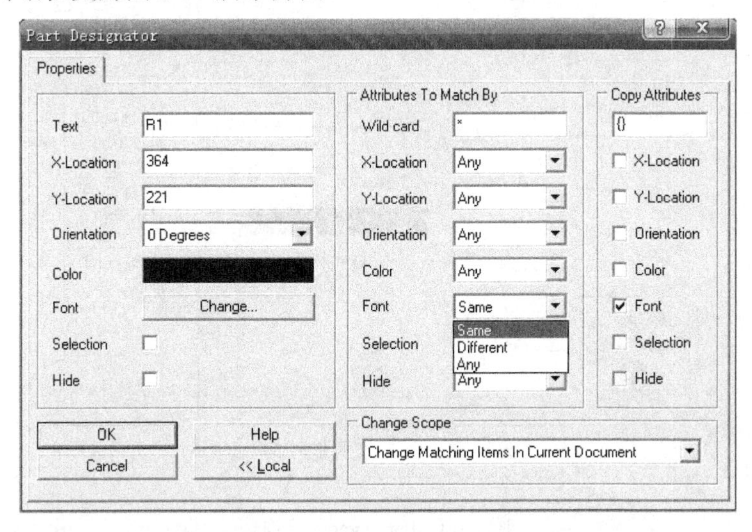

图 2-57　全局修改时的 Part Designator 对话框

第三步：在 Attributes To Match By(匹配对象和匹配条件)区域中，匹配对象选择 Font(字体)(在操作了第一步后自动处于选中状态)。在 Font 旁边的匹配条件中选择 Same；在 Change Scope(设置操作范围)中选择 Change Matching Items In Current Document。

第四步：设置完毕单击【OK】按钮，系统弹出 Confirm 对话框，如图 2-58 所示。要求用户确认，选择【Yes】后，当前原理图上与 R1 字体相同的元件标号全部变为粗斜体，字号变为 14，如图 2-59 所示。

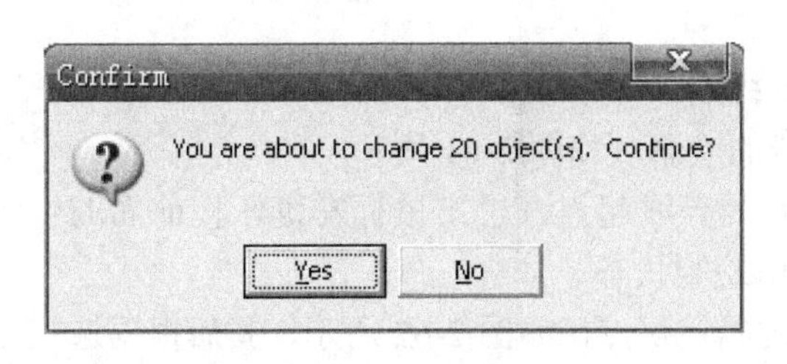

图 2-58　Confirm 对话框

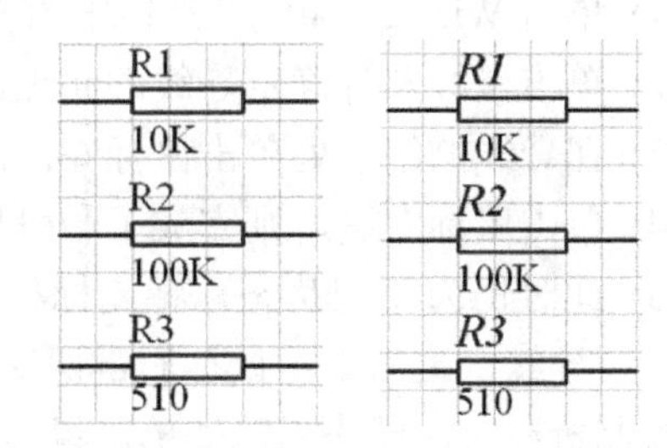

图 2-59　元件标号修改前后的情况

根据上述方法，将图中所有元件的标号都改为黑色、12 号、Times New Roman 字体。

注意：在其他对象的属性对话框中，单击【Global】按钮，同样可以进行全局修改。

3. 元件标注的属性编辑

要修改元件标注的属性，可在元件标注属性对话框中进行。

双击某元件标注如 10K，弹出 Part Type(元件标注)属性对话框，如图 2-60 所示。这些选项的设置均与 Part Designator 属性对话框中相同，故不再赘述。

根据上述方法，将图中所有元件的标注均改为黑色，12 号、Times New Roman 字体。

注意：图中 555 定时器元件的引脚位置及引脚名称与图 2-32 不符，元件引脚的位置与名称的编辑将在原理图元件库编辑器中介绍。

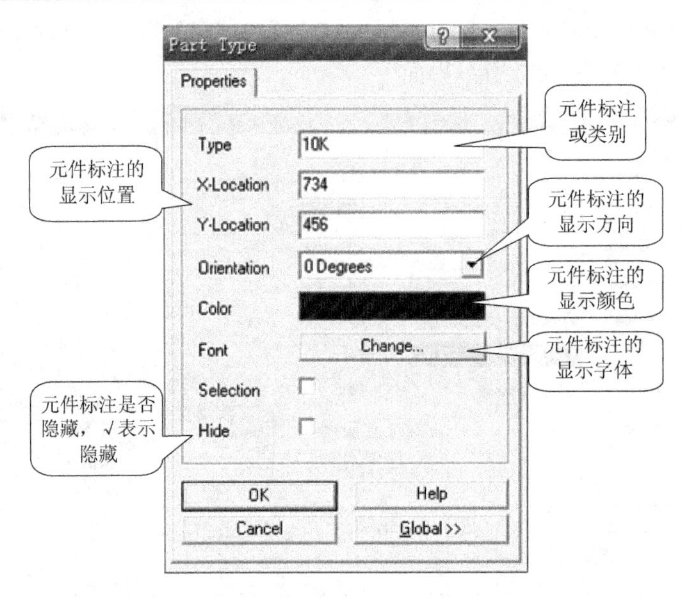

图 2-60　Part Type 对话框

2.5.6　连接导线及调整

在 Protel 99 SE 中导线具有电气性能，不同于一般的直线，这一点要特别注意。导线的绘制包括导线的走线模式、颜色、粗细、长短调整等设置。下面具体讲解。

1. 导线的绘制

第一种方法：

(1) 单击 Wiring Tools 工具栏中的≈图标，光标变成十字形。

(2) 单击鼠标左键确定导线的起点。

(3) 在导线的终点处单击鼠标左键确定终点。

(4) 单击鼠标右键，则完成了一段导线的绘制，如图 2-61 所示。

(5) 此时仍为绘制状态，将光标移到新的导线起点，单击鼠标左键，按前面的步骤绘制另一条导线，最后单击鼠标右键两次退出绘制状态。

绘制折线：在导线拐弯处单击鼠标左键确定拐点，如图 2-62 所示，其后根据选定方向继续绘制即可。

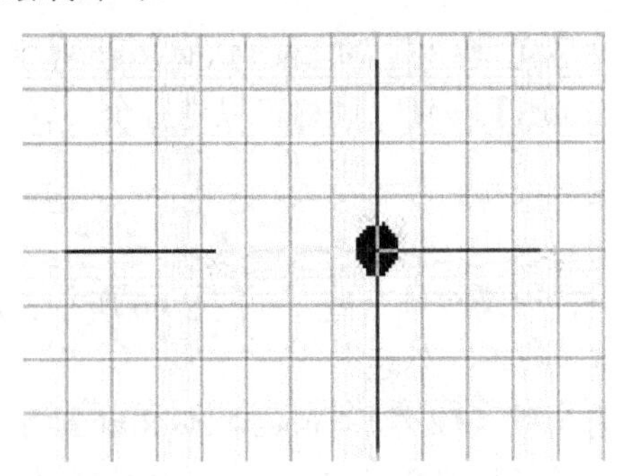

图 2-61　绘制一段导线

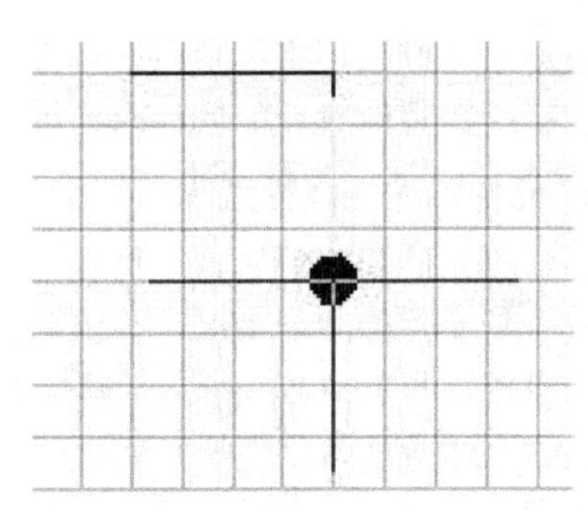

图 2-62　绘制折线

第二种方法：执行菜单命令 Place→Wire，如图 2-63 所示，光标变成十字形，以下步骤同第一种方法。

第三种方法：在绘图区域的空白处单击鼠标右键，在弹出如图 2-64 所示的快捷菜单中选中 Place Wire，光标变成十字形，以下步骤同第一种方法。

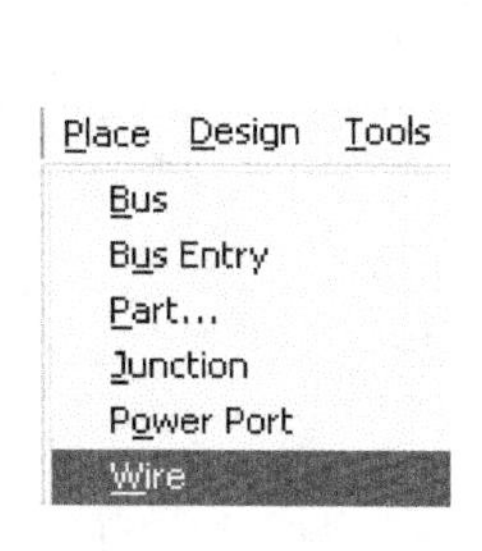

图 2-63　绘制导线

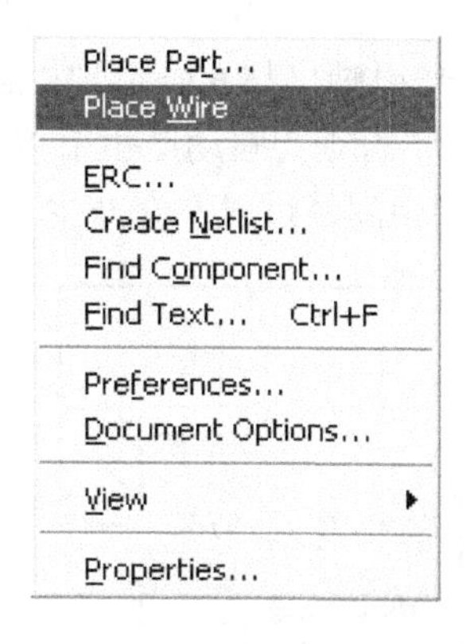

图 2-64　绘制导线快捷键

初学者在绘制原理图时往往会出现多余的节点，主要原因是对象之间的重叠，如导线与导线相重叠、导线与元件引脚相重叠、导线或元件的位置放置得不合适。下面介绍在图 2-50 中绘制导线时应注意的问题，这些问题在其他原理图绘制中也具有普遍性。

(1) 导线的端点要与元件引脚的端点相连，不要重叠。在放置导线状态下，将光标移至元件引脚的端点，则在十字光标的中心出现一个大黑点，如图 2-65、图 2-66 所示。这是由于在 2.3.3 节选中了 Electrical Grid 电气节点这一选项。否则，就不会出现黑点。

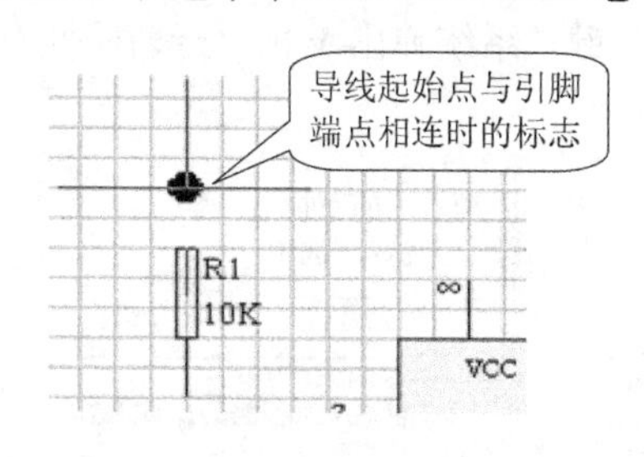

图 2-65　导线起始点与 R1 引脚端点相连

图 2-66　导线终点与 R3 引脚端点相连

(2) 导线与导线之间、导线与元件引脚之间不要重叠。否则也会出现节点。如图 2-67 所示导线重叠时出现的节点。图 2-68 所示导线与元件引脚重叠时出现的节点。

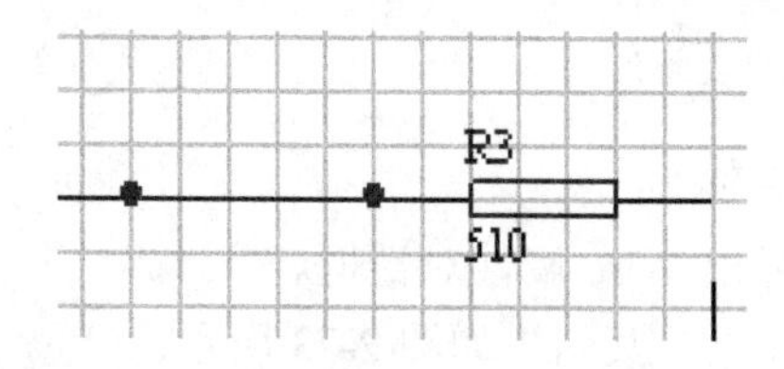

图 2-67　导线重叠时出现的节点

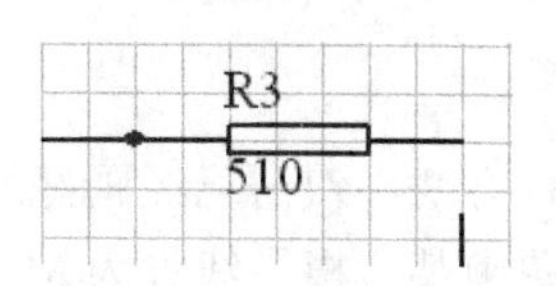

图 2-68　导线与元件引脚重叠时出现的节点

(3) 导线不能穿越元件，否则元件不起作用。如图 2-69 所示为导线穿越元件时的情况。

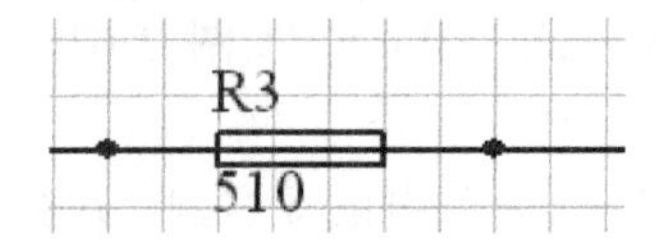

图 2-69　导线穿越元件

(4) 555 的 2 号引脚只与 6 号引脚相连，与 7 号引脚之间并无节点。绘制时导线不要从 7 号引脚端点经过，否则会自动产生节点。如图 2-70 所示导线经过 7 号引脚端点时产生的节点。导线从引脚中间经过时不会产生节点，如图 2-71 所示。

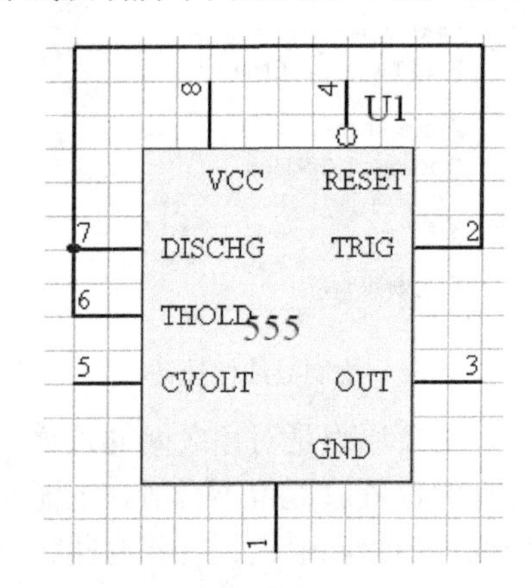

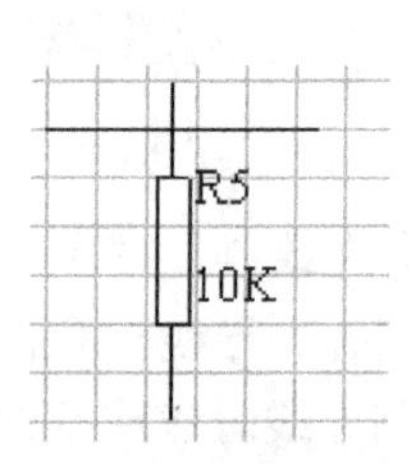

图 2-70　导线经过 7 号引脚端点时自动产生的节点　　图 2-71　导线从引脚中间经过不产生节点

2. 导线的属性编辑

第一种方法：当系统处于画导线状态时按下 Tab 键，系统弹出 Wire(导线)属性对话框，如图 2-72 所示。

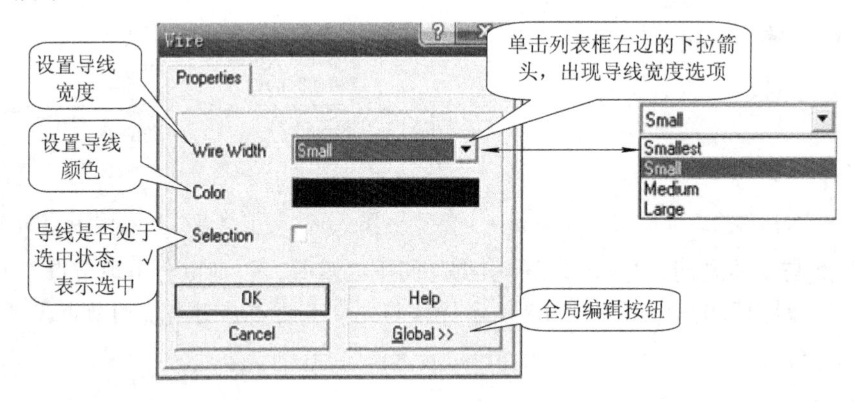

图 2-72　Wire 对话框

第二种方法：双击已经画好的导线，也可弹出 Wire 属性对话框。

如将图中某一根导线设为 Medium 宽度、红色，其结果如图 2-73 所示。

如果将当前原理图上的所有导线的宽度从 Small 改为 Medium，仍然要采用全局修改方法，具体操作步骤是：

(1) 双击已经画好的一条导线，系统弹出 Wire 属性对话框。

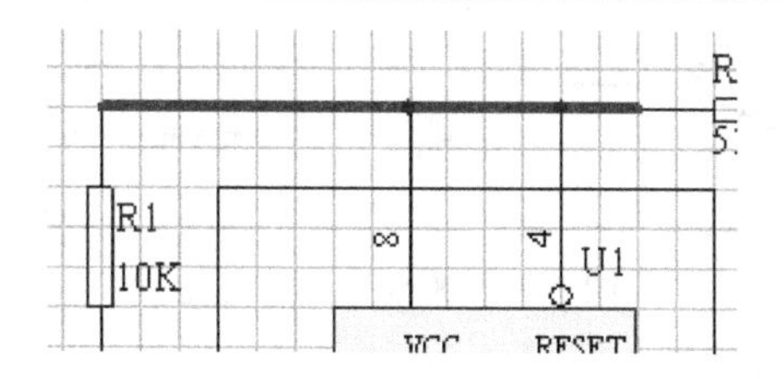

图 2-73　导线宽度及颜色变化

(2) 将导线的宽度 Wire Width 设置为 Medium。

(3) 单击【Global】按钮，Wire 属性对话框变为图 2-74 所示。

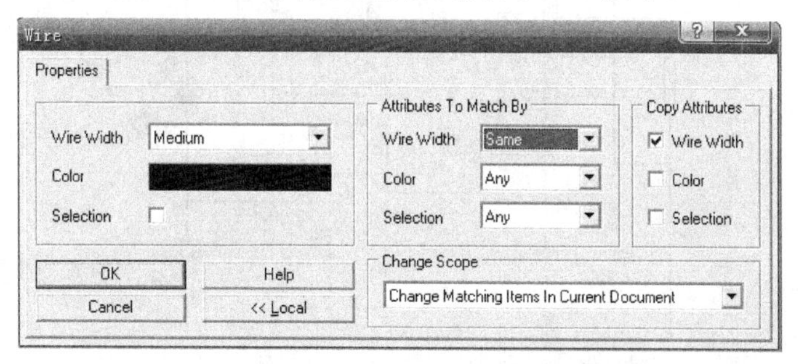

图 2-74　全局修改时的 Wire 属性对话框

(4) 在 Attributes To Match By 区域的 Wire Width 中选择 Same。在 Change Scope 中选择 Change Matching Items In Current Document。

(5) 设置完毕单击【OK】按钮，系统弹出 Confirm 对话框，如图 2-75 所示，要求用户确认，选择【Yes】后，当前原理图中所有线宽为 Small 的导线，宽度全部变为 Medium。

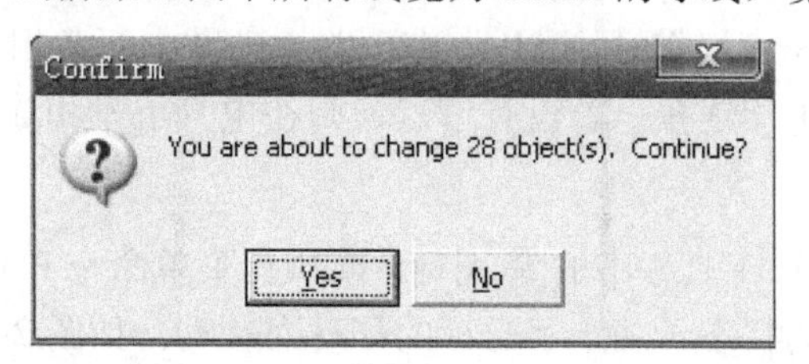

图 2-75　Confirm 对话框

3. 改变导线的走线模式(即拐弯样式)

在光标处于画线状态时，按下 Shift+空格键可自动转换导线的拐弯样式。导线的走线模式有 45° 转角模式、90° 转角模式、任意角度模式等，如图 2-76 所示。

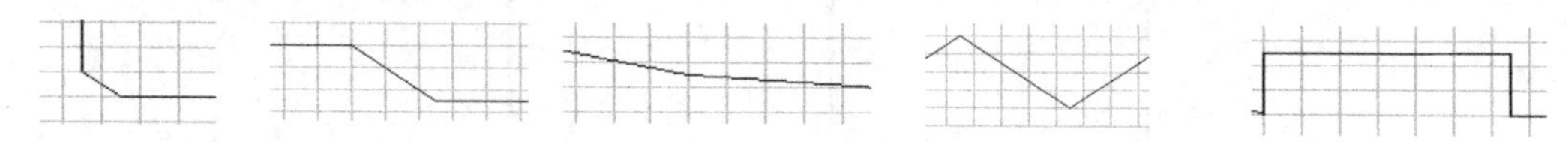

图 2-76　导线的走线模式

4. 改变已画导线的长短

单击已画好的导线，导线上会出现小黑点即控制点，拖动控制点可改变导线的长短及导线的方向，如图 2-77 所示。连好线的电路原理图如图 2-78 所示。

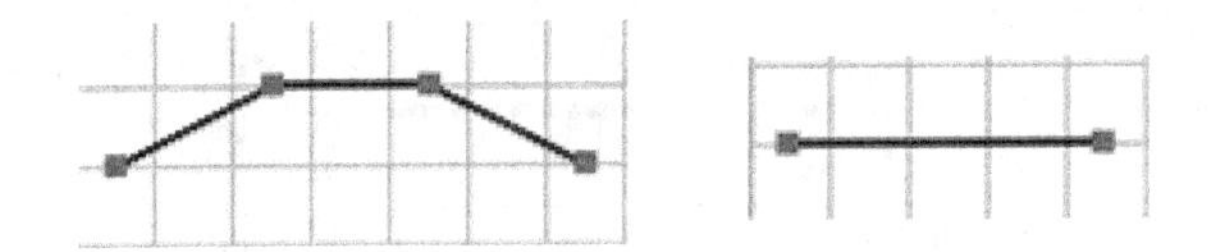

图 2-77　改变导线的长短

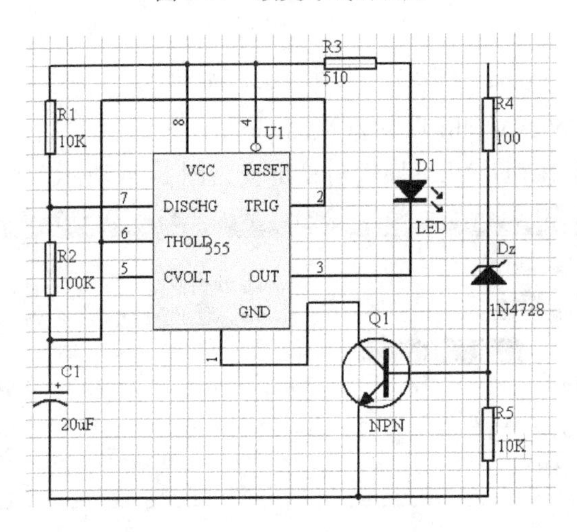

图 2-78　连好线的电路原理图

2.5.7　放置电路节点(Junction)

在用导线连接电路原理图中各元件时，会在导线上产生节点(如图 2-78 所示)，节点是如何产生的呢？其含义是什么？下面将详细介绍。

电路节点表示两条导线相交时的状况。在电路原理图中两条相交的导线，如果有节点，则认为两条导线在电气上相连接，若没有节点，则在电气上不相连。

1. 电气节点的放置

(1) 单击 Wiring Tools 工具栏中的图标，或执行菜单命令 Place→Junction，光标变成十字形，且节点处于浮动状态，随十字光标的移动而移动，如图 2-79(a)所示。

(2) 在两条导线的交叉点处单击鼠标左键，则放置好一个节点，如图 2-79(c)所示。

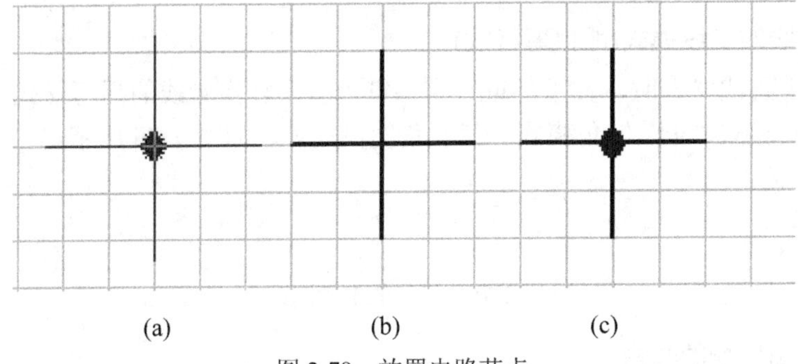

(a)　　(b)　　(c)

图 2-79　放置电路节点

(a) 节点处于浮动状态；(b) 交叉点没放置节点；(c) 放置好的节点

(3) 此时仍为放置状态，可继续放置，单击鼠标右键，退出放置状态。

2. 电气节点的属性编辑

第一种方法：在放置过程中按下 Tab 键，系统弹出 Junction(节点)属性设置对话框，如图 2-80 所示。

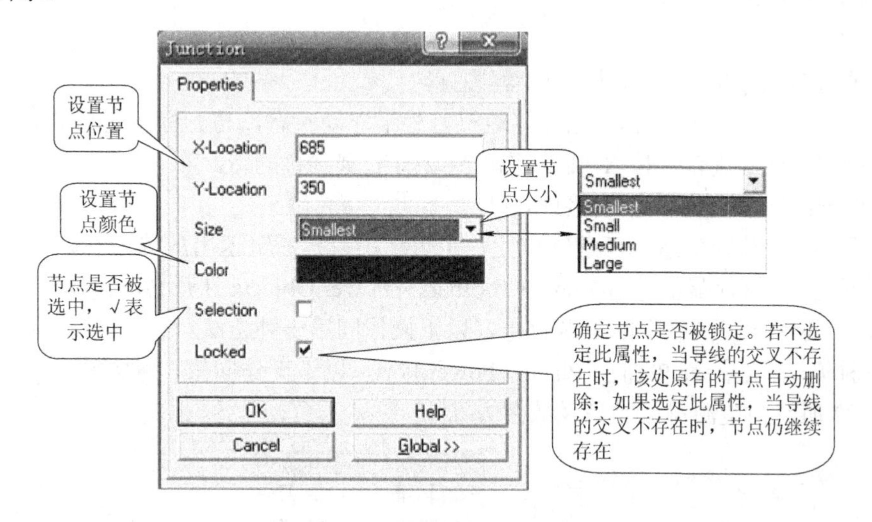

图 2-80　节点(Junction)属性设置对话框

第二种方法：双击已放置好的电路节点，在弹出的 Junction 属性设置对话框中进行设置。

在 Junction 属性设置对话框中，可设置节点的大小、节点的颜色，节点的放置位置等项。

3. 自动放置节点的设置

关于节点的放置，用户可通过原理图文件的设置使系统在“T”字连接处自动产生节点。

(1) 执行菜单命令 Tools→Preferences，系统弹出 Preferences 对话框，如图 2-81 所示。

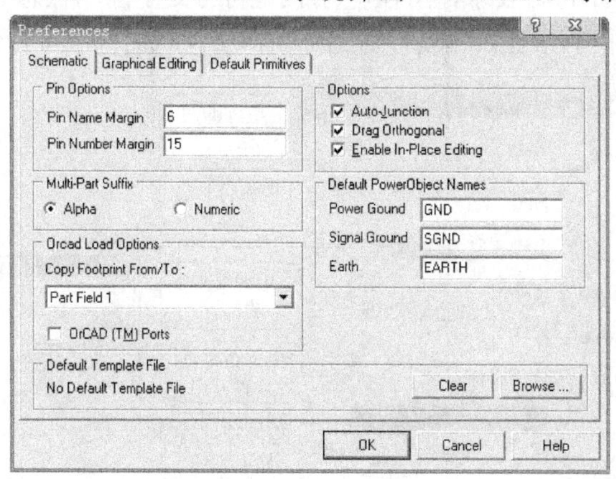

图 2-81　Preferences 对话框

(2) 选择 Schematic 选项卡。

(3) 在 Options 区域中选中 Auto-Junction，单击【OK】按钮。

选中此项后，在画导线时，系统将在“T”字连接处自动产生节点。如果没有选择此项，系统不会在“T”字连接处自动产生节点(选中状态是默认状态)。

2.5.8 放置电源、接地和输入符号

1. 放置电源/接地符号

第一种方法：

(1) 单击 Wiring Tools 工具栏中的图标。

(2) 此时光标变成十字形，电源/接地符号处于浮动状态，与光标一起移动。

(3) 可按空格键旋转、按 X 键水平翻转或按 Y 键垂直翻转。

(4) 单击鼠标左键放置电源(接地)符号。

(5) 系统仍为放置状态，可继续放置，也可单击鼠标右键退出放置状态。

第二种方法：执行菜单命令 View→Toolbars→Power Objects 打开 Power Objects 工具栏，单击 Power Objects 工具栏中的电源符号，以下操作同第一种方法。

第三种方法：执行菜单命令 Place→Power Port，以下操作同第一种方法。

图 2-82 所示为电源符号类型及放置方法。

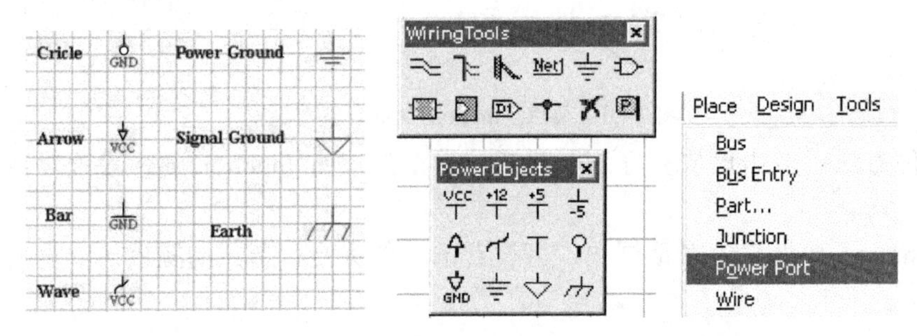

图 2-82　电源符号类型显示及放置方法

2. 电源/接地符号属性编辑

如果电源/接地符号不符合要求，可在电源/接地符号处于浮动状态时，按 Tab 键，或双击已放好的电源符号，弹出 Power Port 属性对话框，在属性对话框中进行修改，如图 2-83 所示。

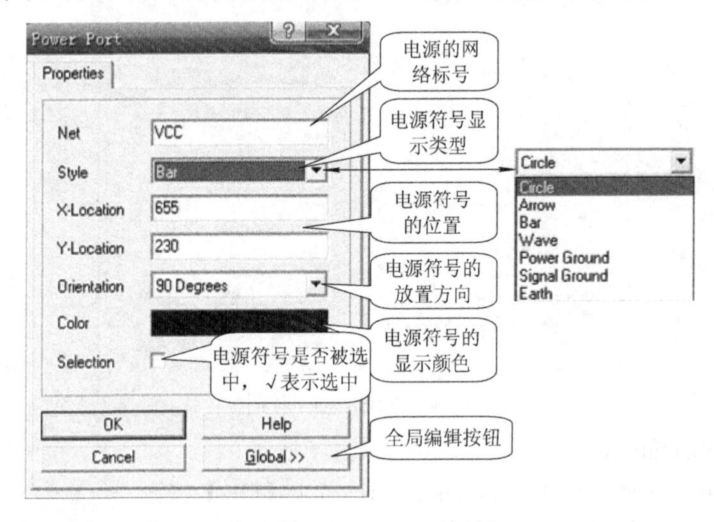

图 2-83　Power Port 对话框

如果电源符号类型选中"Power Ground、Signal Ground 和 Earth"，则在 Net 后可不输入网络名称，因为系统已经默认设置了它们的名称与符号，如图 2-81、2-82 所示。

根据上述方法，在原理图中放置网络标号为 +VCC 电源符号，符号类型选为 Circle，并将其颜色改为黑色。

3. 放置输入符号

输入符号 Vx 的放置方法与电源的放置方法相同，将电源的网络标号名称改为 Vx，符号类型选为 Circle 即可。电源符号与输入符号放好后，用导线与电路连接起来。连接好的电路原理图如图 2-84 所示。

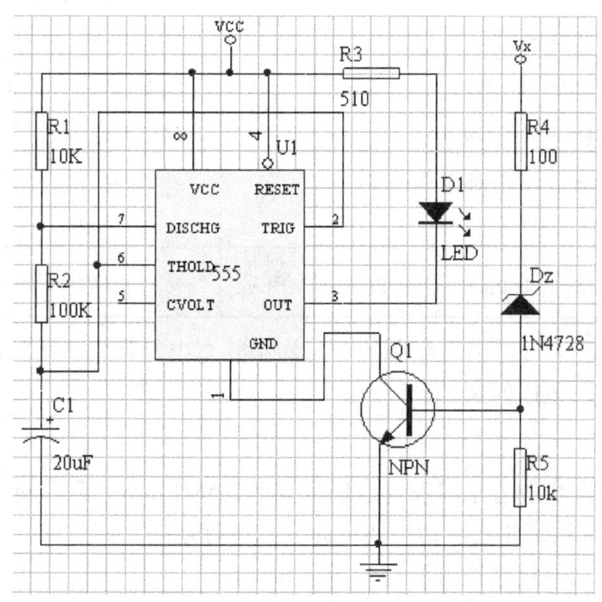

图 2-84　连接好的电路原理图

2.5.9　绘制电路波形

在实际绘制原理图中，为了使电路图清晰、易读，设计者往往需要在图中放置一些波形示意图，增加一些文字或图形，辅助说明电路的功能、信号流向等。而这些文字或图形的增加，应该对图中的电气特性没有丝毫影响，且图件均不具有电气特性，可用绘图工具栏上的按钮或相关菜单来完成。

1. 绘图工具栏的打开与功能介绍

绘图工具栏的打开可单击主工具栏上的按钮，或执行菜单命令 View→Toolbar→Drawing Tools 来打开，如图 2-85 所示。绘图工具栏的功能如表 2-5 所示。

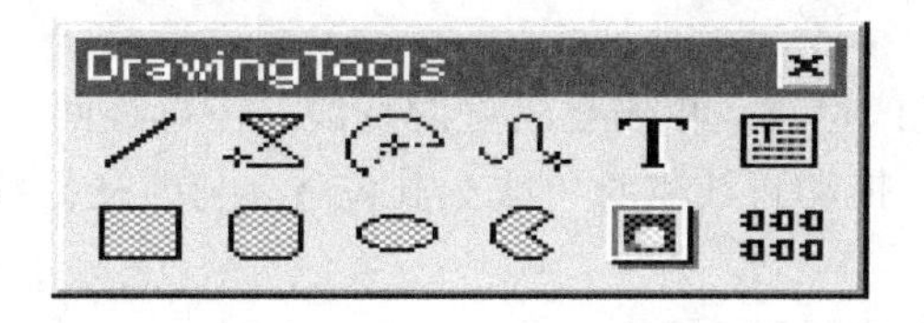

图 2-85　Drawing Tools 工具栏

表 2-5　绘图工具栏按钮功能及其对应的菜单命令

按钮	功能及其对应的菜单命令	按钮	功能及其对应的菜单命令
	画直线，对应于 Place→Drawing Tools→Line		绘制矩形，对应于 Place→Drawing Tools→Rectangle
	绘制多边形，对应于 Place→Drawing Tools→Polygons		绘制圆角矩形，对应于 Place→Drawing Tools→Round Rectangle
	绘制椭圆弧线，对应于 Place→Drawing Tools→Elliptical Arcs		绘制椭圆，对应于 Place→Drawing Tools→Ellipses
	绘制贝塞尔曲线，对应于 Place→Drawing Tools→Beziers		绘制扇形，对应于 Place→Drawing Tools→Pie Charts
T	放置单行说明文字，对应于 Place→Annotation		插入图片，对应于 Place→Drawing Tools→Graphic
	放置文本框，对应于 Place→Text Frame		阵列式粘贴，对应于 Edit→Paste Array

需要说明的是，该工具栏中所绘制的对象均不具有电气特性，在做电气规则 ERC 检查和产生网络表时，不产生任何影响。

2. 画方波图形

方波图形可用画直线的方法绘制。这里所说的直线(Line)完全不同于 Wiring Tools 工具栏中的导线(Wire)，因此元件之间切不要用此直线进行连接。

(1) 画直线的操作方法(操作方法与画导线相同)：

① 单击绘图工具栏中的 图标，或执行菜单命令 Place→Drawing Tools→Line，光标变成十字形。

② 单击鼠标左键确定直线的起点。

③ 在画直线的过程中，可以按 Shift+空格键改变拐弯样式。

④ 在适当位置单击鼠标左键确定直线的终点。

⑤ 单击鼠标右键完成一段直线的绘制。

可按以上步骤绘制新的直线，绘制完毕，连续单击鼠标右键两下，退出画线状态。

(2) 直线属性的编辑方法：

第一种方法：在画直线的过程中按下 Tab 键，系统弹出 PolyLine 属性设置对话框，如图 2-86 所示。在属性对话框中进行设置。

第二种方法：双击已画好的直线，也可弹出 PolyLine 属性设置对话框。设置完毕，单击【OK】按钮。

(3) 改变直线的长短或位置。单击已画好的直线，在直线两端出现控制点时，拖动控制点可改变直线的长短，拖动直线本身可改变其位置。与改变导线(Wire)长短或位置方法相同。

根据上述方法绘制方波图形。

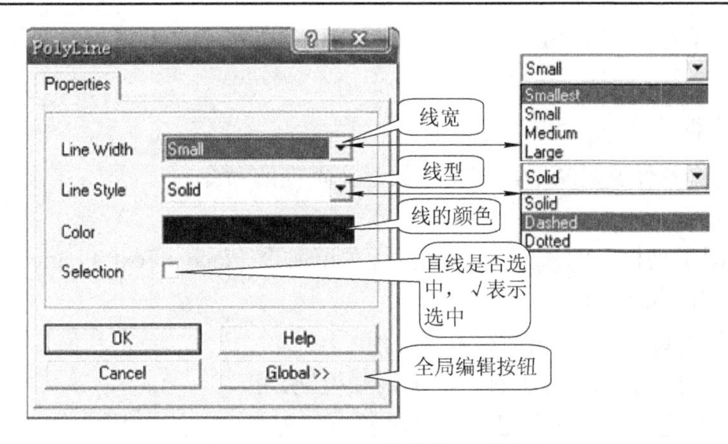

图2-86　PolyLine属性设置对话框

2.5.10　放置说明文字

在电路中，通常要加入一些文字来说明电路，这些文字可以通过放置说明文字的方式实现。

1. 在原理图中放置单行说明文字

操作步骤：

(1) 单击绘图工具栏中的 T 图标，或执行菜单命令Place→Annotation(此命令只能写单行注释)。光标变成十字形，且在光标上有一虚线框。

(2) 按下Tab键，系统弹出Annotation属性对话框，如图2-87所示。在Text处输入“过压监视电路”，并将字体改为“宋体、常规、3号字、黑色”。设置完毕单击【OK】按钮。

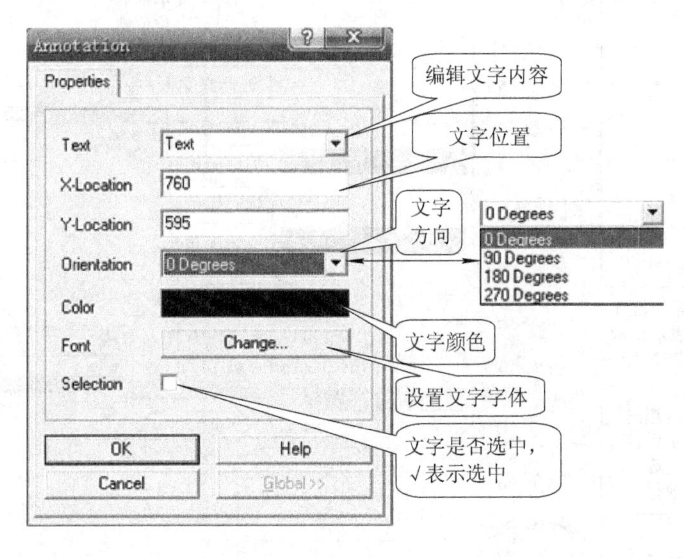

图2-87　Annotation对话框

(3) 此时说明文字仍处于浮动状态，在适当位置单击鼠标左键即放置好。

(4) 系统仍处于放置说明文字状态，单击鼠标左键可继续放置，单击鼠标右键退出放置状态。如果说明文字的最后一位是数字，继续放置时数字会自动加1。

双击已放置好的说明文字，也可弹出如图 2-87 所示 Annotation 属性对话框，进行文字编辑。

2. 放置文本框

如果需要放置多行说明文字，则要用放置文本框的命令。

(1) 操作方法：

① 单击绘图工具栏中的图标，或执行菜单命令 Place→Text Frame，光标变成十字形，且在光标上有一虚线框。

② 单击鼠标左键确定文本框的左下(上)角。

③ 移动鼠标可以看到屏幕上有一个虚线预拉框，在该预拉框的对角位置单击鼠标左键，则放置了一个文本框，并自动进入下一个放置过程。放置好的文本框如图 2-88 所示。

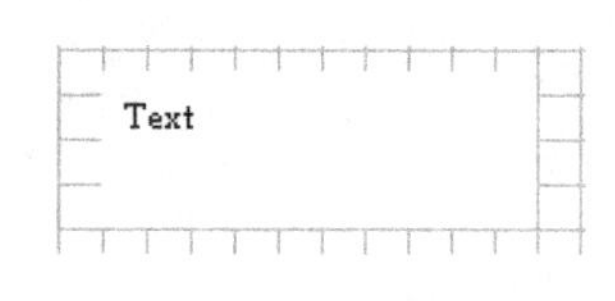

图 2-88　放置好的文本框

④ 单击鼠标右键结束放置状态。

(2) 编辑文本框的内容：

第一种方法：在放置文本框的过程中按下 Tab 键，系统弹出 Text Frame 属性对话框。

第二种方法：双击已放置好的文本框，也可弹出 Text Frame 属性对话框，如图 2-89 所示。

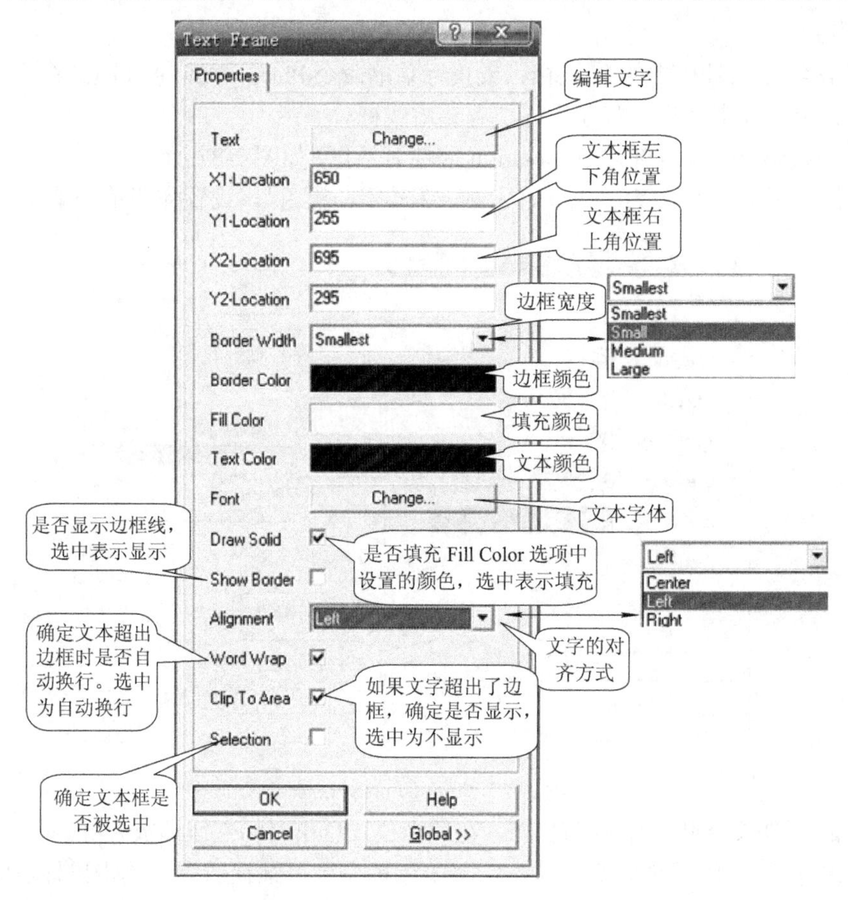

图 2-89　Text Frame 属性对话框

单击 Text 右边的【Change】按钮，出现 Edit TextFrame Text 文字编辑窗口，如图 2-90 所示。在文字编辑窗口输入“此电路为过压监视电路，当监视电压 Vx 超过一定值时，发光二极管 LED 闪烁发光”。并将字体改为“Microsoft.Sans.Serif、黑色、粗体、小四”。返回图 2-89 所示对话框。显示文本框边界，并将文本框边界改为“军绿色”。Fill Color 填充颜色设为“淡黄色”，并选择显示填充颜色。文字的对齐方式为“居中”。

设置完毕，单击【OK】按钮，结果如图 2-91 所示。

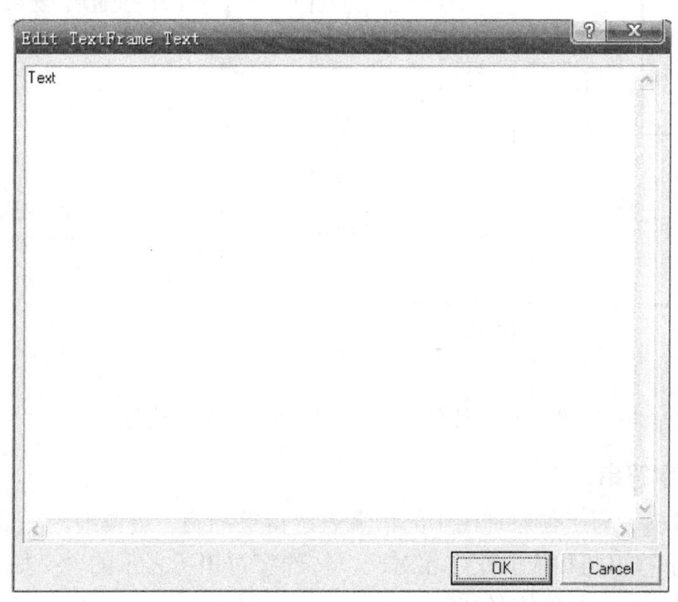

图 2-90　Edit TextFrame Text 文字编辑窗口

此电路为过压监视电路，当监视电压Vx超过一定值时，发光二极管LED闪烁发光

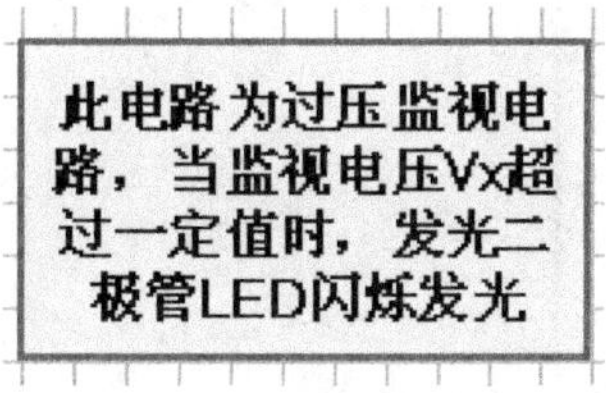

图 2-91　文字说明

(3) 改变已放置好文本框的尺寸。单击已放置好的文本框，文本框四周出现控制点，如图 2-92 所示。拖动任一控制点即可改变文本框的尺寸。带有文字说明、波形等完整的电路图如图 2-93 所示。

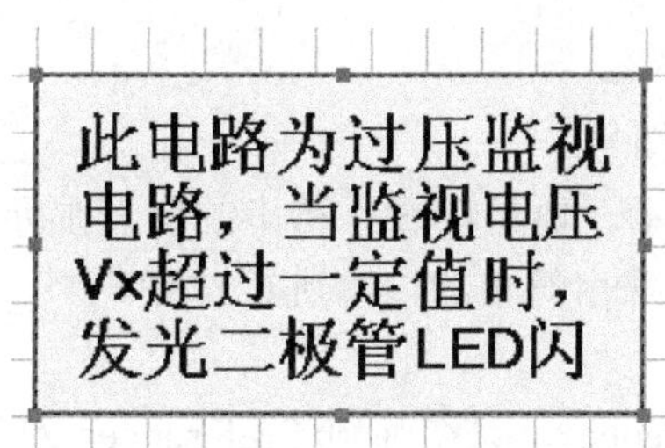

图 2-92　文本框四周出现控制点

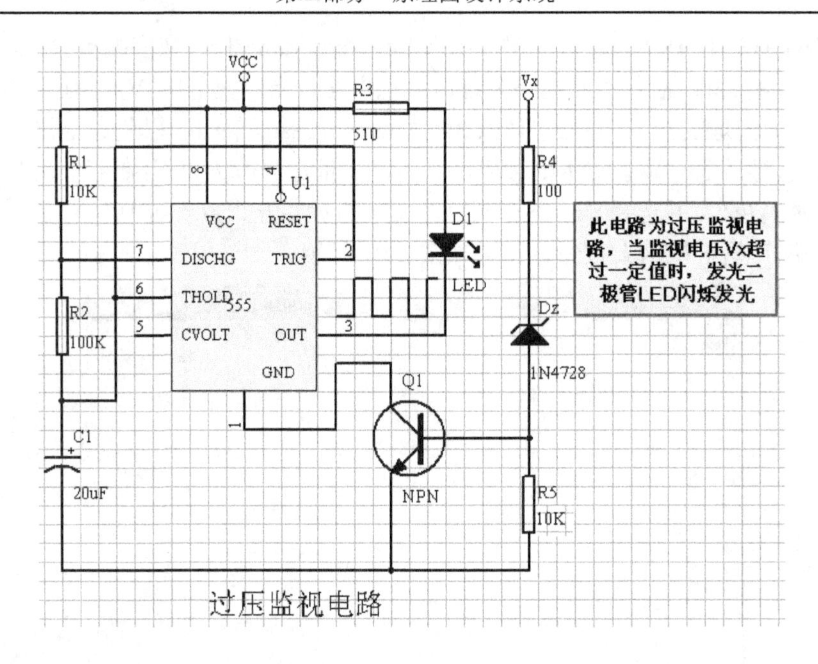

图 2-93　带有文字说明、波形的完整电路图

3. 放置特殊字符串

(1) 特殊字符串。为了使原理图中的信息表达得更准确、更详细，Protel 系统设置了特殊字符串。特殊字符串与相应的汉字相对应，特殊字符串所表示的含义如下：

.Organization——公司单位名称

.Address1——地址 1

.Address2——地址 2

.Address3——地址 3

.Address4——地址 4

.Title——标题

.Date——日期

.Doc-file-name——带路径的原理图名称

.Doc-file-name-no-path——不带路径的原理图名称

.Sheettotal——原理图总数

.Revision——版本

.Time——时间

.Sheet number——原理图号

.Document number——文档号

(2) 特殊字符串内容的显示。要将特殊字符串的内容显示成相应的汉字，需对原理图环境参数设置对话框中关于特殊字符串的内容进行设置。

设置方法如下：

执行菜单命令 Tool/Preferences，系统弹出 Preferences 对话框，如图 2-15 所示，选择 Graphical Edition 选项卡，在 Options 区域中选中 Convert Special String，即可在放置特殊字

符串时将特殊字符串的内容显示出来。

(3) 标题栏内容显示。

① 单击 Drawing Tools 工具栏中的T图标，鼠标上出现一个虚线框。

② 按键盘上的 Tab 键，出现如图 2-87 所示的对话框。

③ 在 Text 栏中的下拉选项中选中“.ORGANIZATION”，如图 2-94 所示，单击【Change】按钮可改变字体，单击 Color 颜色选项框，可修改字体的颜色。

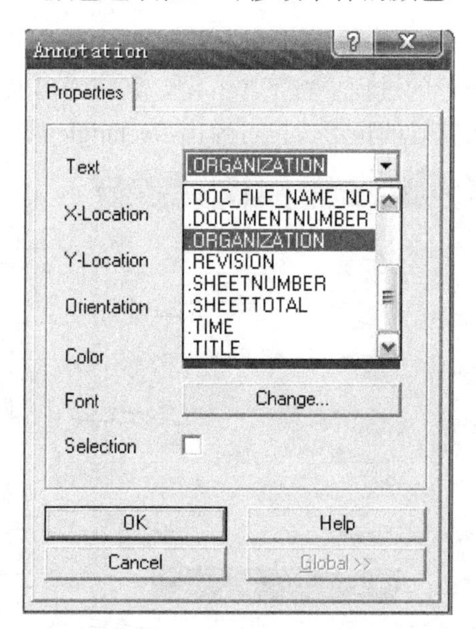

图 2-94　特殊字符串选择

④ 单击【OK】按钮，将该字符串放到标题栏中的 Drawn By 栏中，即可显示 Organization 选项卡中的内容，如图 2-95 所示标题栏中的内容显示。

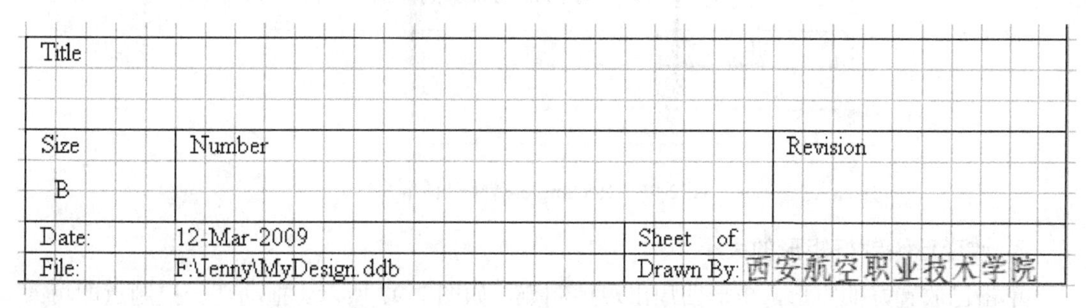

图 2-95　标题栏中的内容显示

2.5.11　绘制其他图形

有时为了增加电路图的美观，可在图中放置矩形、圆角矩形、椭圆图形、扇形等图形。并将说明文字放在各种图形中。

1. 绘制矩形(圆角矩形)

(1) 单击绘图工具栏中的图标或执行菜单命令 Place→Drawing Tools→Rectangle(绘

制圆角矩形单击▢图标或执行菜单命令 Place→Drawing Tools→Round Rectangle)。(以下以绘制矩形为例)光标变成十字形，且十字光标上带着一个与前次绘制相同的浮动矩形。

(2) 移动光标到合适位置，单击鼠标左键，确定矩形的左上角。

(3) 拖动光标选择合适的矩形大小，在矩形的右下角单击鼠标左键，则放置好一个矩形。

(4) 此时仍为放置状态，可继续放置，也可单击鼠标右键退出放置状态。

2. 矩形的属性编辑

第一种方法：在放置矩形的过程中按下 Tab 键，系统弹出 Rectangle 属性对话框。

第二种方法：双击已放置好的矩形，也可弹出 Rectangle 属性对话框，如图 2-96 所示。

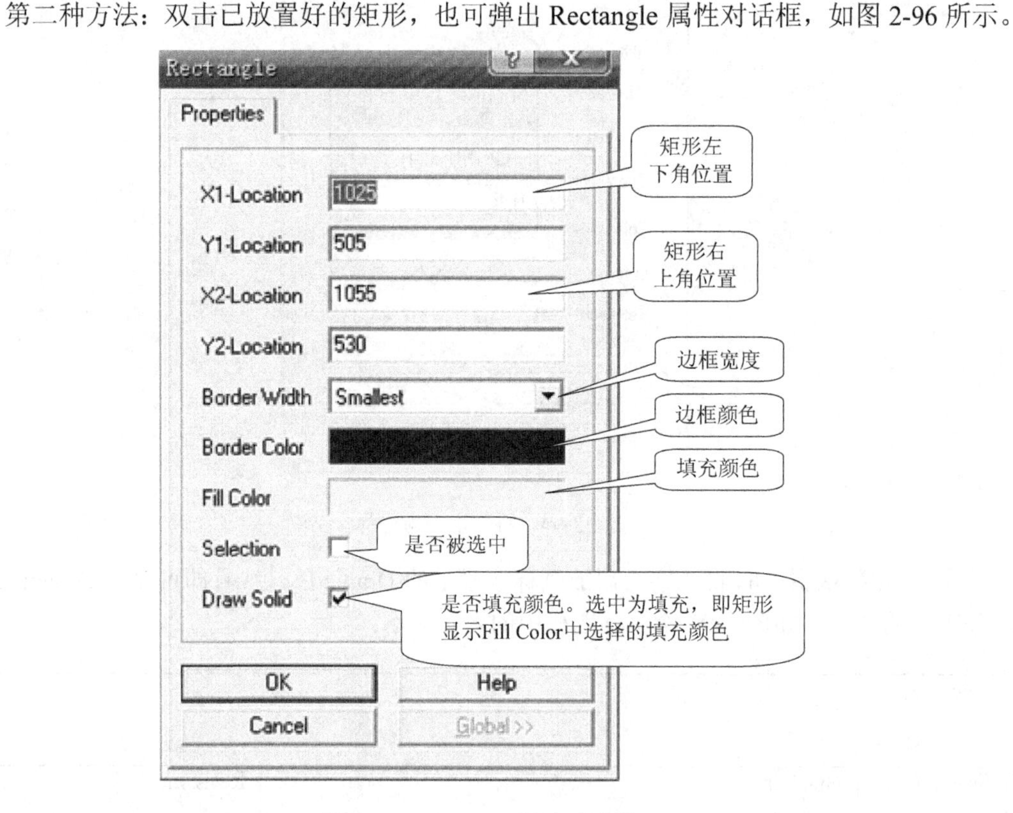

图 2-96　Rectangle 属性对话框

3. 改变已绘制好矩形的大小

单击已放置好的矩形，矩形四周出现控制点，如图 2-97 所示。拖动任一控制点即可改变矩形的大小。

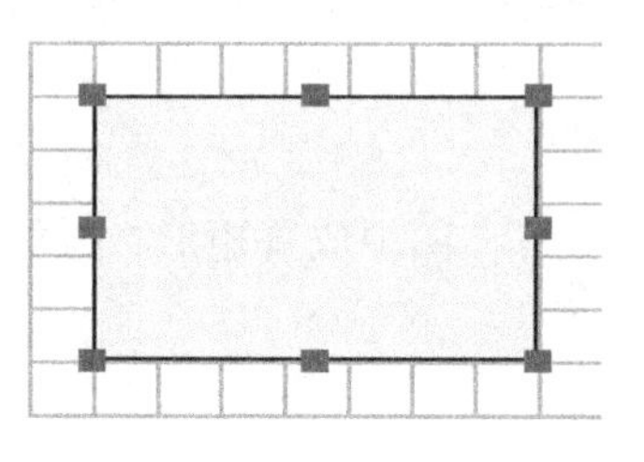

图 2-97　矩形四周出现控制点

4. 绘制椭圆图形

操作步骤：

(1) 单击绘图工具栏中的图标或执行菜单命令 Place→Drawing Tools→Ellipses，光标变成十字形，且十字光标上带着一个与前次绘制相同的椭圆图形。

(2) 在合适位置单击鼠标左键，确定椭圆圆心。

(3) 此时光标自动跳到椭圆横向的圆周顶点，移动光标，在合适位置单击鼠标左键，确定横向半径长度。

(4) 光标自动跳到椭圆纵向的圆周顶点，移动光标，在合适位置单击鼠标左键，确定纵向半径长度。

(5) 至此一个完整的椭圆图形绘制完毕，同时自动进入下一个绘制过程。单击鼠标右键退出绘制状态。

如果设置的横向半径与纵向半径相等，则可以绘制圆形，如图 2-98 所示。

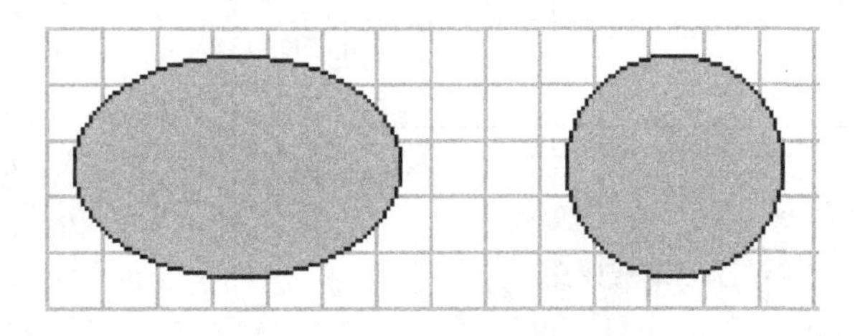

图 2-98　绘制的椭圆和圆

椭圆和圆的编辑方法可参见矩形的编辑方法。

5. 绘制扇形

扇形的绘制与椭圆图形的绘制类似。操作步骤如下：

(1) 单击绘图工具栏中的图标或执行菜单命令 Place→Drawing Tools→Pie Charts，光标变成十字形，且十字光标上带着一个与前次绘制相同的扇形形状。

(2) 在合适位置单击鼠标左键，确定扇形圆心。

(3) 在合适位置单击鼠标左键，确定扇形半径。

(4) 移动光标，在合适位置单击鼠标左键，确定扇形的起点。

(5) 移动光标，在合适位置单击鼠标左键，确定扇形的终点。

(6) 至此一个完整的扇形绘制完毕，同时自动进入下一个绘制过程。单击鼠标右键退出绘制状态。

扇形的编辑方法可参见矩形的编辑方法。

几种图形与文字集合的结果如图 2-99 所示。添加效果图的完整电路如图 2-100 所示。

图 2-99　图形与文字集合的效果

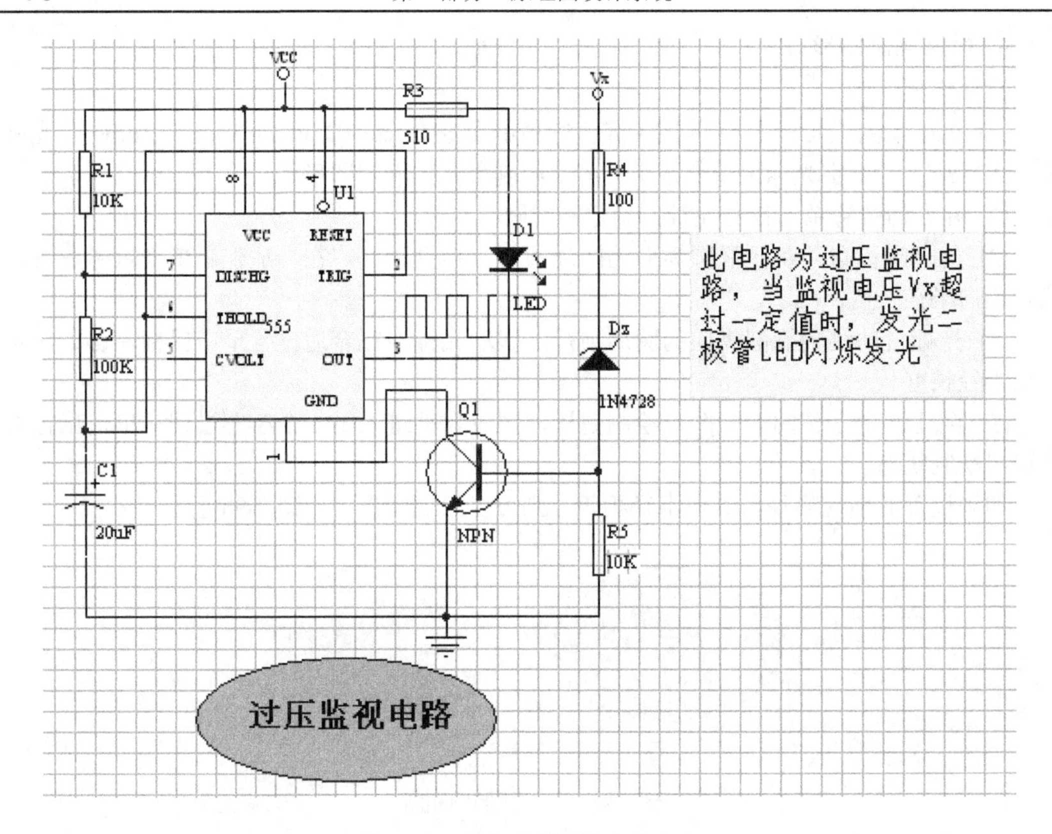

图 2-100 添加效果图的完整电路

本章小结

本章主要介绍电路原理图设计的一般步骤。Protel 99 SE 原理图编辑器的启动，图纸设置，网格、光标、对象系统字体的设置方法。原理图编辑器界面的认识，工具菜单的打开与关闭。简单原理图的绘制方法及非电气特性的对象的绘制方法。

原理图中对象的放置方法，及其属性的编辑方法。放置的对象可以分为两大类，一类是具有电气特性的对象；一类不具有电气特性。

具有电气特性的对象包括：元件、导线、电源/接地符号、节点等，这些对象的放置命令都包括在 Wiring Tools 工具栏中。这些对象的编辑均可以在各自的属性对话框中进行。

不具有电气特性的对象包括：直线、多边形、圆弧、文字标注、矩形、椭圆等，这些对象的放置命令都包括在 Drawing Tools 中。

读者在学习了本章以后，基本掌握了绘制原理图的基本方法。对于比较简单的原理图，应能比较容易地完成绘制任务。

思考与练习

1. Document Options 对话框的作用是什么？怎样调出 Document Options 对话框？

2．新建一个原理图文件，图纸版面设置为：A4 图纸、横向放置、标题栏为标准型，光标设置为一次移动半个网格。

3．怎样设置 A4 竖放，标题栏、所有边框都不显示的图纸？

4. 加载/移出原理图元件库的方法有几种？

5. 元件的属性有几个，它们的含义分别是什么？

6. 放置元件的操作有几种方法？

7. 将基本元件库 Miscellaneous Devices.ddb、德克萨斯仪器公司元件库 TI Databook 增加到元件库管理器中。

8. 在原理图中放置如图 2-101 所示常用元件。阻值为 3.2 K 的电阻、容量为 1 μF 的电容、型号为 1N4007 的二极管、型号为 2N2222 的三极管、单刀单掷开关和 4 脚连接器。注意修改属性。(电阻(RES2)、电容(CAP)、二极管(DIODE)、三极管(NPN)、单刀单掷开关(SW SPST)和 4 脚连接器(CON4)都在 Miscellaneous Devices.Lib 元件库中。)

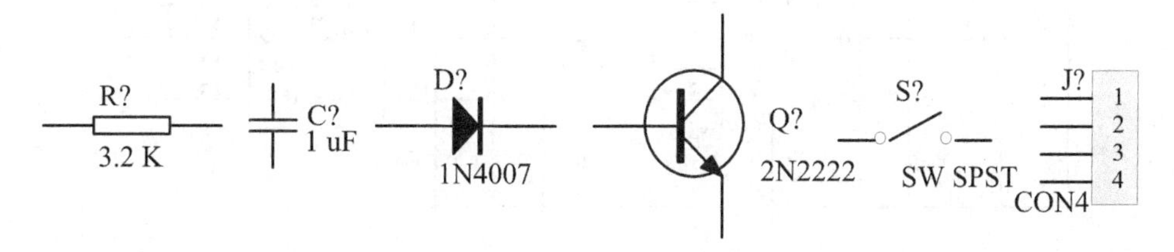

图 2-101　常用元件

9. 按照图 2-102 所示，画一个电路，电路中的元件都取自 Miscellaneous Devices.lib 库。

(1) 要求图纸尺寸为 A4、显示标题栏、显示栅格、自动捕捉栅格和电气栅格，自动放置节点。

(2) 画完电路后，要按照图中元件参数逐个设置元件属性。

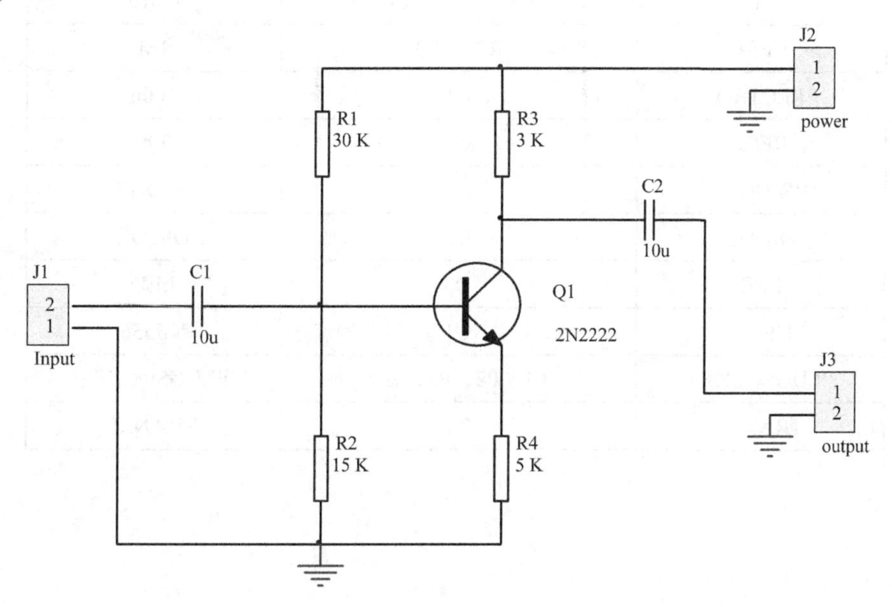

图 2-102　放大器电路

10. 绘制如图 2-103 所示定时器应用电路原理图(表 2-6 所示为图 2-103 电路图元件明细表)。

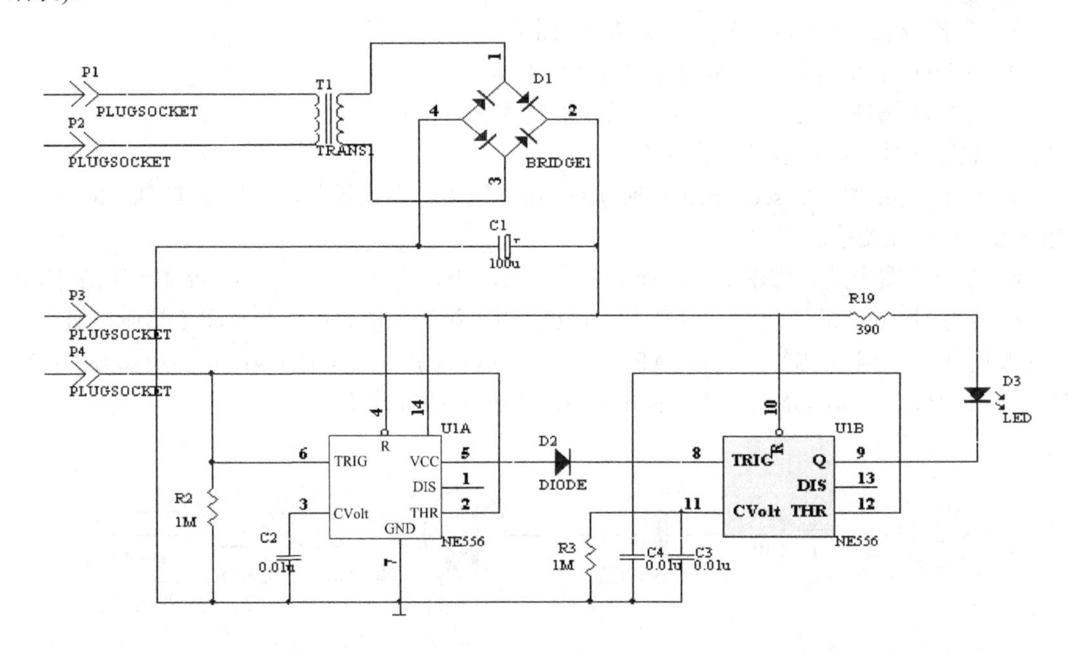

图 2-103　定时器应用电路

表 2-6　图 2-103 电路图元件明细表

元件在库中的名称 (Lib Ref)	元件在图中的标号 (Designator)	元件类别或标示值 (Part Type)
CAP	C2、 C3、 C4	0.01u
RES1	R2、 R3	1M
ELECTRO1	C1	100u
RES1	R19	390
BRIDGE1	D1	BRIDGE1
DIODE	D2	DIODE
LED	D3	LED
NE556	U1	NE556
PLUGSOCKET	P1、P2、P3、 P4	PLUGSOCKET
TRANS1	T1	TRANS1

总线原理图设计

内 容 提 要

本章主要介绍复合式元件的放置方法及其属性编辑，总线原理图的设计方法及步骤，电路的 ERC 检查及原理图的浏览。

在绘制原理图时，尤其是集成电路之间的连线，电路通常很复杂，为了解决这个问题，我们常用总线来连接原理图。

所谓总线就是用一条线来代替数条并行的导线。总线常常用在元件的数据总线或地址总线上，其本身并没有实质的电气连接意义，电气连接的关系要靠网络标号来定义。利用总线和网络标号进行元器件之间的电气连接不仅可以减少图中的导线数量，简化原理图，而且可以使图面简洁明了，清晰直观。下面以图 3-1 为例来说明总线原理图的绘制方法。

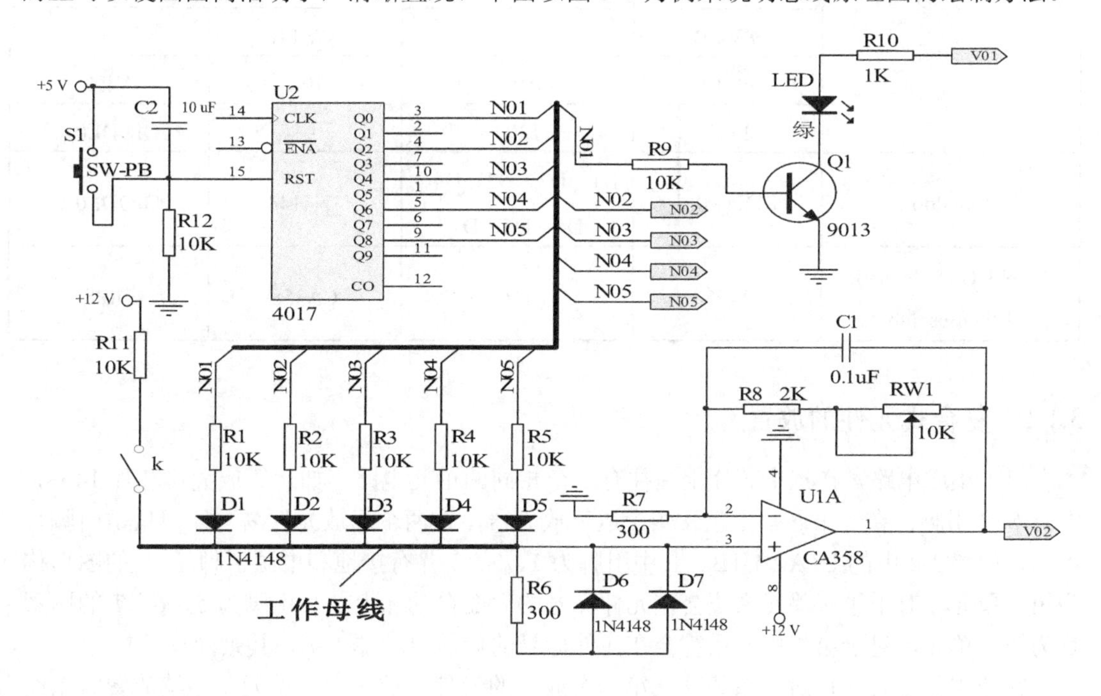

图 3-1　总线原理图

3.1　加载元件库放置元件

新建原理图文档，命名为“总线原理图.sch”，并加载原理图元件库。图 3-1 中元件属性列表如表 3-1 所示。元件的放置、属性的编辑与布局等参考 2.5 节一个简单原理图的绘制。下面主要就复合式元件的放置方法及属性的编辑加以说明。

表 3-1　图 3-1 总线原理图元件属性列表

元件库名称	元件在库中的名称(Lib Ref)	元件在图中的标号(Designator)	元件类别或标示值(Part Type)	元件的封装形式(Footprint)
Miscellaneous Devices.ddb	RES2	R1、R2、R3、R4、R5、R9、R11、R12	10K	AXIAL0.4
	RES2	R6、R7	300	AXIAL0.4
	RES2	R8	2K	AXIAL0.4
	RES2	R10	1K	AXIAL0.4
	4017	U2	4017	DIP16
	CAP	C1	0.1uF	RB.2/.4
	CAP	C2	10uF	RB.2/.4
	NPN	Q1	9013	TO-92A
	SW SPST	K	SW SPST	
	SW-PB	S1	SW-PB	
	POT2	RW1	10K	VR1
	LED	LED	绿	DIODE0.4
Sim.ddb	1N4148	D1、D2、D3、D4、D5、D6、D7	1N4148	DIODE0.4
Protel DOS Schematic Libraries.ddb	1458	U1	CA358	DIP8

3.1.1　复合式元件的放置

对于集成电路，在一个芯片上往往有多个相同的单元电路。如运算放大器芯片 1458，它有 8 个引脚，在一个芯片上包含两个运算放大器，这两个运放元件名一样，只是引脚号不同，如图 3-2 中的 U1A、U1B。其中引脚为 1、2、3 并有接地和电源引脚 4、8 的图形称为第一单元，对于第一单元系统会在元件标号的后面自动加上 A，引脚为 5、6、7 的图形称为第二单元，对于第二单元系统会在元件标号的后面自动加上 B，其余同理。

在放置复合式元件时，系统默认第一个放下的元件是放置第一单元，连续放置时系统自动按顺序放置其他单元。下面介绍选择性放置其他单元的方法。

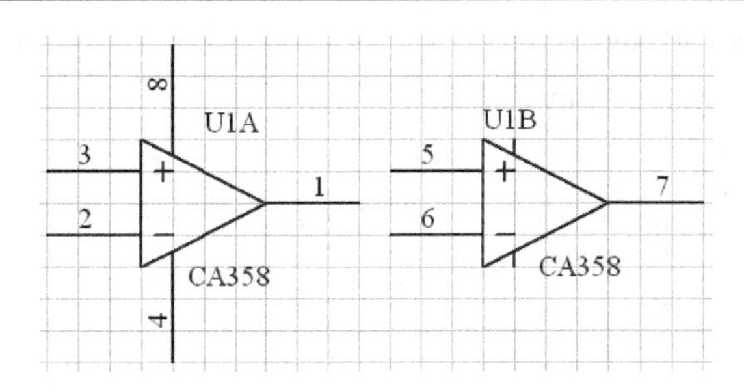

图 3-2　1458 集成芯片引脚

3.1.2　复合式元件的属性编辑

第一种方法：在放置元件过程中元件处于浮动状态时，按 Tab 键。操作步骤如下：

(1) 在元件处于浮动状态时按 Tab 键，弹出 Part 元件属性对话框，如图 3-3 所示。

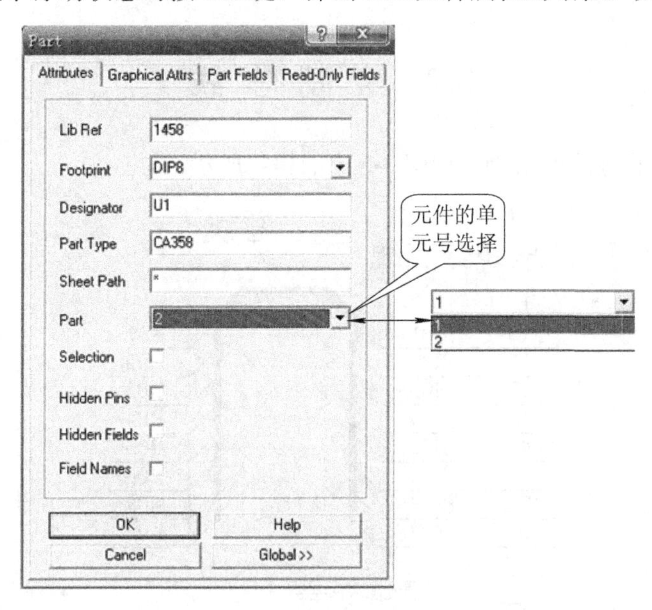

图 3-3　Part 元件属性对话框

(2) 在 Designator(元件标号)文本框中输入元件标号 U1，在 Part 文本框的下拉列表中选中 2，单击【OK】按钮。

(3) 单击鼠标左键放置该元件，则放置的是 1458 中的第二个单元，如图 3-2 中的 U1B，元件标号 U1B 中的 B 表示第二个单元，是系统自动加上的，若放置的是第一单元，则系统在 U1 后面自动加上 A。依此类推。

注意： 放置复合式元件时千万不要在元件标号后(Designator 文本框中)加字母 A 或 B 等，否则就放了多个复合式元件。

第二种方法：双击已放置好的元件，其余操作同上。

第三种方法：在元件符号上单击鼠标右键，在弹出的快捷菜单中选择 Properties。

第四种方法：执行菜单命令 Edit→Change，用十字光标单击对象。

如在原理图中放置 74LS00 与非门，则与非门的四个单元显示如图 3-4 所示。74LS00 所在的元件库为 Protel DOS Schematic Libraries.ddb。

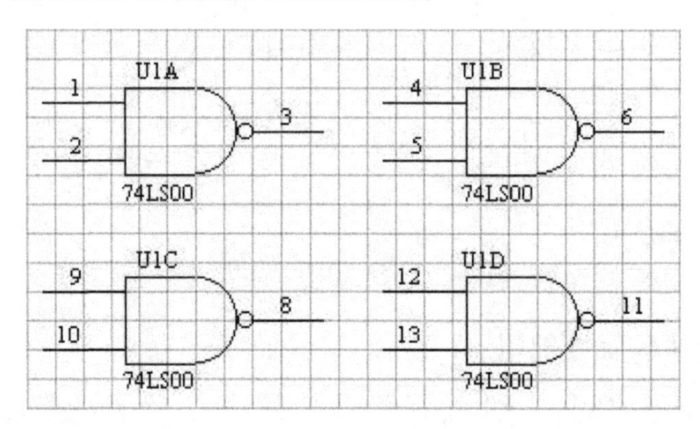

图 3-4　74LS00 元件符号

3.2　绘制总线

总线是多条并行导线的集合，如图 3-5 中的粗线所示。

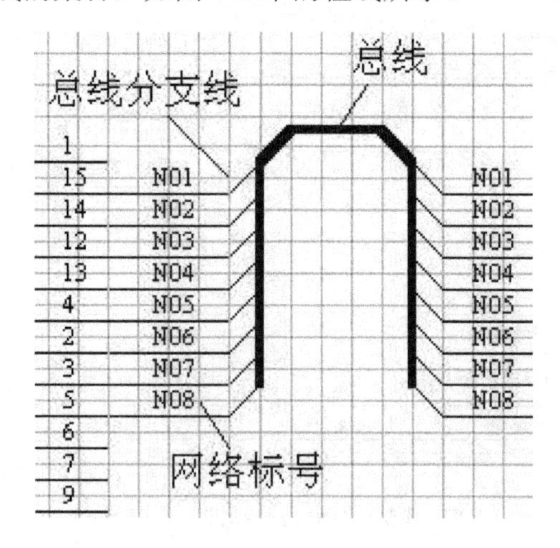

图 3-5　总线、总线分支线、网络标号

3.2.1　总线的绘制

第一种方法：单击 Wiring Tools 工具栏中的图标。

第二种方法：执行菜单命令 Place→Bus。

总线的绘制方法同导线的绘制，这里不再赘述。

3.2.2　总线的属性设置

第一种方法：当系统处于画总线状态时，按下 Tab 键，则弹出 Bus(总线)属性对话框，如图 3-6 所示。

第二种方法：双击已经画好的总线，也可以弹出 Bus 属性对话框。Bus 属性对话框的设置与导线的设置基本相同，这里不再赘述。

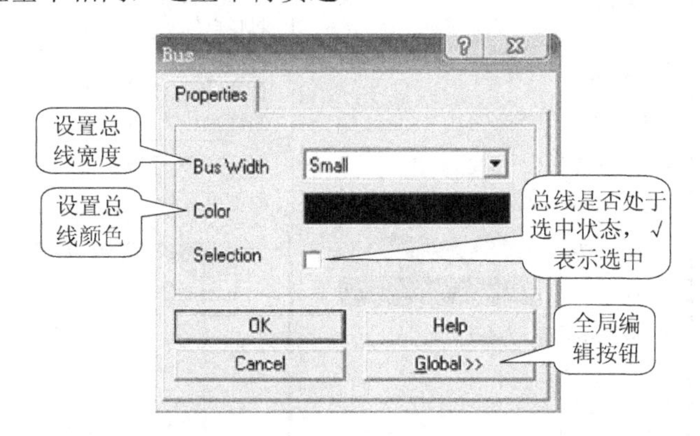

图 3-6　Bus(总线)属性对话框

3.2.3　改变总线的走线模式(即拐弯样式)

在光标处于画线状态时，按下 Shift+空格键可自动转换总线的拐弯样式。总线的走线模式有 45° 转角模式、90° 转角模式、任意角度转角模式等，与导线拐弯样式相同。

3.2.4　改变已画总线的长短

单击已画好的总线，总线上会出现小黑点即控制点，拖动控制点可改变总线的长短及总线的方向。与改变已画导线的长短方法相同。

3.3　绘制总线分支线

总线分支线是总线和导线、元件管脚引出线的连接线。总线分支是 45° 或 135° 倾斜的短线段，如图 3-5 中的斜线所示。

3.3.1　总线分支线的绘制

第一种方法：单击 Wiring Tools 工具栏中的图标，光标变成十字形，此时可按空格键、X 键、Y 键改变方向，在适当位置单击鼠标左键，即可放置一个总线分支线。此后可继续放置，最后单击鼠标右键退出放置状态。

第二种方法：执行菜单命令 Place→Bus Entry，以下操作同第一种方法。

3.3.2　总线分支线的属性设置

第一种方法：当系统处于画总线分支线状态时按下 Tab 键，系统弹出 Bus Entry(总线分支线)属性对话框，如图 3-7 所示。

第二种方法：双击已经画好的总线分支线，也可弹出 Bus Entry 属性对话框。

Bus Entry 属性对话框的设置与导线的设置基本相同，设置完毕单击【OK】按钮。

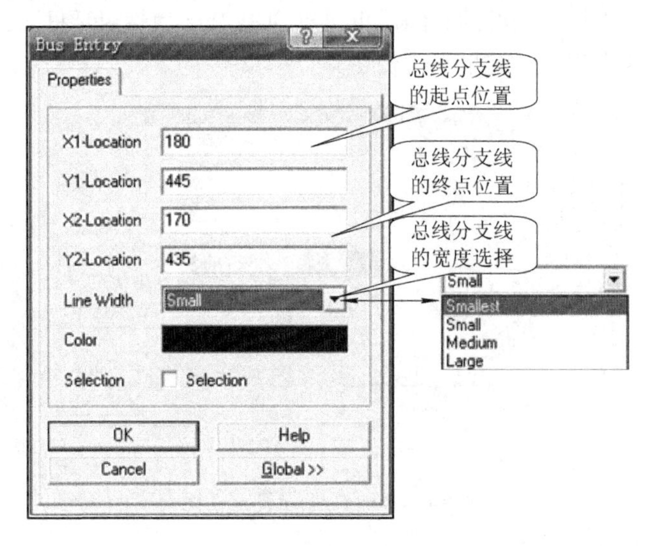

图 3-7　Bus Entry(总线分支线)属性对话框

3.4　放置网络标号

在总线中聚集了多条并行导线，怎样表示这些导线之间的具体连接关系呢？在比较复杂的原理图中，有时两个需要连接的电路(或元件)距离很远，甚至不在同一张图纸上，该怎样进行电气连接呢？这些都要用网络标号来表示。

网络标号的物理意义是电气连接点。在电路图上具有相同网络标号的电气连线是连在一起的。即在两个以上没有相互连接的网络中，把应该连接在一起的电气连接点定义成相同的网络标号，使它们在电气含义上属于真正的同一网络。如图 3-5 中的 N01、N02 等，图中标有 N01 的两条导线在电气上是连在一起的，其他同理。这个功能在将电路原理图转换成印刷电路板的过程中十分重要。

网络标号多用于层次式电路、多重式电路各模块电路之间的连接和具有总线结构的电路图中。网络标号的作用范围可以是一张电路图，也可以是一个项目中的所有电路图。

3.4.1　网络标号的放置

(1) 单击 Wiring Tools 工具栏中的 Net1 图标，或执行菜单命令 Place→Net Label，光标变成十字形且网络标号表示为一虚线框随光标浮动，如图 3-8 所示。

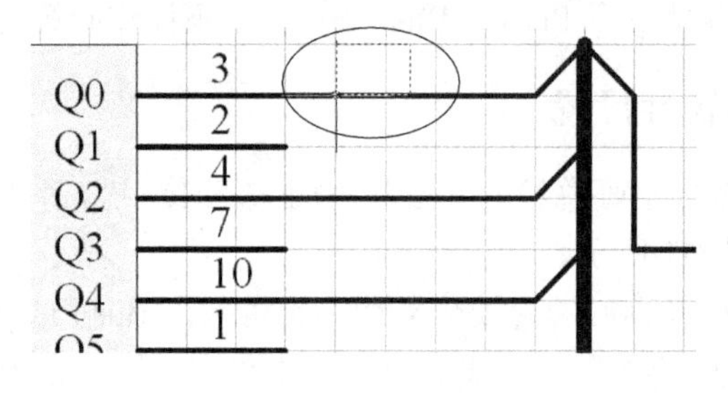

图 3-8　网络标号的放置

(2) 按 Tab 键，系统弹出 Net Label (网络标号)属性设置对话框，如图 3-9 所示。设置完毕，单击【OK】按钮。

(3) 此时网络标号仍为浮动状态，按空格键可改变其方向。

(4) 在导线上的适当位置单击鼠标左键，放置好网络标号。

(5) 单击鼠标左键继续放置，单击鼠标右键退出放置状态。

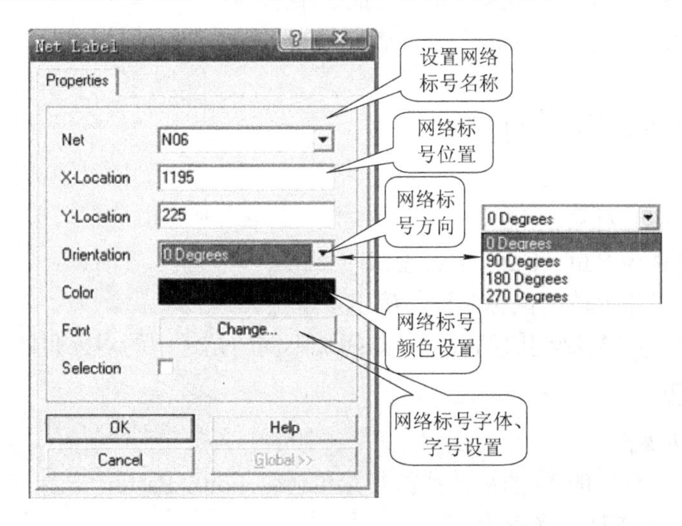

图 3-9　Net Label(网络标号)属性设置对话框

3.4.2　网络标号属性编辑

第一种方法：在放置过程中进行编辑，如上述方法。

第二种方法：双击已放置好的网络标号，在弹出的 Net Label 属性设置对话框中(图 3-9)进行设置。

注意：(1) 网络标号不能直接放在元件的引脚上，一定要放置在引脚的延长线上。出现电气连接点再单击鼠标左键放置，如图 3-10 所示。网络标号 N01、N02 等均放置在与引脚相连的导线上。

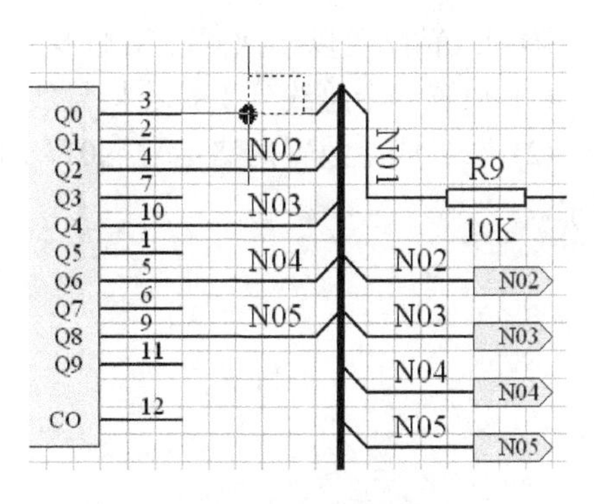

图 3-10　网络标号放置

(2) 如果定义的网络标号最后一位是数字，在下一次放置时，网络标号的数字将自动加 1。

(3) 网络标号是有电气意义的，千万不能用任何字符串代替。

3.4.3　阵列式粘贴

在绘制复杂原理图、总线原理图时，总线的分支、网络标号、重复性元件等需要重复多次放置，占用时间较长，如果采用阵列式粘贴，就可以一次完成重复性操作，大大提高绘图的效率。

Protel 99 SE 提供了自己的剪贴板，对象的拷贝、剪切、粘贴都是在其内部的剪贴板上进行的。

1. 对象的拷贝

(1) 选中要拷贝的对象。

(2) 执行菜单命令 Edit→Copy，光标变成十字形。

(3) 在选中的对象上单击鼠标左键，确定参考点。参考点的作用是在进行粘贴时以参考点为基准。

此时选中的内容被复制到剪贴板上。

2. 对象的剪切

(1) 选中要剪切的对象。

(2) 执行菜单命令 Edit→Cut，光标变成十字形。

(3) 在选中的对象上单击鼠标左键，确定参考点。

此时选中的内容被复制到剪贴板上，与拷贝不同的是选中的对象也随之消失。

3. 对象的粘贴

接拷贝或剪切操作。

(1) 单击主工具栏中的图标，或执行菜单命令 Edit→Paste，光标变成十字形，且被粘贴对象处于浮动状态粘在光标上。

(2) 在适当位置单击鼠标左键，完成粘贴。

这种粘贴方法一次只能粘贴一个对象，并且所粘贴的对象与原对象完全一样。

4. 阵列式粘贴

阵列式粘贴可以一次同时粘贴多个对象。以图 3-10 为例来说明阵列式粘贴操作步骤。

(1) 放置一个总线分支并连接导线。

(2) 在导线上放置网络标号 N01，用鼠标选中导线、总线分支及网络标号，如图 3-11(a)所示。

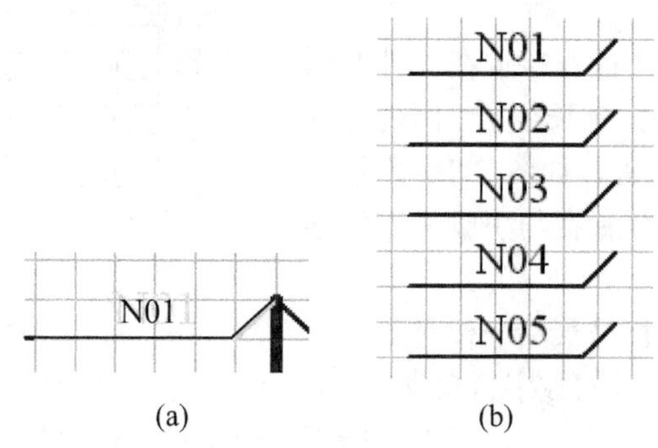

图 3-11　阵列式粘贴操作过程

(a) 复制 N01、导线及总线分支；(b) 阵列式粘贴的结果

(3) 执行菜单命令 Edit→Copy，将光标移到选中的对象的左下角，并单击鼠标左键，确定参考点。

(4) 单击 Drawing Tools 工具栏中的按钮，或执行菜单命令 Edit→Paste Array，系统

弹出 Setup Paste Array 设置对话框，如图 3-12 所示。在对话框中设置：

Item Count：要粘贴的对象个数为 5。

Text Increment：对象序号的增长步长为 1，即网络标号依次为 N01、N02、N03 等。

Horizontal：粘贴对象的水平间距为 0。

Vertical：粘贴对象的垂直间距为–20。

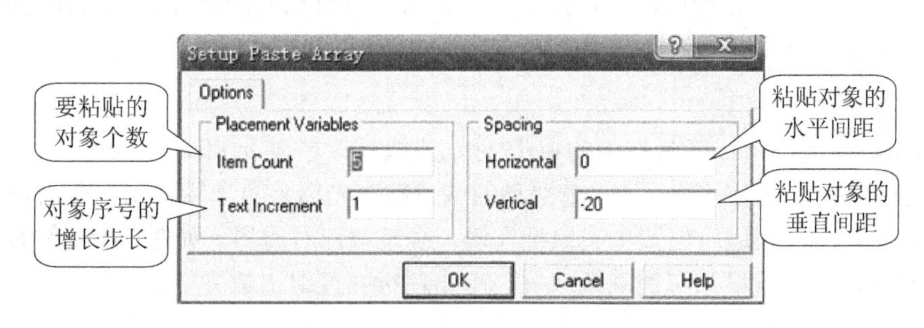

图 3-12　Setup Paste Array 设置对话框

(5) 设置好对话框的参数后，单击【OK】按钮。

(6) 此时光标变成十字形，在适当位置单击鼠标左键，则完成粘贴。撤消选择，结果如图 3-11(b)所示。

图 3-13 为电阻 R1 阵列式粘贴的效果。其中，(b)图的参数设置为：

Item Count：4

Text Increment：1

Horizontal：0

Vertical：20

(c)图的参数设置为：

Item Count：4

Text Increment：2

Horizontal：0

Vertical：–20

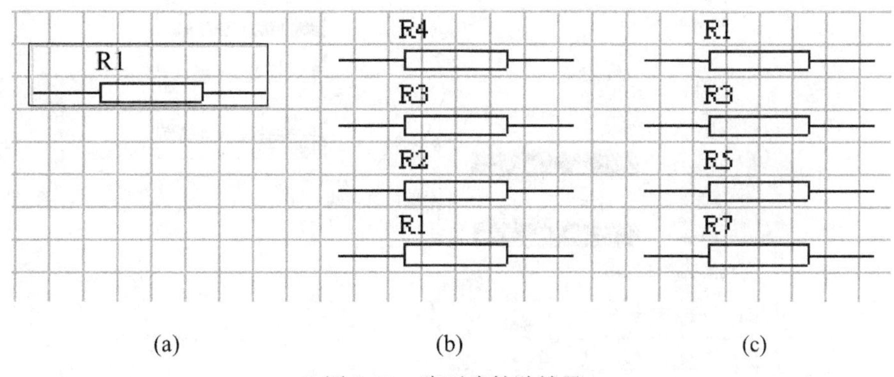

图 3-13　阵列式粘贴效果

(a) 复制 R1；(b)、(c) 阵列式粘贴的结果

3.5　放置端口、电源符号并连接导线

如前所述，用户可以通过设置相同的网络标号，使两个电路具有电气连接关系。此外，用户还可以通过放置 I/O 端口，并且使某些 I/O 端口具有相同的名称，从而使它们被视为同一网络，而在电气上具有连接关系。

1. 端口的放置

(1) 单击 Wiring Tools 工具栏中的图标，或执行菜单命令 Place→Port。

(2) 此时光标变成十字形，且一个浮动的端口粘在光标上随光标移动。单击鼠标左键，确定端口的左边界；在适当位置单击鼠标左键，确定端口右边界，如图 3-14 所示。此时仍为放置端口状态，单击鼠标左键继续放置，单击鼠标右键退出放置状态。

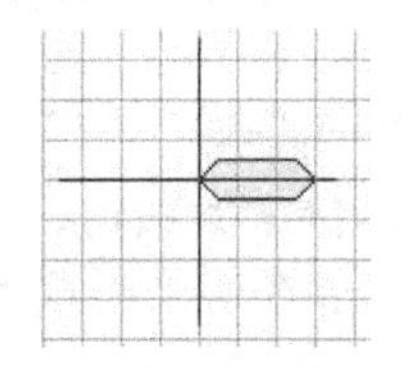

图 3-14　放置端口

2. 端口属性的编辑

端口属性编辑包括端口名、端口形状、端口电气特性等内容的编辑。

第一种方法：在放置过程中按下 Tab 键，系统弹出 Port(端口)属性设置对话框，如图 3-15 所示。

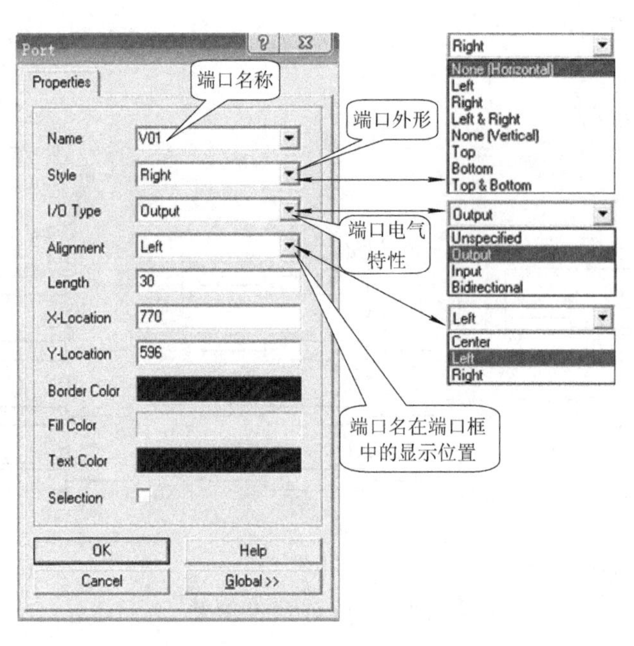

图 3-15　Port(端口)属性对话框

第二种方法：双击已放置好的端口，在弹出的 Port(端口)属性设置对话框中进行设置。Port(端口)属性设置对话框中各项含义：

- Name：I/O 端口名称。
- Style：I/O 端口外形。端口外形见图 3-16。

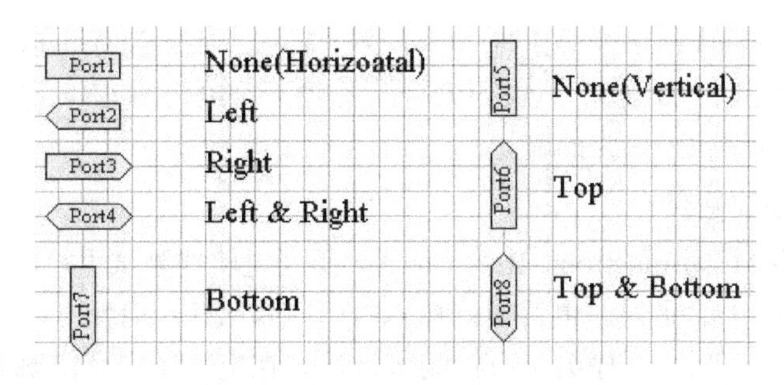

图 3-16　Port(端口)外形

- I/O Type：I/O 端口的电气特性。共设置了四种电气特性。

Unspecified：非特指端口

Output：输出端口

Input：输入端口

Bidirectional：双向端口

- Alignment：端口名在端口框中的显示位置。

Center：中心对齐

Left：左对齐

Right：右对齐

- Length：端口长度。
- X-Location、Y-Location：端口位置。
- Border Color：端口边界颜色。
- Fill Color：端口内的填充颜色。
- Text Color：端口名的显示颜色。
- Selection：确定端口是否处于选中状态。

设置完毕，单击【OK】按钮。按照上述方法放置图中的端口。

3. 端口大小的修改

对于已经放置好的端口，也可以不通过属性对话框直接改变其大小，操作步骤是：单击已放置好的端口，端口周围出现虚线框。拖动虚线框上的控制点，即可改变其大小，如图 3-17 所示。

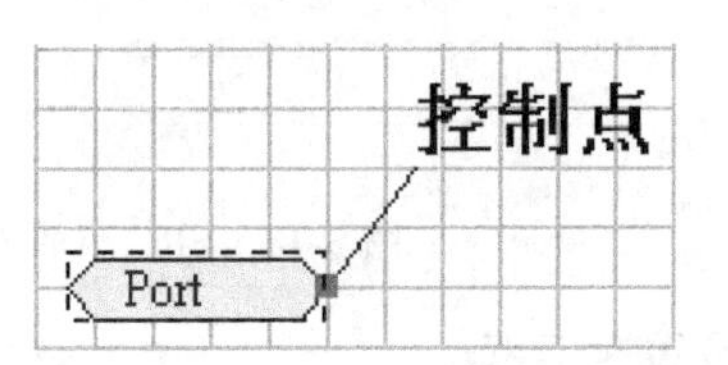

图 3-17　改变端口大小的操作

4. 放置电源符号、连接导线

电源符号的放置及元件间的电气连接参考 2.5 节，在此不再赘述。

3.6　电路的 ERC 检查

电路图在绘制过程中，可能会出现一些人为的错误。有些错误可以忽略，有些错误却是致命的，如 VCC 和 GND 短路。Protel 99 SE 提供了对电路的 ERC 检查，利用软件测试用户设计的电路，以便找出人为的疏忽。

1. ERC 电气规则检查

ERC 电气规则检查即 Electronic Rule Check，是利用软件测试用户电路的方法。能够测试设计者在物理连接上的错误。电气规则检查报告以错误(Error)或警告(Warning)来提示。在进行了电气规则检查后，程序会生成检测报告，并在电路图中有错误的地方放上红色的标记⊠。

2. ERC 检查步骤

执行菜单命令 Tools→ERC，系统弹出 Setup Electrical Rule Check (ERC 设置)对话框，如图 3-18 所示，如果要做哪项检查，就在哪项小方框前打勾(选中)。

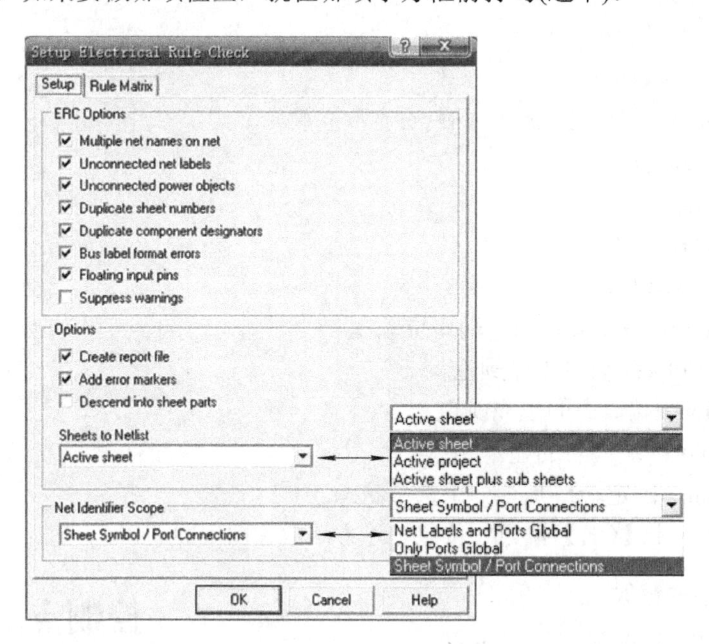

图 3-18　ERC 设置对话框(Setup 选项卡)

3. ERC 设置对话框

1) Setup 选项卡

• ERC Options 区设置：

Multiple net names on net：检查同一个网络上是否拥有多个不同名称的网络标识符。

Unconnected net labels：检查是否有未连接到其他电气对象的网络标号。

Unconnected power objects：检查是否有未连接到任一电气对象的电源对象。如果把

Power Port 的 Vcc 改为+5 V，则+5 V 和其他 Vcc 名称的管脚就被看成是两个完全不同的图件，在检查时会给出错误标记。

Duplicate sheet numbers：检查项目中是否有图纸编号相同的情况。

Duplicate component designators：检查是否有标号相同的元件。

Bus label format errors：检查附加在总线上的网络标号的格式是否非法。

Floating input pins：检查是否有输入管脚悬空的情况。

Suppress warnings：忽略警告等级的情况，即在进行 ERC 检查时将跳过所有的警告性错误。

• Options 区设置：

Create report file：设置列出全部 ERC 信息并产生与原理图名称相同的错误信息报告*.ERC。

Add error markers：设置在原理图上有错误的位置上放置红色错误标记⊠。

Descend into sheet parts：在执行 ERC 检查时，同时深入到原理图元件内部电路进行检查。此项针对电路图式元件。

• Sheets to Netlist：设置检查范围。

Active sheet：只检查当前打开的原理图文件。

Active project：对当前打开电路图的整个项目进行 ERC 检查。

Active sheet plus sub sheets：对当前打开的电路图及其子电路图进行检查。

• Net Identifier Scope：设置网络标号的工作范围。

Net Labels and Ports Global：网络标号和电路 I/O 端口在整个项目文件中的所有电路图中都有效。

Only Ports Global：只有 I/O 端口在整个项目文件中有效。

Sheet Symbol/Port Connections：在子图符号 I/O 口与下一层的电路 I/O 端口同名时，二者在电气上相通。

2) Rule Matrix 选项卡

如图 3-19 所示，这是一个彩色的正方形区块，称为电气规则矩阵。该选项卡主要用来定义各种引脚、输入输出端口、电路图出入口彼此间的连接状态是否已构成错误或警告等级的电气冲突。

矩阵中以彩色方块表示检查结果。绿色方块表示这种连接方式不会产生错误或警告信息(如某一输入引脚连接到某一输出引脚上)，黄色方块表示这种连接方式会产生警告信息(如未连接的输入引脚)，红色方块表示这种连接方式会产生错误信息(如两个输出引脚连接在一起)。

错误指电路中有严重违反电路原理的连线情况，如 V_{CC} 和 GND 短路。

警告是指某些轻微违反电路原理的连线情况，由于系统不能确定它们是否真正有误，所以用警告表示。

这个矩阵是以交叉接触的形式读入的。如要查看输入引脚接到输出引脚的检查条件，就观察矩阵左边的 Input Pin 这一行和矩阵上方的 Output Pin 这一列之间的交叉点即可，交叉点以彩色方块来表示检查结果。

交叉点的检查条件可由用户自行修改，在矩阵方块上单击鼠标左键即可在不同颜色的彩色方块之间进行切换。一般选择默认。

设置完毕单击【OK】按钮，进行 ERC 检查。

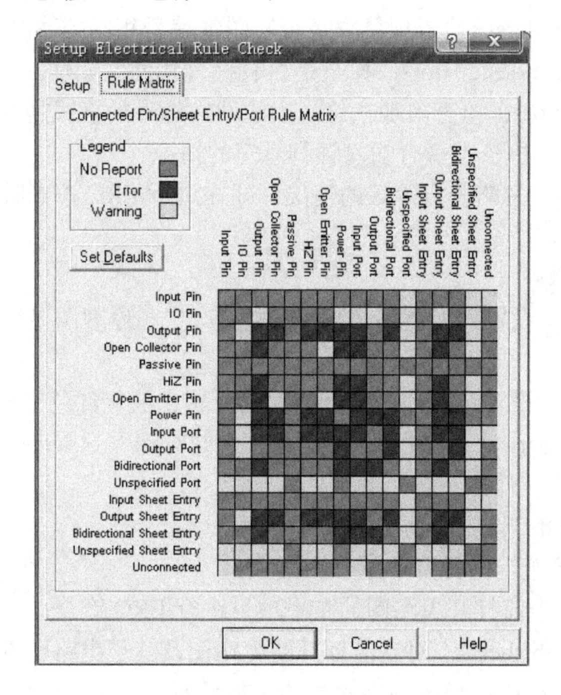

图 3-19　ERC 设置对话框(Rule Matrix 选项卡)

4. ERC 检查结果

可以输出相关的错误报告，即 *.ERC 文件，主文件名与原理图相同，扩展名为 .ERC，同时可以在电路原理图的相应位置显示错误标记。

图 3-20 所示是对该电路利用默认设置进行 ERC 检测的结果。其中电源 +5 V、U2 第 13、14 号管脚因不与任何电路相连，经 ERC 检查后，显示错误标志；有两个相同名称的网络标号 N01，显示错误标志，并在 ERC 报告中说明。

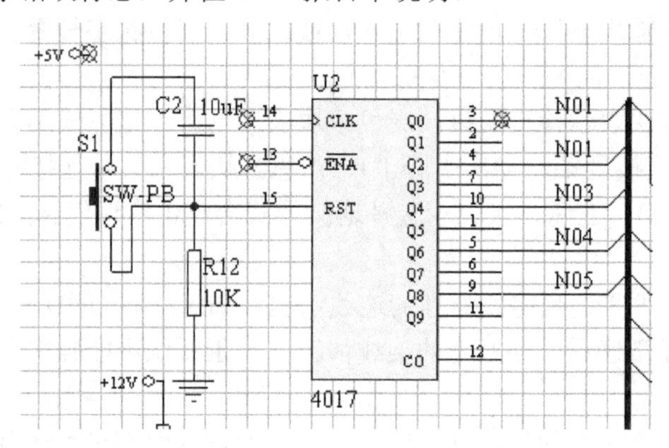

图 3-20　电路图中的 ERC 错误标志

图 3-21 所示为 ERC 检查报告。ERC 报告给出错误的位置坐标、错误的原因。返回原理图修改相应的错误，再进行 ERC 检查，错误标志即消失。

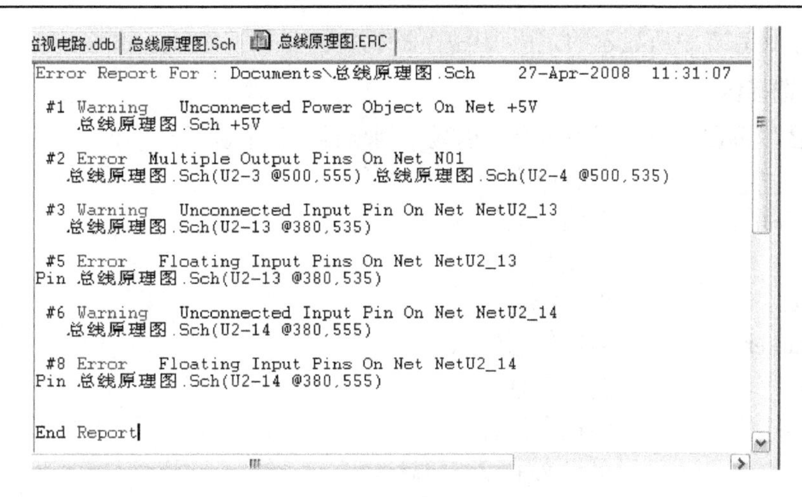

图 3-21　ERC 检查报告

3.7　浏览原理图

在绘制原理图的过程中，有时需要分门别类地查看某些内容。如想查看图中已经放置了哪些元件，且这些元件的标号如何，对于这样的要求，如果在整张原理图中查看，显然不现实，原理图编辑器中的设计管理器为此提供了快速、简单、有效的分类浏览原理图的方法。

操作步骤：

(1) 打开一个原理图文件，在左边的设计管理器中选择 Browse Sch 选项卡。

(2) 在 Browse 选项区中单击下拉按钮，选择 Primitives，如图 3-22 所示。

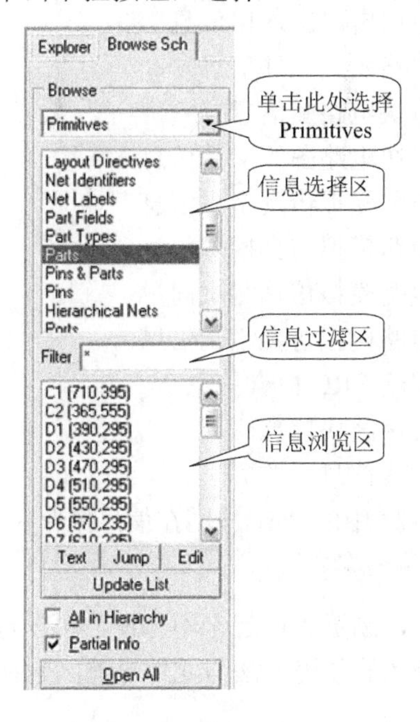

图 3-22　浏览原理图内容

(3) 此时图 3-22 中所显示的是原理图中的有关内容。

1. 信息选择区

信息选择区列出了原理图中所有可以显示的项目，其中包括：

All：　所有内容
Bus Entries：　总线分支信息
Busses：　总线信息
Directives：　设计指示
Error Markers：　错误标志信息
Images：　图片信息
Junctions：　连接点信息
Labels：　单行文字标注信息
Layout Directives：　PCB 布线指示信息
Net Identifiers：　网络标识符信息
Net Labels：　网络标号信息
Part Fields：　元件标注区信息，即每个元件 Part Field 1～Part Field 16 的内容
Part Types：　元件标注信息
Parts：　元件信息
Pins & Parts：　元件及其引脚信息
Pins：　引脚信息
Hierarchical Nets：　层次网络信息
Ports：　端口信息
Power Objects：　电源和接地信息
Sheet Entries：　方块电路出入口信息
Sheet Parts：　电路图式元件信息
Sheet Symbols：　方块电路图信息
Sheet Sym Files：　方块电路图的文件信息
Sim. Directives：　电路模拟仿真指示信息
Sim. Probes：　电路模拟仿真探测信息
Sim. Vectors：　电路模拟仿真测试向量
Sim. Stimulus：　电路模拟仿真激励信息
Suppress ERC：　忽略 ERC 检查信息
Text Frames：　文字区块信息
Wires：　导线信息

选择要浏览的项目如图 3-22 中的 Parts，则在信息浏览区中列出该项目的具体内容。

2. 信息过滤区

如果选择的某项内容太多，浏览查询起来不方便，可在过滤区中设置显示条件，以屏蔽掉不需要的信息。信息过滤区的使用方法与元件过滤区的使用方法相同，参见 2.5.1 节。

3. 信息浏览区

显示符合过滤条件的信息。如图 3-22 中在信息选择区中选择了 Parts，则在浏览区显示原理图中的所有元件。图 3-22 中各按钮和选项含义如下：

• 【Text】按钮：可以编辑信息浏览区中选中对象的文字内容。如选择 C2，单击【Text】按钮，弹出如图 3-23 所示对话框，可修改标号。

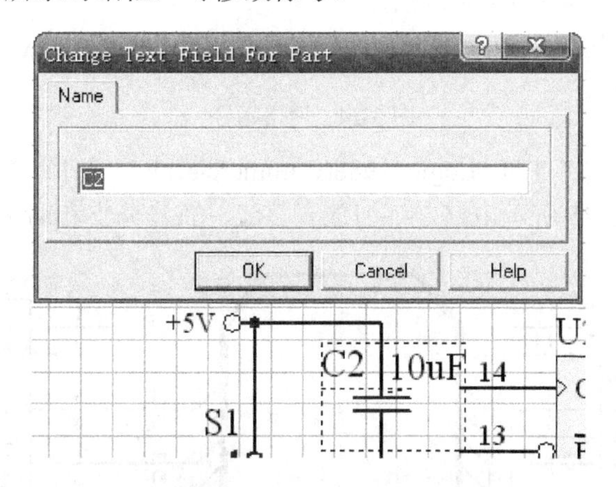

图 3-23　编辑信息浏览区中选中对象的文字

• 【Jump】按钮：可以跳转到指定对象的位置。如在信息浏览区中选中元件 C2，单击【Jump】按钮，则 C2 将显示在编辑窗口的中央。

• 【Edit】按钮：可以编辑信息浏览区中选中对象的属性。

• All in Hierarchy：当打开项目中所有原理图后，选中此复选框，表示显示整个项目的信息；不选中，表示只显示当前激活的原理图信息。

• Partial info：选中，表示只显示主要信息，否则将显示完整信息。

• Update List：更新信息列表框中的内容。电路图改变后，单击此按钮，可更新信息列表框中的内容。

图 3-22 中，在信息选择区中选中了 Parts，即显示原理图中的所有元件信息，在信息过滤框中是通配符*，且选中了 Partial Info 选项，所以在信息浏览区中显示的是原理图中所有元件的主要信息，即元件标号和所在位置。

本 章 小 结

本章主要介绍的是带有总线原理图的绘制方法。包括总线、总线分支、网络标号、I/O 端口等具有电气特性对象的放置方法；复合式元件的放置方法及其属性的编辑方法；原理图的 ERC 电气规则检测。

在本章中还介绍了利用设计管理器浏览、管理、编辑原理图的方法，这种方法对于分类浏览复杂电路图非常方便。

读者在学习了本章以后，将掌握了绘制原理图的基本方法。对于比较复杂的原理图，应能比较容易地完成绘制任务。

思考与练习

1. 放置网络标号，并更改字型和字号为 Times New Roman，斜体，16 号。连续放置 N01～N08 八个网络标号，如图 3-24 所示。

N01　N02　N03　N04　N05　N06　N07　N08

图 3-24　网络标号

2. 从 TI Databook\TI TTL Logic 1988(Commercial).lib 元件库中取出 SN74LS273 和 SN74LS374，按照图 3-25 所示电路，练习放置总线、总线分支和网络标号。

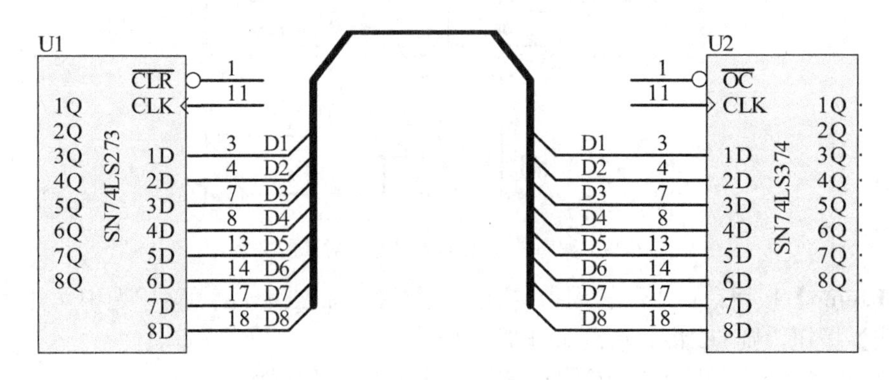

图 3-25　题 2 总线原理图

3. 按照图 3-26 所示电路，绘制带有总线的电路原理图，练习放置总线、总线分支和网络标号，并进行电气规则检查。图中元件如表 3-2 所示。

表 3-2　图 3-26 带有总线的电路图元件明细表

元件在库中的名称 (Lib Ref)	元件在图中的标号 (Designator)	元件类别或标示值 (Part Type)	元件封装形式 (Footprint)
Cap	C9	0.1 uF	RAD0.2
Crystal	XTAL	4.915MHz	AXIAL1.0
74LS04	U9	74LS04	DIP14
RES2	R3	470K	AXIAL0.4
RES2	R4	470K	AXIAL0.4
4040	U12	4040	DIP16
SW DIP-8	SW1	SW DIP-8	DIP16
元件库：U9 在 Protel DOS Schematic Libraries.ddb 中的 Protel DOS Schematic TTL.Lib 中， U12 在 Protel DOS Schematic Libraries.ddb 中的 Protel DOS Schematic 4000CMOS.Lib 中， 其余元件在 Miscellaneous Devices.ddb 中			

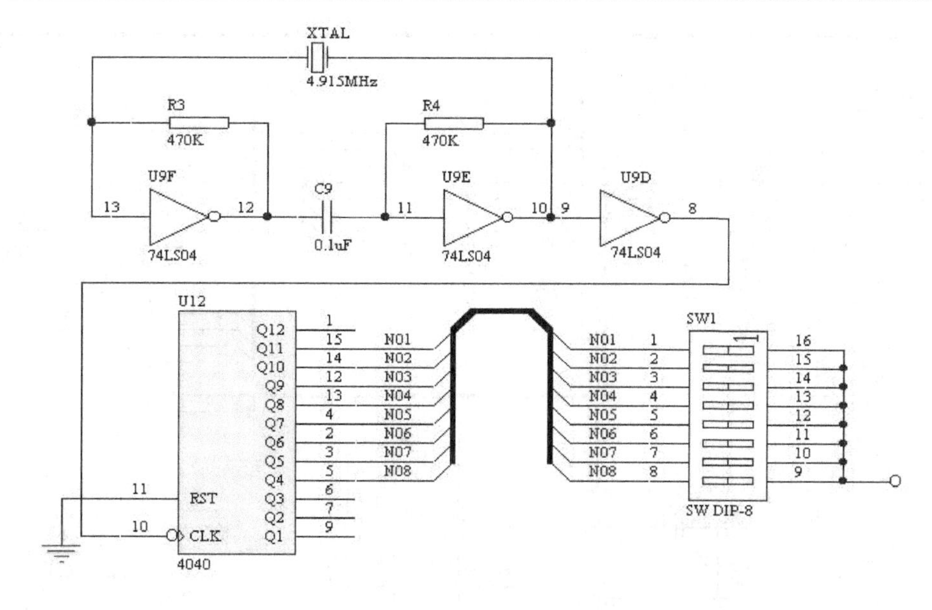

图 3-26　题 3 总线原理图

4. 绘制图 3-27 所示带有总线的电路原理图，练习放置总线、总线分支、端口和网络标号，并进行电气规则检查。图中的元件如表 3-3 所示。

表 3-3　图 3-27 电路元件明细表

元件在库中的名称 (Lib Ref)	元件在图中的标号 (Designator)	元件类别或标示值 (Part Type)	元件封装形式 (Footprint)
RES2	R2	1K	AXIAL0.4
CRYSTAL	CRY1	18.723 MHz	XTAL1
CAPACITOR	C3	22 uF	RAD0.3
27C256	U3	27C256	DIP28
CAP	C1、C2	60PF	RAD0.2
74LS373	U2	74LS373	DIP20
RES2	R1	200	AXIAL0.4
DS80C320MCG(40)	U1	DS80C320MCG(40)	DIP40
SW-PB	S1	SW-PB	SIP2
元件库：U1 在 Dallas Microprocessor.ddb 中的 Dallas Microprocessor.Lib 中， U2 在 Protel DOS Schematic Libraries.ddb 中的 Protel DOS Schematic TTL.lib 中， U3 在 Intel Databooks.ddb 中的 Intel Memory.Lib 中， 其余元件在 Miscellaneous Devices.ddb 中			

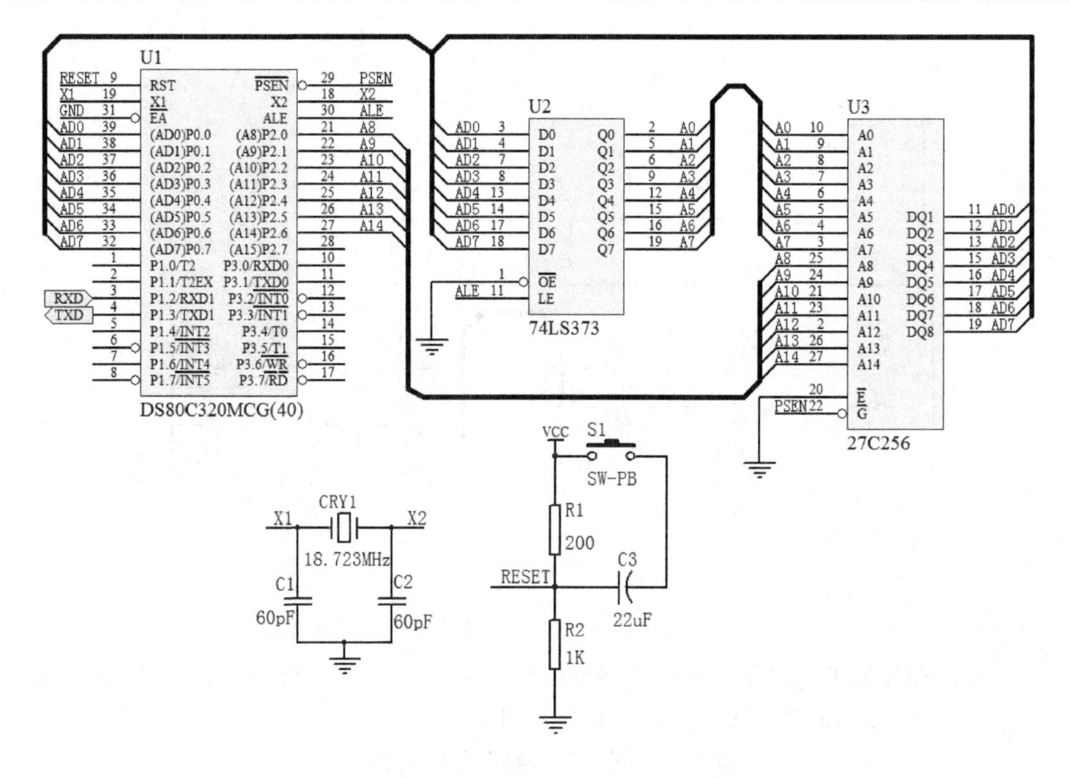

图 3-27　带有总线的电路原理图

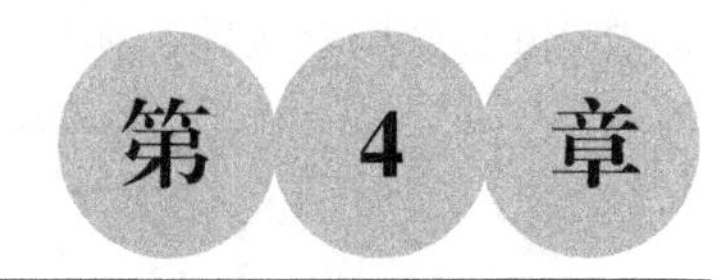

层次原理图设计

内 容 提 要

本章主要介绍层次原理图的概念、结构及设计方法。主电路图与子电路图之间的关系，不同层次电路文件之间的切换方法等内容。

对于比较复杂的电路图，用一张电路图纸无法完成设计，需要多张原理图。Protel 99 SE 提供了将复杂电路图分解为多张电路图的设计方法，这就是层次原理图设计方法。采用层次型电路可以简化电路。层次型电路是将一个庞大的电路原理图(称为项目)分成若干个模块，且每个模块可以再分成几个基本模块。各个基本模块可以由工作组成员分工完成，这样可以大大提高设计效率。

层次型电路的设计可采取自上而下或自下而上的设计方法。

4.1 层次原理图结构

层次式电路是将一个大的电路分成几个功能块，再对每个功能块里的电路进行细分，还可以再建立下一层模块，如此下去，便形成树状结构。

层次式电路主要包括两大部分：主电路图和子电路图。其中主电路图与子电路图的关系类似于父与子的关系，在子电路图中仍可包含下一级子电路。

下面以 Protel 99 SE 提供的范例 Z80 Microprocessor.ddb 中的层次原理图为例，介绍层次原理图的结构。在 *:\Program Files\Design Explorer 99 SE\Examples 打开 Z80 Microprocessor.ddb。

4.1.1 主电路图

主电路图文件的扩展名是 .prj。主电路图相当于整机电路图中的方块图，一个方块图相当于一个模块。图中的每一个模块都对应着一个具体的子电路图。与方块图不同的是，子电路图中的连接更具体。各方块图之间的每一个电气连接都是通过 I/O 端口和网络标号来实现的，要在主电路图中表示出来，如图 4-1 所示。

需要注意的是，与原理图相同，方块图之间的电气连接也要用具有电气性能的 Wire(导线)和 Bus(总线)来实现，如图 4-1 所示。

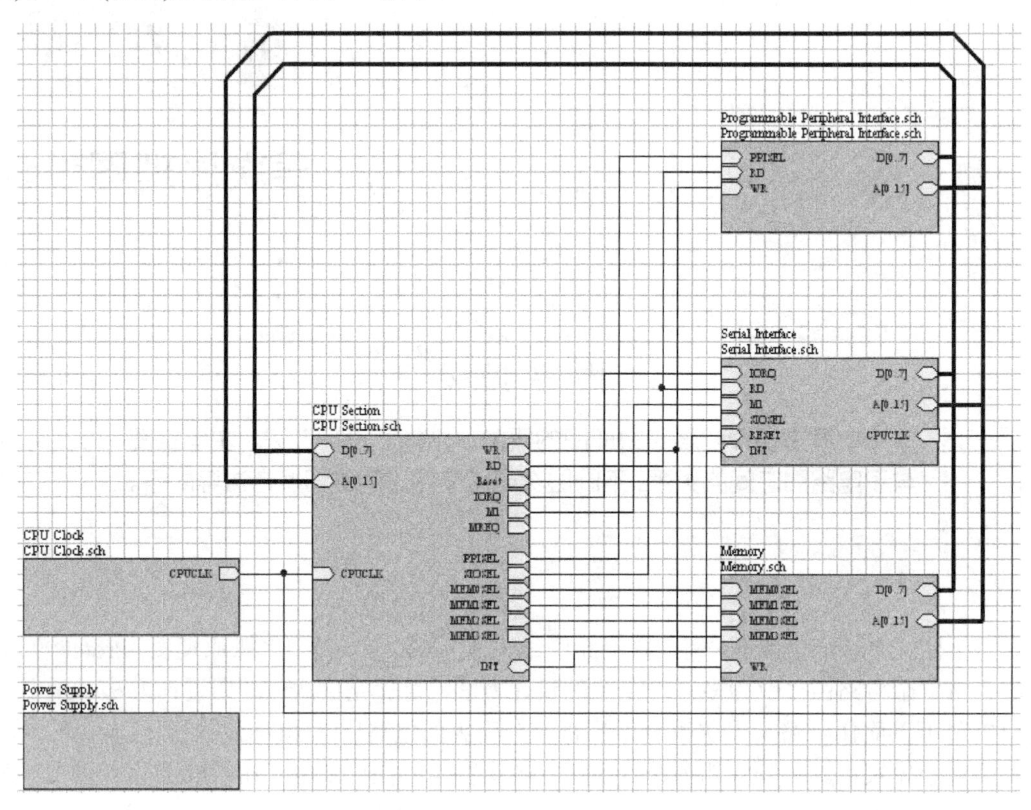

图 4-1　主电路图(Z80 Processor.prj)

4.1.2　子电路图

子电路图文件的扩展名是 .sch。一般情况下，子电路图都是一些具体的电路原理图。子电路图与主电路图的连接是通过方块图中的端口实现的，如图 4-2 和图 4-3 所示。

在图 4-2 所示的方块图中，只有一个端口 CPUCLK。在图 4-3 中所示的子电路图中也只有一个端口，这个端口就是 CPUCLK。所以方块图中的端口与子电路图中的端口是一一对应的。

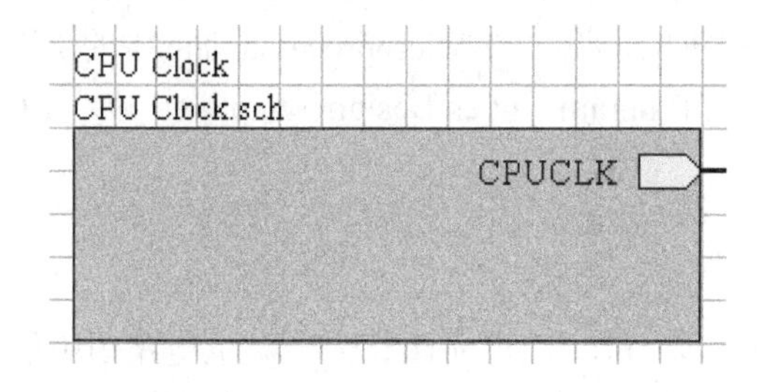

图 4-2　主电路图中的一个方块图

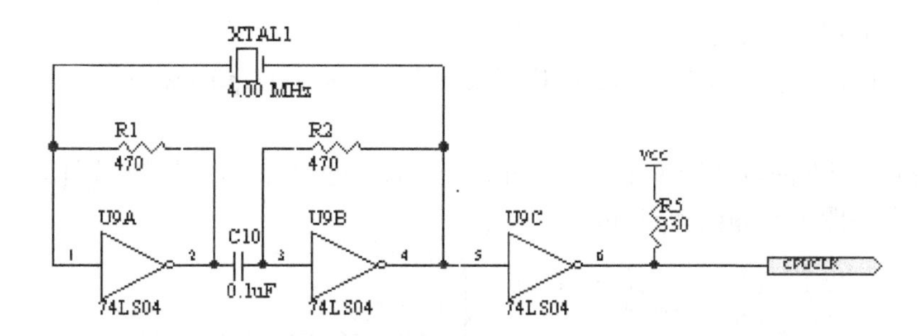

图 4-3　方块图对应的子电路图“CPUCLK”

4.2　不同层次电路文件之间的切换

在编辑或查看层次原理图时，有时需要从主电路的某一方块图直接转到该方块图所对应的子电路图，或者反之。Protel 99 SE 为此提供了非常简便的切换功能。

4.2.1　利用项目导航树进行切换

打开 Z80 Microprocessor.Ddb 设计数据库并展开设计导航树，如图 4-4 所示。其中 Z80 Processor.prj 是主电路图也称为项目文件，Z80 Processor.prj 前面的“－”表示该项目文件已被展开。主电路图下面扩展名为 .sch 的文件就是子电路图，子电路图文件名前面的“+”表示该子电路图下面还有一级子电路，如 Serial Interface.sch。

单击导航树中的文件名或文件名前面的图标，就可以很方便地打开相应的文件。

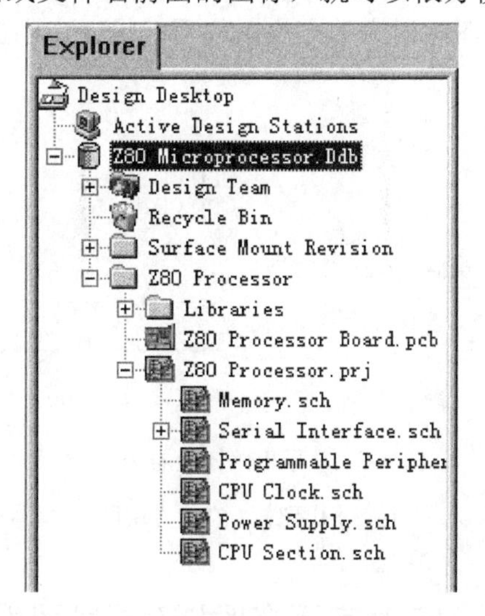

图 4-4　设计数据库文件的设计导航树

4.2.2　利用导航按钮或命令进行切换

1. 从方块图查看子电路图

操作步骤：

(1) 打开方块图电路文件。

(2) 单击主工具栏上的图标，或执行菜单命令 Tools→Up/Down Hierarchy，光标变成十字形。

(3) 在准备查看的方块图上单击鼠标左键，如图 4-5(a)所示，则系统立即切换到该方块图对应的子电路图上，如图 4-5(b)所示。

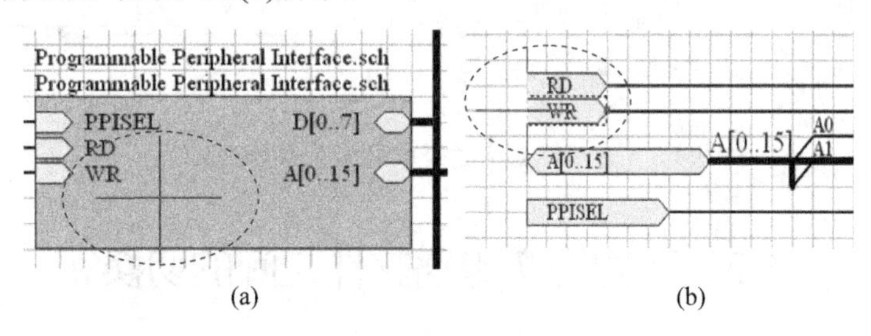

(a)　　(b)

图 4-5　从方块图查看子电路图

(a) 方块图；(b) 子电路图

2. 从子电路图查看方块图(主电路图)

操作步骤：

(1) 打开子电路图文件。

(2) 单击主工具栏上的图标，或执行菜单命令 Tools→Up/Down Hierarchy，光标变成十字形。

(3) 在子电路图的端口上单击鼠标左键，如图 4-6(a)所示，则系统立即切换到主电路图，如图 4-6(b)所示，该子电路图所对应的方块图位于编辑窗口中央，且鼠标左键单击过的端口处于聚焦状态。

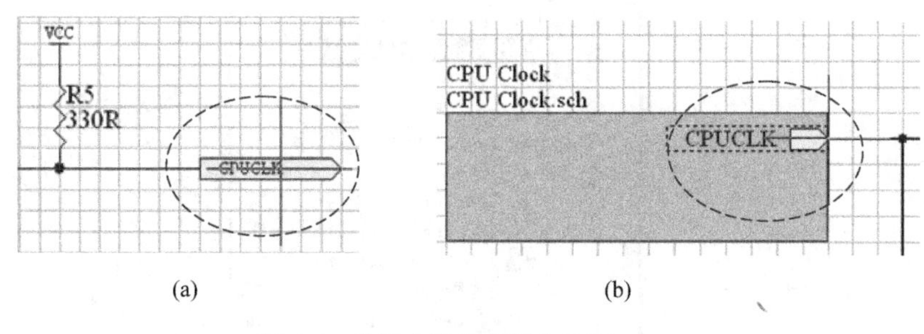

(a)　　(b)

图 4-6　从子电路图查看方块图

(a) 子电路图；(b) 方块图

4.3　自上向下的层次原理图设计

自上向下的层次原理图设计方法的思路是：先设计主电路图，再根据主电路图设计子电路图。这些主电路和子电路文件都保存在一个专门的文件夹中。

以 Z80 Microprocessor.Ddb 设计数据库为例，介绍设计方法。

4.3.1　设计主电路图

主电路图又称为项目文件，项目文件的扩展名是 .prj。操作步骤：

(1) 打开一个设计数据库文件。

(2) 建立项目文件：

① 执行菜单命令 File→New，系统弹出 New Document 对话框。

② 选择 Document Fold(文件夹)图标，单击【OK】按钮。

③ 将该文件夹的名字改为 Z80。

(3) 建立主电路图：

① 打开 Z80 文件夹。

② 执行菜单命令 File→New，系统弹出 New Document 对话框。

③ 选择 Schematic Document 图标，单击【OK】按钮。

④ 将该文件的名字改为 Z80.prj，如图 4-7 所示。

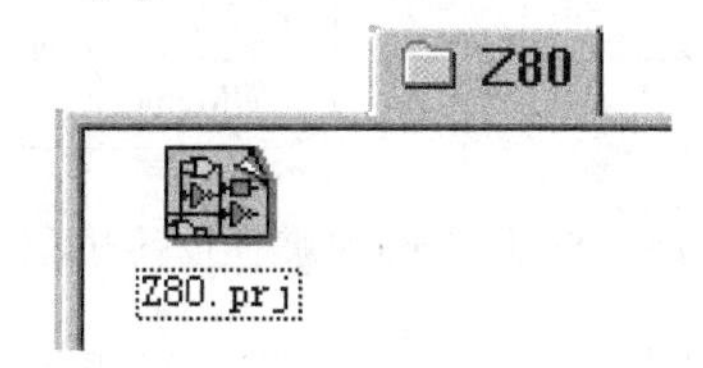

图 4-7　建立文件夹和主电路图文件

(4) 绘制方块电路图：

① 打开 Z80.prj 文件。

② 单击 Wiring Tools 工具栏中的图标或执行菜单命令 Place→Sheet Symbol，光标变成十字形，且十字光标上带着一个与前次绘制相同的方块图形状，如图 4-8 所示。

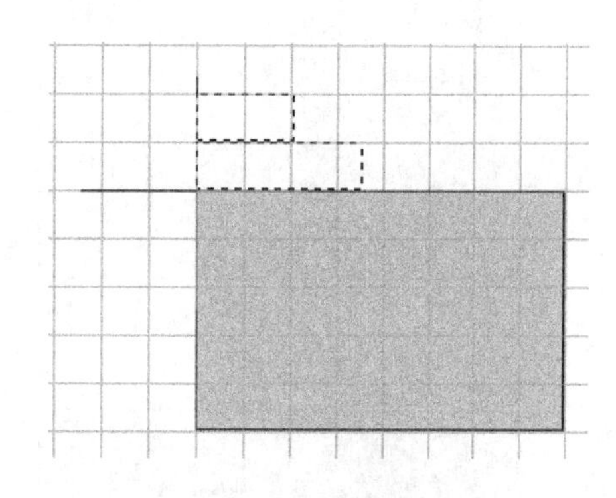

图 4-8　放置方块图

③ 设置方块图属性：按 Tab 键，系统弹出 Sheet Symbol 属性设置对话框。双击已放置好的方块图，也可弹出 Sheet Symbol 属性设置对话框，如图 4-9 所示。

在 Filename 后填入该方块图所代表的子电路图文件名，如 Memory.sch；在 Name 后填入该方块图所代表的模块名称。此模块名应与 Filename 中的主文件名相对应，如 Memory。设置好后，单击【OK】按钮确认，此时光标仍为十字形。

④ 确定方块图的位置和大小：在适当的位置单击鼠标左键，确定方块图的左上角，移动光标当方块图的大小合适时在右下角单击鼠标左键，则放置好一个方块图。

⑤ 此时仍处于放置方块图状态，可重复以上步骤继续放置，也可单击鼠标右键，退出放置状态。放好的方块图如图 4-10 所示。

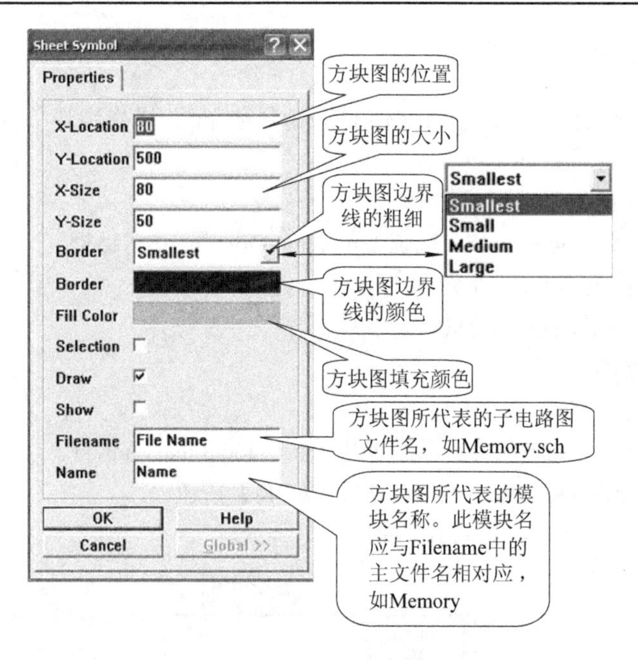

图 4-9　Sheet Symbol 属性设置对话框

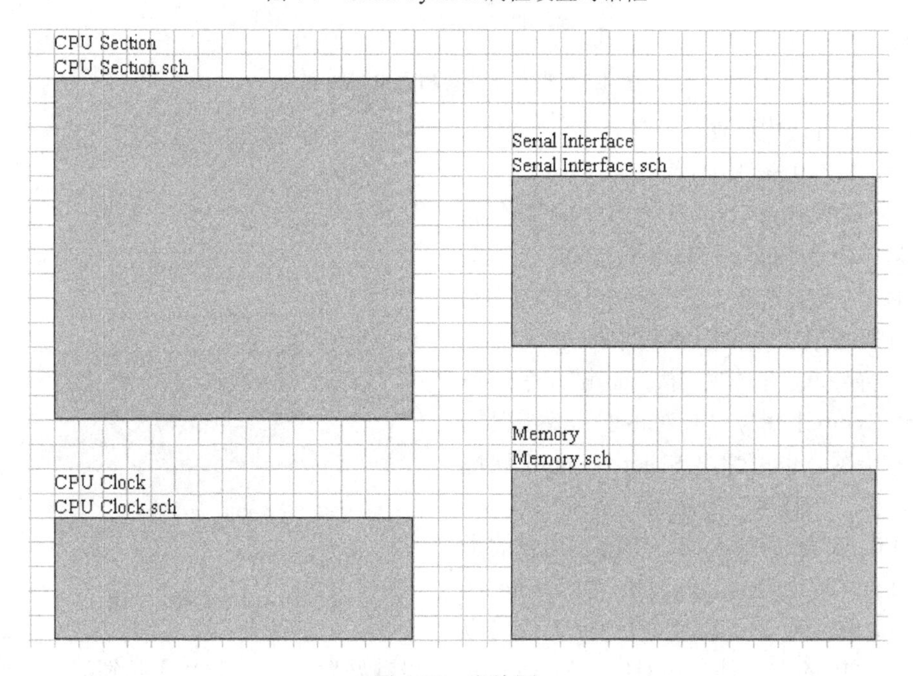

图 4-10　方块图

(5) 放置方块电路端口：

① 单击 Wiring Tools 工具栏中的图标，或执行菜单命令 Place→Add Sheet Entry，光标变成十字形。

② 将十字光标移到方块图上单击鼠标左键，出现一个浮动的方块电路端口，此端口随光标的移动而移动，如图 4-11 所示。

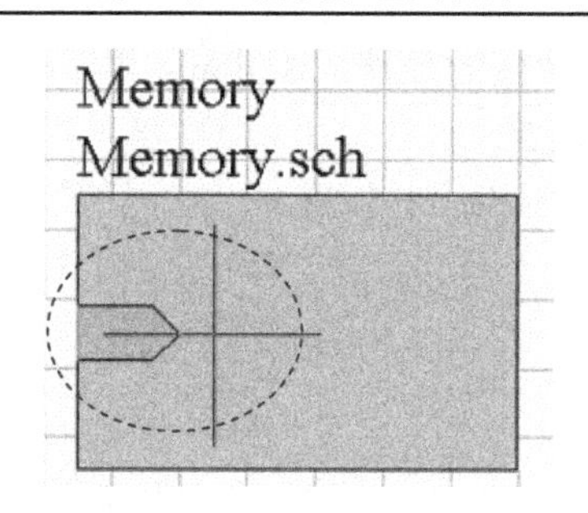

图 4-11　浮动的方块电路端口图形

③ 设置方块电路端口属性：按 Tab 键，系统弹出 Sheet Entry 属性设置对话框，如图 4-12 所示。双击已放置好的端口也可弹出 Sheet Entry 属性设置对话框。

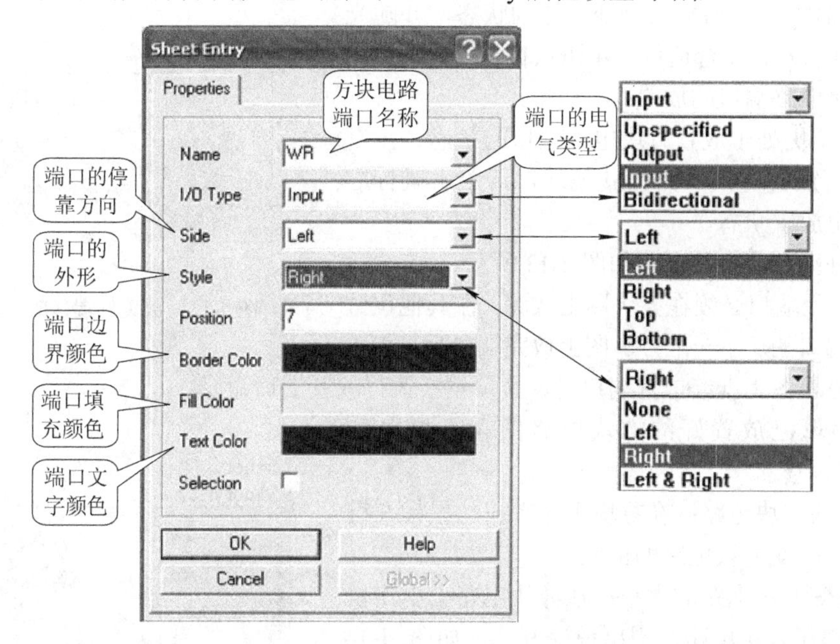

图 4-12　Sheet Entry 属性设置对话框

Sheet Entry 属性设置对话框中有关选项的含义如下：

- Name：方块电路端口名称，如 WR。
- I/O Type：端口的电气类型。单击图 4-12 中 Input 旁的下拉按钮，出现端口电气类型列表。类型列表分为：

　Unspecified：不指定端口的电气类型；

　Output：输出端口；

　Input：输入端口；

　Bidirectional：双向端口。

因为 WR(写)信号是输入信号，所以选择 Input。

- Side：端口的停靠方向。端口停靠方向分为：

Left：端口停靠在方块图的左边缘；

Right：端口停靠在方块图的右边缘；

Top：端口停靠在方块图的顶端；Bottom：端口停靠在方块图的底端。

这里端口停靠方向设置为 Left。

- Style：端口的外形。端口的外形分为：

  None：无方向；

  Left：指向左方；

  Right：指向右方；

  Left & Right：双向。

如果图 4-12 中浮动的端口出现在方块电路的顶端或底端，则 Style 端口外形中的 Left、Right、Left & Right 分别变为 Top、Bottom、Top & Bottom。

这里端口外形设置为 Right。设置完毕单击【OK】按钮确定。

④ 此时方块电路端口仍处于浮动状态，并随光标的移动而移动。在合适位置单击鼠标左键，则完成了一个方块电路端口的放置。

⑤ 系统仍处于放置方块电路端口的状态，重复以上步骤可放置方块电路的其他端口，单击鼠标右键，可退出放置状态。

放置好端口的方块电路如图 4-13 所示。

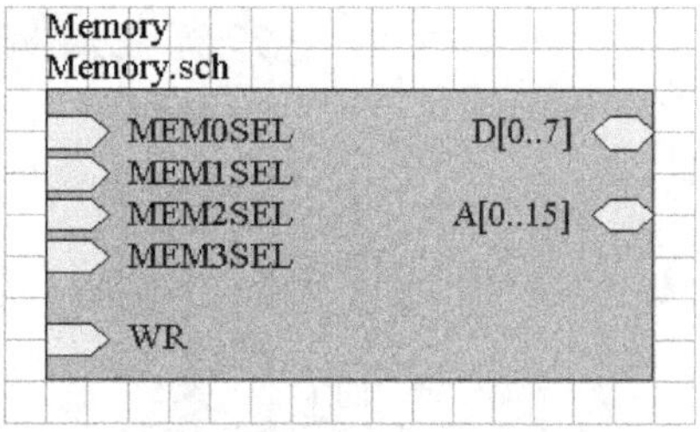

图 4-13　放置好端口的方块电路

注意：此端口必须在方块图上放置，在其他位置是放不上端口的。在一个方块图上放完端口后，如果要在其他方块图上继续放置端口时，必须重新执行放置端口命令。

(6) 编辑已放置好的方块电路图和方块电路端口。

① 移动方块电路：在方块电路上按住鼠标左键并拖动，可改变方块电路的位置。

② 改变方块电路的大小：在方块电路上单击鼠标左键，则在方块电路四周出现控制点，如图 4-14 所示，用鼠标左键拖动其中的控制点可改变方块电路的大小。

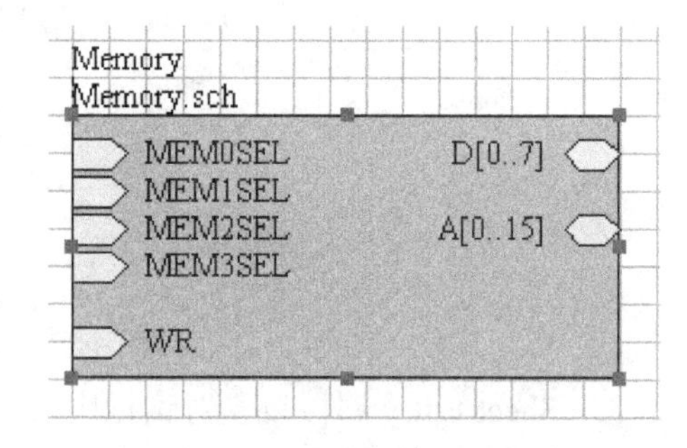

图 4-14　四周有控制点的方块电路

③ 编辑方块电路的属性：用鼠标左键双击方块电路，在弹出如图 4-9 所示的 Sheet Symbol 属性设置对话框中进行修改。

④ 编辑方块电路名称(如 Memory)：用鼠标左键双击方块电路名称 Memory，在弹出的如图 4-15 所示的 Sheet Symbol Name 对话框中进行修改。可以修改方块电路的名称、名称的显示方向、名称的显示颜色、名称的显示字体、字号等内容。

⑤ 编辑方块电路对应的子电路图文件名(如 Memory.sch)：在方块电路上，用鼠标左键双击 Memory.sch 文字，在弹出的如图 4-16 所示的 Sheet Symbol File Name 对话框中进行修改。同时可以修改名称的显示方向、名称的显示颜色及名称的显示字体、字号等内容。

⑥ 修改方块电路上端口的停靠位置：在方块电路的端口上按住鼠标左键并拖动，可改变端口在方块电路上的位置。

⑦ 编辑方块电路端口的属性：用鼠标左键双击方块电路上已放置好的端口，在弹出的如图 4-12 所示的 Sheet Entry 属性设置对话框中进行修改。

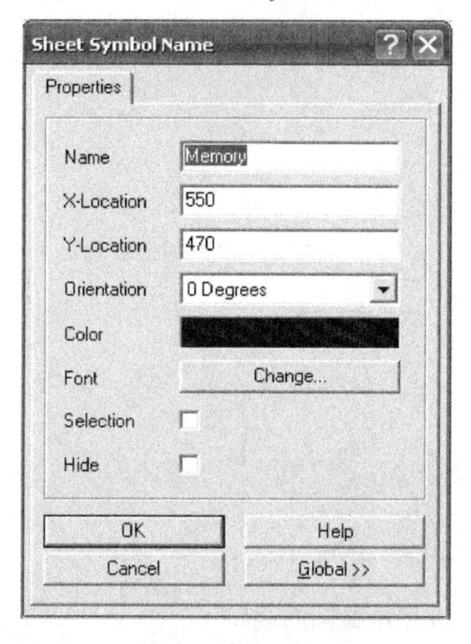

图 4-15　Sheet Symbol Name 对话框

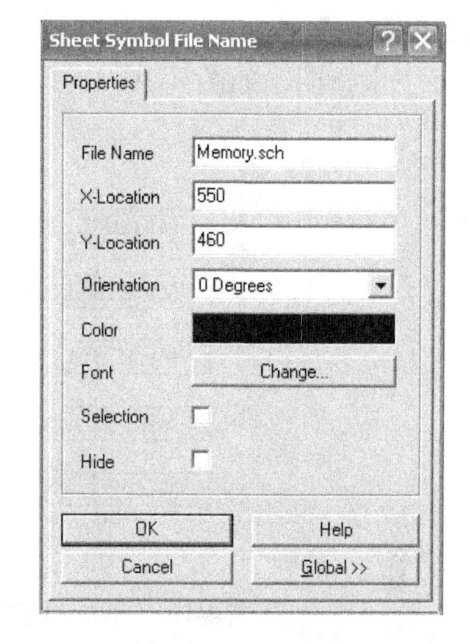

图 4-16　Sheet Symbol File Name 对话框

(7) 连接各方块电路。在所有的方块电路及端口都放置好以后，用导线(Wire)或总线(Bus)进行连接，具体方法见第 2、3 章，这里不再赘述。

图 4-1 为完成电路连接关系的主电路图。

4.3.2　设计子电路图

子电路图是根据主电路图中的方块电路，利用有关命令自动建立的，不能用建立新文件的方法建立。下面以生成 Memory.sch 子电路图为例介绍子电路图的建立。操作步骤：

(1) 在主电路图中执行菜单命令 Design→Create Sheet From Symbol，如图 4-17 所示，光标变成十字形。

(2) 将十字光标移到名为 Memory 的方块电路上，单击鼠标左键，系统弹出 Confirm 对话框，如图 4-18 所示，要求用户确认端口的输入/输出方向。

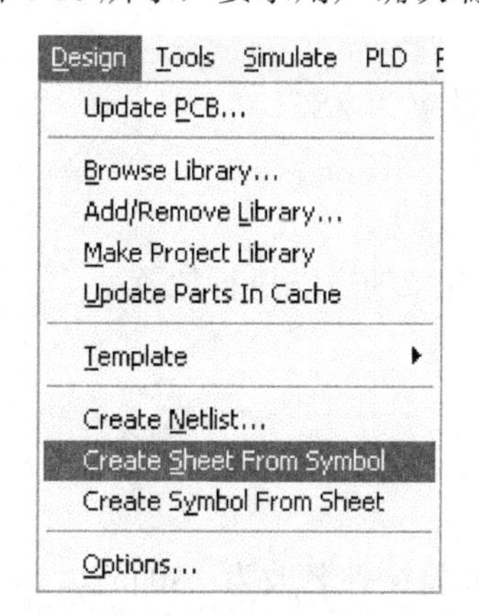

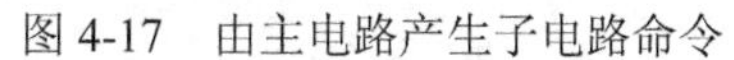

图 4-17　由主电路产生子电路命令

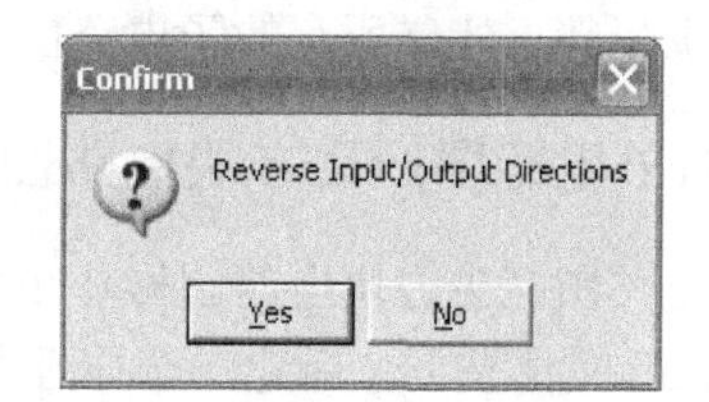

图 4-18　Confirm 对话框

如果选择【Yes】，则所产生的子电路图中的 I/O 端口方向与主电路图方块电路中端口的方向相反，即输入变成输出，输出变成输入。如果选择【No】，则端口方向不反向。这里我们选择【No】。

(3) 按下【No】按钮后，系统自动生成名为 Memory.sch 的子电路图，且自动切换到 Memory.sch 子电路图，如图 4-19 所示。

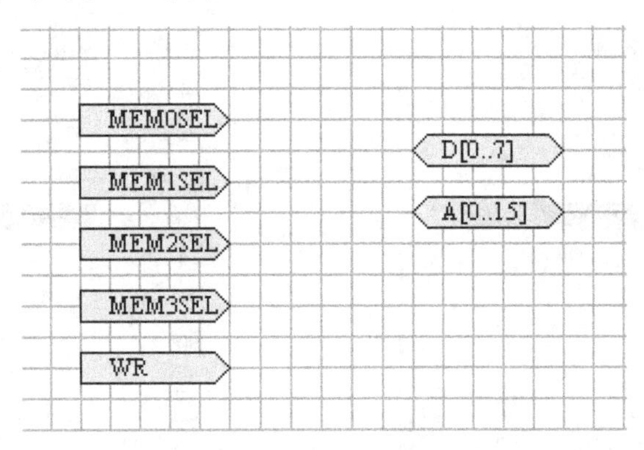

图 4-19　自动生成的 Memory.sch 子电路图的端口

从图中可以看出，子电路图中包含了 Memory 方块电路中的所有端口，无需自己再单独放置 I/O 端口。

(4) 绘制 Memory.sch 的子电路图。绘制完后将端口移到电路图中相应的位置即可，无需再放置端口。重复以上步骤，生成并绘制所有方块电路所对应的子电路图，即完成了一个完整的层次电路图的设计。

4.4　自下向上的层次原理图设计

自下向上的层次原理图的设计思路是：先绘制各子电路图，再产生对应的方块电路图。仍以 Z80 Microprocessor.ddb 为例。

4.4.1　建立子电路图文件

建立子电路图文件操作步骤如下：

(1) 利用 4.3.1 节中的方法建立一个文件夹，并改名为 Z80。

(2) 在 Z80 文件夹下，建立一个新的原理图文件。

(3) 将系统默认的文件名 Sheet1.sch 改为 Memory.sch。

(4) 绘制子电路图，其中 I/O 端口利用 3.6 节中介绍的方法进行放置。

重复以上步骤，建立所有的子电路图。

4.4.2　根据子电路图产生方块电路图

根据子电路图产生方块电路图操作步骤如下：

(1) 在 Z80 文件夹下，新建一个原理图文件，并将文件名改为 Z80.prj。

(2) 打开 Z80.prj 文件。

(3) 执行菜单命令 Design→Create Symbol From Sheet，系统弹出 Choose Document to Place 对话框，如图 4-20 所示。在对话框中列出了当前目录中的所有原理图文件名。

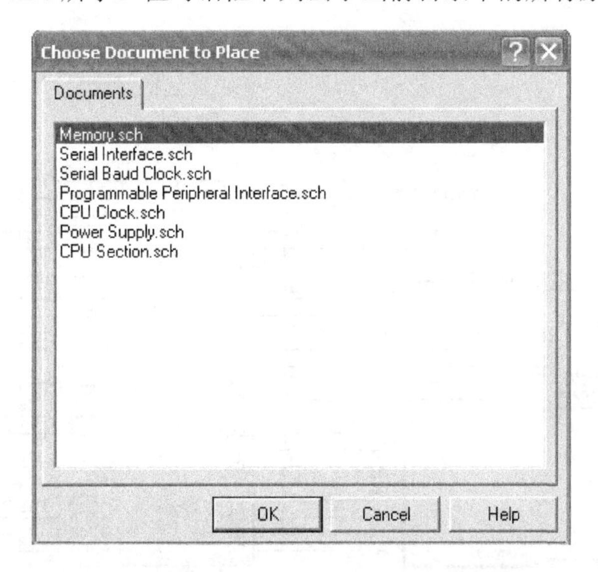

图 4-20　Choose Document to Place 对话框

(4) 选择准备转换为方块电路的原理图文件名，如 Memory.sch，单击【OK】按钮。

(5) 系统弹出如图 4-18 所示的 Confirm 对话框，确认端口的输入/输出方向，这里选择【No】。

(6) 光标变成十字形且出现一个浮动的方块电路图形，随光标的移动而移动，如图 4-21 所示。

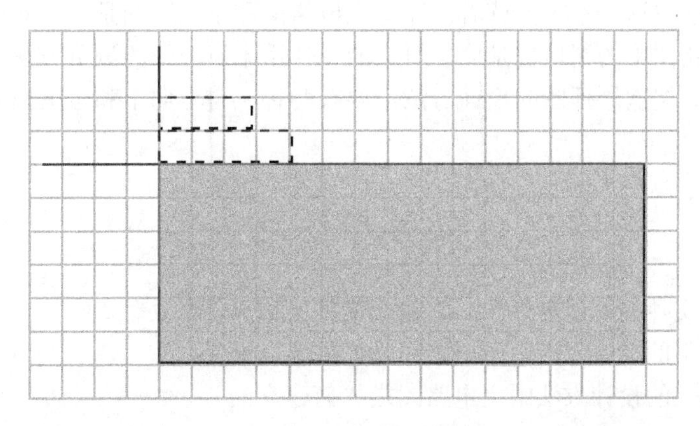

图 4-21　十字形光标上出现一个浮动的方块电路图形

(7) 在合适的位置单击鼠标左键，即放置好 Memory.sch 所对应的方块电路。在该方块图中已包含 Memory.sch 中所有的 I/O 端口，无需自己再进行放置。

重复以上步骤，可放置所有子电路图对应的方块电路。

(8) 利用 4.3.1 节(6)中介绍的编辑方法，对已放置好的方块电路进行编辑。

(9) 用导线和总线等工具绘制连线，即完成了从子电路图产生方块电路的设计。

图 4-22 为带有方块电路的子电路图，说明该电路图的下一级还有子电路图。

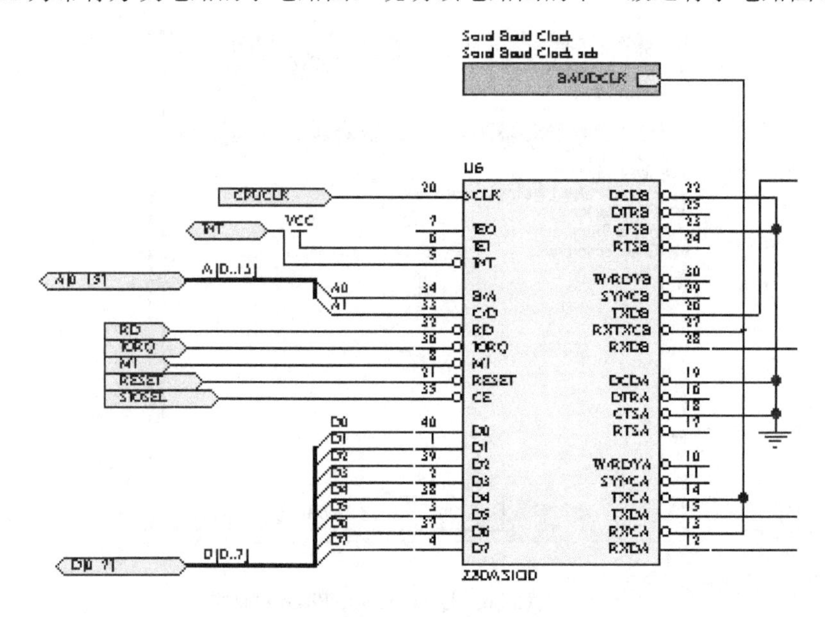

图 4-22　带有方块电路的子电路图

本 章 小 结

本章主要介绍了层次原理图的概念及其设计方法。这一章的内容主要针对比较复杂的电路原理图。在学习这一章时，读者应注意主电路图和子电路图是一一对应的，主电路图中的端口与子电路图中的端口也是一一对应的。使用本章介绍的浏览方法在主电路图与子电路图之间切换。层次原理图的设计方法主要有两种，自上向下和自下向上，读者可以根据需要进行设计。

思考与练习

1. 主电路图文件的扩展名是什么？这个文件又称为什么文件？

2. 在自上向下的设计方法中子电路图是如何建立的？

3. 在自下向上的设计方法中主电路图是如何建立的？

4. 打开 Z80 Microprocessor.ddb 设计数据库文件，练习在方块图和子电路图之间相互切换的方法。

5. 利用自上向下的设计方法，绘制 Z80 Microprocessor.ddb 中的方块图 Z80 Processor.prj，并绘制其中的一个子电路图 CPU Clock.sch。

6. 绘制如图 4-23 所示的主电路图和该主电路图下面的一个子电路图 dianyuan.sch，如图 4-24 所示。题中电路图元件明细表如表 4-1 所示。

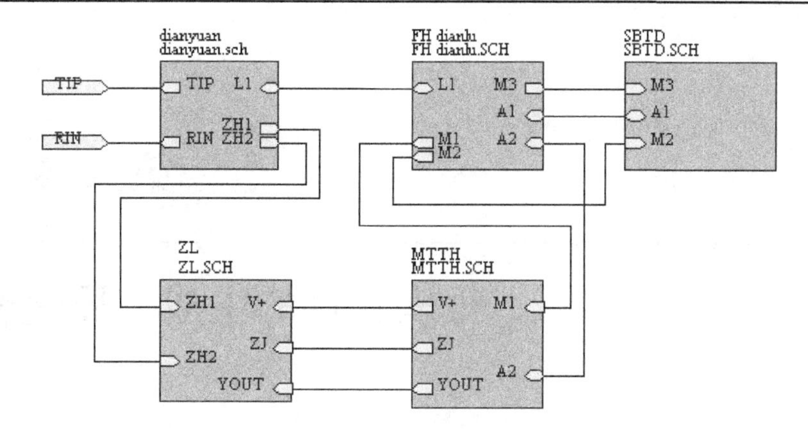

图 4-23　主电路图

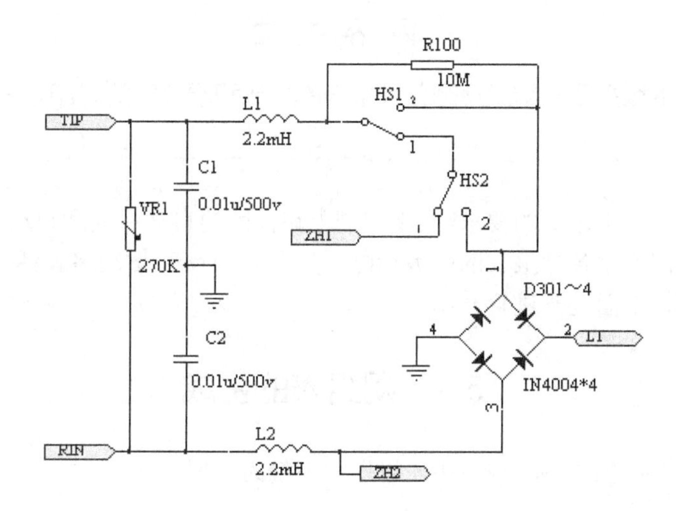

图 4-24　dianyuan.sch 子电路图

表 4-1　第 6 题电路图元件明细表

元件在库中的名称 (Lib Ref)	元件在图中的标号 (Designator)	元件类别或标示值 (Part Type)	元件封装形式 (Footprint)
CAP	C1	0.01u/500V	
CAP	C2	0.01u/500V	
RES2	R100	100M	
RES4	VR1	270K	
INDUCTOR	L1	2.2mH	
INDUCTOR	C2	2.2mH	
SW SPDT	HS1	HS1	
SW SPDT	HS2	HS2	
BRIDGE1	D301～4	IN4004*4	
元件库：Miscellaneous Devices.ddb			

报表文件的生成与原理图输出

内 容 提 要

本章主要介绍原理图各种报表的生成和原理图的打印方法。

为了满足生产和工艺上的要求，实现印刷电路板图的自动布局和自动布线，Protel 99 SE提供了根据原理图产生各种报表的强大功能。其中包括 Netlist(网络表)和 Reports 菜单中所创建的各种报表，下面逐一进行介绍。

5.1 网络表的生成

在根据原理图产生的各种报表中，以网络表最为重要。

5.1.1 网络表的作用

网络表是表示电路原理图或印刷电路板元件连接关系的文本文件。它是原理图设计软件 Advanced Schematic 和印刷电路板设计软件 PCB 的接口，是连接原理图与 PCB 板的桥梁，是 PCB 板的自动布局与布线的灵魂。

网络表文件的主文件名与电路图的主文件名相同，扩展名为 .NET。

网络表可以直接从电路原理图转化得到，也可以从已布线的 PCB 板得到。

网络表的作用是：

(1) 可用于印刷电路板的自动布线和电路模拟程序。

(2) 可以将由原理图产生的网络表文件与由 PCB 板得到的网络表文件进行比较，以核查错误。

5.1.2 网络表的格式

Protel 格式的网络表是一种文本式文档，由两个部分组成，第一部分为元件描述段，以“[”和“]”将每个元件单独归纳为一项，每项包括元件名称、标示值和封装形式；第二部分为电路的网络连接描述段，以“(”和“)”把电气上相连的元件引脚归纳为一项，并定义一个网络名。

下面是一个网络表文件的部分内容。

1. 元件的描述

[	元件描述开始符号
R1	元件标号(Designator)
AXIAL0.3	元件封装形式(Footprint)
10K	元件标注(Part Type)
	空三行对元件作进一步说明，可用可不用
]	元件描述结束符号

所有元件都必须有声明。

2. 网络连接描述

(	一个网络的开始符号
NetC1_2	网络名称
C1-2	网络连接点：C1 的 2 号引脚
Q1-3	网络连接点：Q1 的 3 号引脚
R5-1	网络连接点：R5 的 1 号引脚
)	一个网络的结束符号
(	一个网络的开始符号
VCC	网络名称
R1-2	网络连接点：R1 的 2 号引脚
R3-2	网络连接点：R3 的 2 号引脚
U1-4	网络连接点：U1 的 4 号引脚
U1-8	网络连接点：U1 的 8 号引脚
)	一个网络的结束符号

……

其中网络名称如 VCC、GND 为用户定义，如果用户没有命名，则系统自动产生一个网络名称，如上面的 NetC1_2。网络名称下面表示的是与该网络相连的元件引脚序号，如上面网络表中 NetC1_2 下面的 C1-2、Q1-3、R5-1 表示与网络连接的端点是 C1 的 2 号引脚、Q1 的 3 号引脚、R5 的 1 号引脚。在网络描述中，列出该网络连接的所有端点。

所有的网络都应被列出。

5.1.3　从原理图产生网络表

操作步骤：

(1) 打开原理图文件。

(2) 执行菜单命令 Design→Create Netlist，系统弹出 Netlist Creation 网络表设置对话框，如图 5-1 所示。该对话框包括“Preferences”和“Trace Options”两个选项。其含义分别说明如下。

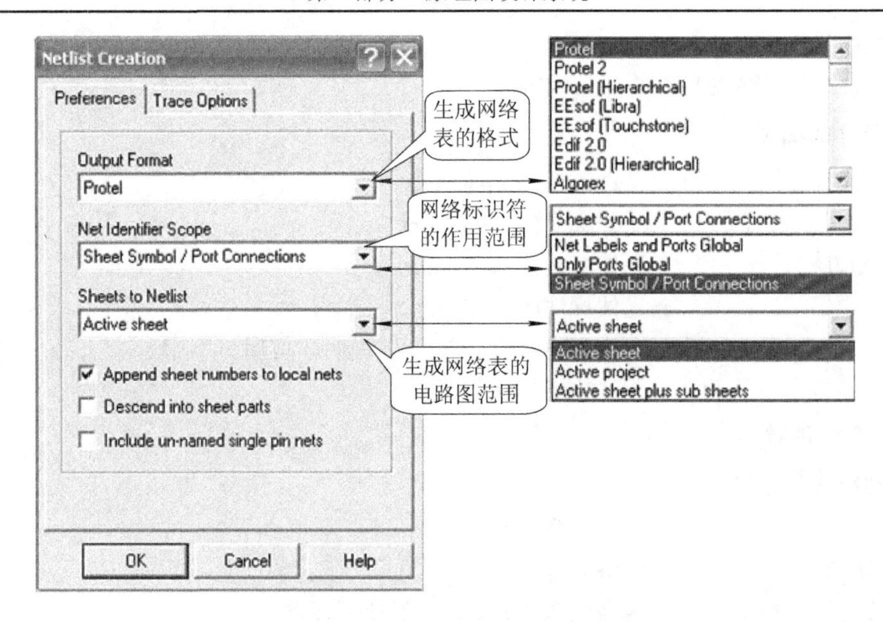

图 5-1　Netlist Creation 网络表设置对话框

① “Preferences”选项：

• Output Format：设置生成网络表的格式。有 Protel、Protel 2、…多种格式。这里我们选择 Protel 格式。

• Net Identifier Scope：设置项目电路图网络标识符的作用范围，本项设置只对层次原理图有效。有三种选择：

Net Labels and Ports Global：网络标号与端口在整个项目中都有效。即项目中不同电路图之间的同名网络标号是相互连接的，同名端口也是相互连接的。

Only Ports Global：只有端口在整个项目中有效。即项目中不同电路图之间同名端口是相互连接的。

Sheet Symbol / Port Connections：子电路图的端口与父电路图内相应方块电路图中同名端口是相互连接的。

• Sheets to Netlist：设置生成网络表的电路图范围。有三种选择：

Active sheet：只对当前打开的电路图文件产生网络表。

Active project：对当前打开电路图所在的整个项目产生网络表。

Active sheet plus sub sheets：对当前打开的电路图及其子电路图产生网络表。

对于单张原理图，选择第一项即可。

• Append sheet numbers to local nets：生成网络表时，自动将原理图编号附加到网络名称上。以识别该网络的位置。

• Descend into sheet parts：生成网络表时，系统将元件的内电路作为电路的一部分，一起转化为网络表。

• Include un-named single pin nets：生成网络表时，将电路图中没有命名的引脚，也一起转换到网络表中。

在本例中，按照图 5-1 所示设置。

② “Trace Options”选项：单击 Trace Options 选项卡，出现如图 5-2 所示的对话框。一般可采用系统默认设置。

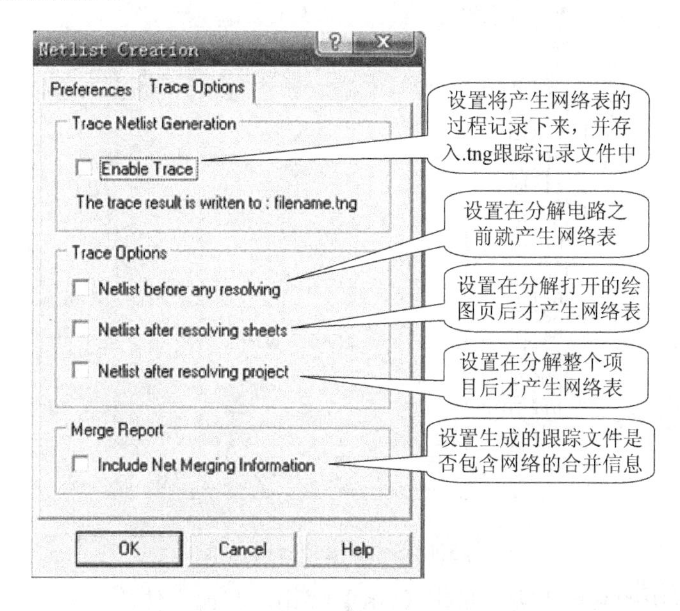

图 5-2　Trace Options 选项卡

(3) 设置好后，单击【OK】按钮，系统自动产生网络表文件，如图 5-3 所示。

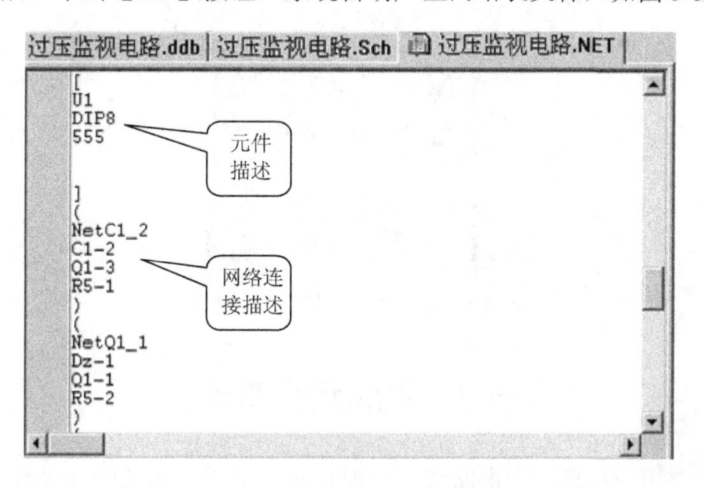

图 5-3　网络表文件

5.2　生成元件引脚列表

元件引脚列表是将处于选中状态元件的引脚进行列表。操作步骤如下：

(1) 选中要产生元件引脚列表的元件。可执行菜单命令 Edit→Select，选中有关元件。

(2) 执行菜单命令 Reports→Selected Pins，系统弹出 Selected Pins 对话框，如图 5-4 所示。在对话框中列出了所选元件的所有元件引脚。C1-1[1]表示元件 C1 的第 1 引脚，括号中的内容为所属网络名称。

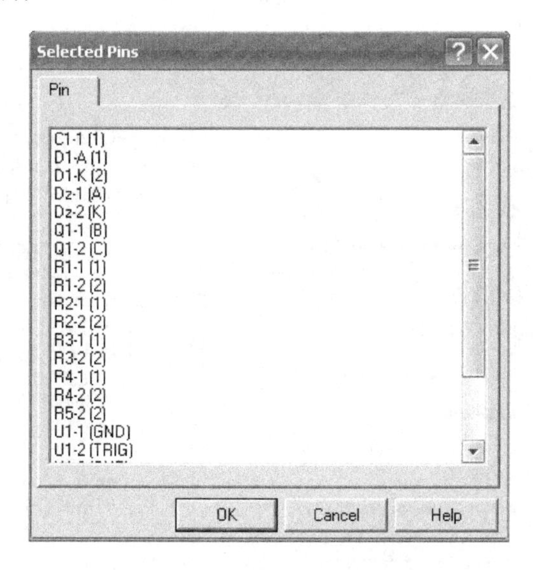

图 5-4　Selected Pins 对话框

(3) 选中列表中的某一引脚，单击【OK】按钮，则该元件放大后，所选引脚显示在编辑窗口的中央。

注意：原理图中如果没有选中的元件，执行“(2)”后，系统会提示：No selected pins found，如图 5-5 所示。

图 5-5　无法生成元件引脚对话框

5.3　生成元件清单

元件清单主要用于整理一个电路或一个项目文件中所有的元件。它给出电路图中所用元件的数量、名称、元件标号、元件标注、元件封装形式等内容，以便于采购或装配。

元件清单文件的主文件名与原理图文件相同，但格式可以有各种不同形式，不同格式的元件清单文件的扩展名不同，将在下列操作中介绍。

操作步骤：

(1) 打开一张电路原理图或一个项目中的所有文件。

(2) 执行菜单命令 Reports→Bill of Material，系统弹出 BOM Wizard 向导窗口之一，进入生成元件清单向导，如图 5-6 所示。

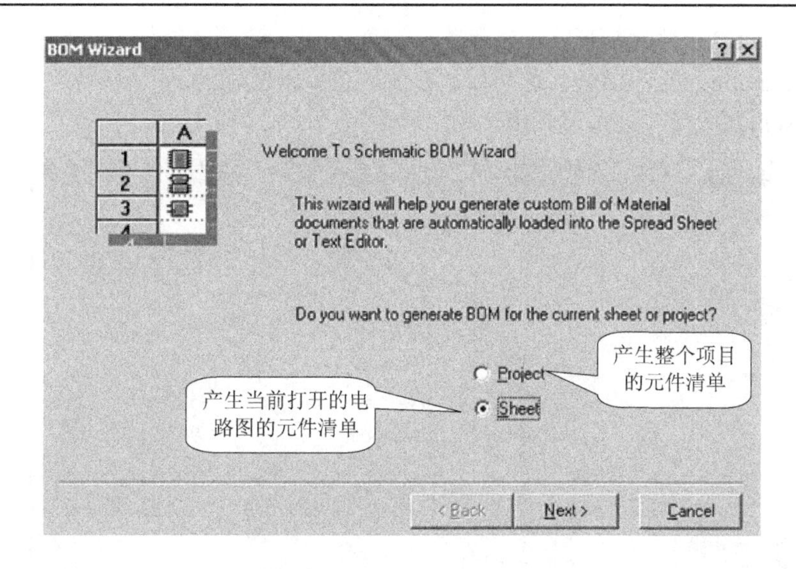

图 5-6　BOM Wizard 向导窗口之一

对于单张原理图选择 Sheet 即可。选择完毕单击【Next】按钮，进入下一步。

(3) 系统弹出 BOM Wizard 向导窗口之二，如图 5-7 所示。BOM Wizard 向导窗口之二的功能是设置元件清单中包含哪些元件信息。图中选中的内容分别为 Footprint(封装形式)和 Description(元件描述)。

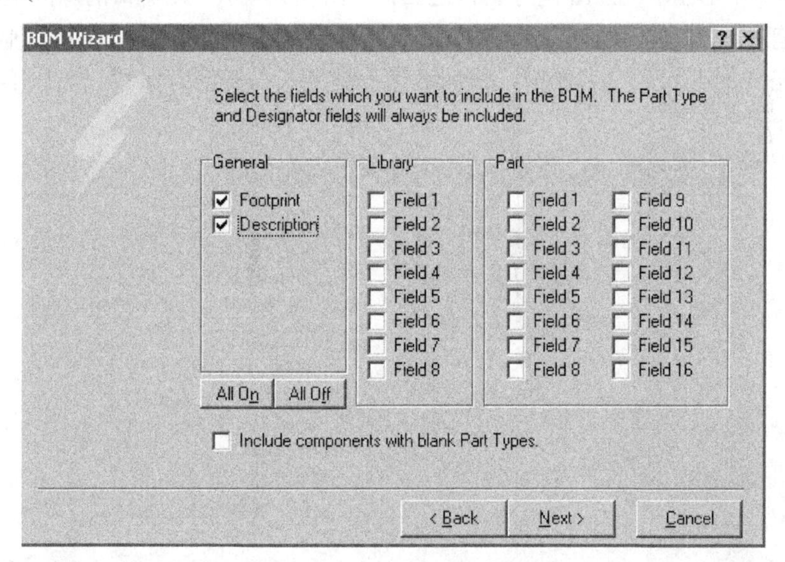

图 5-7　BOM Wizard 向导窗口之二

选择完毕单击【Next】按钮，进入下一步。

(4) 系统弹出 BOM Wizard 向导窗口之三，如图 5-8 所示。在此窗口中设置元件清单的栏目标题。图中的内容是默认设置。

- Part Type：元件标注。
- Designator：元件标号。这两项在所有元件清单中都有。

- Footprint：元件封装形式。
- Description：元件描述。这两项是在前一窗口中选择的。

单击【Next】按钮，进入下一步。

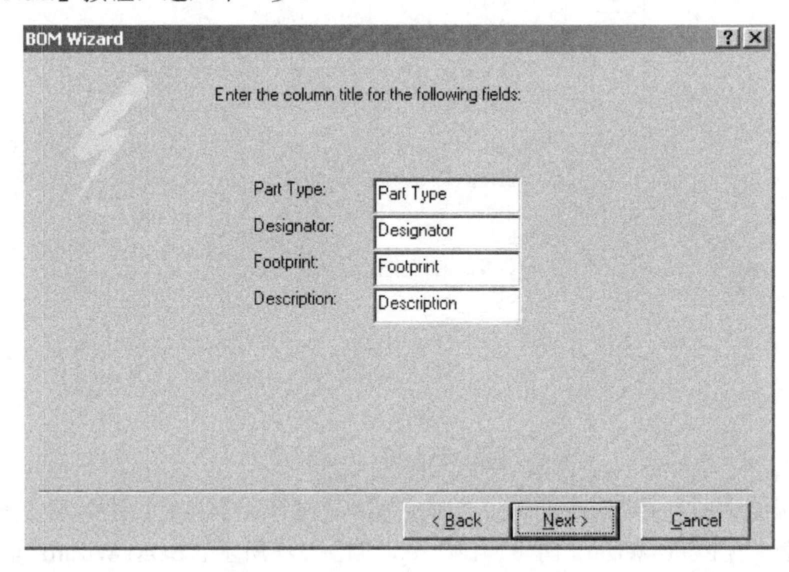

图 5-8　BOM Wizard 向导窗口之三

(5) 系统弹出 BOM Wizard 向导窗口之四，如图 5-9 所示。此窗口的功能是选择元件清单格式，共有三种格式，设计者根据需要进行选择。如果设计者同时选中三种格式，则同时生成三种格式的列表。在本例中，我们选择三种格式以便读者比较。而后单击【Next】按钮，进入下一步。

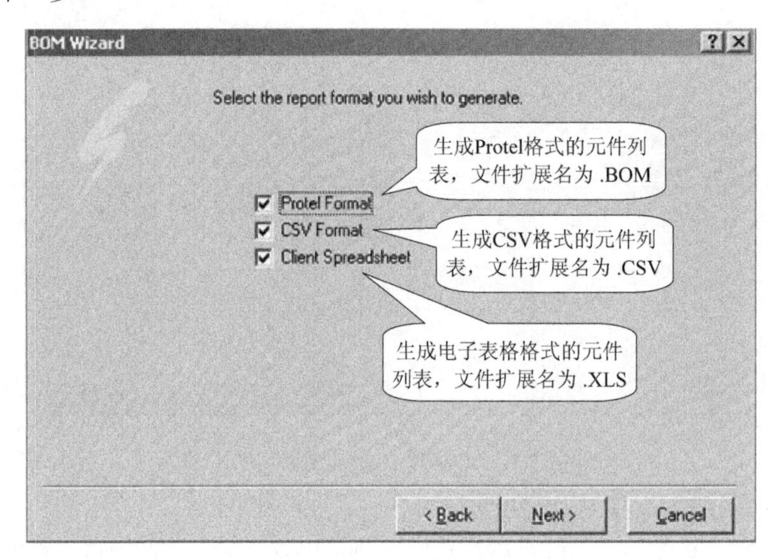

图 5-9　BOM Wizard 向导窗口之四

(6) 系统弹出 BOM Wizard 向导窗口之五，如图 5-10 所示。单击【Finish】按钮，系统同时生成三种格式的元件清单，如图 5-11、图 5-12、图 5-13 所示。

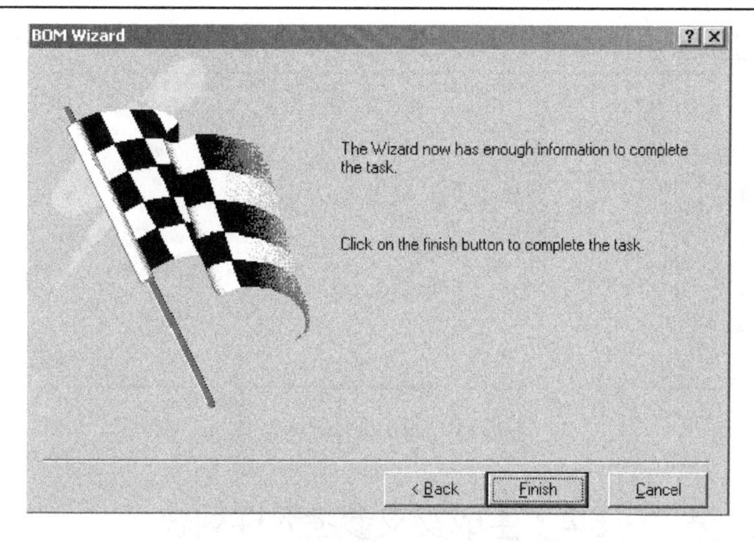

图 5-10　BOM Wizard 向导窗口之五

过压监视电路.ddb | 过压监视电路.Sch | 过压监视电路.Bom | 过压监

```
Bill of Material for 过压监视电路.Bom

Used Part Type        Designator Footprint  Description
==== =============== ========== ========== ==============
1    1N4728          Dz         DIODE0.4   Zener Diode
2    10K             R1 R5      AXIAL0.4
1    20uF            C1         POLAR0.6   Capacitor
1    100             R4         AXIAL0.4
1    100K            R2         AXIAL0.4
1    510             R3         AXIAL0.4
1    555             U1         DIP8       Timer
1    LED             D1         RB.2/.4
1    NPN             Q1         TO-5       NPN Transistor
```

图 5-11　Protel 材料清单格式

过压监视电路.Bom | 过压监视电路.CSV | 过压监视电路.XLS

A1　Part Type

	A	B	C	D	E	F
1	**Part Type**	**Designator**	**Footprint**	**Description**		
2	1N4728	Dz	DIODE0.4	Zener Diode		
3	10K	R1	AXIAL0.4			
4	10k	R5	AXIAL0.4			
5	20uF	C1	POLAR0.6	Capacitor		
6	100	R4	AXIAL0.4			
7	100K	R2	AXIAL0.4			
8	510	R3	AXIAL0.4			
9	555	U1	DIP8	Timer		
10	LED	D1	RB.2/.4			
11	NPN	Q1	TO-5	NPN Transistor		
12						

Sheet1

图 5-12　Client Spreadsheet(电子表格)材料清单格式

过压监视电路.Bom | 过压监视电路.CSV | 过压监视电路.XLS

```
"Part Type","Designator","Footprint","Description"
"1N4728","Dz","DIODE0.4","Zener Diode"
"10K","R1","AXIAL0.4",""
"10k","R5","AXIAL0.4",""
"20uF","C1","POLAR0.6","Capacitor"
"100","R4","AXIAL0.4",""
"100K","R2","AXIAL0.4",""
"510","R3","AXIAL0.4",""
"555","U1","DIP8","Timer"
"LED","D1","RB.2/.4",""
"NPN","Q1","TO-5","NPN Transistor"
```

图 5-13　CSV 材料清单格式

5.4　生成交叉参考元件列表

交叉参考元件列表可以为多张图纸中的每一个元件列出元件的标号、标注和元件所在的原理图文件名。交叉参考元件列表多用于层次原理图。交叉参考元件列表文件的扩展名是 .xrf。

操作步骤：

(1) 打开需要生成交叉参考元件列表的项目文件或原理图文件。

(2) 执行菜单命令 Reports→Cross Reference，系统自动产生交叉参考元件列表文件。图 5-14 所示是根据 Z80 Microprocessor.Ddb 生成的交叉参考元件列表。

Z80 Microprocessor.Ddb | Z80 Processor | Z80 Processor.prj | Z80 Processor.xrf

```
Part Cross Reference Report For : Z80 Processor.xrf     7-May-2008    17:04:28

Designator      Component          Library Reference Sheet
-----------------------------------------------------------------

C1              0.1uF              Power Supply.sch
C3              0.1uF              Power Supply.sch
C4              0.1uF              Power Supply.sch
C5              0.1uF              Power Supply.sch
C6              0.1uF              Power Supply.sch
C7              100uF              Power Supply.sch
C8              10uF               CPU Section.sch
C9              0.1uF              Serial Baud Clock.sch
C10             0.1uF              CPU Clock.sch
J1              4PIN               Power Supply.sch
J2              DB9                Serial Interface.sch
J3              DB9                Serial Interface.sch
J4              40 PIN             Programmable Peripheral Interface.sch
R1              470R               CPU Clock.sch
R2              470R               CPU Clock.sch
R3              470R               Serial Baud Clock.sch
R4              470R               Serial Baud Clock.sch
R5              330R               CPU Clock.sch
R6              4k7                CPU Section.sch
R7              4k7                CPU Section.sch
SW1             DIPSW8             Serial Baud Clock.sch
SW2             PUSH               CPU Section.sch
U1              2764               Memory.sch
U2              2764               Memory.sch
U3              6264               Memory.sch
```

图 5-14　Z80 Microprocessor.Ddb 生成的交叉参考元件列表

5.5　生成层次项目组织列表

层次项目组织列表主要用于描述指定的项目文件中所包含的各原理图文件名和相互的层次关系。层次项目组织列表文件的扩展名是 .rep。

操作步骤：

(1) 打开需要建立层次项目组织列表的项目文件。

(2) 执行菜单命令 Reports→Design Hierarchy，系统自动产生层次项目组织列表文件。图 5-15 所示是根据 Z80 Microprocessor.Ddb 生成的层次项目组织列表文件。

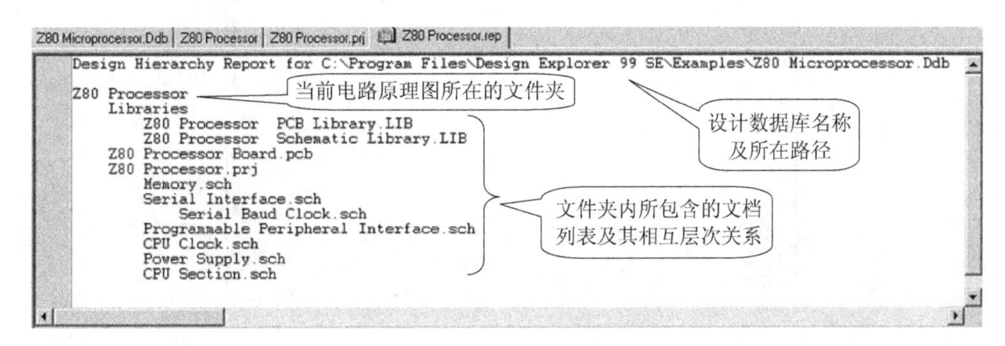

图 5-15　层次项目组织列表文件

5.6　产生网络比较表

网络比较表可以比较用户指定的两份网络表，并将二者的差别列成文件。

网络比较表在实际的设计中非常有用。如当印刷电路板图绘制完成后，可以将电路原理图和印刷电路板分别产生的两个网络表文件进行比较，以此来检查电路原理图和印刷电路板图在连线上的不同之处，从而提高了检查效率，并为设计者提供参考。又如当设计者更新电路图时，利用该功能可以将更新后的修改部分保存下来，以方便设计工作的进行。

网络比较表文件的扩展名是 .rep。

操作步骤：

(1) 打开原理图文件。

(2) 执行菜单命令 Reports→Netlist Compare，系统弹出 Select 对话框，如图 5-16 所示。用户可在对话框中选择一个网络表文件，如选择“过压监视电路.NET”或单击【Add】按钮，从其他位置选择一个设计数据库文件，加入到该对话框中，再从中选择有关的网络表文件。选择完毕，单击【OK】按钮。

(3) 此时系统会再次弹出如图 5-16 所示的对话框，重复(2)中的步骤，选择第二个网络表文件，再次选择“Generated 过压监视电路.Net”，选择完毕，单击【OK】按钮。

系统对两个网络表文件进行比较，然后自动进入文本编辑器，并产生比较后的报表文件。

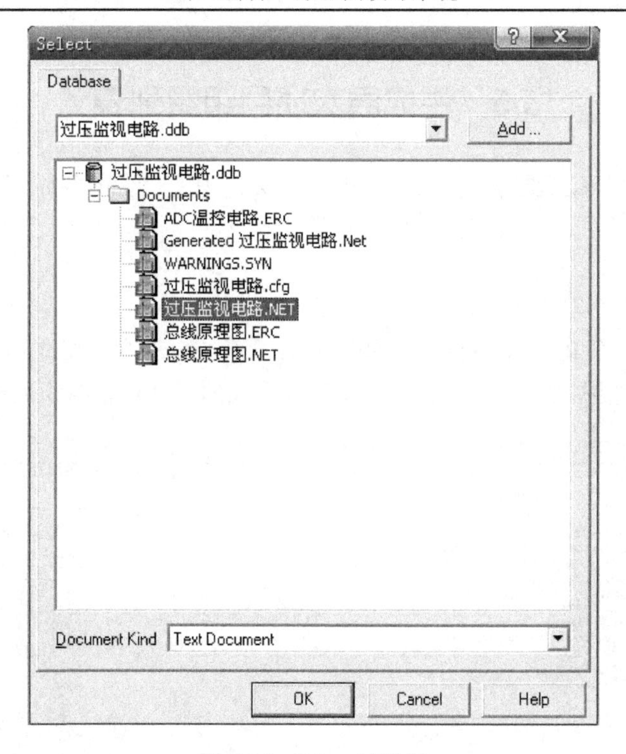

图 5-16　Select 对话框

图 5-17 所示是对一个过压监视电路原理图和印刷电路板图分别产生的两个网络表文件进行比较后产生的比较报表文件。

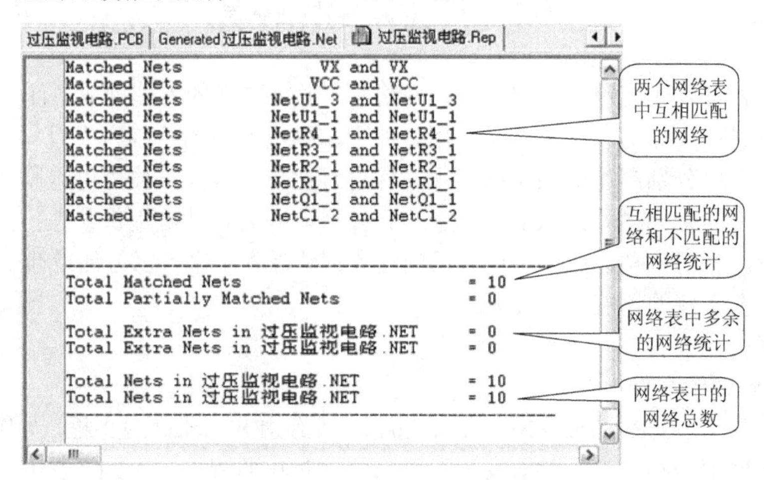

图 5-17　网络表比较报表文件

附：根据 PCB 文件产生网络表的步骤：打开一个 PCB 文件，执行菜单命令 Design→Netlist Manager，在弹出的 Netlist Manager 对话框中，单击【Menu】按钮，出现下一级菜单，从中选择 Create Netlist From Connected Copper，在弹出的 Confirm 对话框中选择【Yes】，则系统根据 PCB 文件产生一个网络表文件。该网络表文件默认的主文件名为 Generated+PCB 的主文件名，扩展名为 .Net，如 Generated 过压监视电路 .Net。

5.7 原理图打印

对于绘制好的电路原理图，往往需要打印出来。Protel 99 SE 支持多种打印机，可以说 Windows 支持的打印机 Protel 99 SE 系统都支持。

操作步骤：

(1) 打开一个原理图文件。

(2) 执行菜单命令 File→Setup Printer，系统弹出 Schematic Printer Setup 对话框，如图 5-18 所示。

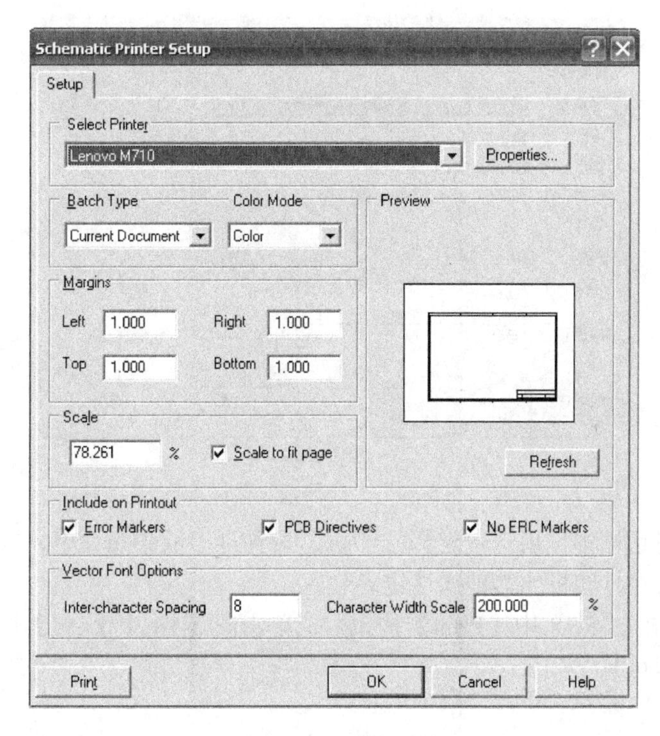

图 5-18　Schematic Printer Setup 对话框

Schematic Printer Setup 对话框中各选项含义：

- Select Printer：选择打印机。
- Batch Type：选择准备打印的电路图文件。

打印有两个选项：

Current Document：打印当前原理图文件。

All Documents：打印当前原理图文件所属项目的所有原理图文件。

- Color Mode：打印颜色设置。打印颜色设置有两个选项：

Color：彩色打印输出。

Monochrome：单色打印输出，即按照色彩的明暗度将原来的色彩分成黑白两种颜色。

· Margins：设置页边空白宽度，单位是 inch(英寸)。共有四种页边空白宽度。Left(左)，Right(右)，Top(上)，Bottom(下)。

· Scale：设置打印比例，范围是 0.001%～400%。尽管打印比例范围很大，但不要将打印比例设置过大，以免原理图被分割打印。

Scale to fit page 复选框的功能是“自动充满页面”。若选中此项，则无论原理图的图纸种类是什么，系统都会计算出精确的比例，使原理图的输出自动充满整个页面。

需要指出，若选中 Scale to fit page，则打印比例设置将不起作用。

· Preview：打印预览。若改变了打印设置，单击【Refresh】按钮，可更新预览结果。

· Properties 按钮：单击此按钮，系统弹出打印设置对话框，如图 5-19 所示。

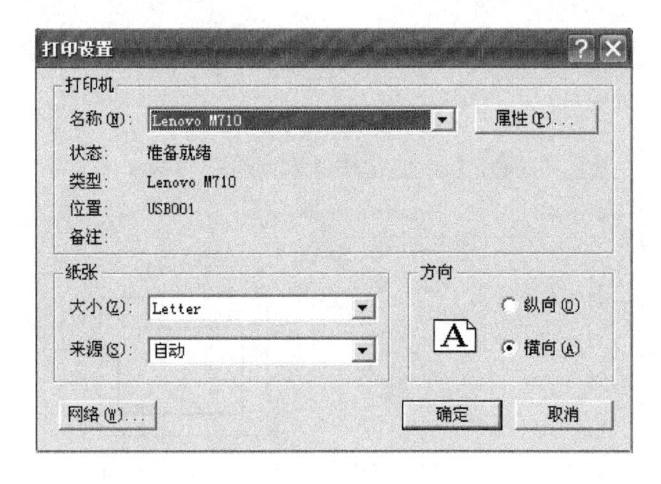

图 5-19　打印设置对话框

在打印设置对话框中，用户可选择打印机，设置打印纸张的大小、来源、方向等。单击“属性”按钮可对打印机的其他属性进行设置。

(3) 打印。单击图 5-18 中【Print】按钮，或单击图 5-18 中【OK】按钮，再执行菜单命令 File→Print 即可。

本 章 小 结

在本章中，主要介绍了根据原理图生成各种报表的操作方法和打印原理图的方法。在设计印刷电路板图之前，必须要产生网络表。在设计了电路原理图之后，用户可以根据生产和工艺的需要生成所需的报表。

思 考 与 练 习

1. 产生如图 2-32 所示电路的网络表和元件清单。

2. 打开 Z80 Microprocessor.Ddb，产生交叉参考元件列表和层次项目组织列表。

3. 打印图 2-32 所示电路图和元件清单。(打印前将电路中的元件标号和元件标注的字号设置得大一些)，电路图分别按自动充满页面和 200%的比例打印出来。

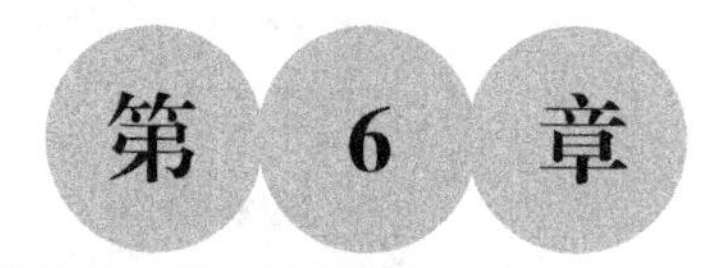

原理图元件符号设计与元件库编辑

内 容 提 要

本章主要介绍在元件库编辑器(Library Editor)中创建新元件的方法以及元件库的管理。

我们在使用 Protel 99 SE 绘制电路原理图时，总是从 Protel 99 SE 提供的元件库中调出所需元件，把它放到原理图编辑器中的合适位置，再用导线将各个元件连接起来，这样既快捷又方便。Protel 99 SE 给用户提供了丰富的元件库，但随着科技的迅速发展，新型元器件的不断产生，一些特殊元件及新型元件在元件库中没有提供，另外还有一些元件的图形符号与我国标准不同，我们在绘制原理图时，要依据我国的标准进行，这就需要我们自己来创建所需的元件或更改元件库的元件符号。Protel 99 SE 提供了一个功能强大的创建原理图元件的工具，即原理图元件库编辑器(Library Editor)。

6.1　元件库编辑器概述

设计新元件和建立元件库是在 Protel 99 SE 元件库编辑器中进行的，所以在设计具体元件之前我们首先熟悉一下元件库编辑器。

6.1.1　打开原理图元件库

以打开 Protel 99 SE 系统中的原理图元件库 Protel DOS Schematic Libraries.ddb 文件为例。

第一种方法：

(1) 进入 Protel 99 SE 系统。

(2) 在主工具栏中单击图标，按文件的存放路径找到该文件，选中文件名 Protel DOS Schematic Libraries.ddb，单击【打开】按钮(或双击文件名)。

(3) 单击左边设计管理器窗口导航树中的具体元件库文件图标，如 Protel DOS Schematic TTL.lib，则打开一个具体的元件库文件，如图 6-1 所示。

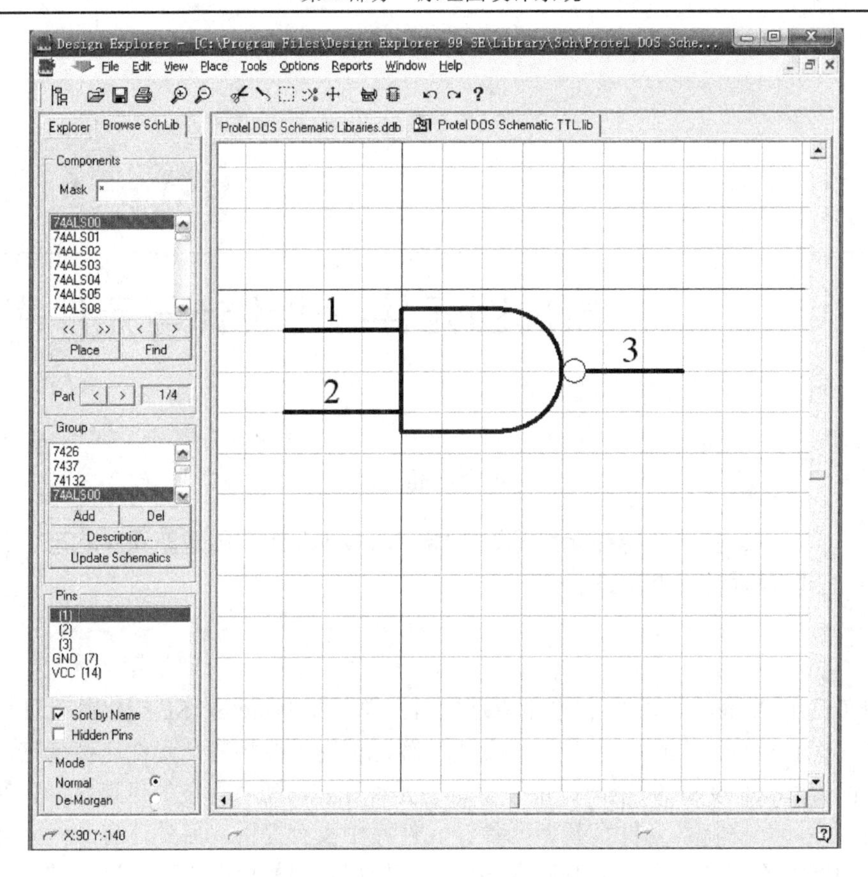

图 6-1　原理图元件库编辑器界面

第二种方法：在资源管理器中双击 Protel DOS Schematic Libraries.ddb 文件名。以下步骤同第一种方法的第(3)步。

6.1.2　原理图元件库编辑器界面介绍

原理图元件库编辑器界面如图 6-1 所示，与原理图编辑器界面相似，也可以通过菜单或快捷键进行放大屏幕、缩小屏幕的操作。

不同的是，在原理图元件库编辑区的中心有一个十字坐标系，将元件编辑区划分为四个象限。通常在第四象限靠近坐标原点的位置进行元件的编辑。

本节主要介绍元件库浏览器选项卡 Browse SchLib 的使用。

1. Components 区域

Components 区域的主要功能是查找、选择及使用元件，如图 6-2 所示。

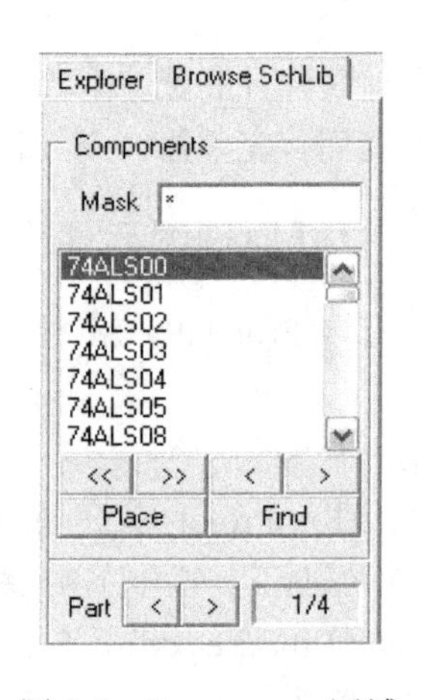

图 6-2　Components 区域

- Mask 文本框：元件过滤，可以通过设置过滤条件过滤掉不需要显示的元件。在设置过滤条件中，可以使用通配符“*”和“？”。当文本框中输入“*”时，文本框下方的元件列表中显示元件库中的所有元件，如图 6-2 所示。

- << 按钮：选择元件库中的第一个元件。对应于菜单命令 Tools→First Component。单击此按钮，系统在元件列表中自动选择第一个元件，且编辑窗口同时显示这个元件的图形，下同。
- >> 按钮：选择元件库中的最后一个元件。对应于菜单命令 Tools→Last Component。
- < 按钮：选择元件库中的前一个元件。对应于菜单命令 Tools→Prev Component。
- > 按钮：选择元件库中的后一个元件。对应于菜单命令 Tools→Next Component。
- 【Place】按钮：将选定的元件放置到打开的原理图文件中。单击此按钮，系统自动切换到已打开的原理图文件，且该元件处于放置状态，随光标的移动而移动。
- 【Find】按钮：查找元件，此按钮的作用将在 6.5 节中详细介绍。

Part 区域中的 > 按钮：选择复合式元件的下一个单元。如图 6-2 中选择了元件 74ALS00，Part 区域中显示为 1/4。这表示该元件中共有 4 个单元，当前显示的是第一单元。单击 Part 区域中的 > 按钮，则 1/4 变为 2/4，表明当前显示的是第二单元。各单元的图形完全一样，只是引脚号不同。

- Part 区域中的 < 按钮：选择复合式元件的上一个单元。

2. Group 区域

Group 区域的功能是查找、选择元件集。所谓元件集，即物理外形相同、引脚相同、逻辑功能相同，只是元件名称不同的一组元件，如图 6-3 所示。如在图 6-2 中选择了 74ALS00，则在 Group 区域中所列出的元件均与 74ALS00 有相同的外形。

- 【Add】按钮：在元件集中增加一个新元件。单击【Add】按钮，系统弹出 New Component Name 对话框，如图 6-4 所示。

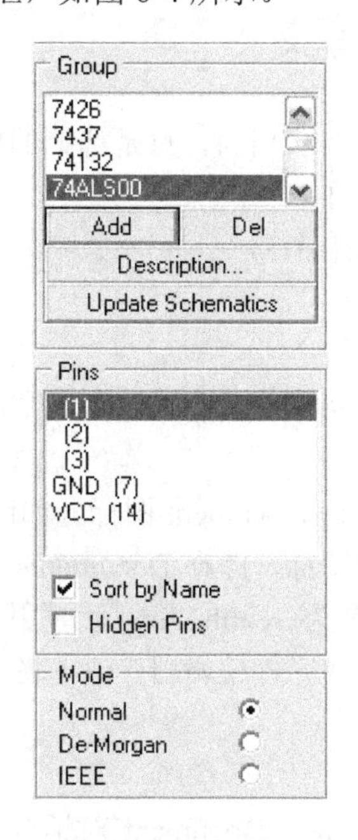

图 6-3　Group、Pins 和 Mode 区域

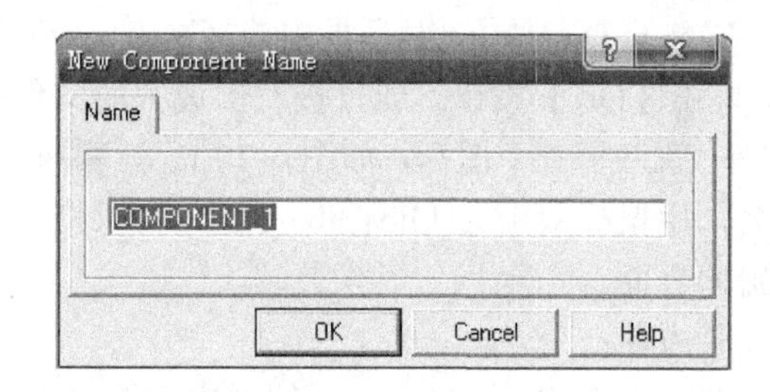

图 6-4　New Component Name 对话框

图 6-4 中的元件名是系统默认的新元件的元件名，可以进行修改。单击【OK】按钮，则该元件同时加入到图 6-2 的元件列表中和图 6-3 的元件集中。新增加的元件除了元件名不同，与元件集内的所有元件的外形完全相同。

- 【Del】按钮：删除元件集内的元件，同时将该元件从元件库中删除。
- 【Description】按钮：所选元件的描述。
- 【Update Schematics】按钮：更新原理图。如果在元件库中编辑修改了元件符号的图形，单击此按钮，系统将自动更新打开的使用该元件的所有原理图。

3. Pins 区域

Sort by Name：选中此复选框，则引脚按引脚号由小到大排列。

Hidden Pins：选中此复选框，在屏幕的工作区内显示元件的隐藏引脚。

4. Mode 区

该区域的作用是显示元件的三种不同模式，即 Normal、De-Morgan 和 IEEE 模式。以元件 DM7400 为例，它的三种模式下的显示图形如图 6-5 所示。

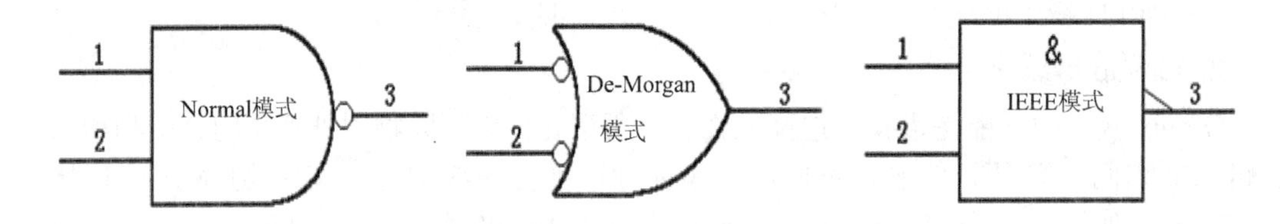

图 6-5　DM7400 的三种模式

6.2　新建原理图元件库文件

新建原理图元件库文件的方法与新建原理图文件的方法相同，只是选择的图标不同。原理图元件库文件的扩展名是 .Lib。

第一种方法：(以将文件建在 Documents 文件夹下为例)

(1) 打开一个设计数据库文件。

(2) 在右边的视图窗口打开 Documents 文件夹。

(3) 在窗口的空白处单击鼠标右键，在弹出的快捷菜单中选择 New，系统弹出 New Document 对话框。

(4) 在 New Document 对话框中选择 Schematic Library Document 图标，如图 6-6 所示。

(5) 单击【OK】按钮，或直接双击选中的文件类型图标，即在 Documents 文件夹下的设计窗口中新增了一个图标，如图 6-7 所示，系统默认名为 Schlib1.lib，此时用户可给新的文档更名，用鼠标双击 Schlib1.lib 文件，可以打开原理图元件编辑器，进入图 6-8 所示的元件编辑器界面。

第二种方法：

执行菜单命令 File→New，系统弹出如图 6-6 所示 New Document 对话框。以下操作同上。

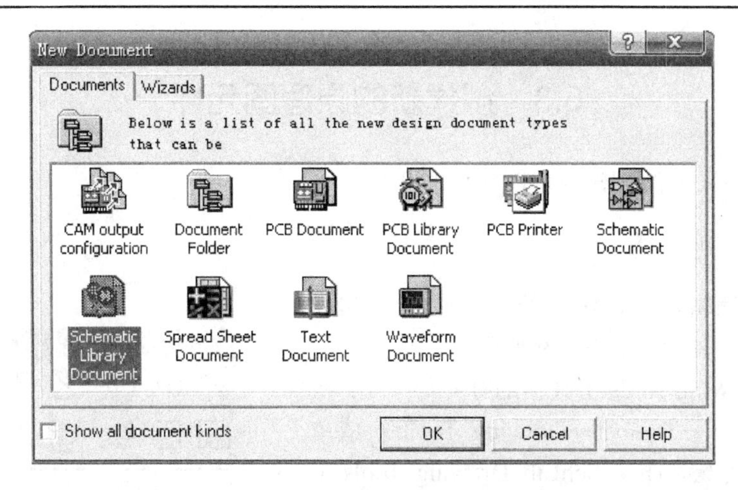

图 6-6　New Document 选项 Schematic Library Document 图标

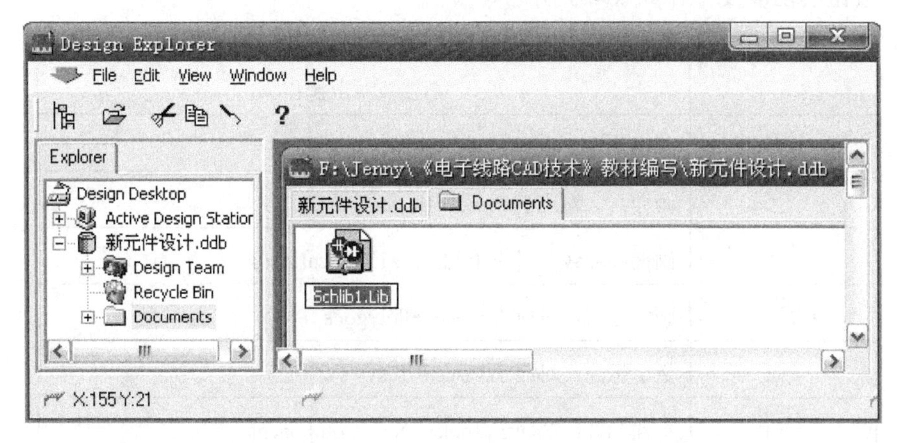

图 6-7　原理图元件库文件

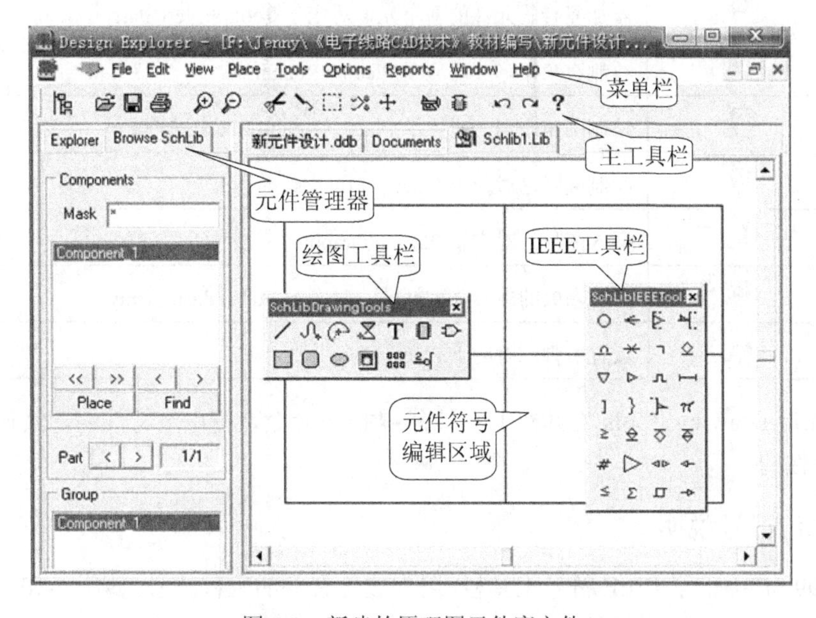

图 6-8　新建的原理图元件库文件

6.3　创建新的原理图元件

在本节中主要介绍创建原理图元件的几种方法。

6.3.1　元件绘制工具

在元件库编辑器中，常用的工具栏是 SchLib Drawing Tools 工具栏，如图 6-9 所示。

SchLib Drawing Tools 工具栏的打开与关闭：执行菜单命令 View→Toolbar→Drawing Toolbar 或单击主工具栏中的图标。SchLib Drawing Tools 工具栏上各按钮的功能及操作如表 6-1 所示。

图 6-9　SchLib Drawing Tools 工具栏

表 6-1　SchLib Drawing Tools 工具栏按钮功能

按　钮	功能及对应操作
	画直线，对应于 Place→Line
	画曲线，对应于 Place→Beziers
	画椭圆曲线，对应于 Place→Elliptical Arcs
	画多边形，对应于 Place→Polygons
T	文字标注，对应于 Place→Text
	新建元件，对应于 Tools→New Component
	添加复合式元件的新单元，对应于 Tools→New Part
	绘制直角矩形，对应于 Place→Rectangle
	绘制圆角矩形，对应于 Place→Round Rectangle
	绘制椭圆，对应于 Place→Ellipses
	插入图片，对应于 Place→Graphic
	将剪贴板的内容阵列粘贴，对应于 Edit→Paste Array
	放置引脚，对应于 Place→Pins

在 SchLib Drawing Tools 工具栏中，只有按钮命令是有电气特性的，其他命令都是没有电气特性的。

6.3.2　IEEE 符号说明

Protel 99 SE 提供了 IEEE 符号工具栏，用来放置有关的工程符号，如图 6-10 所示。IEEE 符号工具栏的打开与关闭可以通过执行菜单命令 View→Toolbars→IEEE Toolbar 或单击主工具栏中的图标来完成。

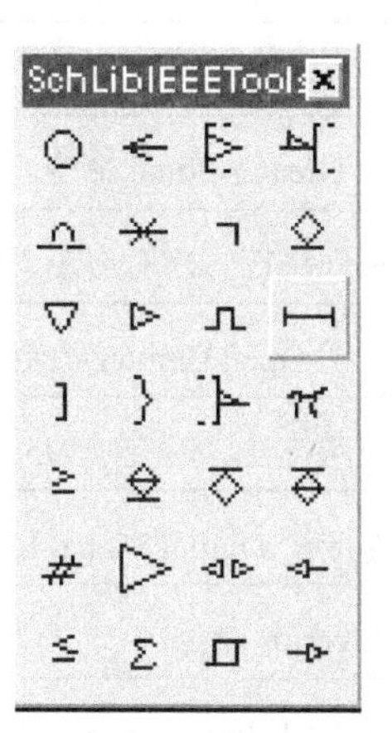

图 6-10　IEEE 符号工具栏

IEEE 符号工具栏上各按钮的功能对应于 Place 菜单中 IEEE Symbols 子菜单上的各命令。如 Place→IEEE Symbols→Dot，在表 6-2 中只写 Dot，其他按钮以此类推。

表 6-2　IEEE 工具栏按钮功能

按 钮	功　能
	放置低态触发符号，即反向符号。对应于 Dot 命令
	放置信号左向流动符号。对应于 Right Left Signal Flow 命令
	放置上升沿触发时钟脉冲符号。对应于 Clock 命令
	放置低态触发输入信号，即当输入为低电平时有效。对应于 Active Low Input 命令
	放置模拟信号输入符号。对应于 Analog Signal In 命令
	放置无逻辑性连接符号。对应于 Not Logic Connection 命令
	放置具有延迟输出特性的符号。对应于 Postponed Output 命令
	放置集电极开路符号。对应于 Open Collector 命令
	放置高阻状态符号。对应于 HiZ 命令
	放置具有大输出电流符号。对应于 High Current 命令
	放置脉冲符号。对应于 Pulse 命令
	放置延迟符号。对应于 Delay 命令
	放置多条输入和输出线的组合符号。对应于 Group Line 命令
	放置多位二进制符号。对应于 Group Binary 命令
	放置输出低有效信号。对应于 Active Low Output 命令
	放置 π 符号。对应于 Pi Symbol 命令

续表

按 钮	功　能
≥	放置大于等于符号。对应于 Greater Equal 命令
	放置具有上拉电阻的集电极开路符号。对应于 Open Collector Pull Up 命令
	放置发射极开路符号。对应于 Open Emitter 命令
	放置具有下拉电阻的射极开路符号。对应于 Open Emitter Pull Up 命令
#	放置数字输入信号符号。对应于 Digital Signal In 命令
	放置反相器符号。对应于 Invertor 命令
	放置双向输入/输出符号。对应于 Input Output 命令
	放置左移符号。对应于 Shift Left 命令
≤	放置小于等于符号。对应于 Less Equal 命令
Σ	放置求和符号。对应于 Sigma 命令
	放置具有施密特功能的符号。对应于 Schmitt 命令
	放置右移符号。对应于 Shift Right 命令

6.3.3　创建一个新的元件符号

这里我们以绘制一个型号为 4017 的十进制计数/分配器符号为例，如图 6-11 所示，介绍绘制一个新元件的全过程。

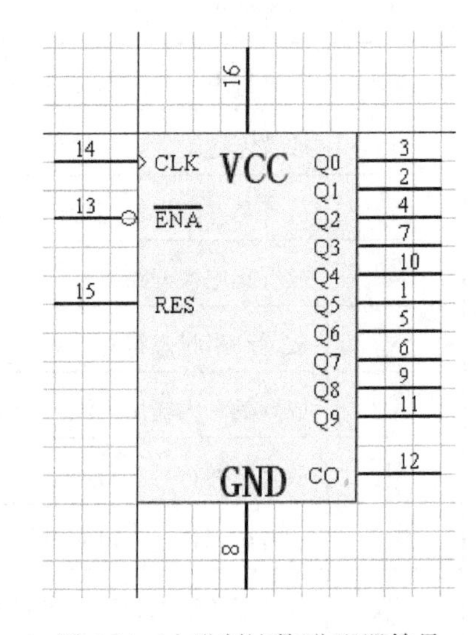

图 6-11　十进制计数/分配器符号

操作步骤：

(1) 建立一个原理图元件库文件，并将其命名为“新建元件.Lib”。

(2) 打开“新建元件.Lib”，进入如图 6-8 所示的元件编辑器界面。在编辑区域的第四象限原点附近绘制新元件符号。

(3) 设置图纸及栅格尺寸。执行菜单命令 Options→Document Options，或在编辑区域的空白处单击鼠标右键，在弹出的如图 6-12 所示的快捷菜单中选中 Document Options，系统弹出 Library Editor Workspace 对话框，如图 6-13 所示。在这个对话框中，用户可以设置元件库编辑器界面的式样、大小、方向、颜色等参数。具体设置方法与原理图文件的参数设置类似，读者可参见 2.3 节图纸设置的内容。

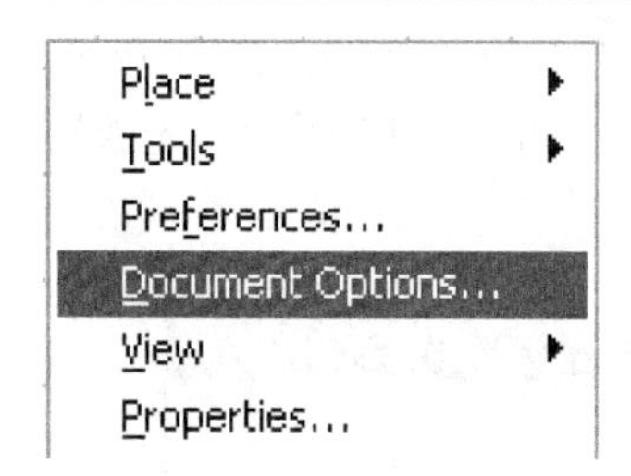

图 6-12　Document Options 快捷菜单

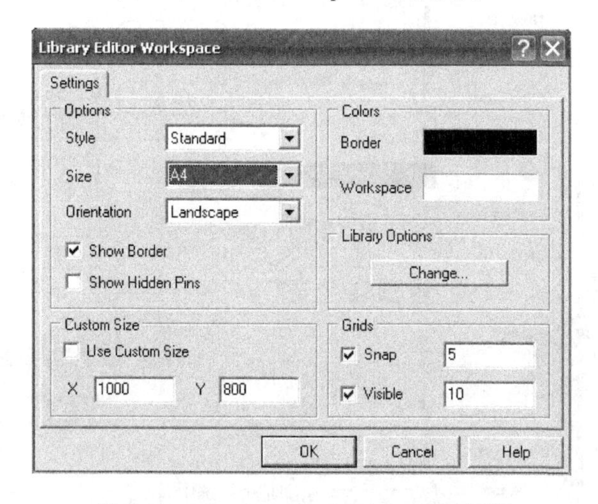

图 6-13　Library Editor Workspace 对话框

这里我们将图纸尺寸设置为 A4，设置锁定栅格尺寸为 5。将 Snap 文本框中的 10(如图 6-13 所示)改为 5，其他设置可采用默认设置。

(4) 将第四象限区域放大。执行菜单 View→Area 命令，直到屏幕上出现栅格。

(5) 单击工具栏上的按钮，或执行菜单 Place→Rectangle，以坐标原点为顶点，在第四象限绘制 90 mil × 130 mil 的矩形块，如图 6-14 所示。

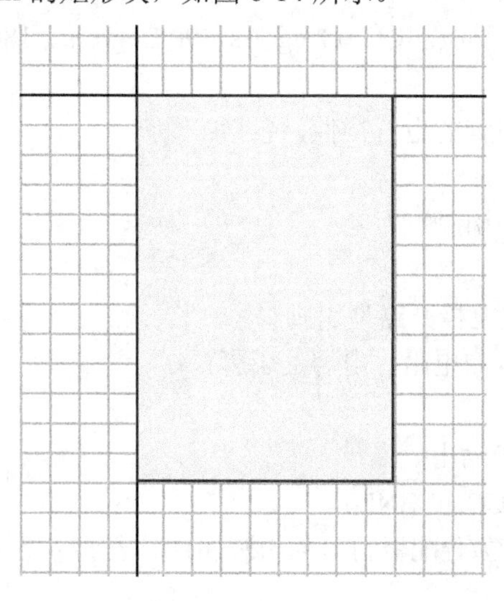

图 6-14　绘制矩形

(6) 放置引脚。单击工具栏中的按钮或执行菜单 Place→Pins 放置元件引脚，按 Tab 键系统弹出 Pin 属性设置对话框，如图 6-15 所示。先放置好引脚，再双击也可弹出 Pin 属性设置对话框。

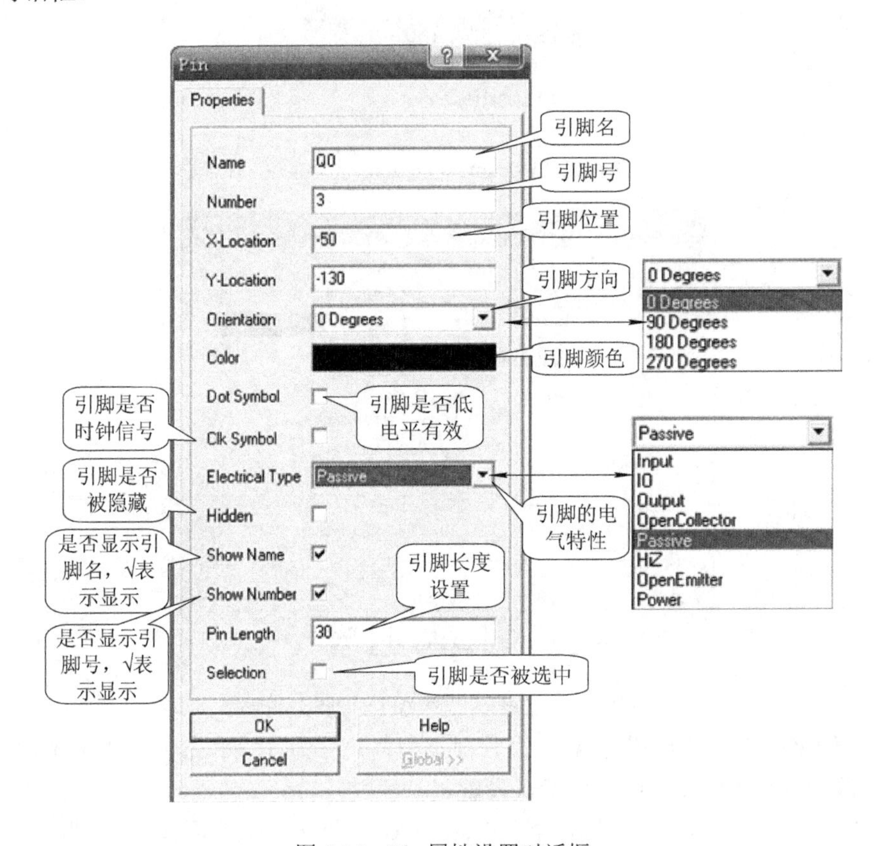

图 6-15　Pin 属性设置对话框

其中：

• Orientation：引脚方向。共有 0 Degrees、90 Degrees、180 Degrees、270 Degrees 四个方向。

• Electrical Type：引脚的电气特性，包括：

Input：输入引脚。

IO：输入/输出双向引脚。

Output：输出引脚。

Open Collector：集电极开路型引脚。

Passive：无源引脚(如电阻、电容的引脚)。

HiZ：高阻引脚。

Open Emitter：射极输出。

Power：电源(如 VCC 和 GND)。

图 6-11 所示十进制计数/分配器符号的引脚属性见表 6-3。

表 6-3　十进制计数/分配器符号的引脚属性

引脚名 (Name)	引脚号 (Number)	引脚是否低电平有效 (Dot Symbol)	引脚是否时钟信号 (Clk Symbol)	引脚电气特性 (Electrical Type)	是否显示引脚名 (Show Name)	是否显示引脚号 (Show Number)	引脚长度 (Pin)
Q0～Q9、CO	3、2、4、7、10、1、5、6、9、11、12			Output	√	√	30
E\N\A\	13	√		Input	√	√	30
CLK	14		√	Input	√	√	30
RES	15			Input	√	√	30
VCC	16			Power		√	30
GND	8			Power		√	30

按表 6-3 设置 Q0 的属性，完毕后，单击【OK】按钮，光标变成十字形，且引脚处于浮动状态，随光标的移动而移动，这时可按空格键旋转方向、按 X 键水平翻转、按 Y 键垂直翻转，最后单击鼠标左键放置好一个引脚。此时光标仍处于放置引脚状态，重复上述步骤，可继续放置其他引脚，最后单击鼠标右键，退出放置状态。

放置引脚时要注意：引脚只有一端具有电气特性，在放置时应将不具有电气特性的一端(即光标所在端)与元件图形相连。引脚的电气节点一定要放在图形的外侧，如图 6-16 所示的小黑点。

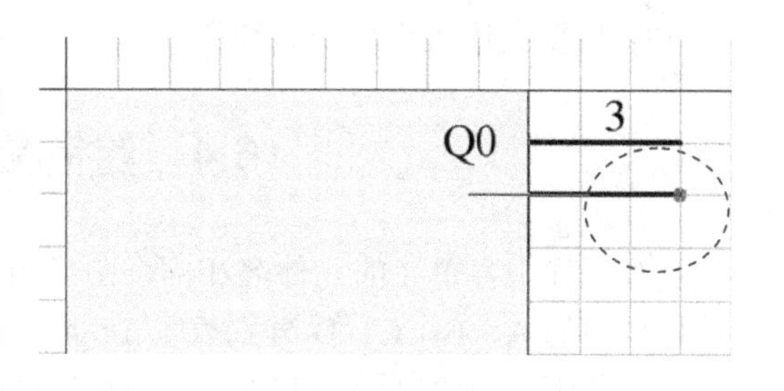

图 6-16　放置引脚

(7) 放置文字。单击工具栏上的 T 图标，按 Tab 键后在弹出的 Annotation 对话框的 Text 文本框中输入 GND、VCC，分别放置在图 6-11 所示的位置。

(8) 定义元件属性，执行菜单命令 Tools→Description，或在如图 6-3 所示的浏览管理器中单击【Description】按钮，系统弹出 Component Text Fields 对话框，如图 6-17 所示。

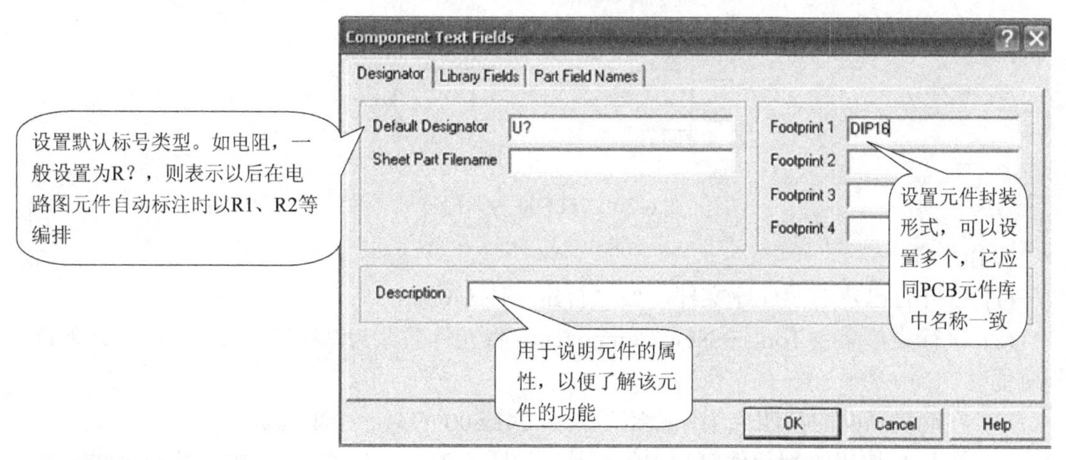

图 6-17　Component Text Fields 对话框

在对话框中设置 Default Designator：U?（元件默认编号），Footprint 的第一栏设置为 DIP16，其他项可不设置。

(9) 给新元件命名。执行菜单命令 Tools→Rename Component，如图 6-18 所示，弹出如图 6-4 所示的 New Component Name 对话框，将元件名称改为 4017。

(10) 单击主工具栏上的保存按钮，保存该元件，一个新元件就创建完成了。

(11) 创建第二个新元件。单击工具栏中的按钮，或执行菜单命令 Tools→New Component，系统弹出 New Component Name 对话框，如图 6-19 所示。

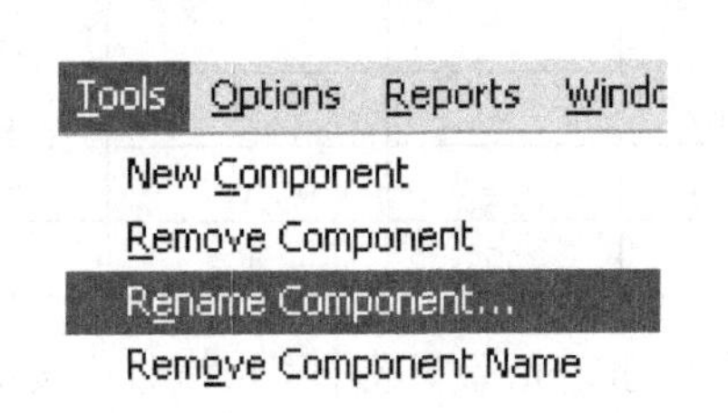

图 6-18　元件重命名操作

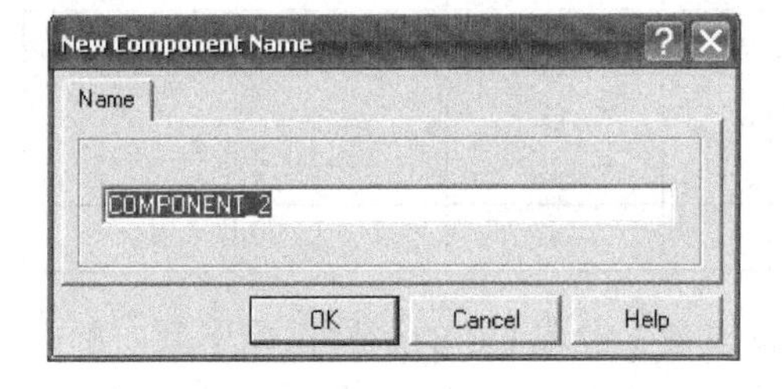

图 6-19　New Component Name 对话框

(12) 对话框中的 COMPONENT_2 是新建元件的默认元件名，可以在该对话框中直接修改元件的名称，单击【OK】按钮，屏幕出现一个新的带有十字坐标的画面。

(13) 根据上述操作步骤，绘制新的元件。

6.4　绘制复合式元件

复合元件中各单元的元件名相同，图形相同，只是引脚号不同，如图 6-20 所示。图中元件标号中的 A、B、C、D 分别表示 1～4 个单元，是系统自动加上的。

在本节中介绍绘制图 6-20 所示与非门符号的方法。

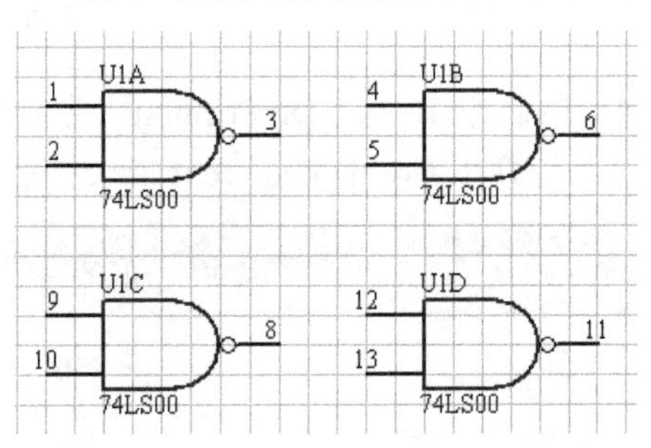

图 6-20　74LS00 与非门符号

操作步骤：

(1) 打开自己建的元件库文件，如“新建元件.Lib”。

(2) 执行菜单命令 Tools→New Component，将元件名改为 74LS00 后，进入一个新的编辑画面。

(3) 在编辑画面的第四象限原点附近绘制 74LS00 的第一个单元。

① 单击按钮绘制元件轮廓中的直线，如图 6-21 所示；单击按钮绘制元件轮廓中

的圆弧，如图 6-22 所示。

② 放置引脚：单击工具栏中的按钮放置元件引脚，按 Tab 键设置 Pin 属性。第 1、2 引脚的电气特性为 Input；第 3 引脚的电气特性为 Output；第 3 引脚的 Dot 选项应被选中；所有引脚的引脚名 Name 可设置为空；引脚长度为 30。完成第一个单元的绘制，如图 6-23 所示。

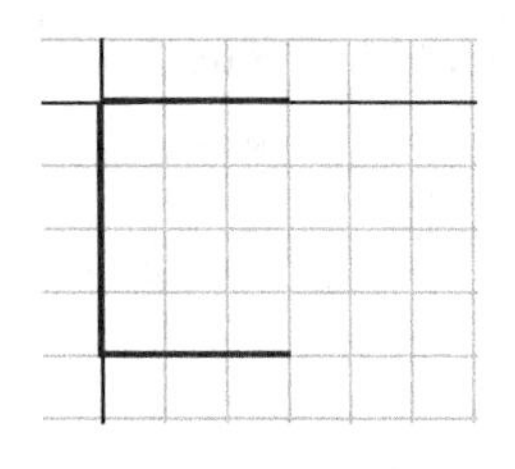

图 6-21　绘制直线

图 6-22　绘制圆弧

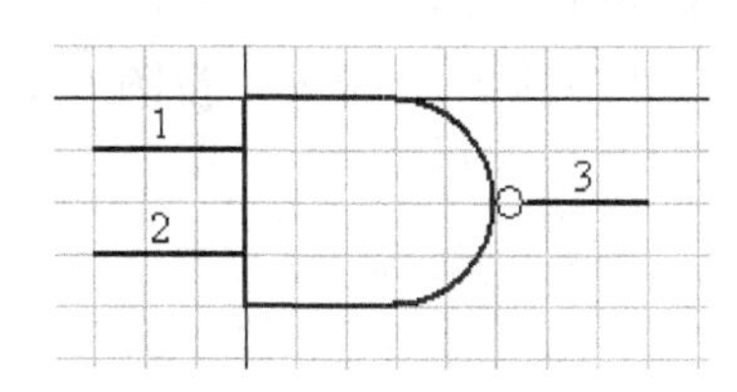

图 6-23　74LS00 第一个单元

此时查看一下 Browse SchLib，选项卡中 Part 区域内显示为“1/1”，如图 6-24 所示，说明此时 74LS00 元件只有一个单元。

(4) 绘制 74LS00 的第二个单元：单击工具栏中的按钮，或执行菜单命令 Tools→New Part，编辑窗口出现一个新的编辑画面，此时查看一下 Browse SchLib 选项卡中 Part 区域内显示为“2/2”，如图 6-25 所示。表示现在 74LS00 这个元件共有两个单元，现在显示的是第二单元。

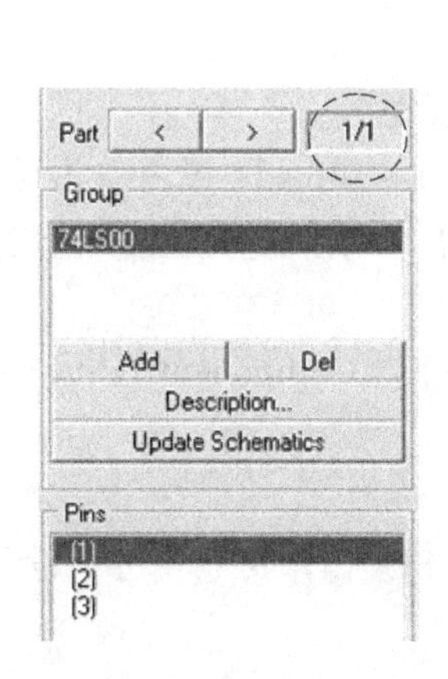

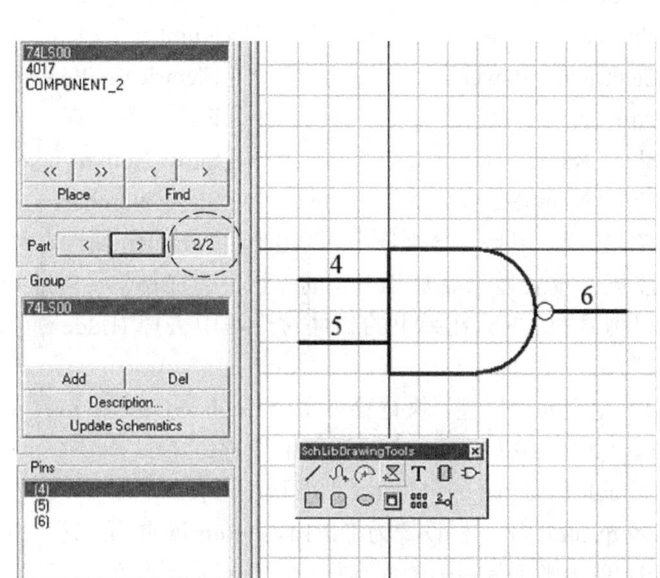

图 6-24　Browse SchLib 选项卡　　图 6-25　74LS00 的第二个单元

由于每个 74LS00 元件中包含有四个功能相同的单元，为了提高效率，可以采用复制的方法。操作步骤如下：

① 复制：单击 Part 区域中的按钮，选择复合式元件的第一个单元。执行菜单 Edit→Select→All，这时所有图件均处于选取状态，执行命令 Edit→Copy，将光标定位在坐标(0，0) 处单击左键，这样，所有图件均被复制入剪贴板。

② 粘贴：单击 Part 区域中的 > 按钮，选择复合式元件的第二个单元。执行菜单 Edit→Paste，将光标定位在坐标(0，0)处单击左键，将剪贴板中的图件粘贴到新窗口中，取消选取状态。

③ 编辑引脚：双击引脚，改变引脚序号分别为 4、5、6，如图 6-25 所示的结果。

(5) 重复第(4)步，绘制第三、四单元。

(6) 全部单元符号绘制完毕后，单击 Browse SchLib 选项卡中 Part 区域内的 < 按钮，切换到元件的第一个单元，按图 6-26 放置 VCC 和 GND 引脚。

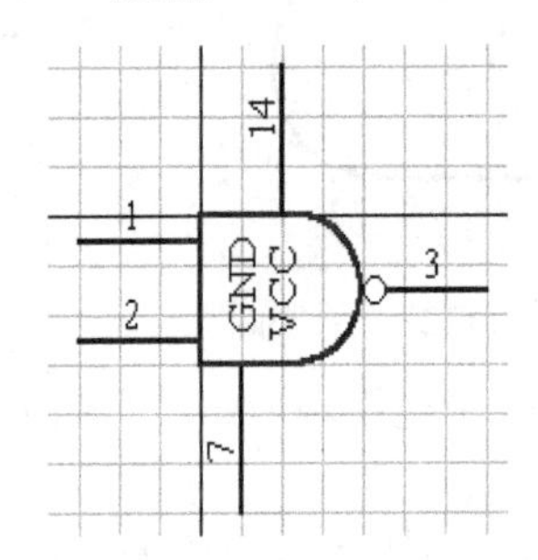

图 6-26　放置了 VCC 和 GND 引脚后的 74LS00 与非门符号

GND 接地引脚的设置：	VCC 引脚的设置：
Name：GND	Name：VCC
Number：7	Number：14
Electrical：Power	Electrical：Power
Pin：30	Pin：30
Show Name：√	Show Name：√
Show Number：√	Show Number：√

(7) 放置好以后，分别选中两个引脚的 Hidden 属性，将其隐藏。

注意：重新显示被隐藏引脚的方法，在 Browse SchLib 选项卡 Pins 区域内双击该引脚的引脚号如“7”，在弹出的属性对话框中去掉 Hidden 前面的√，则可重新显示被隐藏的引脚。

(8) 定义元件属性。执行菜单命令 Tools→Description，系统弹出 Component Text Fields 对话框，如图 6-17 所示。在对话框中设置：

Default Designator：U？(元件默认编号)

Footprint 的第一栏设置为 DIP14，Footprint 的第二栏设置为 SO−14，其他项可不设置。

(9) 单击主工具栏上的保存按钮，保存该元件。

6.5　利用已有的库元件绘制新元件

在绘制元件时，有时只想在原有元件上做些修改，得到新元件，此时可以在库中将该元件符号复制到自己建的库中进行编辑修改，产生新元件。我们在第 2 章绘制图 2-32 过压监视电路时，放到编辑区的 555 定时器元件符号(如图 2-40 所示)与图 2-32 中的 555 不同，现在我们就利用 Sim.ddb 中的 555 元件绘制自己的 555_1 元件符号，使之与图 2-32 相同，如图 6-27 所示。

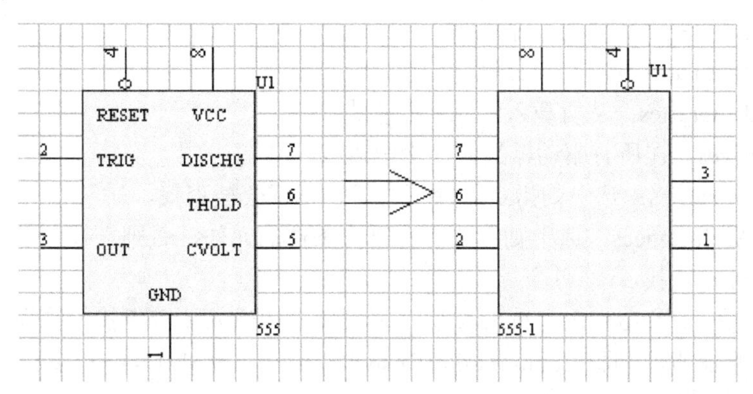

图 6-27　555 与 555_1 元件符号

操作步骤：

(1) 打开自己建的原理图元件库文件，如“新建元件.Lib”。

(2) 执行菜单命令 Tools→New Component，将元件名改为 555_1，进入一个新的编辑画面。

(3) 单击 Browse SchLib 选项卡中的【Find】按钮，系统弹出 Find Schematic Component(查找原理图元件)对话框，如图 6-28 所示。

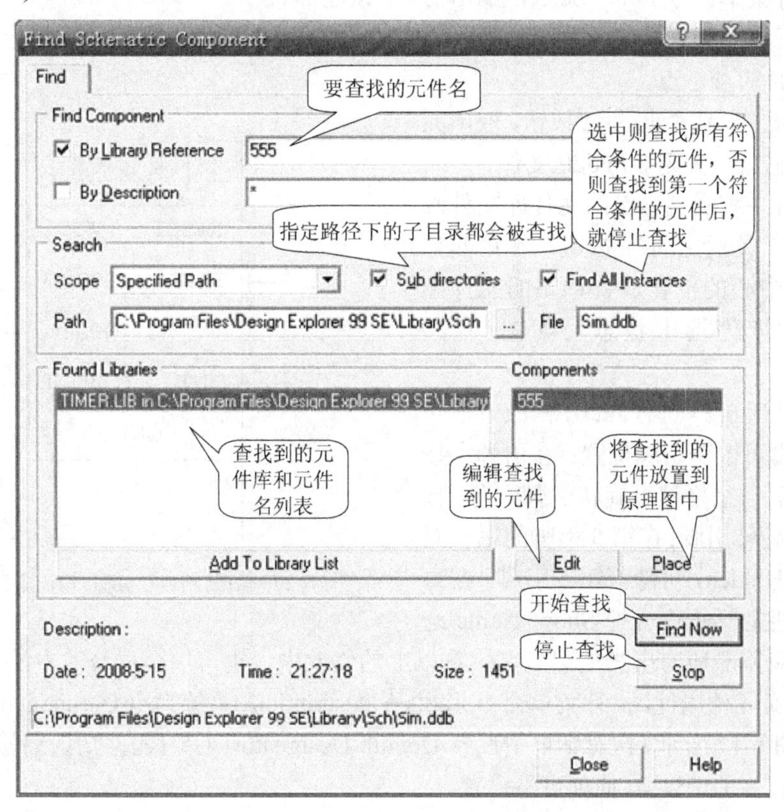

图 6-28　Find Schematic Component 对话框

其中 Search 区域内容如下：

- Scope：查找范围，有三个选项。

  Specified Path：按指定的路径查找。

  Listed Libraries：从所载入的元件库中查找。

  All Drives：在所有驱动器的元件库中查找。

- Sub directories：选中则指定路径下的子目录都会被查找。

- Find All Instances：选中则查找所有符合条件的元件，否则查找到第一个符合条件的元件后，就停止查找。

- Path：在选择 Specified Path 项后，要在此栏中输入要求查找的路径。输入原理图元件库所在的路径即可。即\Program Files\Design Explorer 99 SE\Library\Sch。也可以单击旁边的【…】按钮，从中选择路径。

- File：输入具体的元件库名，在此我们输入 Sim.ddb。这个文本框支持通配符，如果不知道具体的元件库名，可输入“*”代替主文件名。

按图 6-28 所示输入有关内容后，单击【Find Now】按钮开始查找，找到后在 Found Libraries 区域中列出查找结果，如图 6-28 所示。

(4) 单击【Edit】按钮，则在屏幕上打开 Sim.ddb 文件中的 TIMER.lib 元件库，并显示 555 元件图形。

(5) 执行菜单命令 Edit→Select→All，选中该元件。

(6) 进行复制操作。执行菜单命令 Edit→Copy，用十字光标在元件图形上单击鼠标左键确定粘贴时的参考点。

(7) 单击主工具栏上的按钮，取消元件的选中状态后，关闭 Sim.ddb 文件。

(8) 此时系统回到自己的元件库文件画面，单击主工具栏上的按钮，在第四象限靠近坐标中心的位置放置粘贴的元件图形，粘贴后取消选中状态，如图 6-29 所示。

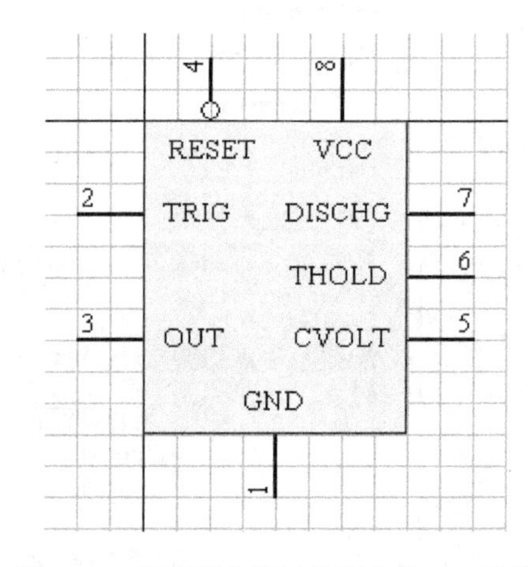

图 6-29　粘贴到自己元件库中的 555 元件

(9) 按照图 6-27 进行修改。修改方法包括：拖动引脚可改变引脚位置；在引脚上按住鼠标左键后按空格键可旋转引脚方向、按 X 或 Y 键可翻转引脚；在第 5 引脚的属性对话框中选中 Hidden，可隐藏第 5 引脚；在每个引脚的属性对话框中去掉 Show Name 选项旁的 √，可隐藏所有引脚的引脚名。在以上的修改中，也可用全局修改方法进行修改。

(10) 定义元件属性，执行菜单命令 Tools→Description，系统弹出 Component Text Fields 对话框，如图 6-17 所示。在对话框中设置 Default Designator：U？(元件默认编号)，Footprint 的第一栏设置为 DIP8，其他项可不设置。

(11) 单击主工具栏上的保存按钮，保存该元件。

6.6　在原理图中使用新建的元件符号

在元件库文件中绘制好元件符号以后，可以很方便地用到原理图文件中。

第一种方法：

(1) 打开原理图文件。

(2) 再打开自己建的元件库文件如“新建元件.Lib”，并调到所需的元件画面。

(3) 在 Browse SchLib 选项卡中单击【Place】按钮，则该元件被放置到打开的原理图文件中。

第二种方法：

(1) 打开自己建的元件库文件如“新建元件.Lib”，并调到所需的元件画面。

(2) 在 Browse SchLib 选项卡中单击【Place】按钮，则系统自动新建并打开一个原理图文件，且该元件被放置到这个原理图文件中。

第三种方法：

(1) 打开一个原理图文件。

(2) 用加载元件库的方法，加载“新建元件.Lib”所在的设计数据库文件(新建元件设计.ddb 文件)，即可在原理图中使用“新建元件.Lib”中所绘制的元件符号。

6.7　在原理图中查找和编辑元件符号

我们知道，在原理图文件中是不能对元件符号进行编辑的，如果需要查找或编辑某一个元件符号，可通过原理图编辑器 Browse Sch 选项卡中的有关按钮进行这些操作。

1. 查找元件

在原理图中查找元件的操作步骤是：

(1) 打开一个原理图文件。

(2) 在 Browse Sch 选项卡中单击【Find】按钮，系统弹出 Find Schematic Component(查找原理图元件)对话框，如图 6-28 所示，以下操作可参照 6.5 节的有关步骤进行。

(3) 找到后，单击【Place】按钮，系统关闭该对话框，回到原理图编辑画面，找到的元件符号处于放置状态，以下可进行放置元件的操作。

2. 编辑元件

在原理图文件中编辑元件符号的操作步骤是：

(1) 打开一个原理图文件。

(2) 在 Browse Sch 选项卡的元件库选项区中选择有关的元件库文件名，如 Miscellaneous Devices.Lib。

(3) 在元件浏览区中选择有关的元件，如图 6-30 中的 NPN。

(4) 单击 Browse Sch 选项卡中的【Edit】按钮，则系统打开 Miscellaneous Devices.Lib 元件库并显示 NPN 元件符号画面，如图 6-31 所示。

(5) 可直接对该元件进行编辑，也可将其复制到自己的元件库文件中进行编辑，具体操作参见 6.5 中的有关步骤。

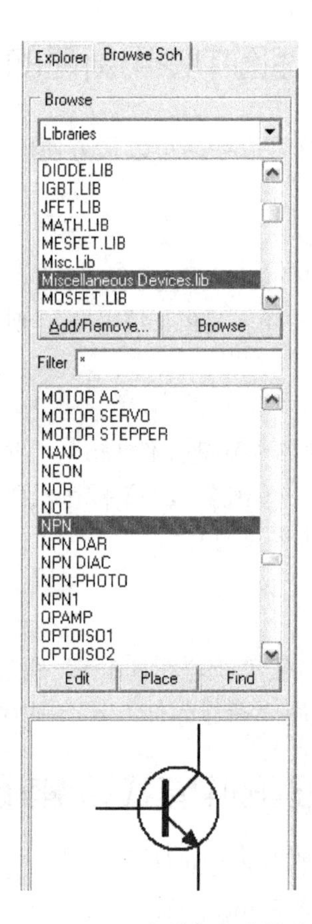

图 6-30　在 Browse Sch 选项卡中选择元件库和元件

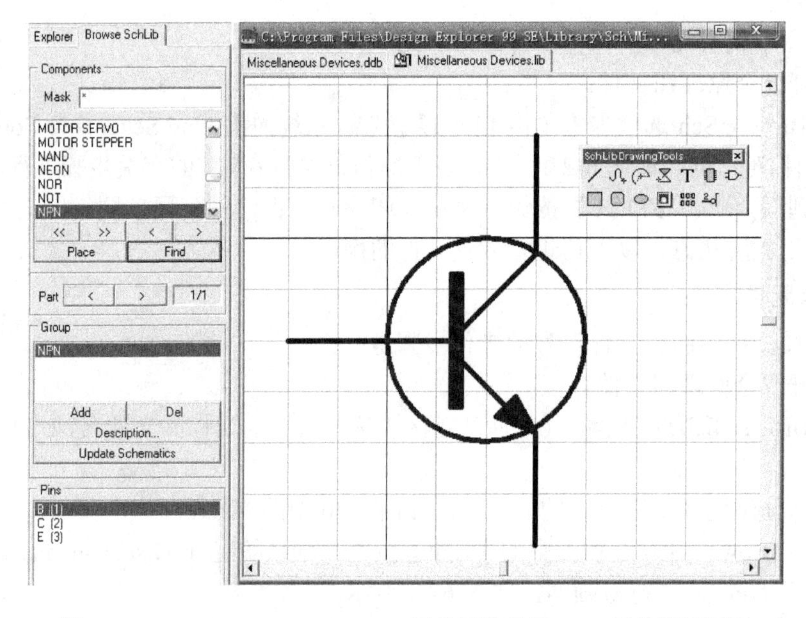

图 6-31　Miscellaneous Devices.Lib 元件库并显示 NPN 元件符号画面

6.8　原理图元件库管理工具

在元件库编辑器主菜单的 Tools 菜单中，提供了很多管理元件库的命令，在本节中，主要介绍 Tools 菜单中的一些常用命令，如图 6-32 所示。

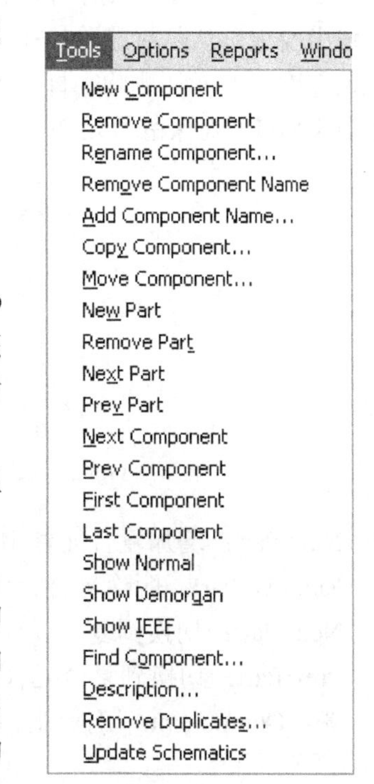

图 6-32　Tools 菜单项

- New Component：建立新元件。
- Remove Component：删除元件。
- Rename Component：元件重命名。
- Remove Component Name：删除 Browse SchLib 选项卡 Group 区域中元件集里的一个元件名称，如果该元件只有一个元件名称，则元件图也被删除。此命令对应于 Group 区域中的【Del】按钮。
- Add Component：增加 Group 区域中元件集里的元件，对应于 Group 区域中的【Add】按钮。
- Copy Component：复制指定的元件。

操作步骤是：在 Browse SchLib 选项卡的 Components 区域元件名列表中选中要复制的元件名，如 555，执行菜单命令 Tools→Copy Component，系统弹出 Destination Library 对话框，如图 6-33 所示，对话框中的内容是该设计数据库中所有元件库文件名列表，从中选择复制的目标元件库名，如 Schlib.Lib，单击【OK】按钮，则该元件复制到指定的元件库中。(注意：目标元件库也可以是元件所在的元件库本身。)

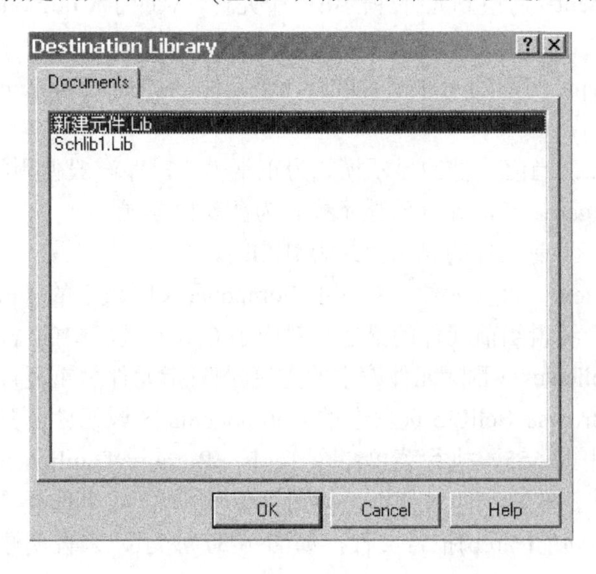

图 6-33　Destination Library 对话框

- Move Component：将元件从一个元件库移到另一个元件库。

操作步骤：在 Browse SchLib 选项卡的 Components 区域元件名列表中选中要移动的元件名，如 555，执行菜单命令 Tools→Move Component，系统弹出 Destination Library 对话框，如图 6-33 所示，从中选择移动的目标元件库名，如 Schlib.Lib，单击【OK】按钮，此时系统弹出要求确认是否删除原来元件库中元件的对话框。如图 6-34 所示，如果选择【Yes】，则将原元件库中的元件删除，即完成纯粹将元件从一个元件库移到另一个元件库的操作，如果选择【No】，则保留原元件库中的元件，实际完成的是 Copy Component 的操作。

图 6-34　确认是否删除原来元件库中元件的对话框

- New Part：增加复合元件中的一个单元。
- Remove Part：删除复合元件中的一个单元。
- Next Part：切换到复合元件的下一个单元，对应于 Part 区域中的 > 按钮。
- Prev Part：切换到复合元件的前一个单元，对应于 Part 区域中的 < 按钮。
- Next Component：切换到元件库的下一个元件，对应于 Components 区域中的 > 按钮。
- Prev Component：切换到元件库的前一个元件，对应于 Components 区域中的 < 按钮。
- First Component：切换到元件库的第一个元件，对应于 Components 区域中的 << 按钮。
- Last Component：切换到元件库的最后一个元件，对应于 Components 区域中的 >> 按钮。
- Show Normal：当前元件的显示模式为正常模式，即一般使用的模式。
- Show Demorgan：当前元件的显示模式为狄摩根模式。
- Show IEEE：当前元件的显示模式为 IEEE 模式。
- Find Component：查找元件，对应于 Components 区域中的【Find】按钮。
- Description：编辑当前元件的描述，对应于 Group 区域中的【Description】按钮。
- Remove Duplicates：删除元件库中的重复元件(指元件名重复)。

操作步骤：在 Browse SchLib 选项卡的 Components 区域元件名列表中选中要移动的元件名，如图 6-35 中的 555，执行菜单命令 Tools→Remove Duplicates，此时系统弹出要求确认是否删除重复名称的元件对话框。如图 6-36 所示，如果选择【Yes】，则系统生成一个与元件库名称相同的(*.rep)报告文件，如图 6-37 所示，来说明删除重复元件的元件名称及个数。

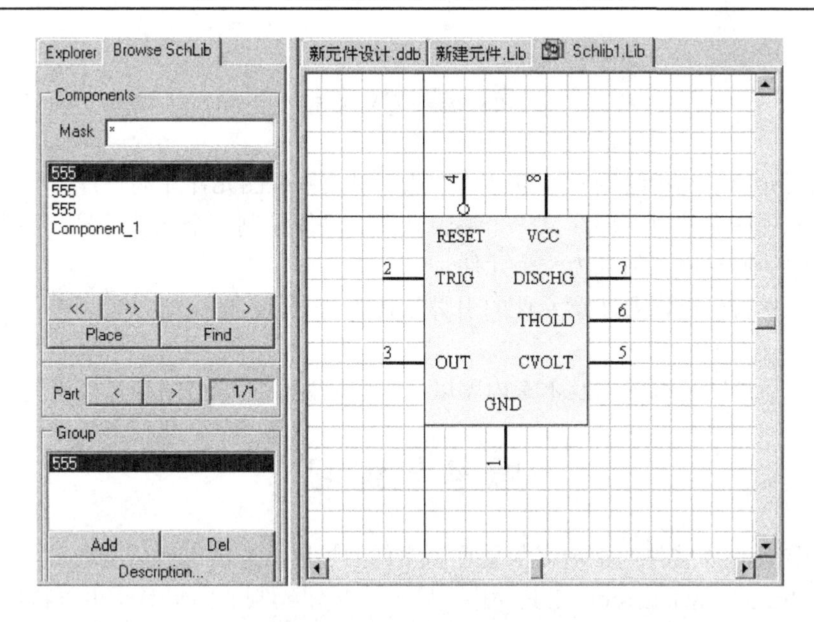

图 6-35　选中要移动的元件名 555

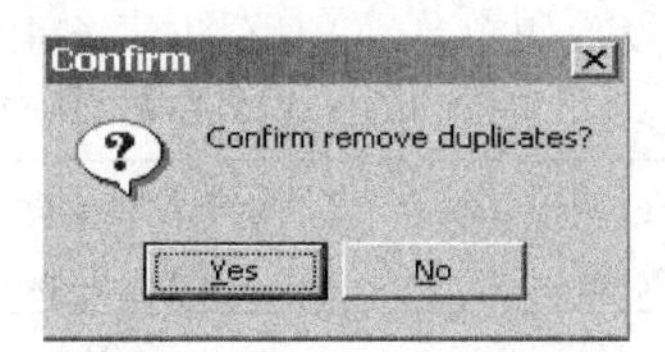

图 6-36　确认是否删除重复名称的元件对话框

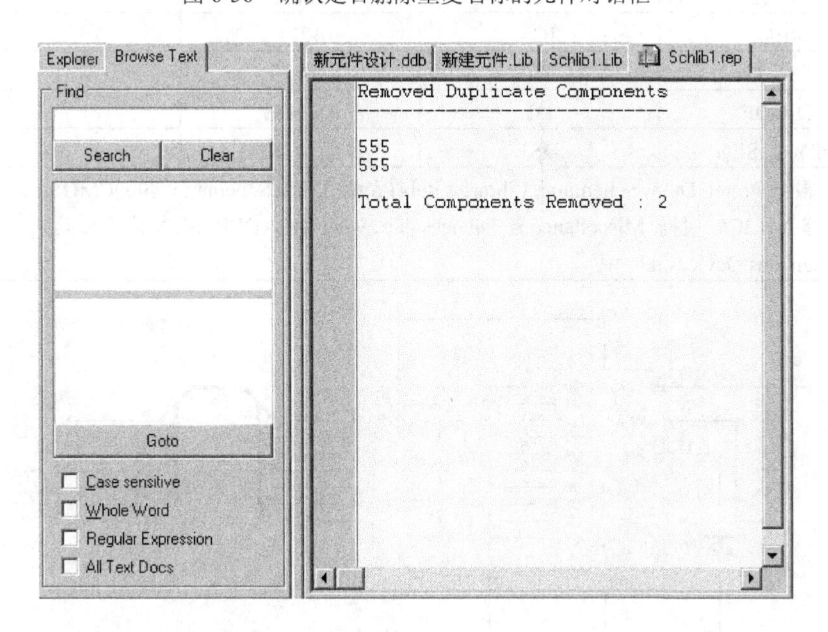

图 6-37　删除元件库中的重复元件报告文件(*.rep)

• Update Schematics：更新原理图。使用库中新编辑的元件更新原理图中的同名元件。

本 章 小 结

本章主要介绍了几种绘制元件符号的方法，以及原理图元件库的管理。

在使用元件库文件时，要注意一个编辑画面上只能绘制一个元件符号，因为系统将一个编辑画面中的所有内容都视为一个元件。

在绘制元件符号时，要注意元件的引脚是具有电气特性的，必须使用专门放置引脚的命令。

在学习了原理图的编辑以及本章内容以后，应该说任何电路图都可以绘制了。

思 考 与 练 习

1. 原理图元件库文件的扩展名与原理图文件的扩展名怎样区别？
2. 在 SchLib Drawing Tools 工具栏中，哪一个按钮绘制的图形具有电气特性？
3. 将自己绘制的元件符号用到原理图中，你会几种方法？
4. 绘制如图 6-38 所示的七段数码管显示电路图(表 6-4 为电路图的元件明细表)。

表 6-4　第 4 题电路图元件明细表

元件在库中的名称 (Lib Ref)	元件在图中的标号 (Designator)	元件类别或标示值 (Part Type)	元件封装形式 (Footprint)
CAP	C3	0.01u	
RES2	R3	100K	
4017	IC5	4017	
CH233	IC6	CH233	
DIODE	D1	DIODE	
DPY_7-SEG	DS1	DPY_7-SEG	
IC5 根据 Protel DOS Schematic Libraries.ddb(Protel DOS Schematic 4000CMOS.Lib)中的 4017 修改；IC6 根据 Miscellaneous Devices.ddb 中的 HEADER 6X2 修改；其余元件在 Miscellaneous Devices.ddb 中			

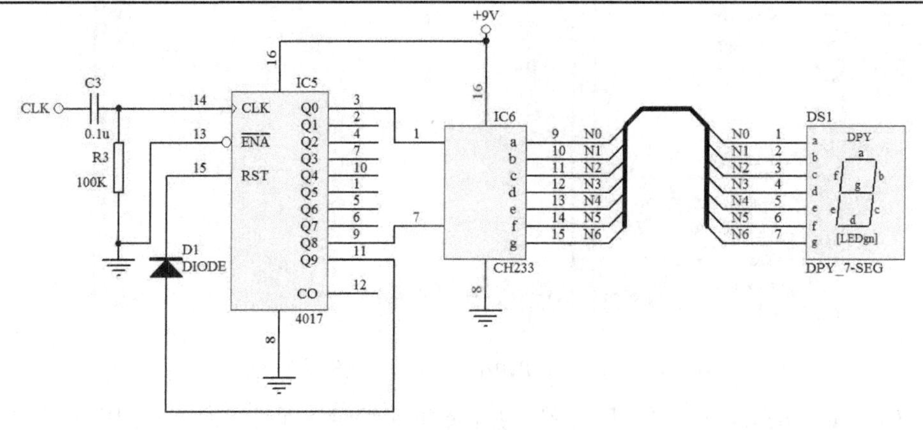

图 6-38　七段数码管显示电路

第三部分

PCB 设计系统

第 7 章

印刷电路板基础知识

内 容 提 要

本章主要讲解印刷电路板(PCB)的结构、分类；PCB 设计步骤及文档管理；常用工具栏、工作参数设置和电路板规划等方面的内容。

印刷电路板是电子设备中的重要部件之一。在电子设备中，印刷电路板通常具有三个作用：

(1) 为电路中的各种元器件提供必要的机械支撑。

(2) 提供电路的电气连接。

(3) 用标记符号将板上所安装的各个元器件标注出来，便于插装、检查及调试。

使用印刷电路板有四大优点：

(1) 具有重复性。

(2) 电路板的可预测性。

(3) 所有信号都可以沿导线任一点直接进行测试，不会因导线接触引起短路。

(4) 印刷板中的焊点可以在一次焊接过程中被大部分焊完。

正因为印刷板有以上特点，所以从它面世的那天起，就得到了广泛的应用和发展，从收音机、电视机、手机、微机等民用产品到导弹、宇宙飞船，凡是存在电子元件，它们之间的电气连接都要使用印刷电路板。印刷电路板的设计和制造也是影响电子设备的质量、成本和市场竞争力的基本因素之一。现代印刷板已经朝着多层、精细线条的方向发展。特别是 20 世纪 80 年代开始推广的 SMD(表面封装)技术是高精度印刷板技术与 VLSI(超大规模集成电路)技术的紧密结合，这大大提高了系统安装密度与系统的可靠性。

在学习印刷电路板设计之前，我们先了解一下有关印刷电路板的概念、结构、设计流程和系统参数设置。对于初学者，这些知识是十分必要的。

7.1　印刷电路板的结构和分类

印刷电路板(Printed Circuit Board，PCB)是指在绝缘基板上由印刷导线和印刷元件符号构成的电路。具有印刷电路的绝缘基板称为印刷电路板。它能完成电子设备中大部分元器件之间的电气连接，是电子设备的核心，决定着电子设备的质量和性能等因素。

7.1.1 印刷电路板的结构

印刷电路板(PCB)的常见结构可以分为单层板(Single Layer PCB)、双层板(Double Layer PCB)和多层板(Multi Layer PCB)三种。

1. 单层板

单层板是只有一面敷铜，另一面没有敷铜的电路板。元器件一般放置在没有敷铜的一面，敷铜的一面用于布线和元件焊接。单层板的特点是成本低，但仅适用于比较简单的电路设计。

2. 双层板

双层板是一种双面敷铜的电路板，两个敷铜层通常被称为顶层和底层，两个面都可以布线，顶层一般为放置元件面，底层一般为元件焊接面。对比较复杂的电路，其布线比单面板布线的布通率高，所以它是目前采用最广泛的电路板结构。

3. 多层板

多层板包括多个工作层面的电路板，除了有顶层和底层外，还有中间层。顶层和底层主要用于放置元器件和焊接，中间层可以是导线层、信号层、电源层或接地层，层与层之间是相互绝缘的，层间连接通过过孔来实现。它主要应用于复杂的电路设计，如微机中的主板和内存条就是多层电路板设计。

7.1.2 印刷电路板的分类

印刷电路板的分类方式一般有三种：按用途分类、按基材分类、按结构分类。

1. 按用途分类

(1) 民用印刷电路板，指电视机、音响、电子玩具等消费类产品用的电路板。

(2) 工业用印刷电路板，指计算机、通信设备、仪器仪表等装备类用的电路板。

(3) 军用印刷电路板。

2. 按基材分类

(1) 纸基印刷电路板，指酚醛纸基、环氧纸基印刷电路板等。

(2) 玻璃布基印刷电路板，指环氧玻璃布基等。

(3) 合成纤维印刷电路板，指环氧合成纤维印刷电路板等。

(4) 有机薄膜基材印刷电路板，指尼龙薄膜、聚酯薄膜印刷电路板等。

(5) 金属基底、金属芯基和陶瓷基印刷电路板。

3. 按结构分类

(1) 刚性印刷电路板。

(2) 挠性印刷电路板。

(3) 刚、挠结合印刷电路板。

7.2 印刷电路板设计步骤和文档管理

利用 Protel 99 SE 设计印刷电路板一般有手工设计和自动设计两种方法。

7.2.1 手工设计印刷电路板步骤

手工设计印刷电路板是指放置元件、布线等环节由人工完成，主要针对比较简单的电路，其基本步骤如下：

(1) 进入 PCB 编辑环境，初步规划电路板。主要确定电路板的尺寸，定义电气边界，放置安装定位孔。

(2) 选择元件，添加所需的元件封装库，从中调出所要的元件封装，并放置到自定义的电气范围内。

(3) 手工将元件封装拖放到合适的位置，修改元件标称值、参数等说明性符号。

(4) 根据电路原理图，手工在元件封装的焊盘间连线。

(5) 适当修改电路板的走线、安装定位孔和边界，确认无误后保存 PCB 文件并打印输出。

7.2.2 自动设计印刷电路板步骤

自动设计印刷电路板是指在设计中运用该软件的自动布局和自动布线等自动化功能，节省时间。一般用在较复杂的电路板中。有时对于一些电路设计者可以先手工设计某些关键线路，其他的由计算机完成。该方法的基本步骤如下：

(1) 进入 SCH 编辑环境，绘制原理图，并生成网络表。

(2) 进入 PCB 编辑环境，设置工作参数并规划电路板。这个步骤非常关键，它确定印刷电路板的框架。

(3) 添加所需元件封装库，利用原理图生成的网络表自动调入所有元件的封装。

(4) 自动布局、手工调整。进行自动布局后，再适当手工调整个别元件的位置。要求元件所放置的位置能使整个电路板看上去整齐美观，并有利于布线。

(5) 设置布线规则，确定自动布线时必须遵守的各种电气规则。

(6) 完成自动布线。

(7) 手工适当调整部分电路。

(8) 根据原理图检查布线结果有无错误。

(9) 最后保存文档并打印输出。

7.2.3 PCB 文档管理

通过原理图设计的学习，我们知道 Protel 99 SE 是用一个专题设计数据库来管理各种设计文档的。对于 PCB 文档也不例外，PCB 文档管理的各项操作都是在专题设计数据库中进行的。这样就要求在进行 PCB 文档管理之前，首先建立或打开一个专题设计数据库，然后在专题设计数据库中，进行 PCB 文档的管理。

PCB 文档的管理包括以下几种操作：新建 PCB 文档、打开已有的 PCB 文档、保存和关闭 PCB 文档。以下具体介绍这些操作。

1. 新建 PCB 文档

首先打开要存放 PCB 文档的设计文件夹，然后用以下两种方法建立 PCB 文档。

第一种方法：执行菜单命令 File→New。

第二种方法：将鼠标指针指向 Documents 文件夹的工作窗口的空白区，单击鼠标右键，在弹出的快捷菜单中选择 New 命令。

上述两种方法都可以打开新建文档对话框，如图 7-1 所示的 New Document(新建设计文档)对话框，选取其中的 PCB Document 图标，单击【OK】按钮，即在 Documents 文件夹中建立一个新的 PCB 文档，默认名为“PCB1”，扩展名为“.PCB”，此时高亮度显示，可更改文件名，如图 7-2 所示对话框。

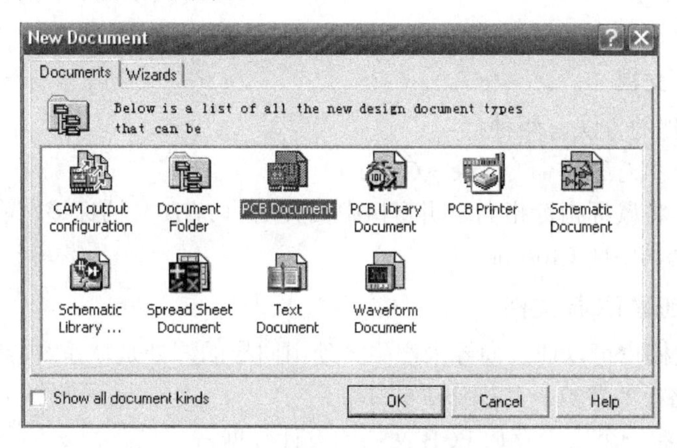

图 7-1　New Document 对话框

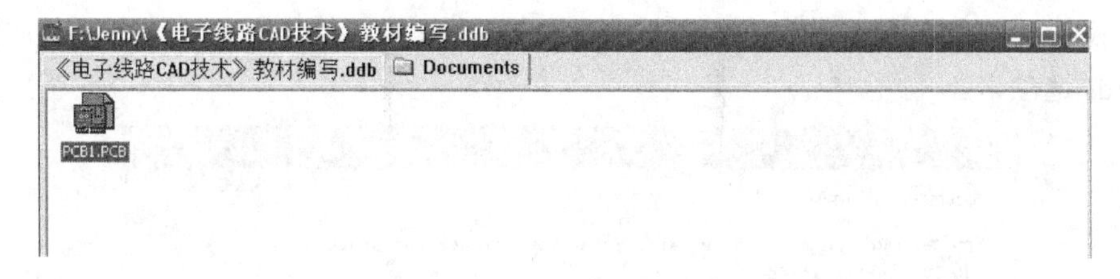

图 7-2　新建 PCB1.PCB 对话框

2. 打开 PCB 文档

打开 PCB 文档的方法有两种：

第一种方法：首先打开 PCB 文档所在的设计文件窗口，如图 7-2 所示，然后，在该窗口中双击要打开的 PCB1.PCB 文档图标即可。

第二种方法：在文档管理器中单击要打开的 PCB1.PCB 文档名称，如图 7-3 所示。

图 7-3　在设计管理器中打开 PCB 文档

另外，Protel 99 SE 可以打开不同的电路板设计软件所产生的 PCB 图。打开其他设计数据库的

PCB 文档，可用导入方式，步骤如下：首先，打开要存放的 PCB 图设计文件夹；然后，执行菜单命令 File→Import，屏幕会弹出 Import File 对话框。在对话框中选择要打开的 PCB 文件，再单击【打开】按钮，即可打开不同设计数据库的 PCB 文件。

3. 保存 PCB 文档

保存 PCB 文档常用以下几种方法：

第一种方法：执行菜单命令 File→Save，或单击主工具栏中的保存按钮。该方法保存当前正在编辑的 PCB 文档。

第二种方法：执行菜单命令 File→Save All，保存所有文档。

第三种方法：将文档另存为其他格式。存为其他格式的 PCB 文档可按以下步骤进行：首先，执行菜单命令 File→Export，屏幕弹出“Export File”对话框。单击“保存类型”栏右边的下拉菜单并在其中选择一种保存格式，指定文件名和路径，单击【保存】按钮，即可存为其他格式的文档。

4. 关闭 PCB 文档

关闭 PCB 文档的方法有两种：

第一种方法：执行菜单命令 File→Close。

第二种方法：将鼠标指针指向编辑窗口中要关闭的 PCB 文档标签，单击鼠标右键，弹出快捷菜单，选择其中的 Close 命令。

5. 使用向导创建 PCB 文档

创建 PCB 文档也可以通过向导来产生。使用向导的好处是，系统会对所产生的 PCB 文档自动设置电路板的参数。其操作步骤如下：

(1) 打开或创建一个用于存放 PCB 文档的设计数据库。

(2) 打开或创建一个用于存放 PCB 文档的设计文件夹。

(3) 执行菜单命令 File→New，打开 New Document 对话框，如图 7-4 所示。在图中选择 Wizards 选项卡。

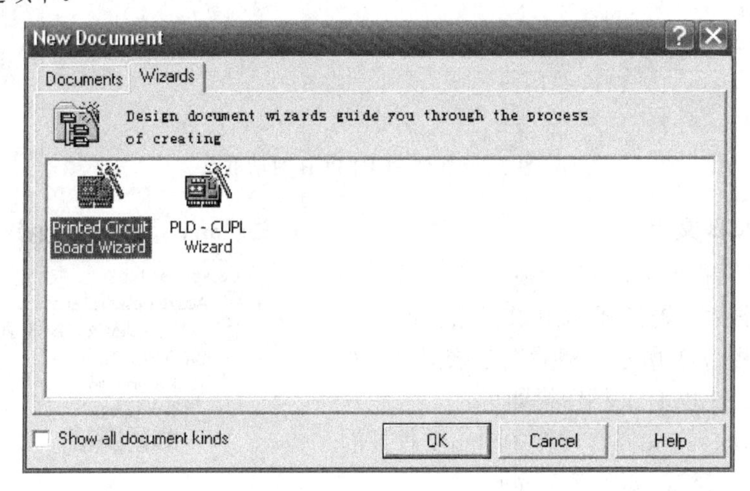

图 7-4　Wizards 选项卡对话框

(4) 双击图 7-4 对话框中创建 PCB 的向导图标 Printed Circuit Board Wizard，或单击该图标，然后单击【OK】按钮，进入向导第一步，如图 7-5 所示。

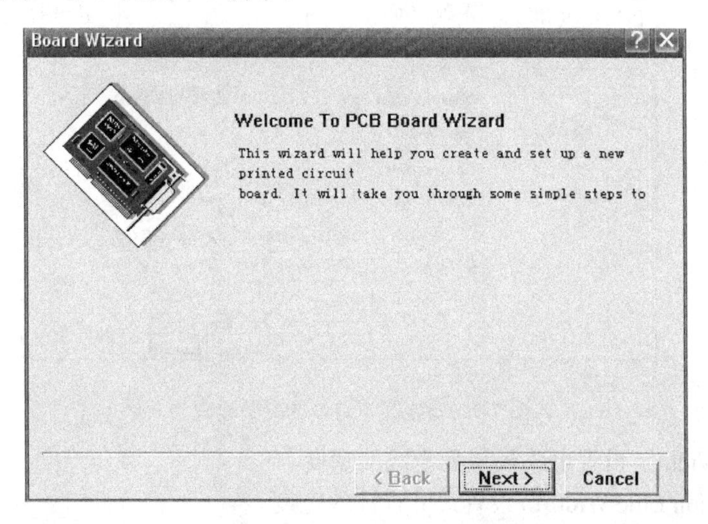

图 7-5　开始向导对话框

(5) 单击图 7-5 中【Next】按钮进入下一步，如图 7-6 所示，选择 PCB 类型对话框。单击图中【Back】按钮可以返回上一步骤。

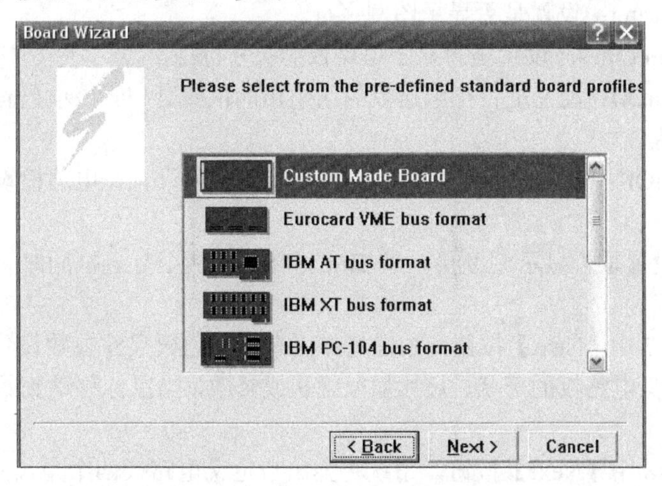

图 7-6　选择 PCB 类型对话框

(6) 选中图 7-6 所示的“Custom Mode Board(自定义 PCB 板)”后，单击【Next】按钮，将弹出如图 7-7 所示的选择自定义标准板对话框。 在列表框中可以选择系统已经预先定义好的板卡的类型。具体参数设置如下：

• 电路板的形状选择：Rectangular 设置为矩形，需确定宽和高这两个参数；Circular 设置电路板的形状为圆形，需确定圆形半径；Custom 自定义电路板的形状。

• Boundary Layer：设置电路板边界所在层，默认为 Keep Out Layer。

• Dimension Layer：设置电路板的尺寸标注所在层，默认为 Mechanical Layer 4。

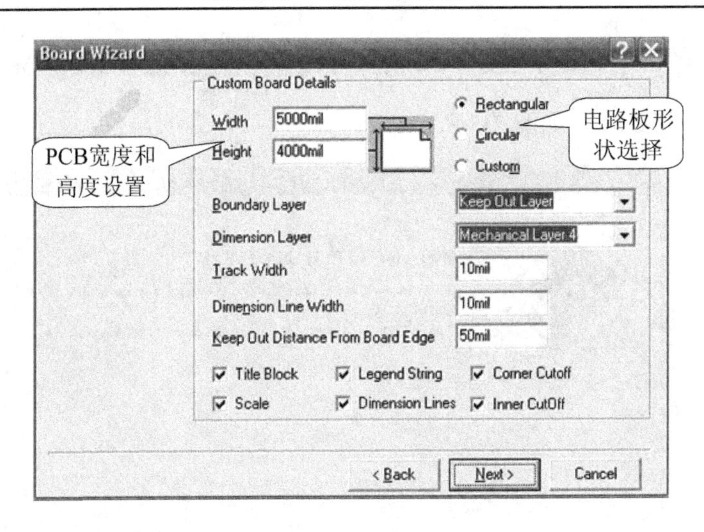

图 7-7　自定义电路板的参数设置

• Track Width：设置电路板边界走线的宽度。

• Dimension Line Width：设置尺寸标注线宽度。

• Keep Out Distance From Board Edge：设置从电路板物理边界到电气边界之间的距离。

• Title Block：设置是否显示标题栏。

• Legend String：设置是否显示图例字符。

• Dimension Lines：设置是否显示电路板的尺寸标注。

• Corner CutOff：设置是否在电路板的四个角的位置开口。该项只有在电路板设置为矩形板时才可设置。

• Inner CutOff：设置是否在电路板内部开口。该项只有在电路板设置为矩形板时才可设置。

• Scale：设置是否显示刻度尺。当 Title 和 Scale 两个复选框同时无效时，将不再显示标题栏和刻度尺。

(7) 单击图 7-7 中【Next】按钮，系统将弹出有关电路板尺寸参数设置的对话框，如图 7-8 所示，对所定义电路板的形状、尺寸加以确认或修改，当鼠标移动到数字位置时可以修改其大小。

(8) 单击图 7-8 中【Next】按钮，系统将弹出自定义电路板四个角尺寸的设置对话框。如图 7-9 所示，鼠标移动到数字位置时可以修改其大小。

(9) 单击图 7-9 中【Next】按钮，系统将弹出如图 7-10 所示对话框，可以设置电路板中间开孔位置及其尺寸的大小。若不开孔，可以将默认孔大小设置为 0 mil(如图中将长、宽为 1000 mil 改为 0 mil)，将鼠标移到数字位置可以修改其大小。

(10) 单击图 7-10 中【Next】按钮，系统将弹出如图 7-11 所示对话框。可以设置 PCB 标题栏中的信息，包括 Design Title(设计名称)、Company Name(公司名称)、PCB Part Number(电路板编号)、First Designers Name(第一设计者姓名)和 Contact Phone(联系电话)、Second Designers Name(第二设计者姓名)和 Contact Phone(联系电话)。

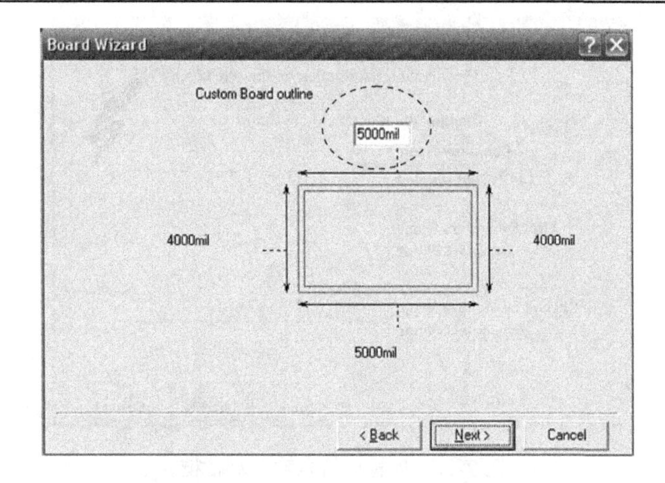

图 7-8　电路板边框尺寸设置对话框

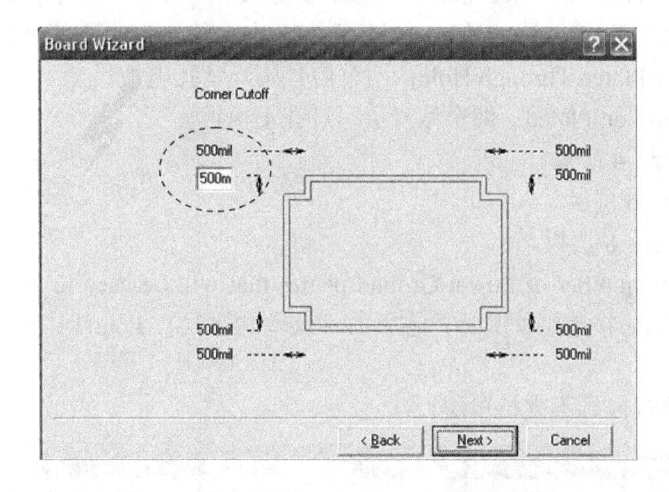

图 7-9　电路板四个角开孔尺寸设置对话框

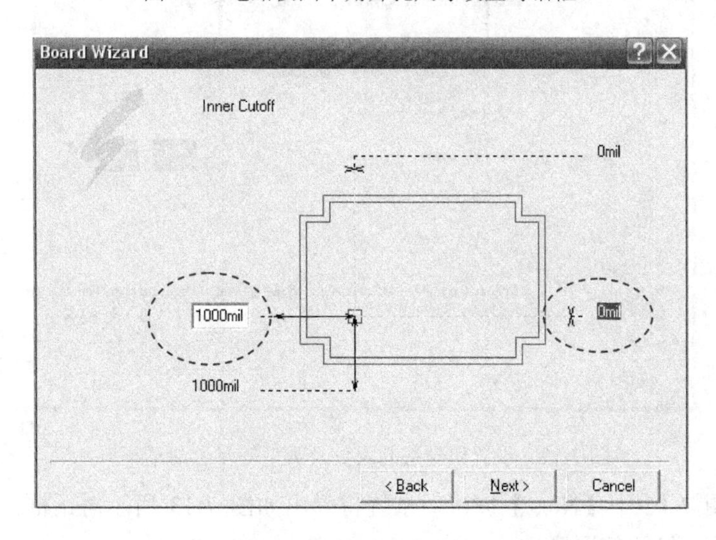

图 7-10　电路板中间开孔位置及尺寸设置对话框

Board Wizard

Please enter information for the title block

Design Title　Custom Made Board

Company Name

PCB Part Number

First Designers Name

Contact Phone

Second Designers Name

Contact Phone

< Back　Next >　Cancel

图 7-11　标题栏信息输入对话框

(11) 单击图 7-11 中【Next】按钮，系统将弹出如图 7-12 所示对话框。设置信号层的数量和类型，以及电源/接地层的数目，只能选择其中一种。各项含义如下：

- Two Layer-Plated Through Hole：两个信号层，过孔电镀。
- Two Layer-Non Plated：两个信号层，过孔不电镀。
- Four Layer：4 层板。
- Six Layer：6 层板。
- Eight Layer：8 层板。
- Specify the number of Power/Ground planes that will be used in addition to the layers above：选取内部电源/接地层的数目，包括 Two(两个内部层)、Four(四个内部层)和 None(无内层)。

注意：该电路板向导不支持单层板。

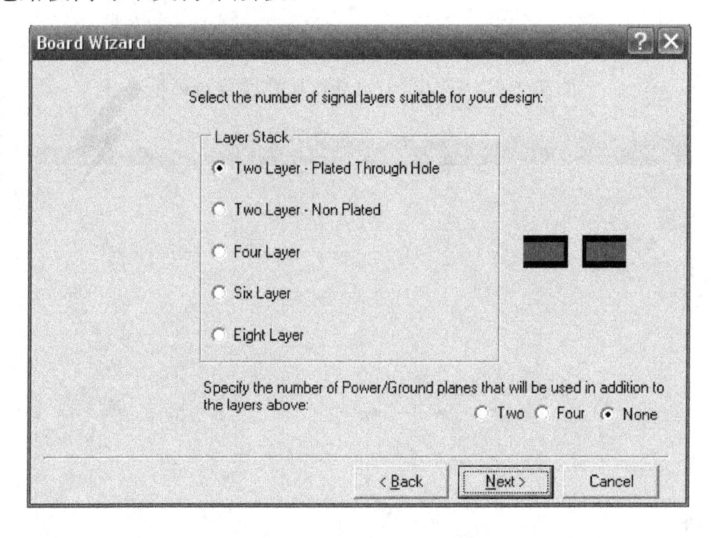

图 7-12　设置信号层的层数及类型等参数对话框

(12) 单击图 7-12 中【Next】按钮，系统将弹出如图 7-13 所示对话框，设置过孔的类型。对于双层板，只能使用穿透式过孔。

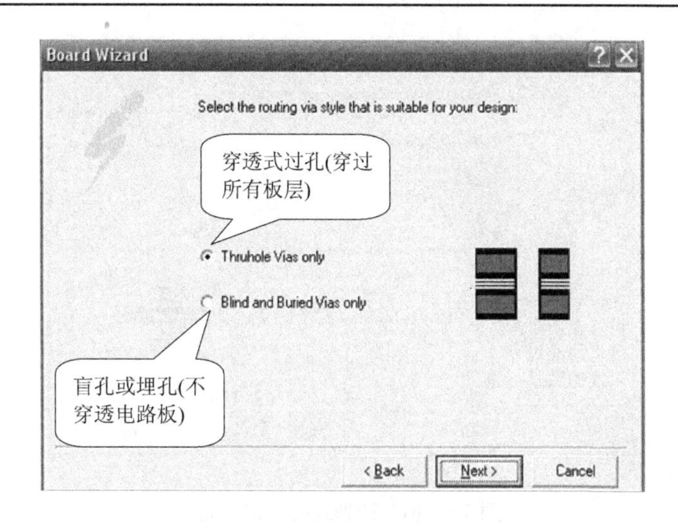

图 7-13　设置过孔类型对话框

(13) 单击图 7-13 中【Next】按钮，系统将弹出如图 7-14 所示的选择主要元件类型对话框。根据实际电路中元件种类和多少，设置将要使用的布线技术和安装元件的方法。如果电路中表面粘贴式元件应用较多，就选择表面粘贴式元件(Surface-mount components)，如图 7-14(a)所示；若针脚式元件较多，就选择针脚式元件(Through-hole components)，如图 7-14(b)所示。对于针脚式元件还应设置在两个焊盘间通过导线的数目，分别有 One Track、Two Track 和 Three Track 三个选项。

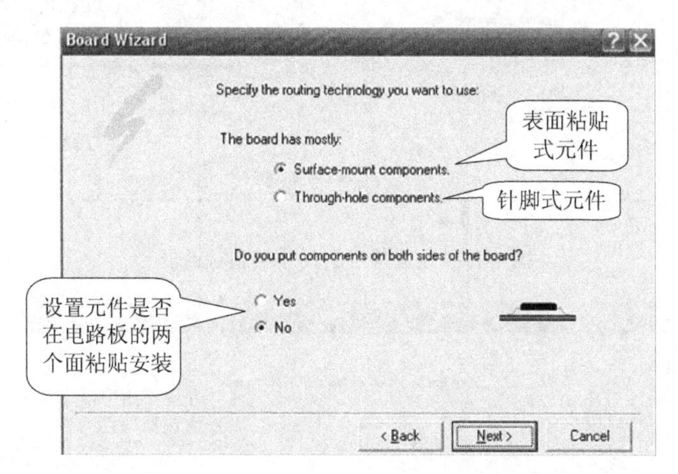

图 7-14(a)　表面粘贴式元件对话框

(14) 单击图 7-14 中的【Next】按钮，系统将弹出如图 7-15 所示线宽、过孔尺寸等设置对话框。设置导线最小宽度、过孔最小尺寸及相邻走线之间的最小间距。这些参数都会作为自动布线时的参考数据。

(15) 单击图 7-15 中【Next】按钮，系统将弹出如图 7-16 所示模板保存对话框，询问是否将该模板作为样板保存。在方框中单击鼠标(打勾)即可出现图 7-17 所示保存模板信息对话框，键入模板名称及叙述即可保存所设置的 PCB 模板。

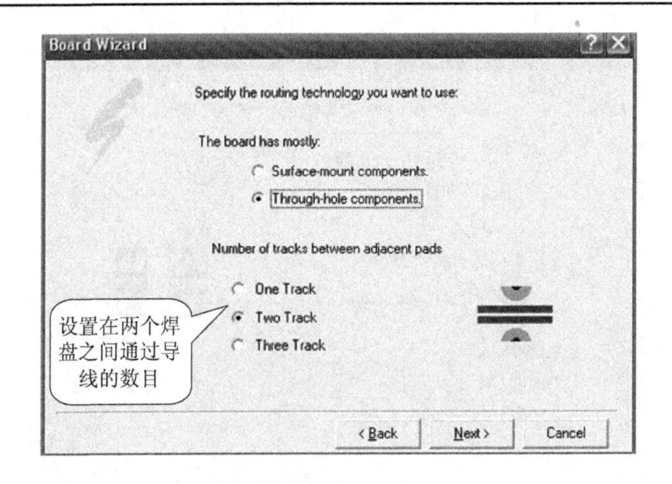

图 7-14(b)　针脚式元件对话框

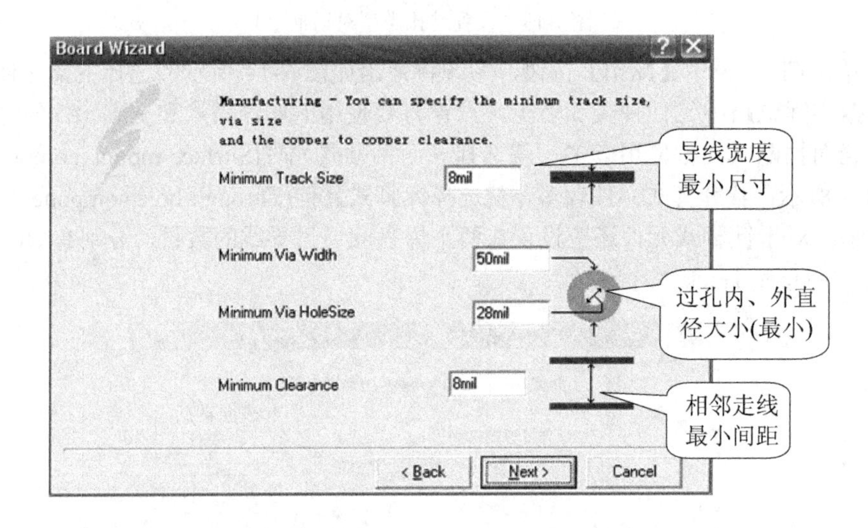

图 7-15　设置最小的尺寸限制对话框

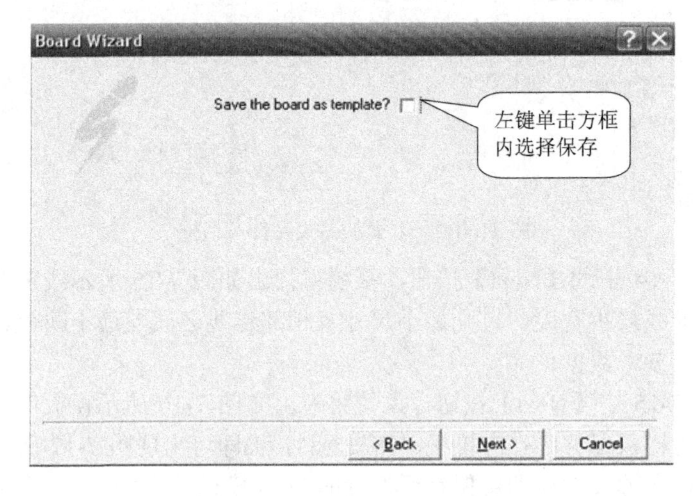

图 7-16　模板保存选择对话框

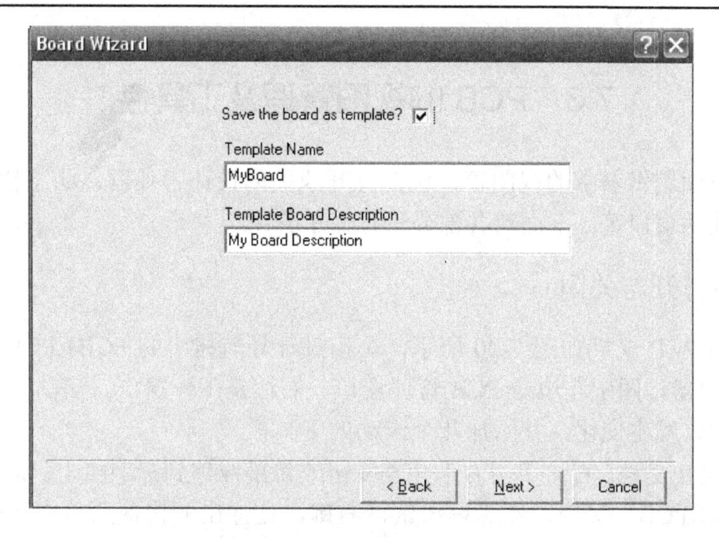

图 7-17　保存模板对话框

(16) 单击图 7-17 中【Next】按钮，弹出如图 7-18 所示向导完成对话框，单击【Finish】按钮结束生成电路板的过程。生成的电路板如图 7-19 所示。

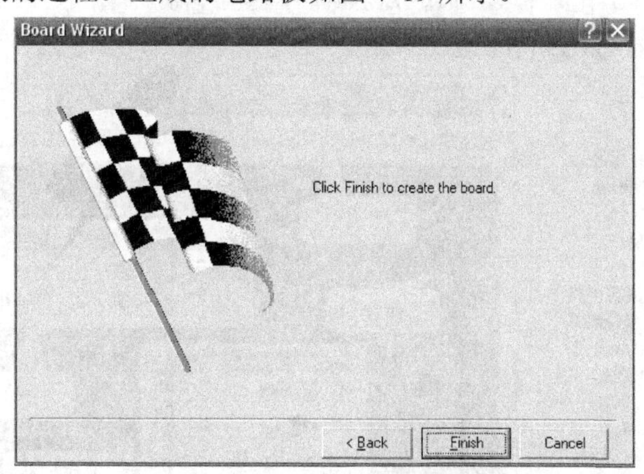

图 7-18　向导完成对话框

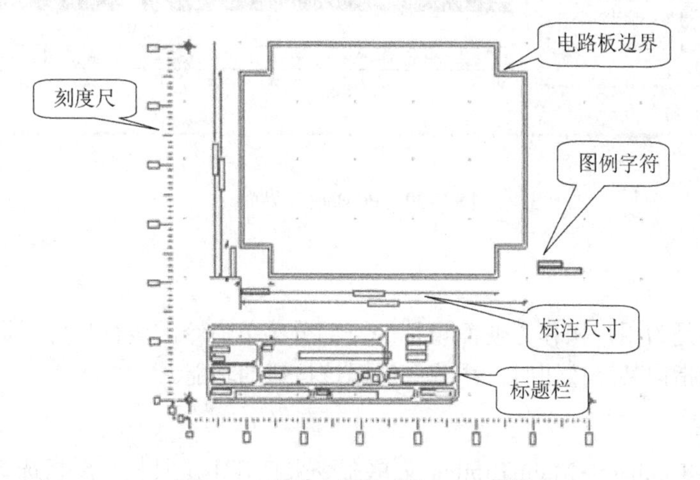

图 7-19　利用向导生成的 PCB 模板

7.3　PCB 的视图管理及工具栏

印刷电路板图编辑器中的视图管理包括打开或关闭设计管理器、状态栏显示、命令状态栏以及缩放视图窗口等。下面对各部分进行简单介绍。

7.3.1　视图的打开与关闭

打开建好的 PCB 文档如图 7-20 所示，单击设计导航树中的 PCB1.PCB 文件图标，就可启动 PCB 编辑器，图中左边是 PCB 管理窗口，右边是工作窗口。启动 PCB 编辑器后，菜单栏和工具栏将发生变化，并添加几个浮动的工具栏。

关闭某个 PCB 文档。直接单击右上角×按钮或将鼠标移到标题栏上。如图 7-20 中选择需要关闭“PCB1.PCB”文档，然后单击鼠标右键，在弹出的快捷菜单中选择“Close”完成关闭。

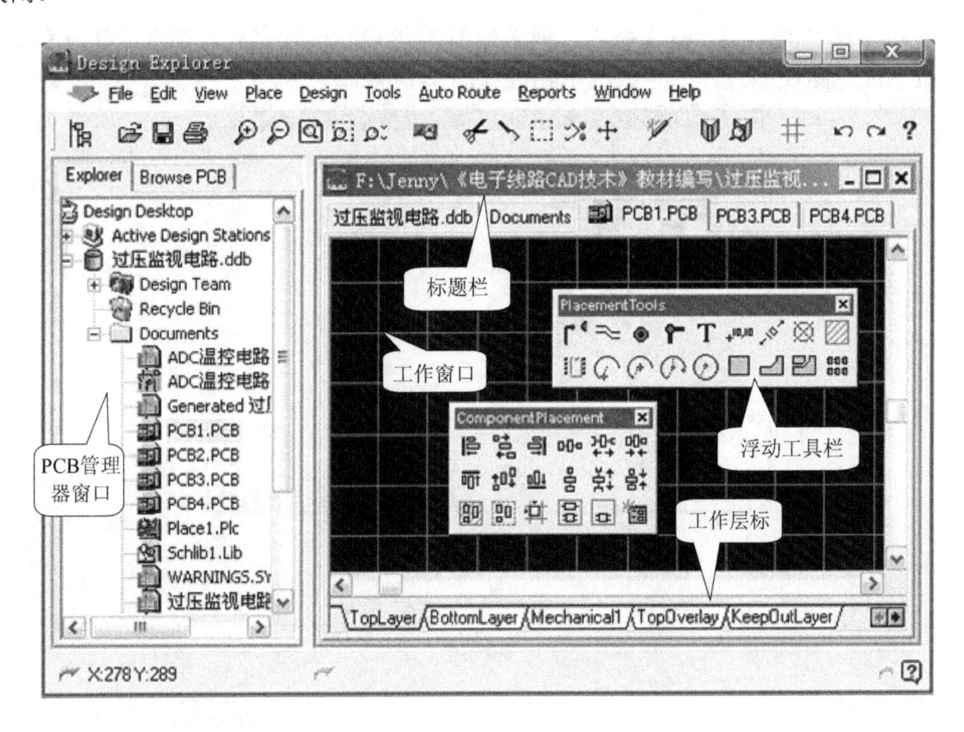

图 7-20　PCB 设计界面

7.3.2　工具栏

工具栏主要是为用户操作方便而设计的，部分菜单命令的运行也可以通过工具栏按钮来实现，当光标指向某一按钮时，系统会显示该按钮的功能。

1. 主工具栏

选择 View→Toolbars→Main Toolbar 菜单命令来打开主工具栏。反复选择可以完成主工具栏的打开与关闭操作。如图 7-21 所示主工具栏。

图 7-21　主工具栏

主工具栏中各按钮功能如表 7-1 所示。

表 7-1　工具栏各图标按钮对应菜单及功能

工具图标	对应菜单命令	功　能
	View→Design Manager	打开或关闭设计管理器
	File→Open	打开设计数据库文件
	File→Save	保存文件
	File→Print/Preview	打印预览文件
	View→Zoom In/Zoom Out	放大/缩小显示
	View→Fit Document	显示整个文档
	View→Area	将指定区域放大
	View→Selected Objects	显示选取图件
	View→Board in 3D	3D 显示
	Edit→Cut	剪切文件
	Edit→Paste	粘贴文件
	Edit→Select	选取图件
	Edit→DeSelect	取消选取
	Edit→Move	移动图件
	Tool→Cross Probe	交叉指针
	Design→Add/Remove Library…	加载/删除元件封装库
	Design→Browse Components…	库元件浏览
	Design→Options…	网络设置
	Edit→Undo/Redo	恢复/重做
?	Help→Contents	打开帮助内容

2. 放置工具栏

执行 View→Toolbars→Placement Toolbar 菜单命令来打开放置工具栏。反复执行该命令可以打开和关闭该工具栏，如图 7-22 所示。

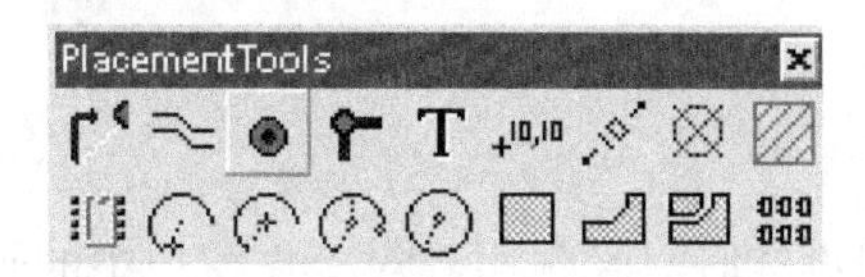

图 7-22　放置工具栏

放置工具栏中各按钮的功能如表 7-2 所示。

表 7-2　放置工具栏各图标按钮对应菜单及功能

工具图标	对应菜单命令	功　　能
	Place→Interactive Routing	放置交互式布线
	Place→Line	放置导线
	Place→Pad	放置焊盘
	Place→Vid	放置过孔
	Place→String	放置字符串
	Place→Coordinate	放置坐标
	Place→Dimension	标注尺寸
	Edit→Origin	放置相对坐标原点
	Place→ROOM	放置房间
	Place→Component	放置元件
	Place→Arce	四种画弧线的方法
	Place→Fill	矩形填充
	Place→Polygon Plane	多边形填充
	Place→Split Plane	放置内部层
	Setup Paste Array	设置矩阵式粘贴

3. 元件放置工具栏

执行 View→Toolbars→Component Placement 菜单命令来打开和关闭元件放置工具栏。如图 7-23 所示，该工具栏主要完成元件的各种排列。

4. 查找选取工具栏

执行 View→Toolbars→Find Selections 菜单命令来打开和关闭查找选取工具栏。如图 7-24 所示，该工具栏主要查找选取对象。

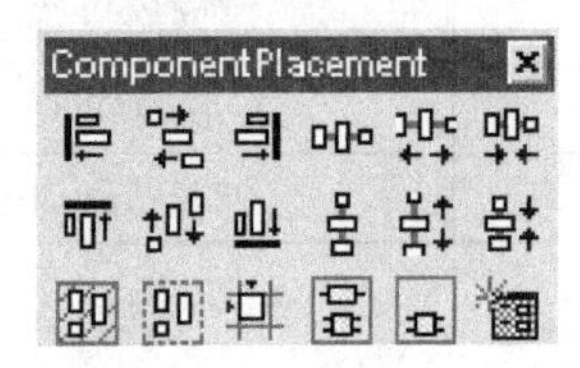

图 7-23　元件放置工具栏

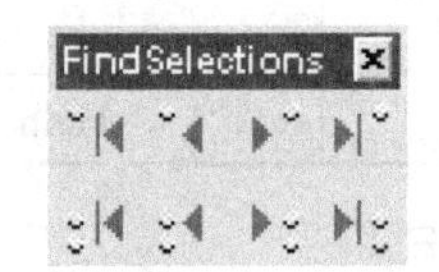

图 7-24　查找选取工具栏

7.3.3　编辑窗口调整

1. 画面显示

设计者在进行电路板图设计时，经常用到对工作窗口中的画面进行放大、缩小、刷新或局部显示等操作，以方便设计者工作。这些操作既可以使用主工具栏中的图标，也可以使用菜单命令或快捷键来完成。

1) 画面的放大

放大画面有五种方法。

第一种方法：用鼠标左键单击主工具栏的按钮。

第二种方法：执行菜单命令 View→Zoom In。

第三种方法：使用快捷键 Page Up。

第四种方法：在工作窗口中的某一点，单击鼠标右键，在弹出的快捷菜单中选择 Zoom In 命令，或直接按键盘上的 Page Up 键，则画面以该点为中心进行放大。

第五种方法：在 PCB 管理器中，单击 Browse PCB 选项卡，在 Browse 下拉列表框中，选择浏览类型(如网络或元件)，再选择浏览对象(如网络名、节点名或焊盘名)，单击【Zoom】或【Jump】按钮，也可对被选中对象进行放大。

2) 画面的缩小

缩小画面有四种方法。

第一种方法：用鼠标左键单击主工具栏的按钮。

第二种方法：执行菜单命令 View→Zoom Out。

第三种方法：使用快捷键 Page Down。

第四种方法：在绘图工作区的某一点，单击鼠标右键，在弹出的快捷菜单中选择 Zoom Out 命令，或直接按下键盘上的 Page Down 键，则画面以该点为中心进行缩小。

3) 对选定区域放大

此种放大有两种操作方法。

第一种方法：区域放大，执行菜单命令 View→Area 或用鼠标单击主工具栏的图标。

第二种方法：中心区域放大，执行菜单命令 View→Around Point。

4) 显示整个电路板/整个图形文件

(1) 显示整个电路板。执行菜单命令 View→Fit Board，在工作窗口显示整个电路板，但不显示电路板边框外的图形。

(2) 显示整个图形文件。执行菜单命令 View→Fit Document 或单击图标，可将整个图形文件在工作窗口显示。如果电路板边框外有图形，也同时显示出来。如图 7-25 是两个命令执行后的结果对比。

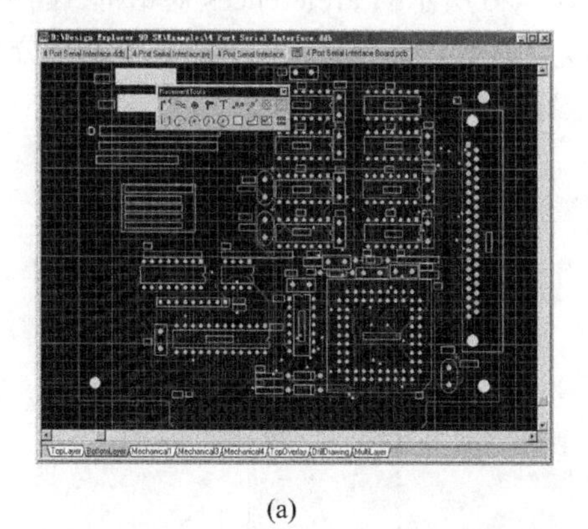

(a)

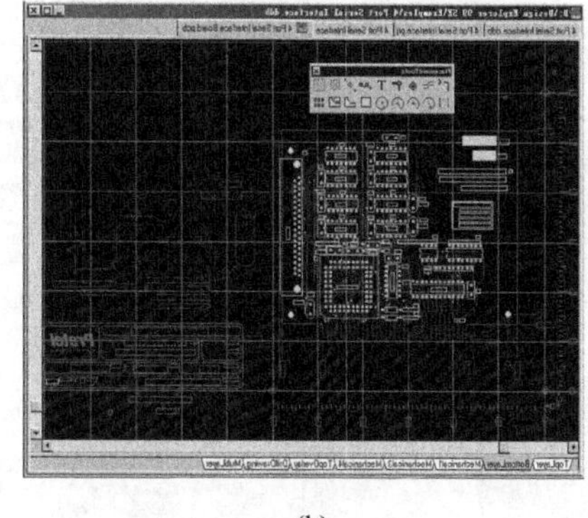

(b)

图 7-25　显示整个电路板/整个图形文件两条命令的效果对比

(a) 执行菜单命令 View→Fit Board；(b) 执行菜单命令 View→Fit Document

5) 采用上次显示比例显示

执行菜单命令 View→Zoom Last。

6) 画面刷新选用命令

选用菜单命令 View→Refresh 或按下键盘上的 END 键，可清除因移动元件等操作而遗留下的残痕。

注意：在工作窗口，单击鼠标右键后弹出的快捷菜单也收集了 View 菜单中最常用的画面显示命令，这些操作与原理图相似，这里不再赘述。

2. PCB 的状态栏、管理器的打开与关闭

1) 状态栏与命令栏的打开与关闭

执行菜单命令 View→Status Bar，可打开和关闭状态栏。状态栏将显示出当前光标的坐标位置。在窗口左下角显示，例如 X:10520mil Y:520mil 。

执行菜单命令 View→Command Status，可打开与关闭命令栏。命令栏将显示当前正在执行的命令。在窗口左下角显示，例如 Placing Component 。

注意：在菜单命令前有“√”，表示该栏已被打开。

2) PCB 管理器的打开与关闭

执行菜单命令 View→Design Manager，或用鼠标单击主工具栏的图标，可以打开与关闭 PCB 管理器。打开 PCB 管理器，可以利用它的浏览功能实现快速查看 PCB 文件、查找和定位元件及网络等操作；关闭管理器可以增加工作窗口的视图面积，具体功能将在后面讲解。

7.4　工作参数设置

一般用户在进行 PCB 绘制之前需要对 PCB 编辑器的工作参数进行设置，使系统按照用户要求工作。Protel 99 SE 提供的 PCB 工作参数包括 Option(特殊功能)、Display(显示状态)、Color(工作层面颜色)、Show/Hide(显示/隐藏)、Default(默认参数)、Signal Integrity(信号完整性)共 6 部分。根据实际需要和自己的喜好来设置这些工作参数，可以建立一个自己喜欢的工作环境。

执行菜单命令 Tools→Preferences，弹出如图 7-26 所示的 Preferences 对话框。图中的 6 个选项卡可对 6 大类工作参数进行设置，设置完成后单击【OK】按钮。下面对各部分分别介绍。

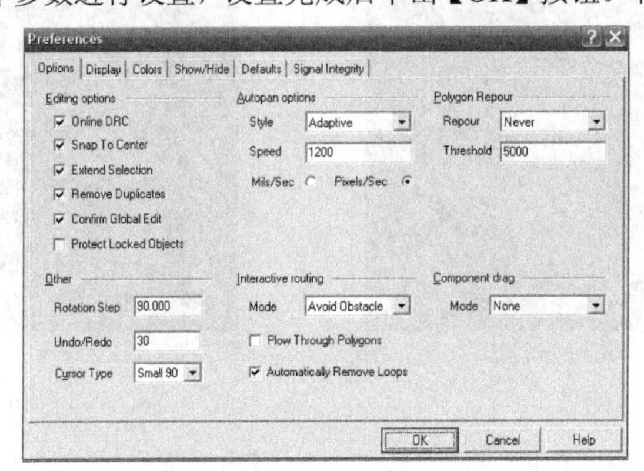

图 7-26　Preferences 对话框

7.4.1　Options 选项卡的设置

单击图 7-26 中的 Options 选项卡，它有 6 个选择区域，主要用于设置一些特殊功能。

1. Editing Options 编辑选择区域

该项为复选功能，选中后如图 7-26 所示，其功能如下：

- Online DRC：在选中状态下，进行在线的 DRC(设计规则)检查。
- Snap To Center：在选中状态下，若用光标选取元件，则光标移动至元件的第 1 引脚的位置上；若用光标移动字符串，则光标自动移至字符串的左下角。若没有选中该项，将以光标坐标所在位置选中对象。
- Extend Selection：在选中状态下，若执行选取操作，可连续选取多个对象，否则，只有最后一次的选取操作有效。
- Remove Duplicates：在选中状态下，表示系统将删除重复的元件，以保证电路图上没有元件标号完全相同的元件。该项系统默认选中。
- Confirm Global Edit：在选中状态下，当进行整体编辑操作后，将出现要求确认的对话框。
- Protect Locked Objects：在选中状态下，表示在高速自动布线时保护先前放置的固定实体不变。该项系统默认不选。

2. Autopan Options(自动移动)选项区域

Autopan Options 选项区域如图 7-27 所示。

(1) Style——设置自动移动功能模式，共 7 种，单击下拉菜单，出现如图 7-28 所示选项。

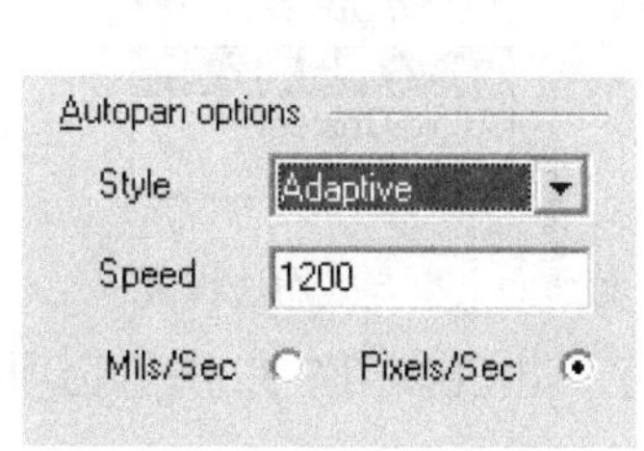
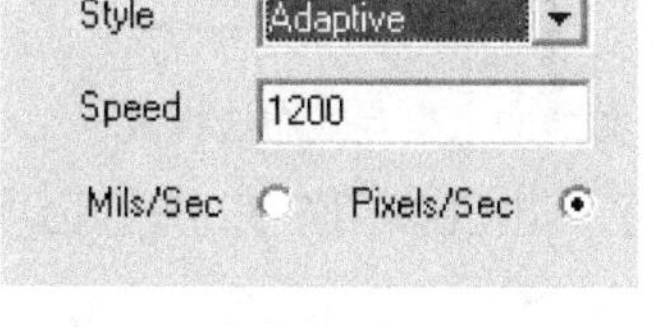

图 7-27　Autopan Options 选项

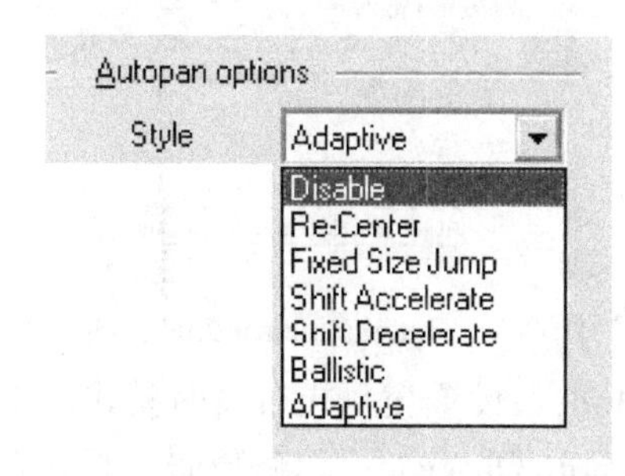

图 7-28　Style 选项

- Disable：关闭自动移动功能，当光标移到编辑区域边界时编辑区域不能移动。
- Re-Center：当光标移到编辑区域边界时，以光标所在位置为新的编辑区中心。
- Fixed Size Jump：当光标移到编辑区边界时，系统将以 Step 文本框设定值移动。当按下 Shift 键后，系统将以 Shift Step 文本框设定值移动。
- Shift Accelerate：自动移动时，按住 Shift 键会加快移动速度。
- Shift Decelerate：自动移动时，按住 Shift 键会减慢移动速度。
- Ballistic：非定速自动移边，光标越往编辑区边界移动，移动速度越快。
- Adaptive：自适应模式，以 Speed 文本框的设定值来控制移动操作的速度。系统默认值为该选项。

(2) Speed——移动速率，默认值为 1200。

- Mils/Sec：移动速率单位，mils/秒。
- Pixels/Sec：另一个移动速率单位，像素/秒。

3. Polygon Repour (多边形填充的绕过)选项区域

Polygon Repour 选项区域如图 7-29 所示。

(1) Repour 有三个选项，单击下拉菜单，出现如图 7-30 所示选项。

图 7-29　Polygon Repour 选项

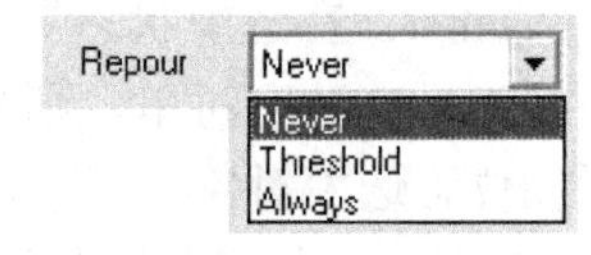

图 7-30　Repour 选项

- Never 选项：当移动多边形填充区域后，一定会出现确认对话框，询问是否重建多边形填充。
- Threshold 选项：当多边形填充区域偏离距离比 Threshold 设定值小时，会出现确认对话框，否则，不出现确认对话框。
- Always 选项：无论如何移动多边形填充区域，都不会出现确认对话框，系统会直接重建多边形填充区域。

(2) Threshold——绕过的临界值。

4. Interactive routing(交互式布线的参数设置)选项区域

Interactive routing 选项区域如图 7-31 所示。

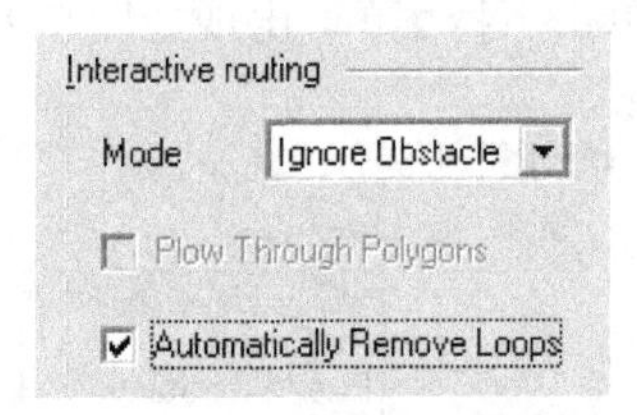

图 7-31　Interactive routing 选项

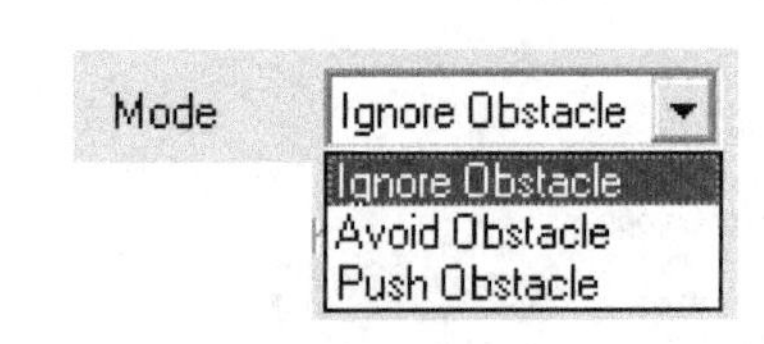

图 7-32　交互式布线模式

(1) Mode。设置交互式布线的模式。单击下拉菜单，出现如图 7-32 所示选项。

- Ignore Obstacle：忽略障碍，直接覆盖。
- Avoid Obstacle：绕开障碍。
- Push Obstacle：推开障碍。

(2) Plow Through Polygons。选中有效，用多边形填充绕过导线。

(3) Automaticaly Remove Loops。选中有效，自动删除形成回路的走线。

5. Component drag(元件拖动模式)选项区域

Component drag 选项区域如图 7-33 所示。

- 选择 None，在拖动元件时，只拖动元件本身。
- 选择 Connected Tracks，在拖动元件时，该元件的连线也跟着移动。

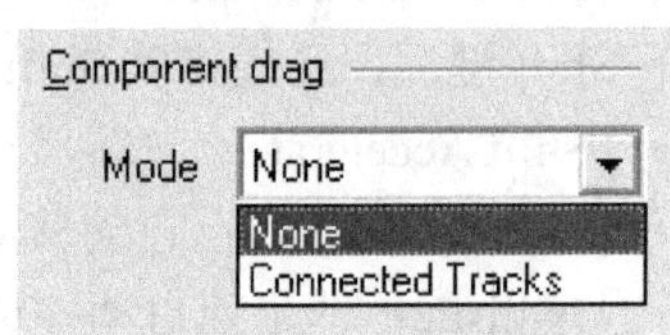

图 7-33　Component drag 选项

6. Other(其它)选项区域

Other 选项区域如图 7-34 所示。

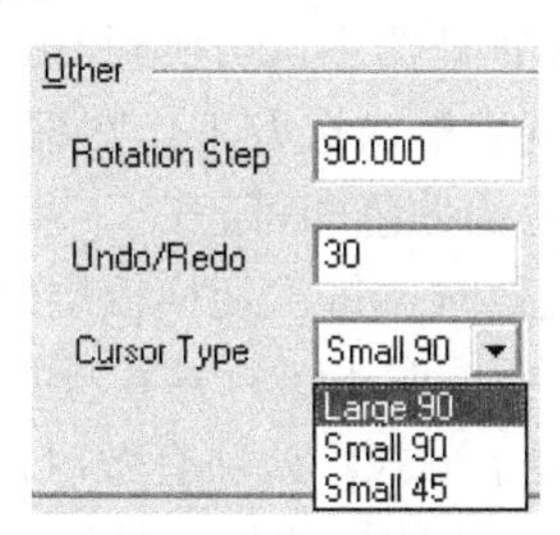

图 7-34　Other 选项

(1) Rotation Step。设置元件的旋转角度，默认值为 90 度，角度可以任意设置。

(2) Undo/Redo。设置撤消/恢复命令可执行的次数。默认值为 30 次。撤消命令操作对应主工具栏的按钮，恢复命令操作对应主工具栏的按钮。

(3) Cursor Type。设置光标形状。Large 90(大十字线)、Small 90(小十字线)、Small 45(小 45°)三种光标形状。

7.4.2　Display 选项卡的设置

单击图 7-26 上的 Display 选项卡，出现如图 7-35 所示对话框。

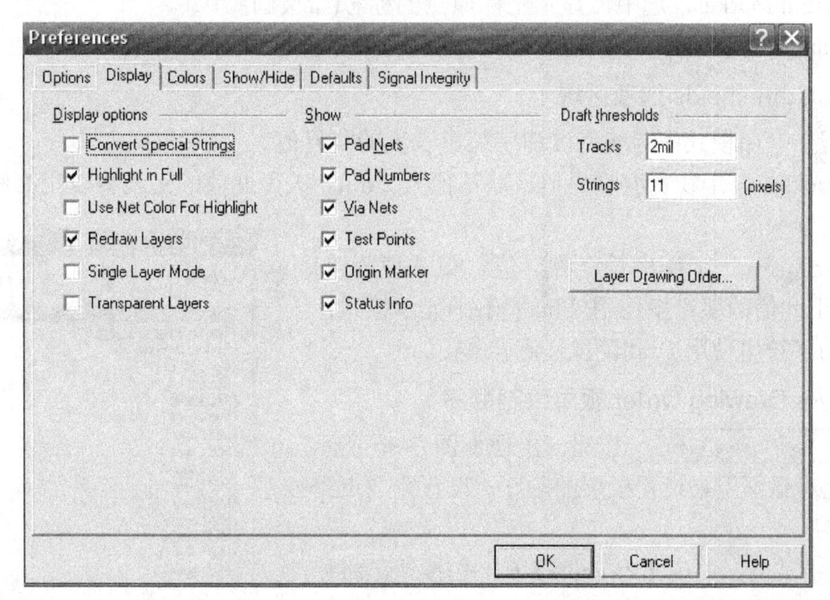

图 7-35　Display 选项卡设置对话框

各选项的功能如下。

1. Display options 选项区域

选中各部分表示可以实现的功能如下：

- Convert Special Strings：用于设置是否将特殊字符串转化为它所代表的文字。
- Highlight in Full：设置高亮的状态。该项有效时，选中的对象将被填满白色，否则选中的对象只加上白色外框，选取状态不十分明显。

- Use Net Color For Highlight：该项有效时，选中网络将以该网络所设置的颜色来显示。设置网络颜色的方法：在 PCB 管理器中，切换到 Browse PCB 选项卡，在 Browse 下拉框中选取 Nets 选项，然后在网络列表框内选取工作网络的名称，再单击【Edit】按钮打开 Net 对话框，在 Color 框内选取相应的颜色即可。
- Redraw Layers：当该项有效时，每次切换板层时系统都要重绘各板层的内容，而工作层将绘在最上层。否则，切换板层时不进行重绘操作。
- Single Layer Mode：单层显示模式。该项有效时，工作窗口上将只显示当前工作层的内容。否则，工作窗口上将所有使用的层的内容都显示出来。
- Transparent Layers：透明模式。该项有效时，所有层的内容和被覆盖的对象都会显示出来。

2. Show 选项区域

当工作窗口处于合适的缩放比例时，下面所选取选项的属性值会显示出来。

- Pad Nets：选中，显示焊盘的网络名称。
- Pad Numbers：选中，所有编码焊盘的编号将显示出来。
- Via Nets：选中，显示连接过孔的网络名称。
- Test Points：选中，设置的测试点显示出来。
- Origin Marker：选中，显示坐标原点的标志(带叉圆圈)⊠。
- Status Info：选中，系统会显示出当前的状态信息。

3. Draft thresholds 选项区域

可设置在草图模式中走线宽度和字符串长度的临界值。

(1) Tracks——走线宽度临界值，默认值为 2 mil。大于此值的走线将以空心线来表示，否则以细直线来表示。

(2) Strings——字符串长度临界值，默认值为 11 pixels。大于此值的字符串使用 Final(精细)显示模式；小于此值的字符串使用 Draft(粗略)显示模式。

4. Layer Drawing Order 板层绘制顺序

单击 Layer Drawing Order... 按钮，出现如图 7-36 所示对话框，此对话框用来设置板层的顺序。设置完成点击【OK】按钮。

(1) 选中某层，单击【Promote】(上移)按钮，将使此层向上移动；按动【Demote】(下移)按钮将使此层向下移动。

(2) 单击【Default】(默认)按钮，将恢复到系统默认的方式。

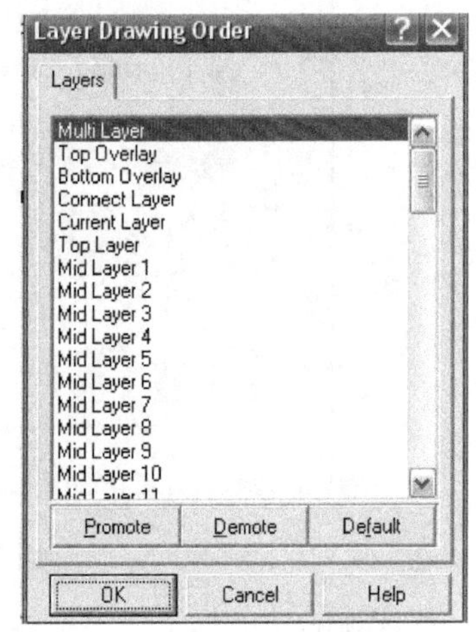

图 7-36　板层顺序对话框

7.4.3　Colors 选项卡的设置

颜色选项卡主要用来调整各板层和系统对象的显示颜色。单击图 7-26 上的 Colors 选项卡，将出现如图 7-37 所示对话框。颜色显示可以采用系统默认值或自定义颜色。

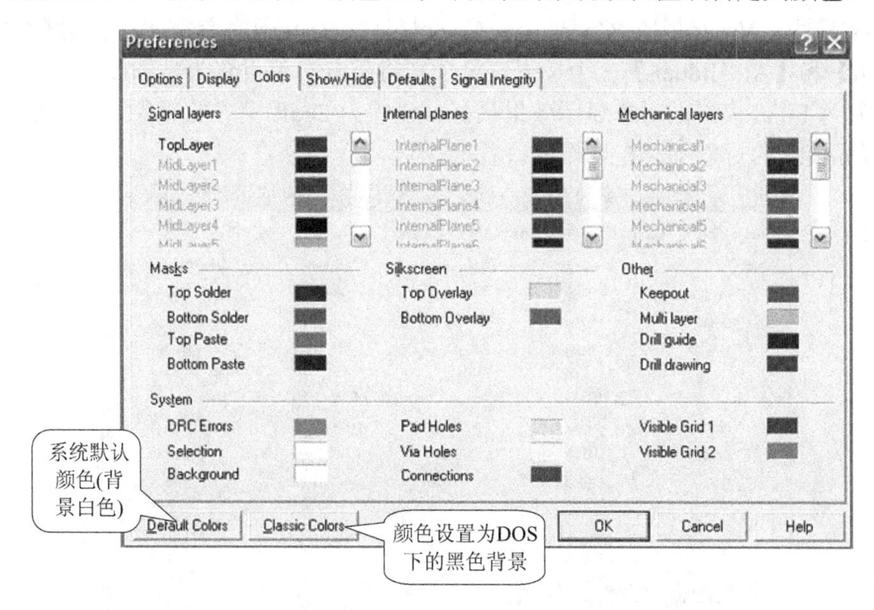

图 7-37　Color 选项卡的设置

颜色设置方法如下：

(1) 设置某一层颜色，单击该层名称旁边的颜色块，弹出 Choose Color(选择颜色)对话框，如图 7-38 所示，拖动滑块来选择需要的颜色(系统给出 239 种默认颜色)后，单击【OK】按钮完成。

(2) 自定义工作层颜色，单击图 7-38 中的 Define Custom Colors... 选择颜色，弹出如图 7-39 所示自定义颜色对话框，可以自定义设置，完成后单击【确定】按钮返回即可。

注意：用户不要轻易修改各层显示的颜色，以免造成混乱。

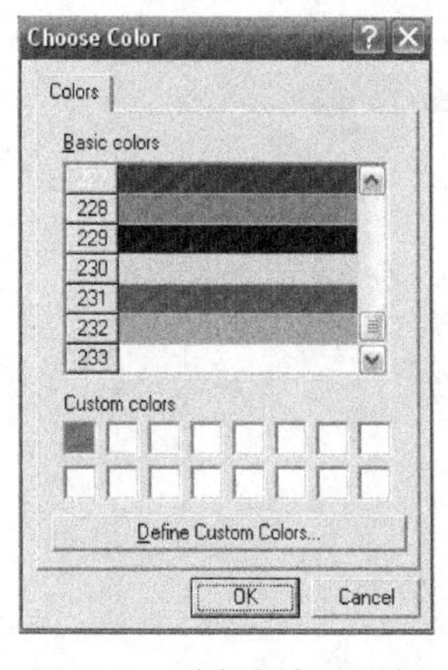

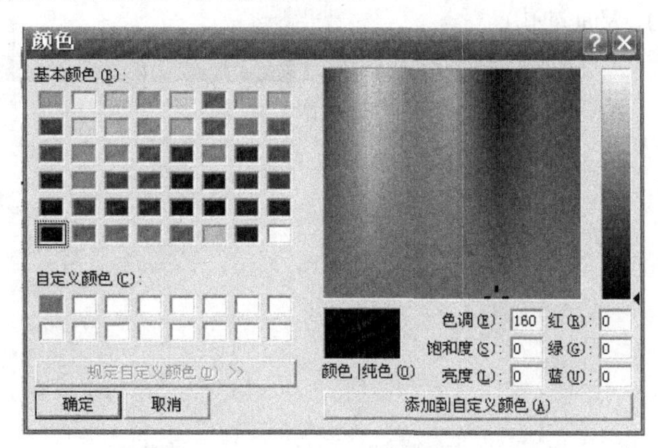

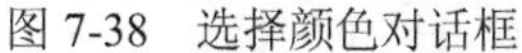

图 7-38　选择颜色对话框　　图 7-39　自定义颜色对话框

7.4.4　Show/ Hide 选项卡的设置

单击图 7-26 中的 Show/Hide 选项卡，出现如图 7-40 所示对话框。图中对 10 个对象提供了 Final(精细)、Draft(粗略)和 Hidden(隐藏)三种显示模式。这 10 个对象包括 Arcs(弧线)、

Fills(矩形填充)、Pads(焊盘)、Polygons(多边形填充)、Dimensions(尺寸标注)、Strings(字符串)、Tracks(导线)、Vias(过孔)、Coordinates(坐标标注)、Rooms(布置空间)。使用【All Final】、【All Draft】和【All Hidden】三个按钮，可分别将所有对象设置为精细图稿、草图和隐藏模式。设置为 Final 模式的对象显示效果最好。设置为 Draft 模式的对象显示效果较差。设置为 Hidden 模式的对象不会在工作窗口显示。

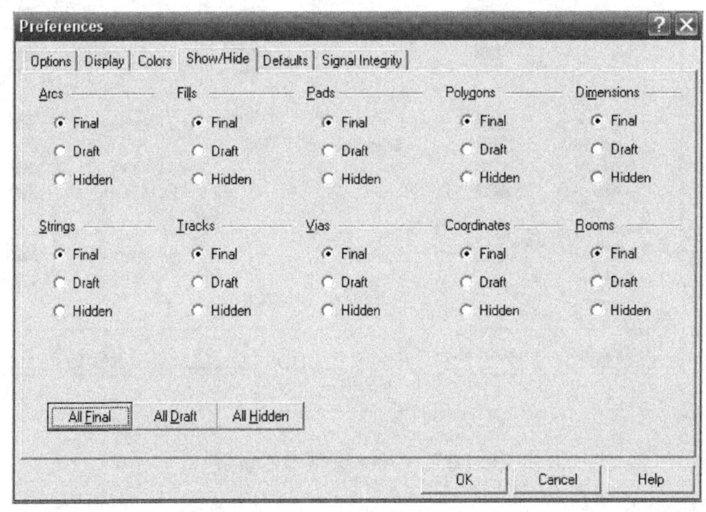

图 7-40　Show/ Hide 选项卡的设置

7.4.5　Defaults 选项卡的设置

该选项卡主要用来设置各电路板对象的默认属性值。单击图 7-26 中的 Defaults 选项卡，出现如图 7-41 所示对话框。各个图件包括：Arc(圆弧)、Component(元件)、Coordinate(坐标)、Dimension(尺寸)、Fill(金属填充)、Pad(焊盘)、Polygon(敷铜)、String(字符串)、Track(铜膜导线)、Via(过孔)。

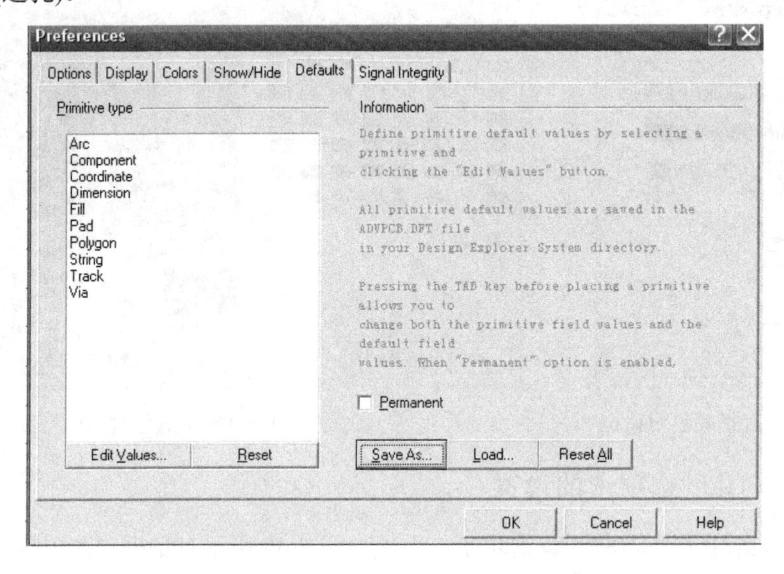

图 7-41　Defaults 选项卡对话框

1. Primitive type(基本类型)列表框与按钮

先选择要设置的对象类型，再单击【Edit Values…】按钮，在弹出的对象属性对话框中，即可调整该对象的默认属性值；单击【Reset】按钮，将所选对象的属性设置值恢复到原始状态；单击【Save As…】按钮，将当前各对象属性值保存到某个“.Dft”文件内备份；单击【Reset All】按钮，将所有对象的属性设置值恢复到原始状态。单击【Load…】按钮，可以将某个“.Dft”文件装载到系统中。

2. Permanent 复选框

该复选框不选，在放置对象时，按 Tab 键就可打开该对象的属性对话框并可以进行编辑，而且修改过的属性值会应用在后续放置的相同对象上。

该复选框选中，将所有对象属性值锁定。在放置对象时，按下 Tab 键，仍可修改其属性值，但对后续放置相同的对象时，该属性值无效。

7.4.6　Signal Integrity 选项卡的设置

Signal Integrity 信号的完整性设置，单击图 7-26 中的 Signal Integrity 选项卡，出现如图 7-42 所示对话框。通过该选项卡可以设置元件标号和元件类型之间的对应关系，为信号完整性分析提供信息。

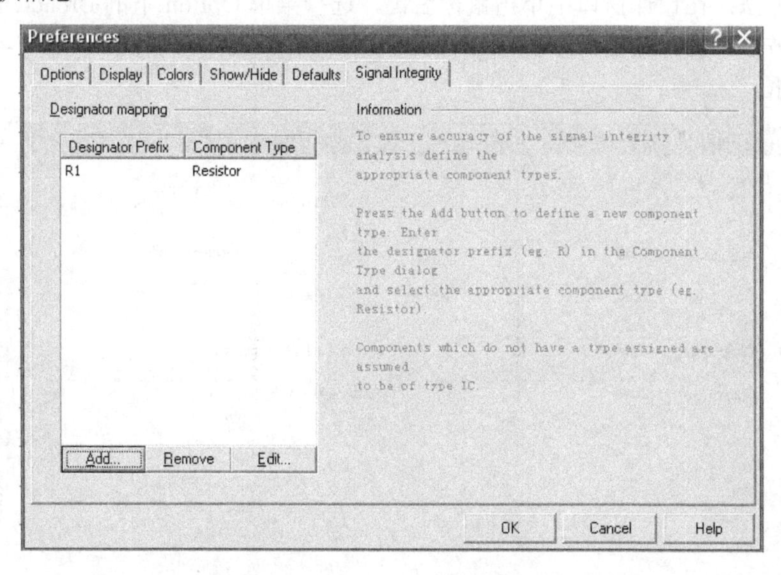

图 7-42　Signal Integrity 选项卡的设置

在 Designator Mapping 列表框中选取某元件类型，单击【Remove】按钮，可以将它从列表中删除；单击【Edit…】按钮，可以打开对应的 Component Type 对话框并修改其设定值；单击【Add…】按钮，系统弹出如图 7-43 所示元件类型设置对话框，用来定义一个新的元件类型。

- Designator Prefix(序号标头)文本框中，输入所用元件的序号标头。一般电阻类元件用 R 表示，电容类元件用 C 表示等。
- Component Type(元件类型)下拉列表框中选取元件的类型。可选取的元件类型有

BJT(双结型晶体管)、Capacitor(电容)、Connector(连接器)、Diode(二极管)、IC(集成电路)、Inductor(电感)和 Resistor(电阻)。

设置完成后，单击【OK】按钮即可，设置后的元件类型就添加到图 7-42 中的 Designator Mapping 列表框中。

注意：所有没有归类的元件会被视为 IC 类型。

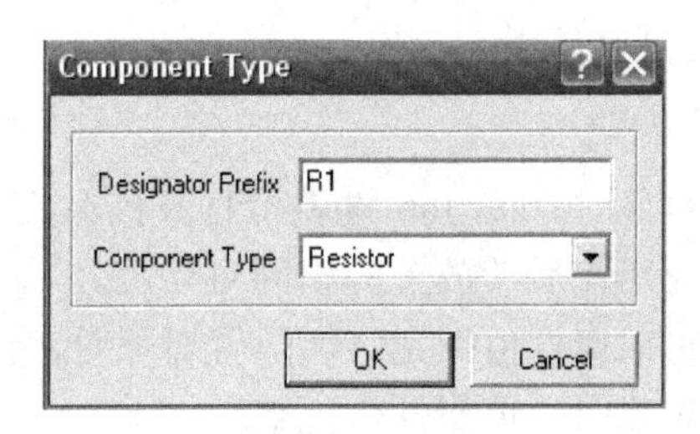

图 7-43　元件类型设置对话框

7.4.7　其他参数设置

主要介绍格点设置、电气栅格及计量单位的设置。此对话框调出方法如下：

第一种方法：在设计窗口中单击鼠标右键，选择菜单 Option 下的 Broad Options 选项。

第二种方法：执行菜单命令 Design→Option…→Options，可以调出如图 7-44 所示的文档选择对话框。

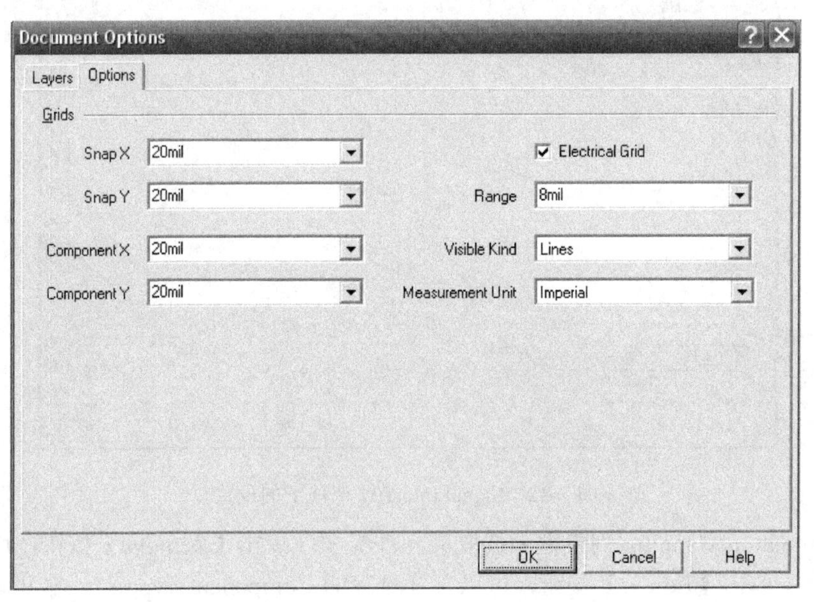

图 7-44　Options 选项卡对话框

其参数介绍如下：

1. Grids 格点设置

(1) SnapX、SnapY。设定光标每次在 X、Y 方向移动的最小间距。可以直接在右边编辑框内输入数据，或点击下拉菜单选择合适的值。

(2) ComponentX、ComponentY。设定元器件在 X、Y 方向移动的最小间距。可以直接在右边编辑框内输入数据，或点击下拉菜单选择合适值。

(3) Visible Kind。设置栅格显示方式。如图 7-45 所示，点击下拉菜单有 Dots(点状)和 Lines(线状)两种显示方式，一般默认值为线状。

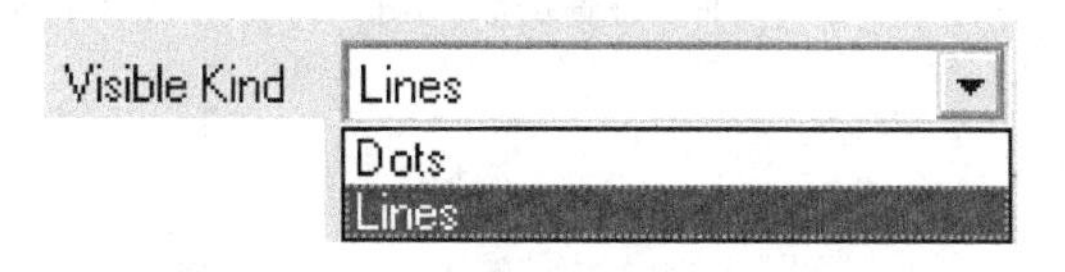

图 7-45　格点显示方式

2. Electrical Grid 电气栅格设置

电气栅格就是在走线时，当光标接近焊盘或与其他走线有一定距离时，即被吸引而与之连接，同时在该处出现一个记号。如果选中 Electrical Grid，则在画线时系统将会以 Range 右侧设置的数据为半径，以光标所在位置为中心，向四周搜索电气节点。若在搜索半径内有电气节点，就会将光标自动移动到该节点上，并且在该节点上显示一个大圆点。一般选用此功能。

3. Measurement Unit 计量单位

主要用于设置系统的计量单位。单击 Measurement Unit 右边的下拉按钮，弹出如图 7-46 所示两种计量单位选项。

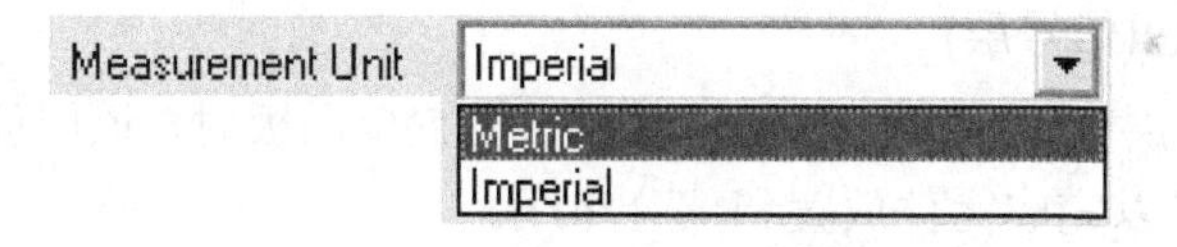

图 7-46　计量单位对话框

第一种：Metric(公制单位)，单位为“mm(毫米)”；第二种：Imperial(英制单位)，单位为“mil(密尔)”。1 mil = 0.0254 mm；公制单位的应用为确定印刷电路板尺寸和元件布局提供了方便。

7.5　规划电路板层

在进行电路板设计之前，除了相关参数设置外，还必须进行电路板工作层的设置。

7.5.1　工作层的类型

电路板设计时根据电路的复杂程度，设置不同板层的电路板。在电路板上不同的工作层有它自己的功能，可以根据需要进行设置。单击菜单 Design→Options→Layers，或者在工作窗口单击右键在弹出的对话框中选择 Options→Board Layers…，弹出如图 7-47 所示对话框，其中各项均为复选，选中该层即显示，否则不显示该层。设置完后单击【OK】按钮完成设置。

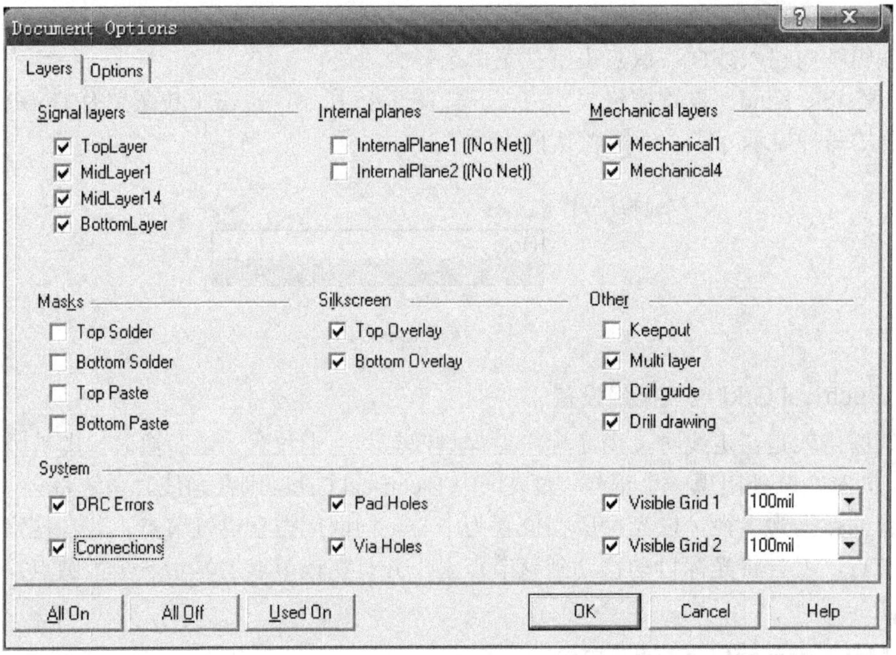

图 7-47　板层设置对话框

工作层大致分为以下几类。

1. Signal Layers(信号层)

- TopLayer(顶层)：主要用于放置元件层。设置单面板时，该层放置元件，底层布线；在双面板中，该层可以完成元件放置和部分布线。
- BottomLayer(底层)：主要用于布线和焊接的层。
- 30 个 MidLayer(中间信号层)：中间信号层位于顶层与底层之间，在实际电路板中是看不见的。主要在多层板中用于切换走线。

2. Internal Planes(内部电源/接地层)

Protel 99 SE 提供了 16 个内部电源/接地层。该类型的层仅用于多层板，主要用于布置电源线和接地线，通常为一块完整的锡箔。可以单独设置内部电源和地线，最大限度地减少电源与地之间连线的长度，对电路起到了良好的屏蔽作用。一般所说的双层板、四层板、六层板，是指信号层和内部电源/接地层的数目。

3. Mechanical Layers(机械层)

Protel 99 SE 提供了 16 个机械层，它一般用于设置电路板的外形尺寸、装配说明以及其他的机械信息。执行菜单命令 Design→Mechanical Layer…能为电路板设置更多的机械层。另外，机械层可以附加在其他层上一起输出显示。

4. Masks Layers(面层)

该层主要用于对电路板表面进行特殊处理，包括以下四种。

- Top Solder：元件面阻焊层。
- Bottom Solder：焊接面阻焊层。

- Top Paste：元件面焊锡膏层。
- Bottom Paste：焊接面焊锡膏层。

阻焊层由阻焊剂构成，要求电路板上非焊接处的铜箔不能粘锡，所以在焊盘以外的各部位都要涂覆一层涂料，如防焊漆，用于阻止这些部位上锡。焊锡膏层主要用于产生表面安装所需要的专用锡膏层，用于表面粘贴安装元件。

5. Silkscreen(丝印层)

丝印层主要用于放置印制信息，如元件的轮廓和标注、各种注释字符等。有 Top Overlay 和 Bottom Overlay 两个丝印层。在印刷电路板上放置元件时，该元件的编号和轮廓将自动地放置在丝印层上。一般各种标注字符都在顶部丝印层，底部丝印层可以关闭。

6. Other(其他工作层)

- Keepout Layer(禁止布线层)：禁止布线层用于定义在电路板上能够有效放置元件和布线的区域。在该层绘制一个封闭区域作为布线的有效区，在该区域以外是不能自动布局和布线的。若要完成自动布局和自动布线功能，必须要在该层进行边界设定。
- Multi layer(多层)：表示所有的信号层。在它上面放置的元件会自动地放到所有的信号层上。因为电路板上焊盘和穿透式过孔要穿透整个电路板，与不同的导电图形层建立电气连接关系，所以焊盘与过孔都要设置在多层上，如果关闭此层，焊盘与过孔就无法显示出来。
- Drill guide(钻孔导引层)：主要用于绘制钻孔指示图。
- Drill drawing(钻孔层)：主要用于指定钻孔图的位置。

7. System(系统参数)

- DRC Errors：用于设置是否显示电路板上违反 DRC 的检查标记。
- Connections：用于设置是否显示飞线。绝大多数情况下，在进行布局调整和布线时都要显示飞线。
- Pad Holes：用于设置是否显示焊盘通孔。
- Via Holes：用于设置是否显示过孔的通孔。
- Visible Grid 1：用于设置第一组可视栅格的间距以及是否显示出来。
- Visible Grid 2：用于设置第二组可视栅格的间距以及是否显示出来。一般我们在工作窗口看到的栅格为第二组栅格，放大画面之后，可见到第一组栅格。

8. 其他按钮

- All On(全开)：表示将所有板层设置为打开显示，而不论各层有无东西。
- All Off(全关)：表示将所有板层设置为关闭，而不论有没有用。
- All Used(用了才开)：表示将用到的层打开，没有用到的层关闭。

7.5.2　工作层的设置和操作

Protel 99 SE 以上版本的软件可以得到 32 层的信号层，即顶层(Top)、底层(Bottom)和 30 个中间层(MidLayer)，还可以得到 16 个内部板层(Internal Plane)和机械层(Mechanical)，并允许用户自行定义。

1. 设置 Signal layer 和 Internal plane layer

执行菜单命令 Design→Layer Stack Manager，或在设计窗口中单击鼠标右键，选择 Options 下的 Layer Stack Manager，可弹出如图 7-48 所示的 Layer Stack Manager(工作层堆栈管理器)对话框。

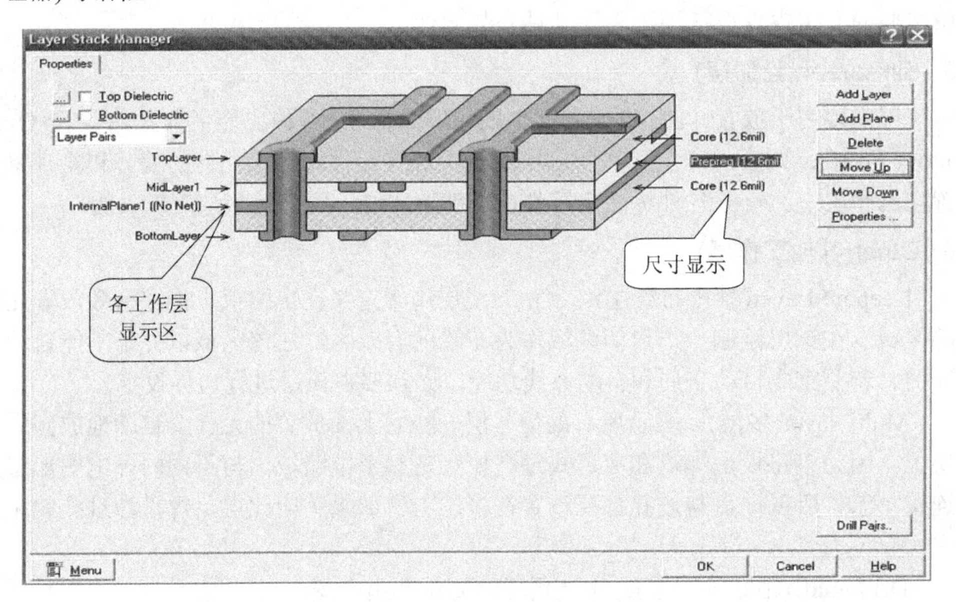

图 7-48　工作层堆栈管理器对话框

(1) 单击左下角【Menu】按钮，出现的菜单和对话框右上方的 6 个按钮功能一样，分别为：Add Layer(添加中间信号层)、Add Plane(添加内部板层)、Delete(删除)、Move Up(上移)、Move Down(下移)、Properties(特性)，在图中左上角的 Top Dielectric 和 Bottom Dielectric 前面选中，则中间的层示意立体图中的顶层或底层变为其他颜色。

(2) 中间层示意立体图右边的 Core 为层间距绝缘尺寸，Prepreg 为层间预浸料坯(粘合剂类)的尺寸。可以将光标移至 Core 和 Prepreg 上双击，弹出如图 7-49 所示对话框，改变参数后单击【OK】按钮完成设置。

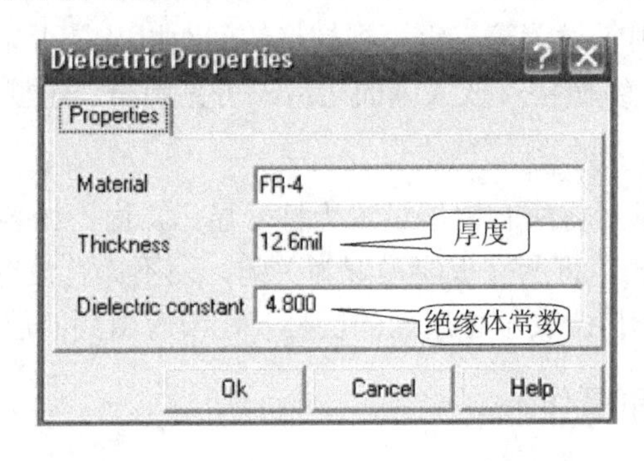

图 7-49　Core 和 Prepreg 项设置对话框

(3) 添加层操作。选取 TopLayer，用鼠标单击对话框右上角的【Add Layer】(添加层)按钮，就可在顶层之下添加一个信号层(中间层)(MidLayer)，如此重复操作可添加 30 个中间层。单击【Add Plane】按钮，可添加一个内部电源/接地层，如此重复操作可添加 16 个内部电源/接地层。

(4) 删除层操作。先选取要删除的中间层或内部电源/接地层，单击【Delete】按钮，系统会提示是否要移去选中的层。单击【OK】按钮，可删除该工作层。

(5) 层移动操作。先选取要移动的层，单击【Move Up】(向上移动)或【Move Down】(向下移动)按钮，可改变各工作层间的上下关系。

(6) 层编辑操作。先选取要编辑的层，单击【Properties】(属性)按钮，弹出如图 7-50 所示的 Edit Layer(工作层编辑)对话框，可设置该层的 Name(名称)和 Copper thickness(覆铜厚度)。

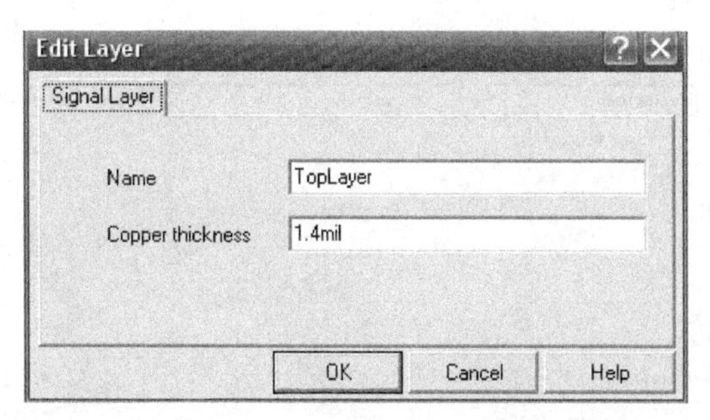

图 7-50　Edit Layer(工作层编辑)对话框

(7) 钻孔层的管理。单击右下角的【Drill Pairs】按钮，弹出如图 7-51 所示 Drill-Pair Manager(钻孔层管理)对话框，其中列出了已定义的钻孔层的起始层和终止层。分别单击【Add】、【Delete】、【Edit】按钮，可完成添加、删除和编辑任务。

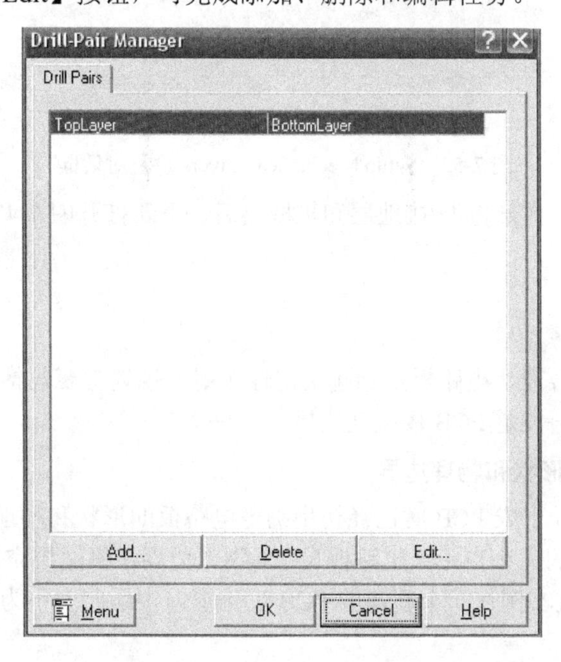

图 7-51　Drill-Pair Manager(钻孔层管理)对话框

另外，系统还提供一些电路板实例样板供用户选择。单击图 7-51 中左下角的【Menu】

按钮，在弹出的菜单中选择 Example Layer Stack 子菜单，通过它可选择具有不同层数的电路板样板。

2. 设置 Mechanical Layer

执行菜单命令 Desigen→Mechanical Layer...或在设计窗口单击鼠标右键，选择 Options 下的 Mechanical Layer...菜单，弹出如图 7-52 所示的 Setup Mechanical Layers (机械层设置)对话框，其中已经列出 16 个机械层。单击某复选框，可以打开相应的机械层，并可设置该层名称、是否可见、是否在单层显示时放到各层等参数。

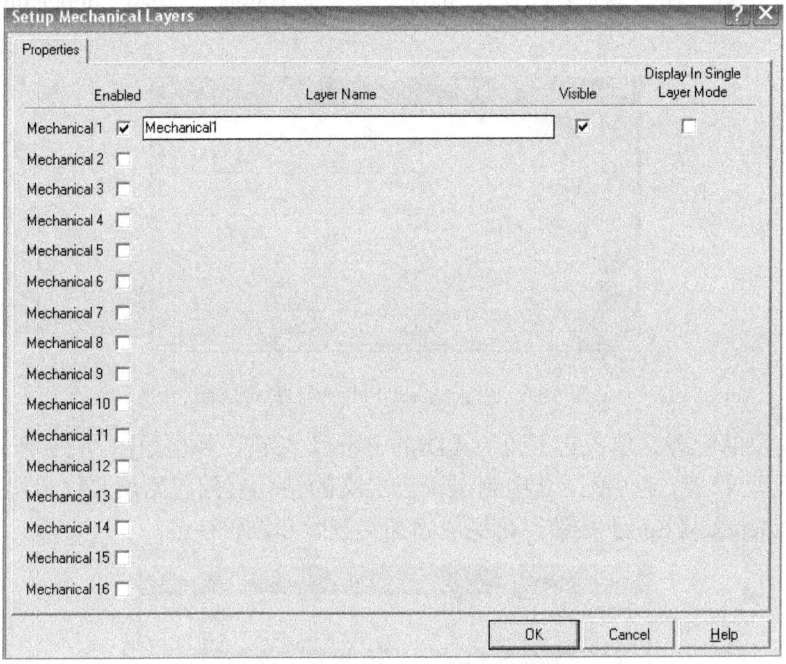

图 7-52　Setup Mechanical Layers 设置对话框

在设置完信号层、内部电源/接地层和机械层后，重新打开图 7-47 所示工作层对话框，观察有何变化。

7.5.3　电路板规划

电路板设计是否合理，电路板规划起决定性作用。规划主要包括以下几部分：设定电路板形状和物理边界、设定 PCB 板电气边界。

1. 设定电路板的形状和物理边界

在前面讲解用向导生成 PCB 时已经初步确定电路板的形状和物理边界。但是一般设置 PCB 板都是根据电路的大小自定义电路板尺寸。物理边界在机械层完成，并确定 PCB 板的大小和形状。下面通过实例在一个新建的 PCB 工作窗口中绘制大小为 2000 mil × 1500 mil，形状为矩形的电路板。

首先，新建一个 PCB 文档。观察窗口下面层显示部分有无机械层。若没有，如图 7-52 添加机械层 1；若有如图 7-53 所示，选中 Mechanical1 并单击，使它成为当前层。

TopLayer BottomLayer Mechanical1 TopOverlay KeepOutLayer MultiLayer

图 7-53　层显示部分

其次，在主菜单单击 Edit→Origin→Set 或者选择放置工具栏中的，光标变为十字形，在窗口任意位置单击鼠标左键，设置相对坐标原点(X:0 mil Y:0 mil)。

最后，选择菜单 Place→Line 或单击放置工具栏中的，移动十字光标到相对坐标原点处，单击鼠标左键，顺次移至坐标(X:2000 mil Y:0 mil)，(X:2000 mil Y:1500 mil)，(X:0 mil Y:1500 mil)，(X:0 mil Y:0 mil)，单击鼠标左键，形成封闭的物理边界后点击鼠标右键完成，如图 7-54 所示。

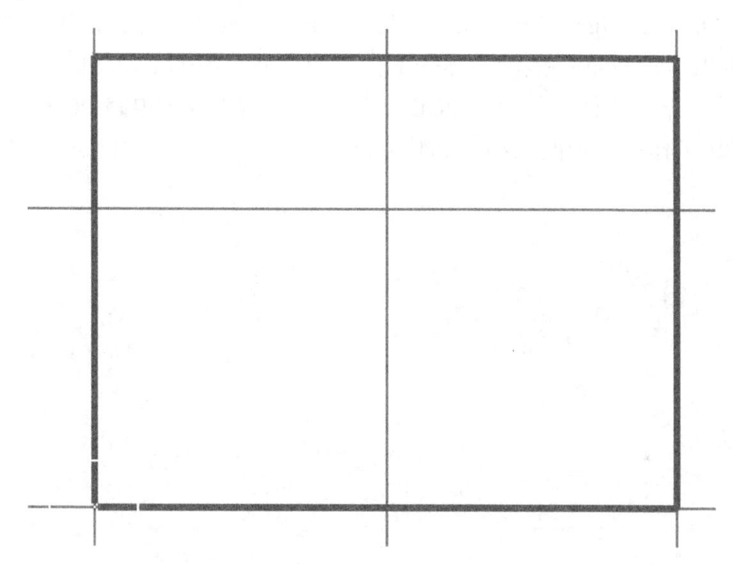

图 7-54　PCB 板大小、形状显示

2. 定义电气边界

电气边界用来限定布线和元件放置的范围，它是通过在禁止布线层(Keep Out Layer)绘制边界来实现的。禁止布线层是 PCB 工作空间中一个用来确定有效位置和布线区域的特殊工作层，所有信号层的目标对象和走线都被限制在电气边界之内。

通常电气边界应该略小于物理边界，方法和定义物理边界一样，注意层的切换。

本 章 小 结

本章主要介绍 PCB 的基础知识，包括 PCB 的组成、结构、分类及 PCB 的设计步骤和有关文档的管理。

PCB 各类参数的设置，包括系统参数和其他参数的设置。

根据实际电路规划电路板的层数、各层的区别及它们的功能，PCB 板的大小、形状的设置。

读者在学习了本章以后，应该掌握 PCB 绘制前期的工作参数的设置方法。对于板层的设置及其他参数的设置要非常熟悉，为后面完成具体 PCB 绘制打好基础。

思考与练习

1. 什么是印刷电路板？它在电子设备中有何作用？

2. 绘制印刷电路板图一般包括哪些步骤？在各步中主要完成什么工作？

3. PCB 编辑器的工作界面主要由哪几部分组成？

4. 在 PCB 编辑器中，有哪些常用工具栏，能完成什么操作？状态栏和命令栏分别用于显示什么信息？

5. 区别主菜单上 Design→Options…和 Tools→Preferences…出现的对话框的各自功能。

6. 在 Protel 99 SE 系统中，提供了哪些工作层的类型？各个工作层的主要功能是什么？

7. 建立设计数据库文件，并建立 PCB 文件，改名为“放大电路.PCB”。

8. 练习 PCB 工作窗口画面大小的调整方法。

手工布局与手工布线

内容提要

本章主要介绍元件封装形式，元件封装库的加、卸载方法，各种实体的放置方法及其属性编辑，有关工具栏中各实体的使用及手工完成简单 PCB 板的绘制方法等。

前面我们介绍了印刷电路板的基础知识、PCB 编辑器的打开与关闭，以及 PCB 电路板设计之前的有关环境参数设置。PCB 设计方法有手工布线和自动布线两种，对于简单的电路，采用手工布线效率更高。一般采用自动布线后的线条往往有些地方不够整齐，甚至还不合理，需要进行手工布线调整。在本章，我们以一个简单电路的单面电路板设计为例，讲解印刷电路板的手工布局与手工布线的操作和 PCB 设计的基本方法。

手工设计 PCB 是用户直接在 PCB 编辑器中根据原理图进行手工放置元件封装、焊盘、过孔等并进行线路连接的操作过程。手工设计的一般步骤如下：

(1) 加载元件封装库，规划印刷电路板。

(2) 放置元件封装、焊盘、过孔等图件。

(3) 元件布局。

(4) 手工布线。

(5) 电路调整。

以下采用图 8-1 所示的简单整流稳压电路为例，介绍手工布线的方法。图中的元件属性如表 8-1 所示。

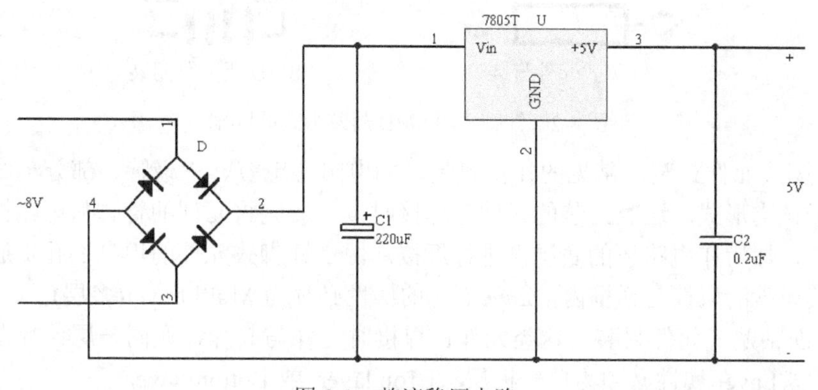

图 8-1　整流稳压电路

表 8-1　整流稳压电路元件清单

元件名称	元件标号	元件所属 SCH 库	元件封装	元件所属 PCB 元件封装库
BRIDG1	D	Miscellaneous　Devices.ddb	D-37	InternationalRectifiers.ddb
ELECTR01	C1	Miscellaneous　Devices.ddb	RB.2/.4	Advpcb.ddb
CAP	C2	Miscellaneous　Devices.ddb	RAD0.1	Advpcb.ddb
MC7805T	U	ProtelDosSchematicVoltage Regulators.lib	TO-220	InternationalRectifiers.ddb

8.1　元件封装库的加载及元件封装的放置

前面我们已经学过，在绘制原理图时，需要从原理图元件库中选取相应的元件符号，利用导线把这些元件连接起来，构成原理图图形。而绘制 PCB 板时选取的元件符号属于元件的封装形式，和原理图元件不同。在 PCB 设计前，必须将元件封装所在的元件封装库添加到当前的 PCB 编辑器库(Libraries)中，只有这样这些元件才能被调用。

下面介绍元件封装的概念及元件封装库的加载方法。

8.1.1　元件封装的概念

元器件封装是指实际元器件焊接到电路板上时所显示的外观和焊点的位置，纯粹的元器件封装仅仅是空间概念，一般由投影轮廓、管脚对应的焊盘、元件标号和标注字符等组成。元器件品种多、外形多，因此不同元器件可以共用一个元器件封装；另外，同种元器件也可以有不同的封装形式。

电路板制作完成后，在进行元器件安装时，元器件封装能够保证所用的元件引脚和印刷电路板上的焊盘一致。

1. 元件封装的分类

元件封装可以分为两大类，即针脚式元件封装和表面粘贴式元件封装(SMD)，如图 8-2 所示。

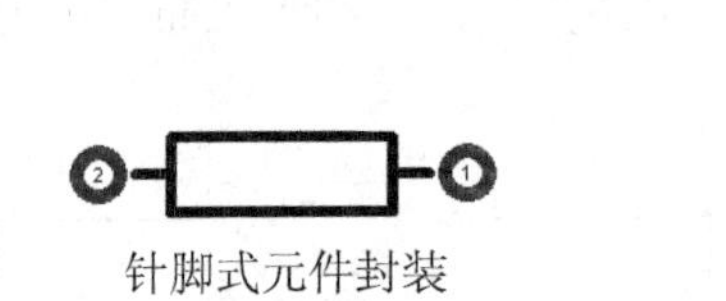

针脚式元件封装

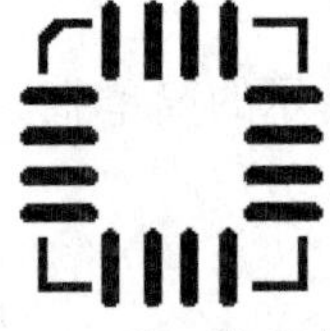

SMD 类元件封装

图 8-2　针脚式和 SMD 封装形式的区别

(1) 针脚式元件封装。常见的元件封装，如电阻、电容、三极管、部分集成电路的封装等就属于该类形式。这类封装的元件在焊接时，一般先将元件的管脚从电路板的顶层插入焊盘通孔，然后在电路板的底层再进行焊接。由于针脚式元件的焊盘通孔贯通整个电路板，故在其焊盘的属性对话框内，Layer(层)的属性必须为 Multi Layer(多层)。

(2) 表面粘贴式元件封装。这类元件在焊接时元件与其焊盘在同一层。故在其焊盘属性对话框中，Layer 属性必须为单一板层(如 Top layer　或 Bottom layer)。

2. 元件封装的编号

元件封装规则一般为“元件类型+焊盘距离(或焊盘数)+元件外形尺寸”。根据元件封装编号可区别元件封装的规格。例如电阻封装 AXIAL0.4 表示元件封装为轴状，两焊盘间距为 400 mil(约为 100 mm)。

3. 常见元件封装

元件封装的设置是 PCB 制作的关键，由于元器件各种各样，所以初学者对各类元器件的封装很难掌握。常见元件封装形式如表 8-2 所示。

表 8-2　常用元件封装形式

常 用 元 件	常用元件封装形式
针脚式电阻	AXIAL0.3～AXIAL1.0
二极管类	DIODE0.4～DIODE0.7
扁平状电容	RAD0.1～RAD0.4
筒状电容	RB.2/.4～RB.5/.1.0
集成电路的封装形式	SIP5、DIP14、QFP24、QUIP32

(1) 针脚式电阻。常用 AXIAL 表示轴状的包装形式，后面的 0.3～1.0(in)英寸表示两个焊盘间的距离。

(2) 二极管类。常用 DIODE 开头，之后的数字表示焊盘间的距离。

(3) 扁平状电容。常用 RAD 作为无极性电容元件封装，后面的 0.1～0.4(in)英寸表示两个焊盘间的距离。

(4) 筒状电容。有极性电容常用此种封装，常用 RB 开头，后面的两个数字表示焊盘之间的距离和圆筒的直径，如“RB.2/.4”表示焊盘间距 0.2 in，圆筒的外径 0.4 in。

(5) 集成电路的封装形式。常见的有普通单列直插封装(SIP**)、普通双列直插封装(DIP**)、四面扁平封装(QFP**)、四列直插封装(QUIP**)等形式。字母后面的**为数字，代表管脚个数，如 SIP5，表示有 5 个管脚。

8.1.2　元件封装库的加载与卸载

元件封装的信息都储存在特定的元件封装库中，如果没有这个库文件，系统就不能识别我们设置的关于元件封装的信息。所以在绘制印刷电路板之前应该先加载所用到的元件封装库文件。

在 Protel 99 SE →Library→Pcb 路径下有三个文件夹，提供 3 类 PCB 元件封装库，即 Connector(连接器元件封装库)、Generic Footprints(普通元件封装库)和 IPC Footprints(IPC 元件封装库)。在三个文件夹下各有若干个元件封装库，比较常用的元件封装库有：Advpcb.ddb、DC to DC.ddb、General.ddb 等。加载、卸载与浏览元件库的操作步骤如下：

1. 加载 PCB 元件封装库的方法

第一种方法：执行菜单命令 Design→Add/Remove Library。

第二种方法：单击主工具栏中的按钮。

第三种方法：在 PCB 管理器中(如图 8-3 所示)，单击 Browse PCB 选项卡，在 Browse 下拉列表框中选择 Libraries(元件封装库)，再单击对话框中的【Add/Remove】按钮。

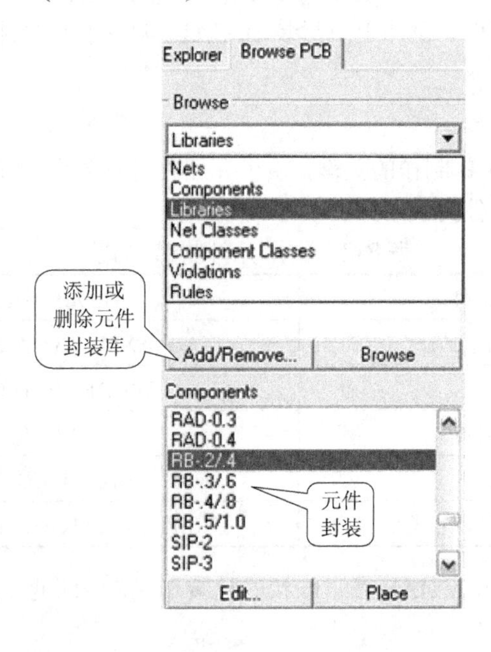

图 8-3　使用 PCB 浏览器加载元件库

以上三种方法均可弹出如图 8-4 所示的 PCB Libraries 对话框，在存放 PCB 元件封装库文件的路径下，单击所需元件库文件名，再单击【Add】按钮；或者双击所需元件封装库文件名，被选取的元件封装库文件立刻添加到图 8-4 下方的 Selected Files 框中。单击【OK】按钮，完成加载操作。

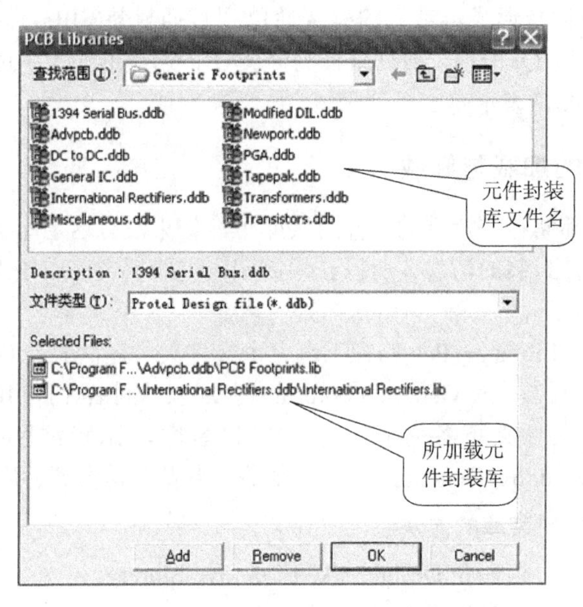

图 8-4　PCB Libraries 对话框

2. 卸载 PCB 元件封装库的操作

卸载 PCB 元件封装库与加载 PCB 元件封装库的操作方法相同，只是在图 8-4 中的 Selected Files 框中，选取要卸载的 PCB 元件封装库文件，单击【Remove】按钮；或者双击需要卸载的元件封装库文件，都可以删除元件封装库。单击【OK】按钮，完成卸载操作。

3. 浏览 PCB 元件封装库的操作

执行菜单命令 Design→Browse Components，或单击主工具栏中的按钮，或鼠标左键单击图 8-3 中的【Browse】按钮，都可弹出浏览元件库对话框，如图 8-5 所示。在对话框中，可查看各类元件封装的形状，单击【Edit】按钮，对所浏览的元件进行编辑；单击【Place】按钮，可将元件封装放置到电路板上。

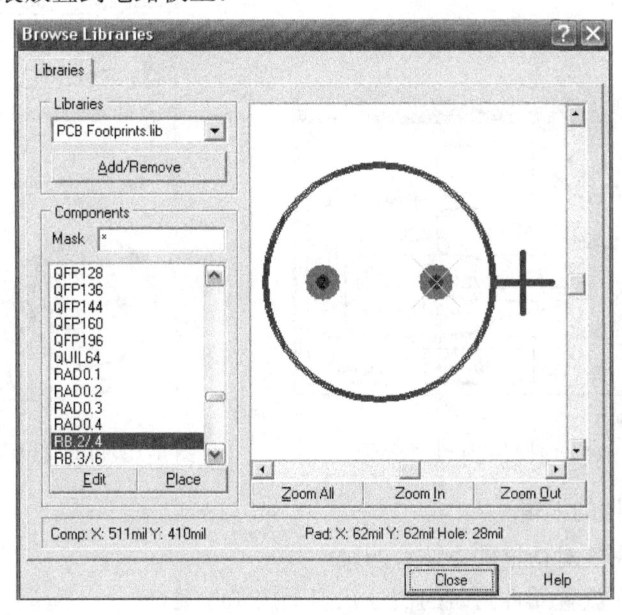

图 8-5　Browse Libraries 对话框

根据以上方法，按照表 8-1 所示整流稳压电路元件清单，加载表中所需的 Advpcb.ddb 和 International Rectifiers.ddb 元件封装库。

8.1.3　元件封装的放置及其属性编辑

1. 元件封装的放置

第一种方法：单击放置工具栏中的按钮，屏幕上出现如图 8-6 所示的放置元件封装属性对话框，根据需要进行修改。以图 8-1 所示的 C1 为例，修改后单击【OK】按钮完成元件封装的放置。系统再次弹出如图 8-6 所示的放置元件封装属性对话框，可继续放置，单击【Cancel】按钮，结束放置命令状态。

第二种方法：执行菜单命令 Place→Component，同样出现图 8-6 所示对话框来放置元件的封装形式。

第三种方法：在左边设计管理器 Browse PCB 标签页中选用元件封装。如图 8-7 所示，首先将“Browse”栏内设为 Libraries，并在元件封装库选择区选择元件所在的库文件名，然后在 Compoments 列表中选中要放置的元件，单击【Place】按钮，光标变成十字形，并在光标上粘贴了所选的元件。移动光标到合适的位置后，单击鼠标左键，即可完成元件的放置；或在选中的元件上双击鼠标左键也可完成同样的操作。

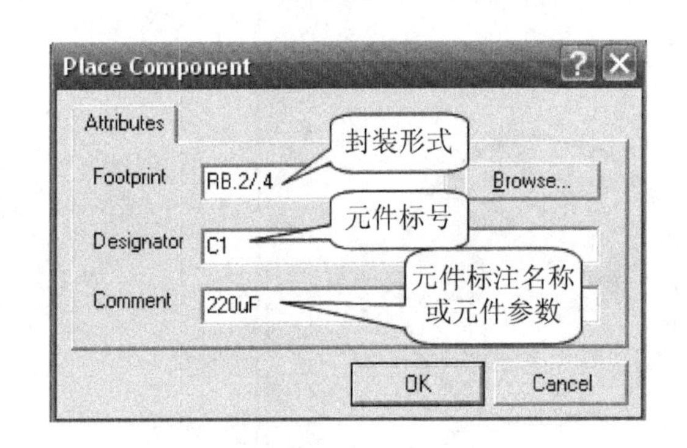

图 8-6　放置元件封装属性对话框

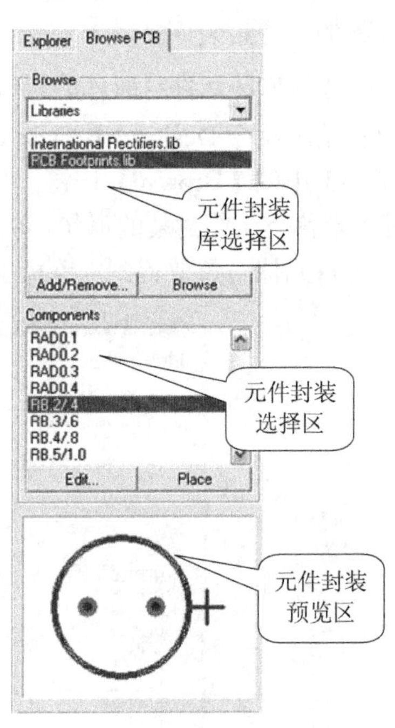

图 8-7　利用设计管理器放置元件

2. 元件封装属性的编辑

打开元件封装属性对话框的方法有四种：

第一种方法：在放置元件封装的命令状态下按 Tab 键。

第二种方法：鼠标左键双击已经放好的某元件封装。

第三种方法：鼠标右键单击某元件封装，在弹出的快捷菜单中选择 Properties 命令。

第四种方法：执行菜单命令 Edit→Change，光标变成十字形，选取元件封装，均可弹出元件封装属性设置对话框。

打开其他对象的属性对话框的操作与上述四种方法类似，后面不再说明。元件封装属性对话框如图 8-8 所示，在此设置各种参数。部分参数设置说明如下，参数设置完成后，单击【OK】按钮。

- Layer：设置元件封装所在的层。点击下拉菜单选择元件封装放置的层。有 Top Layer 和 Bottom Layer 两层可选。
- Lock Prims：此项有效，该元件封装图形不能被分解开。
- Locked：此项有效，该元件被锁定。不能进行移动、删除等操作。
- Selection：此项有效，该元件处于被选取状态，呈高亮。

图 8-8 中的 Designator 和 Comment 选项卡的功能是对元件封装另外两个属性的进一步设置，较容易理解，这里不再赘述。

注意：在 Locked 属性中，当 Protect Locked Objects 复选框有效时，不能对锁定的对象进行移动、删除等操作；如该复选框无效，对锁定的对象进行操作时，会弹出一个要求确认的对话框。

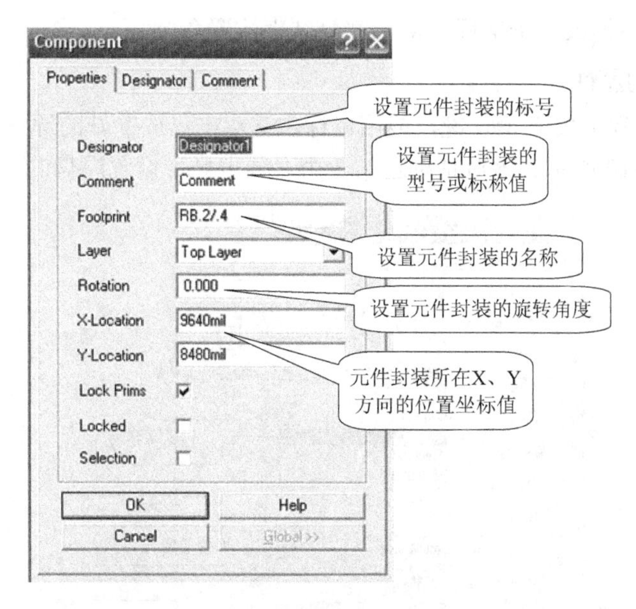

图 8-8　元件属性的设置对话框

8.2 实体的放置

8.2.1 放置焊盘

焊盘(Pad)的作用是用来放置焊锡、连接导线和焊接元件的管脚。Protel 99 SE 在封装库中给出了一系列不同形状和大小的焊盘，如圆形、方形、八角形焊盘等。根据元件封装的类型，焊盘也分为针脚式和表面粘贴式两种，其中针脚式焊盘必须钻孔，而表面粘贴式无需钻孔，可放在顶层和底层。在选择元件的焊盘类型时，要综合考虑元件的形状、引脚粗细、放置形式、受热情况、受力方向和振动大小等因素。例如对电流、发热和受力较大的焊盘，可设计成“泪滴状”。图 8-9 为常用的焊盘的形状和尺寸。

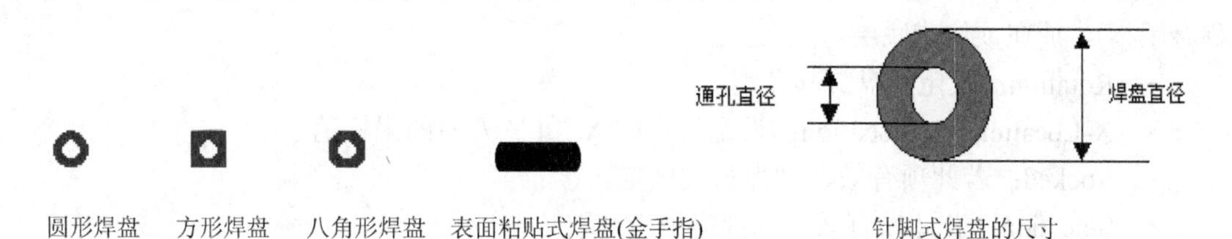

图 8-9　常见焊盘的形状与尺寸

1. 放置焊盘的步骤

(1) 单击放置工具栏中的按钮，或执行菜单命令 Place→Pan。

(2) 光标变为十字形，光标中心带一个焊盘。将光标移到放置焊盘的位置，单击鼠标左键，便放置了一个焊盘。放置完一个焊盘后，光标仍处于放置焊盘命令状态，可继续放置焊盘。注意，焊盘中心有序号。

(3) 单击鼠标右键或双击鼠标左键，都可结束放置命令。

2. 设置焊盘的属性

在放置焊盘过程中按下 Tab 键，或用鼠标左键双击已放置好的焊盘，均可弹出焊盘属性对话框，如图 8-10 所示。该对话框包括 3 个选项卡，可设置焊盘的有关参数。

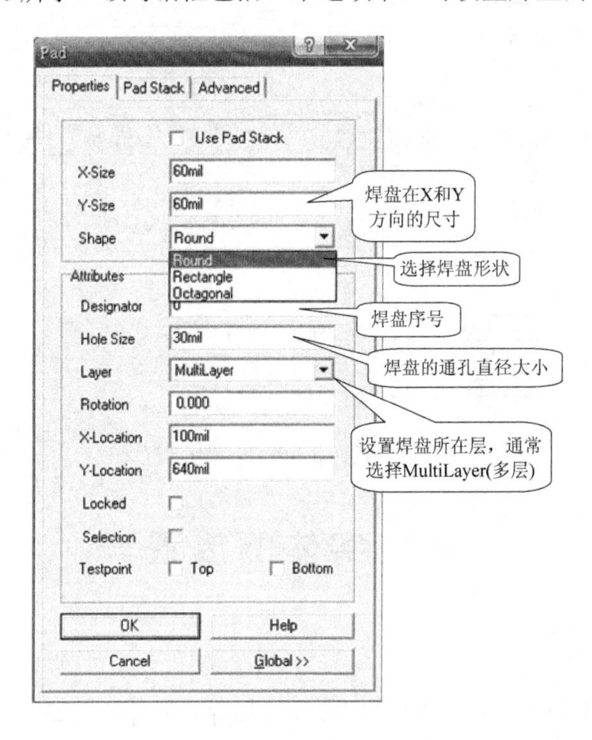

图 8-10　焊盘属性对话框

(1) Properties 选项卡，如图 8-10 所示。

- Use Pad Stack 复选框：设定使用焊盘。若此项无效，则本栏将不可设置。
- Shape 设定焊盘形状。系统提供三种形状：Round(圆形)、Rectangle(正方形)、Octagonal(八角形)，这些焊盘都放在 MultiLayer(多层)上。也可以将焊盘设置成长条形的(俗称金手指)，放在顶层或底层。
- Rotation：设定焊盘旋转角度。
- X-Location、Y-Location：设定焊盘的 X 和 Y 方向的坐标值。
- Locked：若此项有效，则焊盘被锁定。
- Selection：若此项有效，则焊盘处于选取状态。
- Testpoint：将该焊盘设置为测试点。有两个选项，即 Top 和 Bottom。设为测试点后，在焊盘上会显示 Top 或 Bottom Test-Point 文本，且 Locked 属性同时被选取，使之被锁定。

(2) Pad Stack(焊盘栈)选项卡，如图 8-11 所示。在 Properties 选项卡中，Use Pad Stack 复选框有效时，该选项卡才有效。在该选项卡中，是关于焊盘栈的设置项。焊盘栈就是在多层板中同一焊盘在顶层、中间层和底层可各自拥有不同的尺寸与形状。分别在 Top、Middle

和 Bottom 三个区域中设定焊盘的大小和形状。

(3) Advanced(高级设置)选项卡，如图 8-12 所示。

- Net：设定焊盘所在的网络。
- Electrical type：设定焊盘在网络中的电气类型，包括 Load(负载焊盘)、Source(源焊盘)和 Terminator(终结焊盘)。
- Plated：设定是否将焊盘的通孔孔壁加以电镀处理。
- Paste Mask：设定焊盘助焊膜的属性。选择 Override 复选框，可设置助焊延伸值。
- Solder Mask：设定阻焊膜的属性。选择 Override 复选框，可设置阻焊延伸值；如选取 Tenting，则阻焊膜是一个隆起，且不能设置阻焊延伸值。

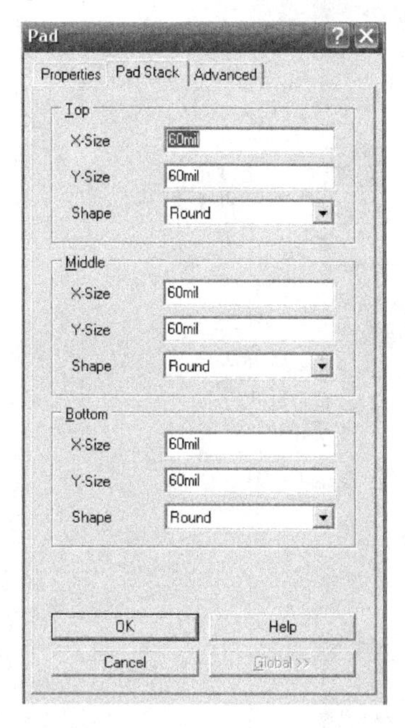

图 8-11　焊盘栈属性对话框

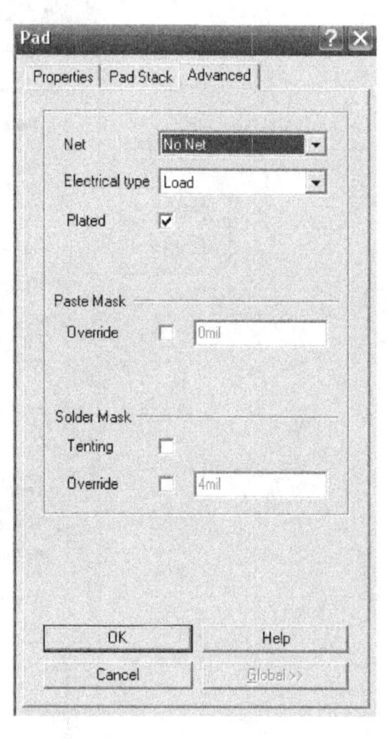

图 8-12　焊盘高级属性对话框

8.2.2　放置过孔

对于双层板和多层板，各信号层之间是绝缘的，需在各信号层有连接关系的导线的交汇处钻上一个孔，并在钻孔后的基材壁上淀积金属(也称电镀)以实现不同导电层之间的电气连接，这种孔称为过孔(Via)。过孔有三种，即从顶层贯通到底层的穿透式过孔；从顶层通到内层或从内层通到底层的盲过孔；在内层间的隐藏过孔。过孔的内径(Hole size)与外径尺寸(Diameter)一般小于焊盘的内外径尺寸。图 8-13(a)为过孔的尺寸与类型。

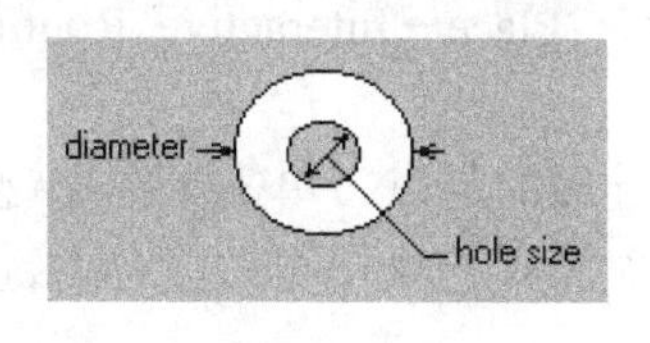

过孔的尺寸

穿透式过孔

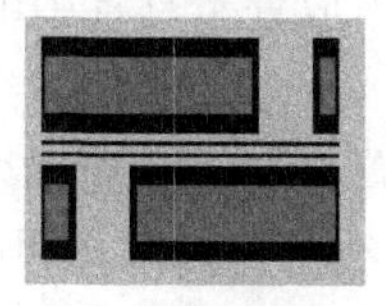

盲过孔

图 8-13(a)　过孔的尺寸与类型

1. 放置过孔的步骤

(1) 单击放置工具栏中的按钮，或执行菜单命令 Place→Via。

(2) 光标变成十字形，将光标移到放置过孔的位置，单击鼠标左键，放置一个过孔。

(3) 此时可继续放置其他过孔，或单击鼠标右键，退出命令状态。

2. 过孔属性的设置

在放置过孔过程中，按 Tab 键；或用鼠标左键双击已放置的过孔，将弹出过孔属性对话框，如图 8-13(b)所示，可设置过孔的有关参数。

过孔属性的设置方法与焊盘属性的设置类似，这里不再赘述。

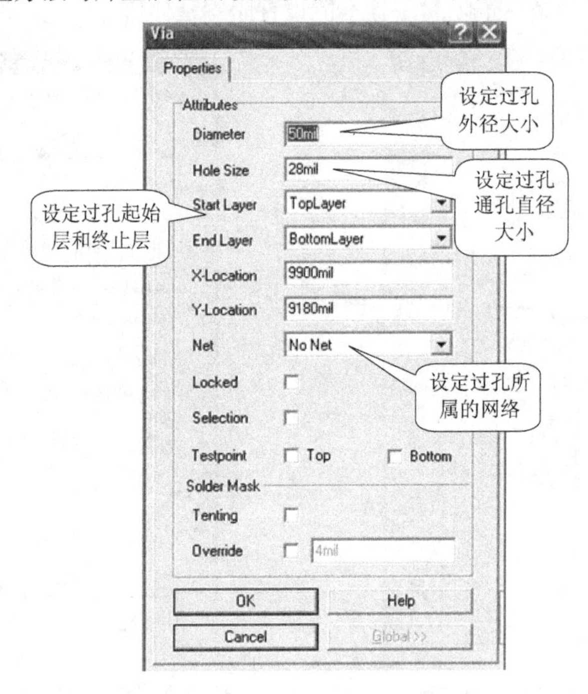

图 8-13(b)　过孔属性设置对话框

8.2.3　放置导线

印刷电路板上，在焊盘与焊盘之间起电气连接作用的是铜膜导线，简称导线(Track)。它也可以通过过孔把一个导电层和另一个导电层连接起来。PCB 设计的核心工作就是围绕如何布置导线进行的。

1. 放置导线的操作步骤

(1) 单击放置工具栏中的按钮，或执行菜单命令 Place→Interactive Routing(交互式布线)。

(2) 放置直线。当光标变成十字形，将光标移到导线的起点，单击鼠标左键；然后将光标移到导线的终点，再单击鼠标左键，一条直导线被绘制出来，单击鼠标右键，结束本次操作。

(3) 放置折线。在绘制直线过程中，在需要拐弯处单击鼠标左键，再将鼠标移到所要绘制的位置单击左键，即可绘制任意角度折线。另外，系统提供了 6 种导线的放置模式，分别是 45° 转角、平滑圆弧、90° 转角、90° 圆弧转角、任意角转角、45° 圆弧转角等，如图 8-14 所示，在绘制导线的过程中，可以用 Shift+空格键来切换导线的模式。另外，在放置导线过程中，使用空格键来切换导线的方向，如图 8-15 所示。

(a)　(b)　(c)　(d)　(e)　(f)

图 8-14　导线的六种模式

(a) 45° 转角；(b) 平滑圆弧；(c) 90° 转角；(d) 90° 圆弧转角；(e) 任意角转角；(f) 45° 圆弧转角

(a)　(b)

图 8-15　导线的切换操作对比

(a) 切换前；(b) 切换后

(4) 放置完一条导线后，光标仍处于十字形，将光标移到其他新的位置，再放置其他导线。

(5) 单击鼠标右键，光标变成箭头形状，退出该命令状态。

2. 设置导线的属性

在放置导线过程中按下 Tab 键，弹出 Interactive Routing(交互式布线)属性设置对话框，如图 8-16 所示。主要设置导线的宽度、所在层和过孔的内外径尺寸。

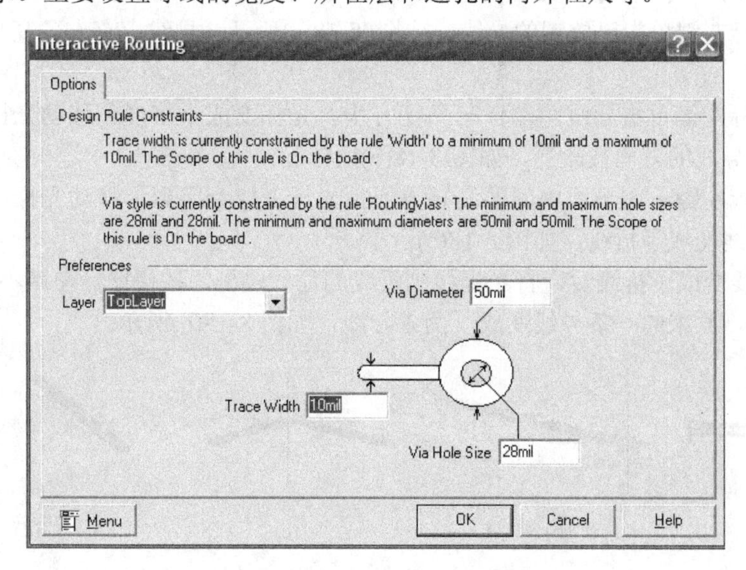

图 8-16　交互式布线设置对话框

放置导线完毕后，用鼠标左键双击该导线，弹出如图 8-17 所示的导线属性对话框。相关设置的参数说明如下：

- Locked：导线位置是否锁定。
- Selection：导线是否处于选取状态。

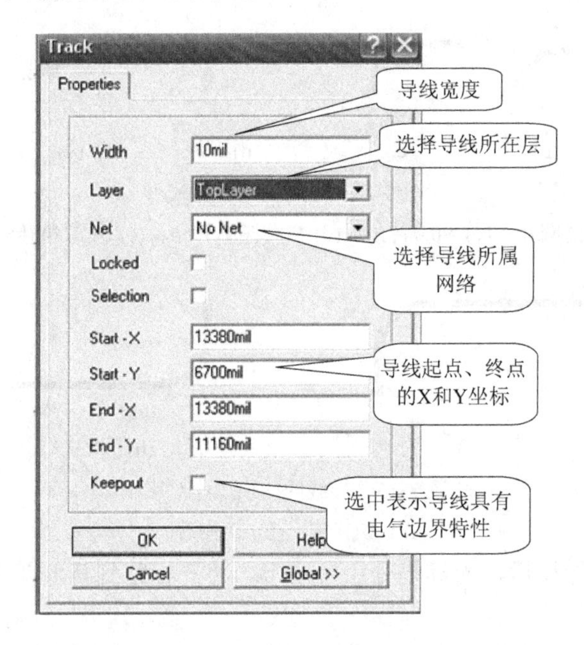

图 8-17　导线属性设置对话框

3. 对放置好的导线进行编辑

对放置好的导线，除了修改其属性外，还可以对它进行移动和拆分。操作步骤如下：

(1) 用鼠标左键单击已放置的导线，如图 8-18(a)所示，导线上有一条高亮线并带有三个高亮方块。

(2) 用鼠标左键单击导线两端任一高亮方块，光标变成十字形。移动光标可任意拖动导线的端点，导线的方向被改变，如图 8-18(b)所示。

(3) 用鼠标左键单击导线中间的高亮方块，光标变成十字形。移动光标可任意拖动导线，此时直导线变成了折线，如图 8-18(c)所示。

(4) 直导线变成了折线后，将光标移到折线的任一段上，按住鼠标左键不放并移动它，该线段被移开，原来的一条导线变成了两条导线，如图 8-18(d)所示。

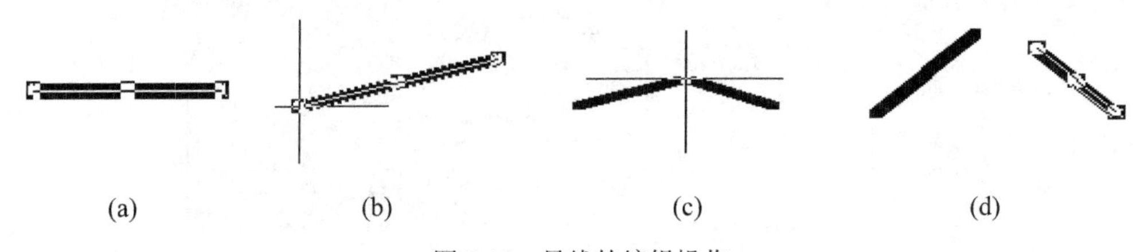

图 8-18　导线的编辑操作

4. 切换导线所在层

如何让一条导线位于两个不同的信号层上？以双面电路板为例，操作步骤如下：

(1) 在顶层放置一条导线，在默认状态下，导线的颜色为红色。

(2) 在需换层位置处，按下小键盘的“*”键或“+”键，你会发现当前层变成了底层，并在该处自动添加了一个过孔，单击鼠标左键，确定过孔的位置。

(3) 继续移动光标放置导线，在默认状态下，导线的颜色变成了蓝色，效果如图 8-19 所示。

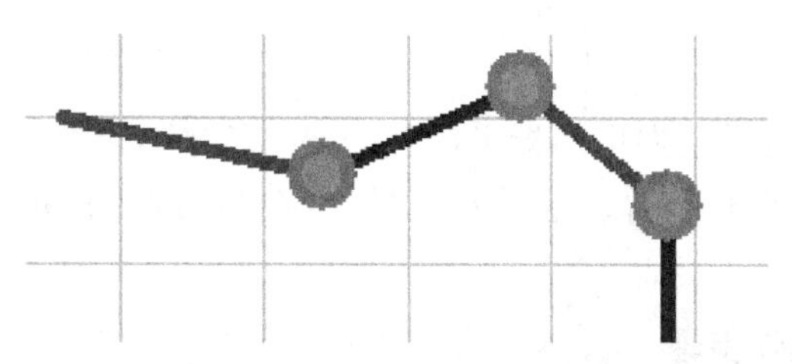

图 8-19　将一条导线放置在两个信号层上

8.2.4　放置连线

连线一般是在非电气层上绘制电路板的边界、元件边界、禁止布线边界等，它不能连接到网络上，绘制时不遵循布线规则。而导线是在电气层上元件的焊盘之间构成电气连接关系的连线，它能够连接到网络上。在手工布线时，放置导线和放置连线功能相同，一般不加以区分，但在自动布线时，要采用放置导线(交互式布线)的方法。所以导线与连线还是有所区别的。

1. 放置连线的操作步骤

(1) 单击放置工具栏中的按钮，或执行菜单命令 Place→Line。

(2) 放置连线的方法与放置导线类似，这里不再赘述。

2. 连线属性的设置

在放置连线过程中按下 Tab 键，弹出 Line Constraints(连线)属性设置对话框，如图 8-20 所示，设置后单击【OK】按钮完成。连线其他属性的编辑与导线类似，不同之处是在切换连线所在层时按“+”键可在各层之间依次切换，在切换点处没有过孔产生，如图 8-21 所示。

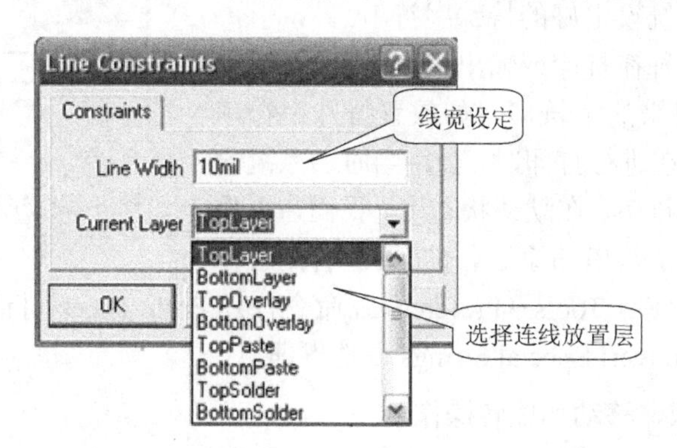

图 8-20　Line Constraints(连线)属性设置对话框

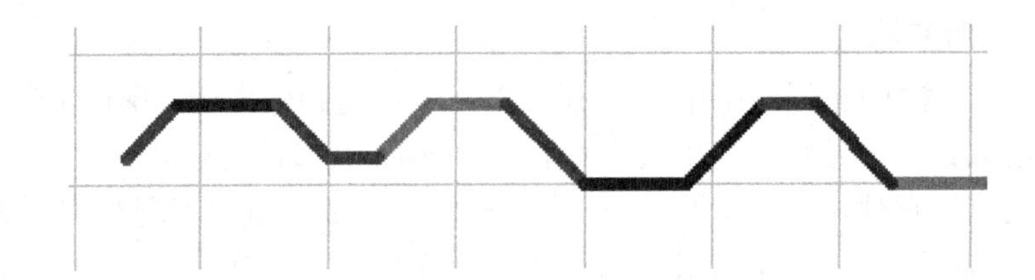

图 8-21　按“+”键在不同层间切换连线

8.2.5　放置字符串

在制作电路板时，常需要在电路板上放置一些字符串，说明本电路板的功能、电路设置方法、设计序号和生产时间等。这些说明性文字可以放置在机械层，也可以放置在丝印层。

1. 放置字符串的操作步骤

(1) 单击放置工具栏中的T按钮，或执行菜单命令 Place→String。

(2) 光标变成十字形，且光标带有一个字符串。单击左键放置字符串，此时，光标还处于命令状态，可继续放置或单击右键结束命令状态。

2. 字符串属性的设置

当十字形光标上带有字符串时，按下 Tab 键或放置字符串后用鼠标左键双击字符串，弹出字符串属性设置对话框，如图 8-22 所示。在对话框中可设置字符串的内容(Text)、大小(Height)/(Width)、字体(Font，有三种字体)、字符串的旋转角度(Rotation)和是否镜像(Mirror)等参数。

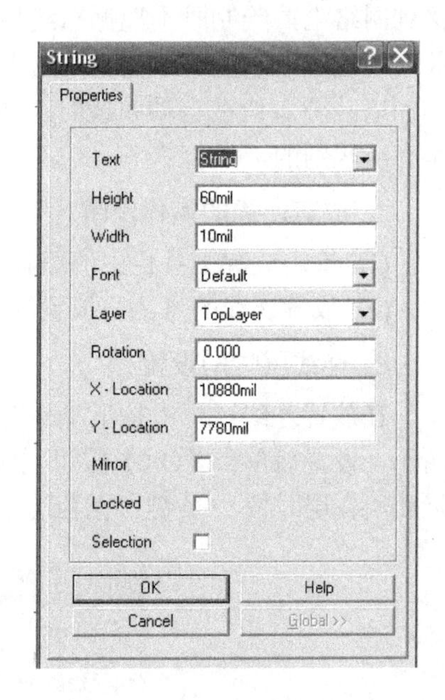

图 8-22　字符串属性设置对话框

设置完毕后，单击【OK】按钮，将光标移到相应的位置，单击鼠标左键确定，完成一次放置操作。

在字符串属性设置对话框中，最重要的属性是 Text，它用来设置在电路板上显示的字符串的内容(仅单行字)。可以在框中直接输入要显示的内容，也可以从该下拉列表框选择系统设定好的特殊字符串。

特殊字符串是一种在打印或输出报表时，根据 PCB 文件信息进行解释出来的字符串。如放置特殊字符串“.Print_Date”，系统在进行打印时，会用当时的系统日期来替代这个特殊字符串。在默认状态下，我们在工作窗口看到的都是特殊字符串的原始名称，要想看到解释后的字符串内容，可使用 Tools→Preferences 命令打开 Preferences 对话框，切换到 Display 选项卡，然后选取 Convert Special Strings 复选框即可。

3. 字符串的选取、移动和旋转操作

(1) 字符串的选取操作。用鼠标左键单击字符串，该字符串就处于选取状态，在字符

串的左下方出现一个“+”号，而在右下方出现一个小圆圈，如图 8-23(a)所示。

(2) 字符串的移动操作。左键单击选取字符串后，拖动字符串移动；或者双击字符串弹出属性设置对话框，对其中 X-Location 和 Y-Location 属性进行修改，同样能达到移动的目的。

(3) 字符串的旋转操作。首先选取字符串，然后用鼠标左键单击右下方的小圆圈，字符串变为细线显示模式，旋转光标，该字符串就会以“+”号为中心做任意角度的旋转，如图 8-23(b)所示。在属性对话框中对 Rotation 属性进行修改，也可以达到旋转的目的。

另外，用鼠标左键按住字符串不放，同时按下键盘的 X 键，字符串进行左右翻转；按下 Y 键，字符串将进行上下翻转；按下空格键，字符串进行逆时针旋转操作。

图 8-23　字符串的选取与旋转操作

(a) 旋转前；(b) 旋转后

8.2.6　放置矩形填充

在完成电路板的布线工作后，一般在顶层或底层会留有一些面积较大的空白区(没有走线、过孔和焊盘)，根据地线尽量加宽原则和有利于元件散热，应将空白区用实心的矩形覆铜区域来填充(Fill)。

1. 放置矩形填充的操作步骤

(1) 单击放置工具栏中的□按钮，或执行菜单命令 Place→Fill。

(2) 光标变为十字形，将光标移到放置矩形填充的位置，单击鼠标左键，确定矩形填充的第一个顶点，然后拖动鼠标，拉出一个矩形区域，再单击鼠标左键，完成一个矩形填充的放置，如图 8-24 所示。

(3) 此时可继续放置矩形填充，或单击鼠标右键，结束命令状态。

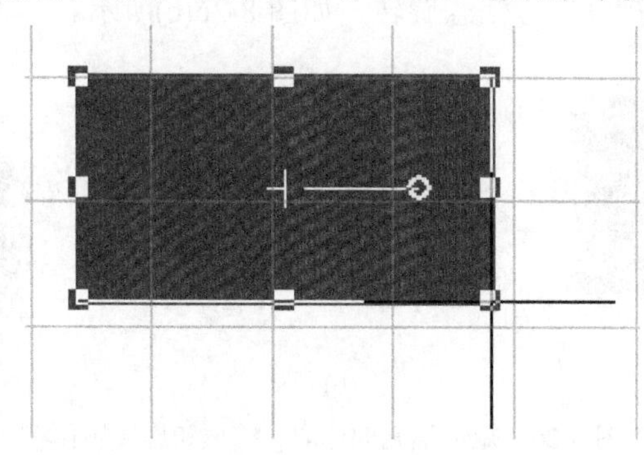

图 8-24　放置矩形填充

2. 设置矩形填充的属性

在放置矩形填充的过程中，按下 Tab 键，弹出矩形填充的属性对话框，如图 8-25 所示。

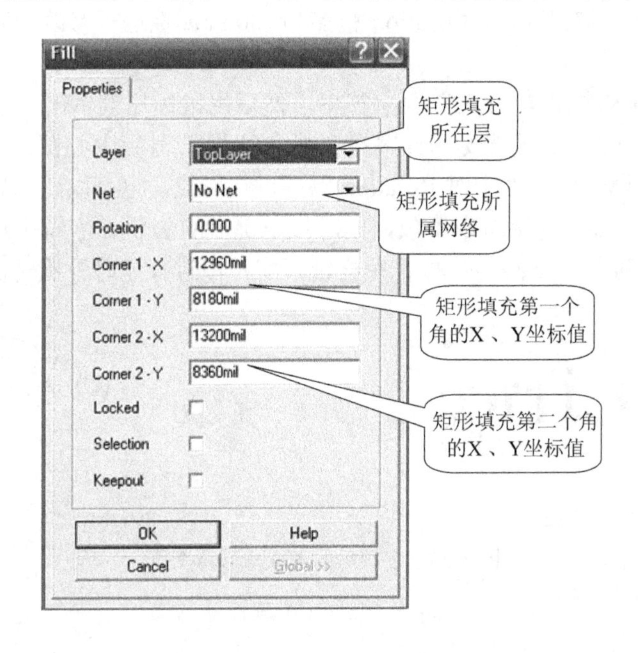

图 8-25　矩形填充的属性设置对话框

3. 矩形填充的选取、移动、缩放和旋转操作

• 矩形填充的选取：直接用鼠标左键单击放置好的矩形填充，使其处于选取状态。在矩形填充的四角和四边中点，出现控制点，中心出现“+”号和一个小圆圈，如图 8-26(a)所示。

• 矩形填充的移动：用鼠标左键直接按住矩形填充并拖动，矩形填充可随鼠标任意移动。

• 矩形填充的缩放：在选取状态下，用鼠标左键先单击某个控制点，光标变成十字形，再移动光标可任意对矩形填充进行缩放；最后单击鼠标左键，如图 8-26(b)所示。

• 矩形填充的旋转：在选取状态下，用鼠标左键先单击小圆圈，光标变成十字形，再移动光标，矩形填充会绕“+”号任意旋转，如图 8-26(c)所示。

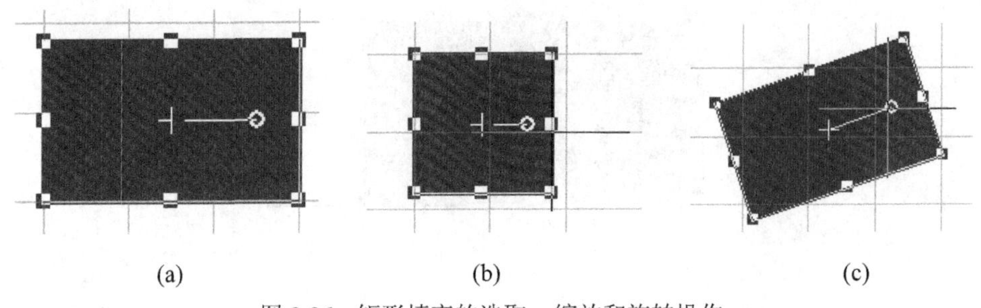

(a)　　(b)　　(c)

图 8-26　矩形填充的选取、缩放和旋转操作

(a) 处于选取状态；(b) 矩形填充的缩放；(c) 矩形填充的旋转

8.2.7　放置多边形平面填充

为增强电路板的抗干扰能力，一般在电路板的空白区域放置多边形平面填充。

1. 放置多边形填充的操作步骤

(1) 单击放置工具栏中的按钮，或执行菜单命令 Place→Polygon Plane。

(2) 弹出多边形平面填充的属性设置对话框，如图 8-27 所示。在对话框中设置有关参数后，单击【OK】按钮，光标变成十字形，进入放置多边形填充状态。

(3) 在多边形的每个拐点处，单击鼠标左键确定拐点，最后单击右键完成，系统自动将多边形的起点和终点连接起来，构成多边形平面并完成填充。

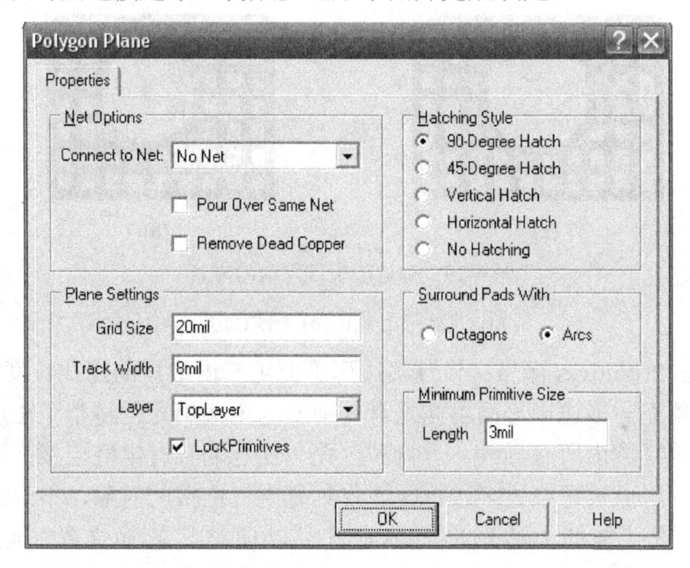

图 8-27　多边形平面填充属性对话框

2. 多边形平面填充属性的设置

在多边形平面填充属性设置对话框中，主要有以下设置：

- Net Options 选项区域：设置多边形平面填充与电路网络间的关系。

Connect to Net：在其下拉列表框中选择多边形填充所隶属的网络名称。

Pour Over Same Net 复选框：该项有效时，在填充时遇到该连接的网络就直接覆盖。

Remove Dead Copper 复选框：该项有效时，如果遇到死铜的情况，就将其删除(我们把已经设置与某个网络相连，而实际上没有与该网络相连的多边形平面填充称为死铜)。

- Plane Settings 选项区域：

Grid Size 文本框：设置多边形平面填充的栅格间距。

Track Width 文本框：设置多边形平面填充的线宽。

Layer：设置多边形平面填充所在的层。

- Hatching Style 选项区域：设置多边形平面填充的格式。

在多边形平面填充中，采用 5 种不同的填充格式，如图 8-28 所示。

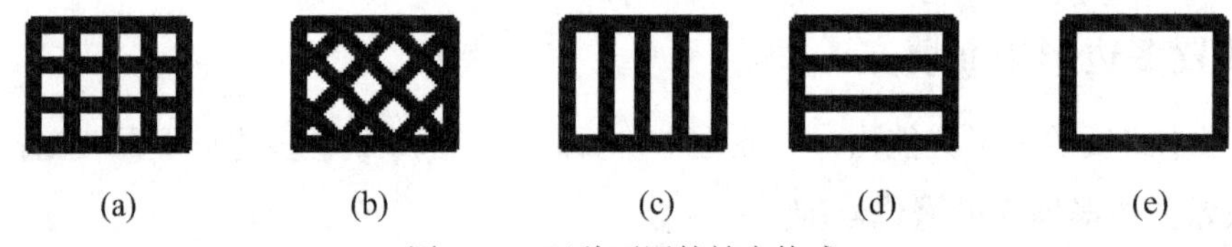

图 8-28　五种不同的填充格式

(a) 90° 格子；(b) 45° 格子；(c) 垂直格子；(d) 水平格子；(e) 无格子

- Surround Pads With 选项区域：设置多边形平面填充环绕焊盘的方式。

多边形平面填充环绕焊盘，在多边形填充属性对话框中提供两种方式，即八边形方式和圆弧方式，如图 8-29 所示。

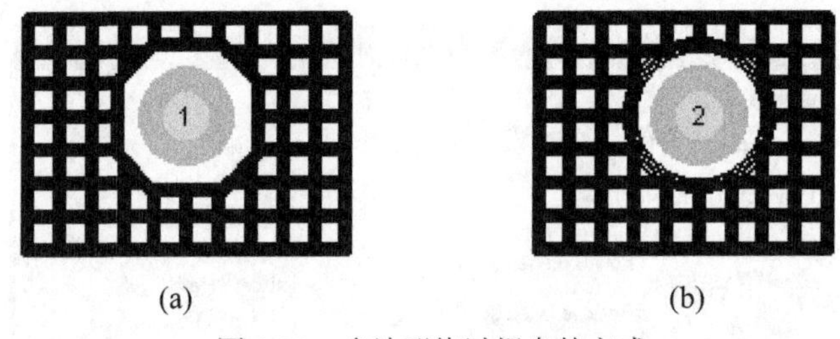

图 8-29　多边形绕过焊盘的方式

(a) 八边形方式；(b) 圆弧方式

- Minimum Primitives 区域：设置多边形平面填充内最短的走线长度。

注意：矩形填充与多边形平面填充是有区别的。矩形填充是将整个矩形区域以覆铜全部填满，同时覆盖区域内所有导线、焊盘和过孔，使它们具有电气连接；而多边形平面填充用铜线填充，并可以设置绕过多边形区域内具有电气连接的对象，不改变它们原有的电气特性。另外，直接拖动多边形平面填充就可以调整其放置位置，此时会出现一个 Confirm(确认)对话框，询问是否重建，我们应该选择【Yes】按钮，要求重建，以避免发生信号短路现象。

8.2.8　设置坐标原点、放置坐标

1. 设置坐标原点

在 PCB 编辑器中，系统已经定义了一个坐标系，该坐标的原点称为 Absolute Origin(绝对原点)。用户可根据需要自己定义坐标系，只需设置用户坐标原点，该坐标原点称 Relative Origin(相对原点)，或称当前原点。设置步骤如下：

(1) 单击放置工具栏中的按钮，或执行菜单命令 Edit→Origin→Set。

(2) 当光标变成十字形，将光标移到要设为相对原点的位置(最好位于可视栅格线的交叉点上)，单击鼠标左键，即将该点设为用户自定义的坐标原点。设置之后，观察状态栏的坐标值有无变化。

(3) 若要恢复原来的坐标系，执行菜单命令 Edit→Origin→Reset 即可。

2. 放置坐标

放置坐标的功能是将当前光标所处位置的坐标值放置在工作层上，一般放置在非电气

层上。放置坐标的操作步骤如下：

(1) 单击放置工具栏中的按钮，或执行菜单命令 Place→Coordinate。

(2) 光标变成十字形，且有一个变化的坐标值随光标移动，光标移到放置的位置后单击鼠标左键，完成一次操作。放置好的坐标左下方有一个十字符号，如图 8-30 所示。

(3) 单击鼠标右键，结束命令状态。

图 8-30　光标上带着当前位置坐标

3. 设置坐标位置的属性

在放置坐标命令状态下按 Tab 键，或者用鼠标左键双击已放置好的坐标，系统弹出坐标属性对话框，如图 8-31 所示。设置内容包括坐标十字符号的高度(Size)和宽度(Line Width)，坐标值的单位格式(Unit Style)，坐标值的高度(Text Height)、宽度(Text Width)、字体(Font)、所在层(Layer)和坐标值(X-Location、Y-Location)等参数。单位格式有 3 种形式：None(无单位)、Normal(常规表示)、Brackets(括号表示)。

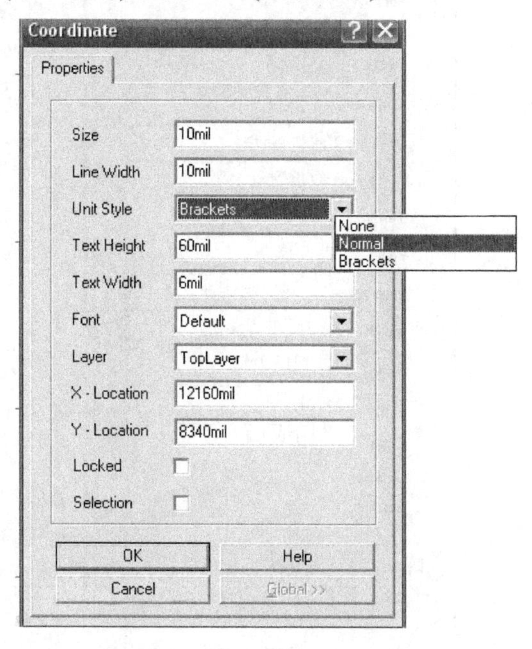

图 8-31　坐标属性设置对话框

8.2.9　放置尺寸标注

在 PCB 设置中，有时需要标注一些尺寸，如电路板的尺寸、特定元件外形间距等，以方便印刷电路板的制造。一般尺寸标注放在机械层。

1. 放置尺寸标注的操作步骤

(1) 单击放置工具栏中的按钮，或执行菜单命令 Place→Dimension。

(2) 光标变成十字形。移动光标到尺寸的起点，单击鼠标左键，确定标注尺寸起始位置。

(3) 确定起点后可向任意方向移动光标，中间显示的尺寸随光标的移动而不断变化，到终点位置单击鼠标左键加以确定，完成一次尺寸标注，如图 8-32 所示。

(4) 如不再放置，则单击鼠标右键，结束尺寸标注操作。

←540mil→

图 8-32　尺寸标注(尺寸标注单位的常规表示形式)

2. 设置尺寸标注的属性

在放置标注尺寸命令状态下按 Tab 键，或用鼠标左键双击已放置的标注尺寸，均可弹出尺寸标注属性对话框，如图 8-33 所示，对有关参数进一步设置。尺寸标注的单位格式同放置坐标操作。

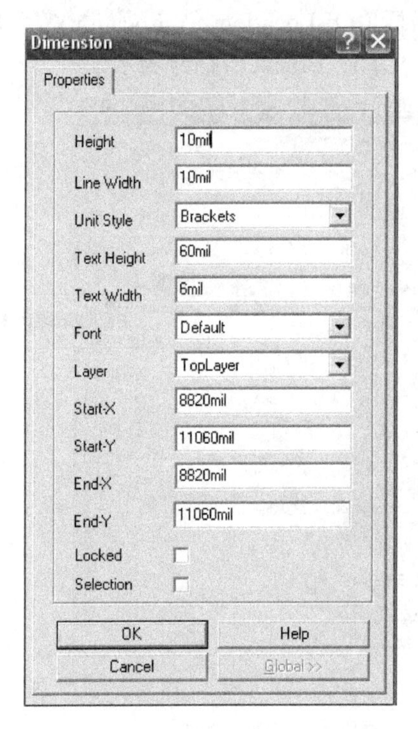

图 8-33　尺寸标注属性设置对话框

8.2.10　放置圆弧

1. 绘制圆弧

绘制圆弧有三种方法：

1) 边缘法绘制圆弧

该方法是通过圆弧上的两点即起点与终点来确定圆弧的大小，绘制步骤如下：

(1) 单击放置工具栏中的按钮，或执行菜单命令 Place→Arc (Edge)。

(2) 光标变成十字形，单击鼠标左键，确定圆弧的起点；再移动光标到适当的位置，单击鼠标左键，确定圆弧的终点；单击鼠标右键，完成一段圆弧的绘制，如图 8-34 所示。

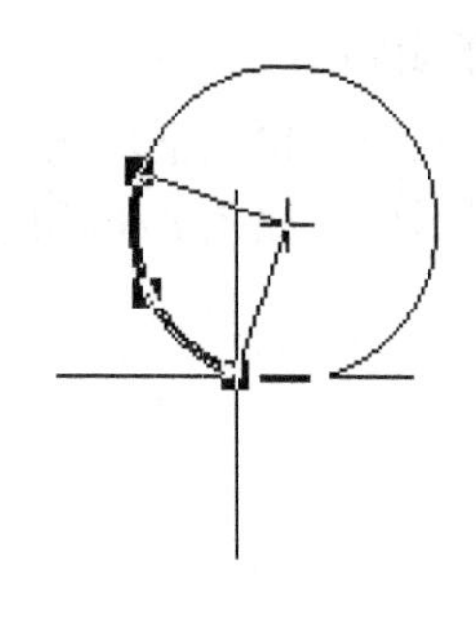

图 8-34　边缘法绘制圆弧

2) 中心法绘制圆弧

该方法是通过确定圆弧的中心、起点和终点来确定一个圆弧，绘制步骤如下：

(1) 单击放置工具栏中的按钮，或执行菜单命令 Place→Arc(Center)。

(2) 光标变成十字形，单击鼠标左键，确定圆弧的中心。移动光标拉出一个圆形，单击鼠标左键，确定圆弧半径。

(3) 沿圆移动光标，在圆弧的起点和终点处分别单击鼠标左键进行确定。

(4) 单击鼠标右键，结束命令状态，完成一段圆弧的绘制，如图 8-35 所示。

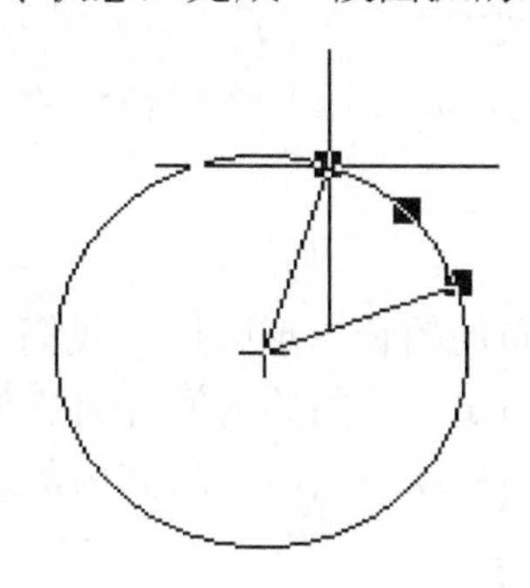

图 8-35　中心法绘制圆弧

3) 角度旋转法绘制圆弧

该方法是通过确定圆弧的起点、圆心和终点来确定圆弧的，绘制步骤如下：

(1) 单击放置工具栏中的按钮，或执行菜单命令 Place→Arc(Any Angle)。

(2) 光标变成十字形，单击鼠标左键，确定圆的起点，再移动光标到适当的位置，单击鼠标左键，确定圆弧的圆心，这时光标跳到圆的右侧水平位置，沿圆移动光标，在圆弧的起点和终点处分别单击鼠标左键进行确定。

(3) 单击鼠标右键，结束命令状态，完成一段圆弧的绘制。

2. 绘制圆

绘制圆是通过确定圆心和半径来绘制一个圆的，绘制步骤如下：

(1) 单击放置工具栏中的按钮，或执行菜单命令 Place→Full Circle。

(2) 光标变成十字形，单击鼠标左键，确定圆的圆心；再移动光标，拉出一个圆，单击鼠标左键确认。

(3) 单击鼠标右键，结束命令状态，完成一个圆的绘制。

3. 编辑圆弧

在绘制圆弧状态下，按 Tab 键，或用鼠标左键双击绘制好的圆弧，系统将弹出圆弧属性设置对话框，如图 8-36 所示。按图中说明设置即可。

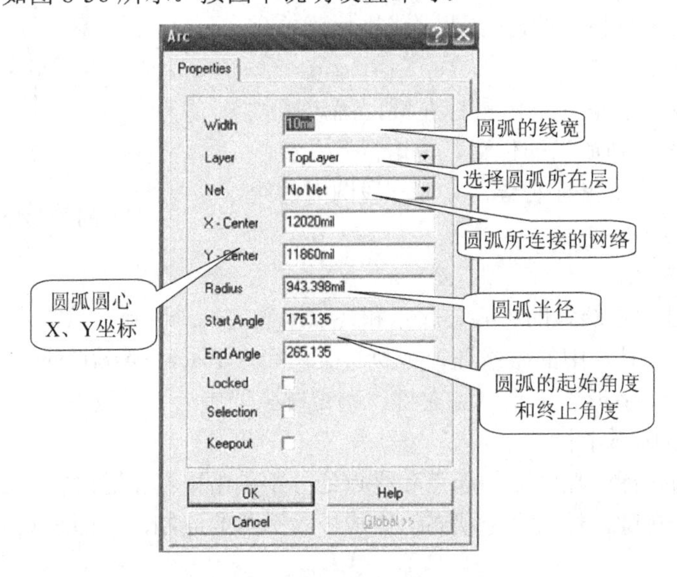

图 8-36 圆弧属性设置对话框

8.2.11 放置房间

房间(Room)是可以帮助我们布局的长方形区域。我们可以将电路板所属的元件按具体元件、元件类和封装分门别类地归属于不同的房间并对它们的相对位置进行排列。然后，在电路板上将这些房间放置好。当移动房间时，房间内的这些元件也随之移动，并保证房间内元件的相对位置不变。

1. 放置房间的操作步骤

(1) 执行菜单命令 Place→Room，或单击放置工具栏中的▨按钮。

(2) 光标变成十字形，单击鼠标左键，确定房间的顶点，再移动光标到房间的对角顶点，单击鼠标左键就放置了一个房间，房间的名称默认为 Room Definition。

(3) 此时，可继续放置房间，则房间序号会自动增加，或单击鼠标右键，结束命令状态。

2. 房间属性的设置

在放置房间的过程中按 Tab 键；或用鼠标左键双击放置好的房间，将弹出 Room Definition(房间定义)对话框，如图 8-37 所示。主要参数有：

• Rule Name(规则名)：用户可以设置该房间定义所应用的规则名，也可以自定义名称。

• Room Locked：该复选框有效，房间被锁定。

• x1、y1、x2、y2：这四个文本框用来定义房间的两个对顶点坐标，以确定房间的大小。

- 房间所在层：选择 Top Layer 或 Bottom Layer。
- 适用条件：选择 Keep Objects Inside(将对象限制在房间内部)或 Keep Objects Outside(将对象限制在房间外部)。
- Rule Scope：通过 Filter Kind 列表框设置，用来选择属于该房间的对象。

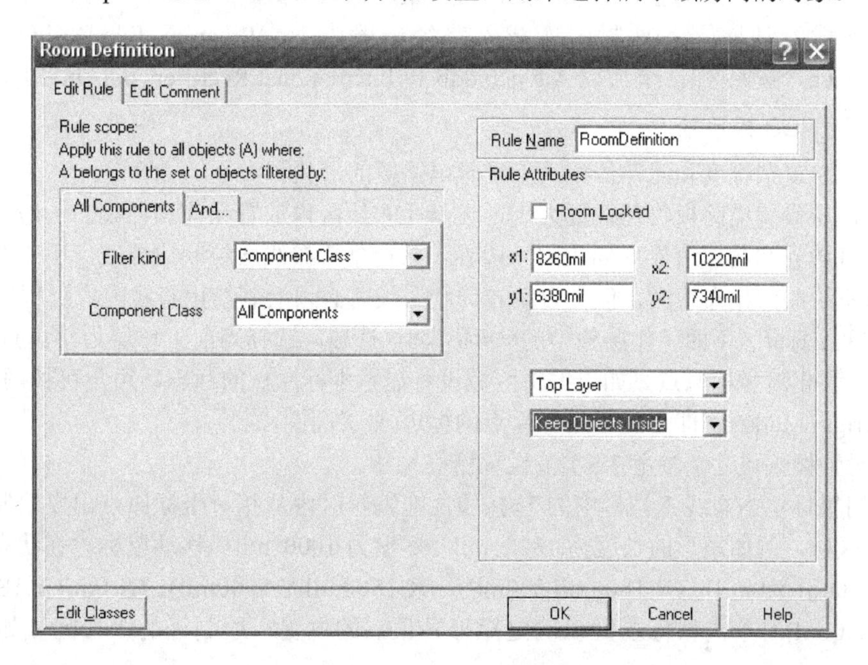

图 8-37　房间属性设置对话框

3. 房间的移动操作

拖动房间，则隶属于该房间内的元件将一起被移动。

在放置工具栏中，还有两个放置工具：一个是按钮，用于放置内部电源/接地层；另一个是按钮，用于将剪贴板中的内容粘贴在工作平面上，这里不再作详细介绍。

8.3　实战演练——全手工绘制 PCB 板

对于简单电路的印刷电路板图的绘制，用户完全可以跳过绘制原理图阶段而直接进入手工绘制。PCB 绘制之前先根据电路复杂程度决定采用板层的多少，一般简单电路采用单层板，复杂电路做成双层板或多层板。以图 8-1 为例绘制单层电路板，单层板所需加载的层及各层功能如图 8-38 所示。

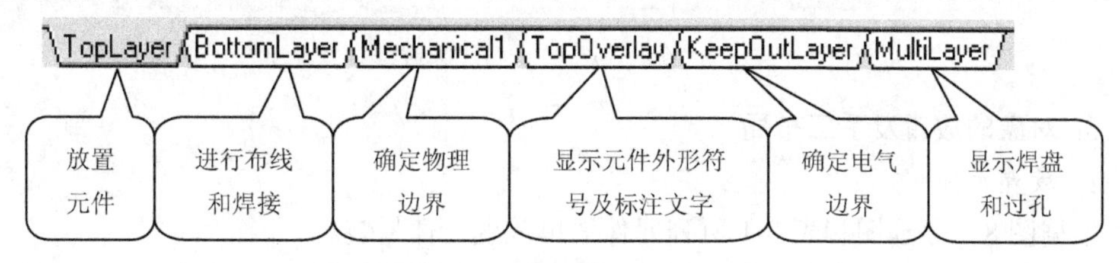

图 8-38　单层板设置的层

1. 创建 PCB 文档、加载元件封装库

(1) 建立一个设计数据库，命名为“整流稳压.ddb”(注意数据库存储路径)；创建 PCB 文档，并命名为“整流稳压.PCB”。

(2) 设置 PCB 板层的各种选项参数，可以采用默认参数。

(3) 加载元件库。元件封装库载入路径一般为：*:\Program File\Design Explorer 99\Library\pcb，按照 8.1.2 节加载 Advpcb.ddb 和 International Rectifiers.ddb 元件封装库。

2. 设置 PCB 板尺寸

根据电路复杂程度和元件体积大小设置电路板的形状和大小。

在机械层设置电路板物理边界大小，在禁止布线区内放置元件和导线。一般可以将电路板的电气边界和物理边界规划成同一边界，并在禁止布线层绘制边界线。手工布局和布线时可以不绘制禁止布线区，但在自动布局和布线时必须绘制禁止布线区。过程如下：

(1) 单击编辑区下面工作层栏中的KeepOutLayer选项，选择当前工作层为禁止布线层。

(2) 设置相对坐标原点。如果编辑区域没有显示坐标原点的标志，用户可按图 7-35 所示选中 Origin Marker，即可显示坐标原点的标志(带叉圆圈)⊠。

(3) 设置栅格尺寸。参考 7.5.1 节设置栅格尺寸。

(4) 用鼠标单击布线工具栏中的≈按钮，在编辑区内从相对坐标原点出发绘制一个封闭的矩形区域，例如矩形的长度为 1800 mil、宽度为 1000 mil。移动鼠标，在状态栏显示坐标为(X:0mil Y:0mil)、(X:1800mil Y:0mil)、(X:1800mil Y:1000mil)、(X:0mil Y:1800mil)、(X:0mil Y:0mil)时单击鼠标左键以确定矩形各顶点的位置。绘制好的矩形区域如图 8-39 所示。

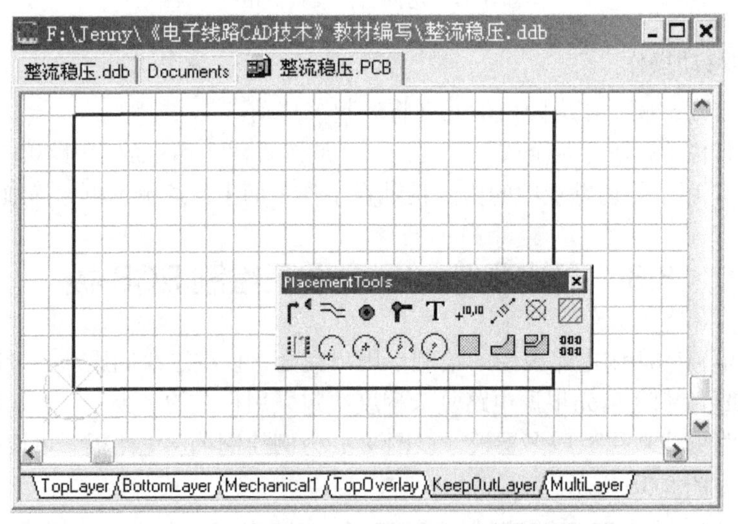

图 8-39 禁止布线区域

3. 对象的放置及手工布局

1) *放置元件*

根据图 8-1 原理图和表 8-1 所列元件清单放置元件封装。

(1) 切换工作层。单击工作层栏中的TopLayer，将顶层切换到当前工作层。

(2) 放置元件封装。采用 8.1.3 节元件封装的放置及其属性编辑的方法，参照表 8-1 放置图 8-1 中的元件封装。

(3) 手工布局。虽然将元件放置到电路板上，但元件的位置未必合理，元件的排列未必整齐美观，所以，有必要对某些元件的位置进行调整，以方便走线。主要操作包括对元件的排列、移动和旋转等。

2) 选取元件

第一种方法：画框选取元件。移动鼠标指针到所要选取元件的一角，按住左键并保持；移动鼠标，拉出一个框，当这个框包围了所要选取的元件时，松开左键即可选取该元件。

第二种方法：使用菜单命令选取元件，执行命令 Edit→Select，子菜单有几种选取方法，在这里就不详细介绍了。

取消选中的元件，单击主工具栏上的按钮即可。

(1) 移动元件。元件移动有两种形式：一种是在移动的过程中，忽略元件的原有电气连接，只移动该元件，称为搬动；另外一种是在移动过程中，保持原有的电气连接，称为拖动，此时移动一个元件时，与该元件焊盘相连的铜膜线也会跟着一起移动。

第一种方法：直接用鼠标搬移元件。鼠标指针指向元件，按住左键移动鼠标，元件会跟着移动。

第二种方法：执行菜单命令 Edit→Move，子菜单有多种移动和拖动方式可选择。

(2) 旋转元件。

第一种方法：先选取元件，再执行菜单命令 Edit→Move→Rotate Selection，弹出对话框，输入所需角度，单击【OK】按钮完成。

第二种方法：鼠标指针指向要旋转的元件，按住鼠标左键并保持，此时鼠标指针变为十字形，按空格键可以完成旋转。

(3) 复制、剪切与粘贴元件。首先应选取元件，具体操作和 Windows 软件中的操作完全相同。操作命令为 Edit→Copy、Edit→Cut、Edit→Paste。在粘贴命令中有一个特殊粘贴，将元件复制到 PCB 上时，允许用户控制元件的属性。

(4) 清除、删除与恢复元件。

清除元件：先选取元件，再执行菜单命令“Edit→Clear”，可以将选中的元件同时删除。

删除元件：执行菜单命令“Edit→Delete”，将鼠标移到要删除的元件上单击左键即可，此操作一次只可以删除一个元件。或选中要删除的元件，按键盘上的“Ctrl+Delete”键也可完成删除操作。

恢复元件：可以使用“Edit→Undo”或单击主工具栏上的完成。

3) 放置焊盘

对于一些在电路中有表示，但是并未出现的部分，如图中的 8 V 交流输入和 5 V 直流输出并没有实际电源，就可以用焊盘和标示性文字来表示。在多层放置 4 个焊盘，并调整焊盘位置。

4) 放置文字

在顶层丝印层上用放置字符串的方法，在相应的焊盘处放置～8 V、5 V、+、–等文字标注。

经过上面的操作，元件布局如图 8-40 所示。

注意：元件及其标注、文字标注在调整过程中可以随时通过设置栅格的尺寸来进行微调。

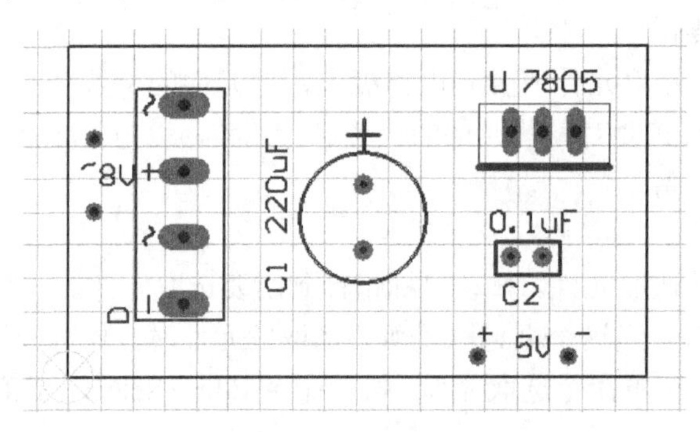

图 8-40　布局后的 PCB

4. 手工布线

1) 在线设计规则检查的设置

所谓在线设计规则检查，指用户在进行布线过程中，系统实时地检查有关的设计规则，以便及时发现错误。具体操作如下：执行菜单命令 Tool→Design Check…，打开对话框，如图 8-41 所示，选择 On-Line 项。一般只选择 Clearance Constraints(安全距离)设定，单击【OK】按钮完成。

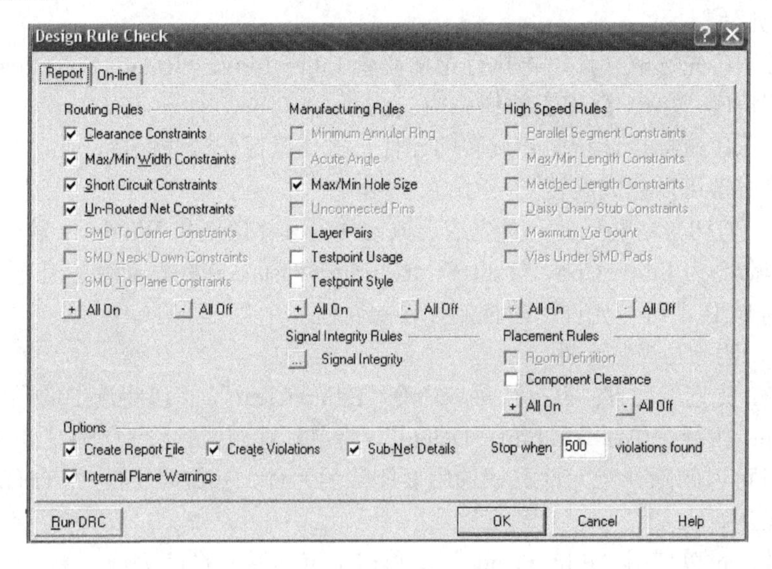

图 8-41　设计规则检查设置对话框

2) 选择布线层进行布线

元件封装之间的连接关系以实际原理图中元件之间电气连接为标准。所以根据图 8-1 所示各元件电气连接关系，在 PCB 中进行手工布线。

首先，切换布线工作层。单击工作层选择栏中的 BottomLayer 选项，将底层设置为当前工作层。

其次，用鼠标单击布线工具箱中的按钮，或者选择菜单 Place→Interactive Routing。光标变为十字形，表示当前正处于布线状态。如图 8-42 所示，鼠标左键单击元件 D 的焊盘

AC1 后，保持并拖动鼠标移动到需要连接的焊盘上，单击左键出现八角形框，说明光标和焊盘中心重合，单击左键完成布线。依次按照原理图的连接关系，完成各封装元件之间的对应连接(注意在连线过程中，可以用 Shift+空格键来切换导线的走线模式或使用空格键来切换导线的方向)。完成的 PCB 如图 8-43 所示。

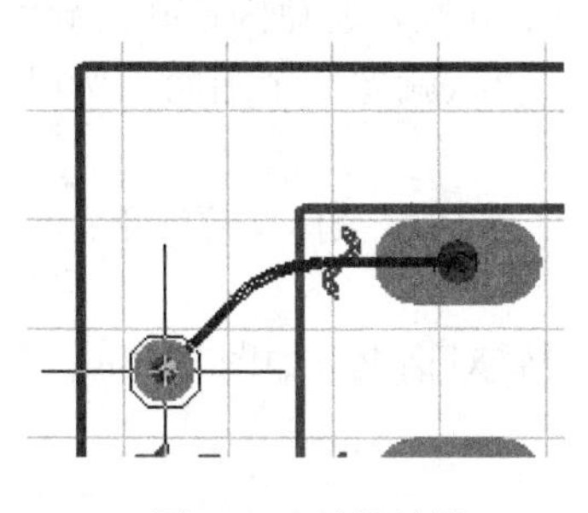

图 8-42　导线连接

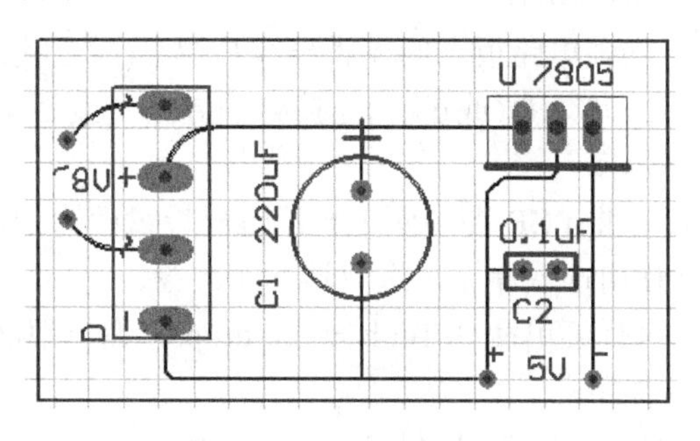

图 8-43　完成后的 PCB

3) 电源和接地线加宽

为了提高抗干扰能力，增加系统的可靠性，往往需要将电源线、接地线和一些通过电流较大的导线加宽。现将两条交流电源线加宽，操作步骤如下：

(1) 鼠标左键双击需加宽的电源线，弹出如图 8-44 所示的导线属性对话框。

(2) 在对话框中的 Width 文本框中输入导线的宽度值即可，如线宽从 10 mil 变为 20 mil。加宽之后的效果如图 8-45 所示。其他导线的加宽步骤相同。

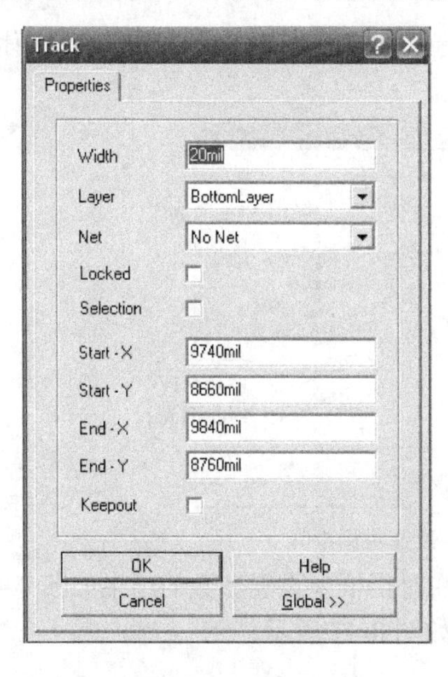

图 8-44　导线属性对话框

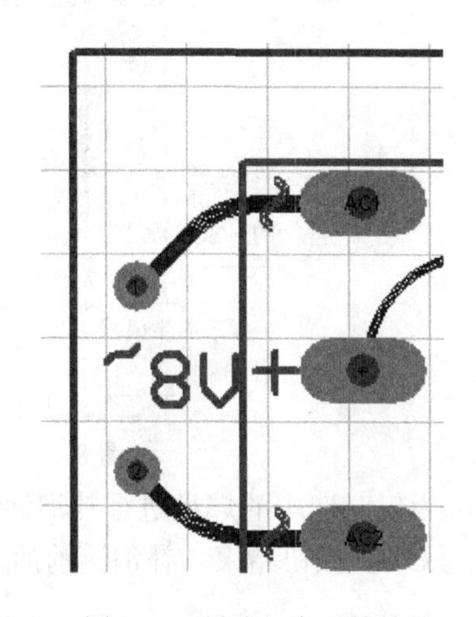

图 8-45　导线加宽后的效果

因为导线是由一段段线段组成的，所以采用这种方法来加宽导线，操作起来比较繁琐。如果要加宽所有的导线，可采取整体编辑法来实现。

另外，在放置导线的过程中，按下 Tab 键，直接在弹出的属性设置对话框中设置导线的宽度，这样操作更方便。

4) 调整元件的标注

布线完成后，可能有的导线与元件标注之间的位置不合适，仍须对标注进行调整。调整的方法与布局后的元件标注的调整相同，这里不再赘述。

5. 补泪滴操作

为了增强电路板上的铜膜导线与焊盘(或过孔)连接的牢固性，避免因钻孔而导致断线，需要将导线与焊盘(或过孔)连接处的导线宽度逐渐加宽，形状就像一个泪滴，所以这样的操作称补泪滴。

下面就将 PCB 图中两个直流输出焊盘改为泪滴焊盘，具体的操作步骤如下：

(1) 使用选取命令，选取这两个焊盘。

(2) 执行菜单命令 Tools→Teardrops，弹出泪滴属性设置对话框，如图 8-46 所示。主要设置参数如下：

① General 选项区域：

- All Pads：若该项有效，则对符合条件的所有焊盘进行补泪滴操作。
- All Vias：若该项有效，则对符合条件的所有过孔进行补泪滴操作。
- Selected Objects Only：若该项有效，则只对选取的对象进行补泪滴操作。
- Force Teardrops：若该项有效，将强迫进行补泪滴操作。
- Create Report：若该项有效，则把补泪滴操作数据存成一份 .Rep 报表文件。

② Action 选项区域：单击 Add 单选按钮，将进行补泪滴操作；单击 Remove 单选按钮，将进行删除泪滴操作。

③ Teardrops Style 选项区域：单击 Arc 单选按钮，将用圆弧导线进行补泪滴操作；单击 Track 单选按钮，将用直导线进行补泪滴操作。

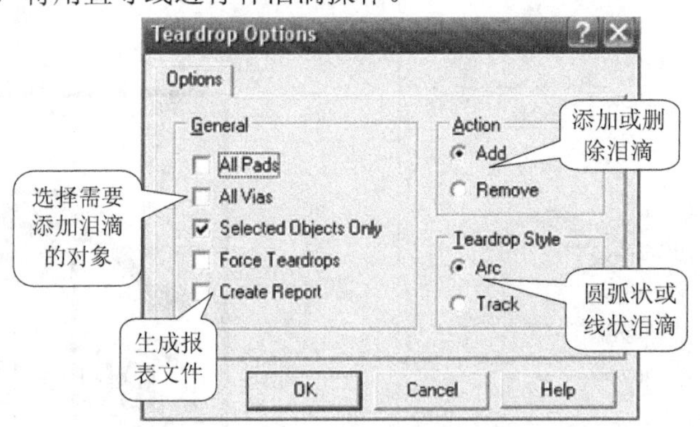

图 8-46　泪滴属性设置对话框

(3) 因为仅对选中的焊盘进行补泪滴操作，在对话框中设置参数的结果如图 8-46 所示，最后单击【OK】按钮结束。补泪滴前后的效果如图 8-47 所示。

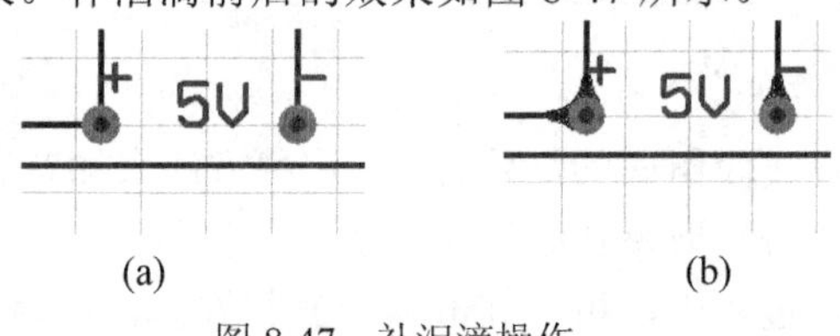

(a)　　(b)

图 8-47　补泪滴操作

(a) 补泪滴前的效果；(b) 补泪滴后的效果

对电路板全部焊盘添加泪滴并布线和调整操作后，该电路的印刷电路板图的手工布局和布线结束，其效果如图 8-48 所示。

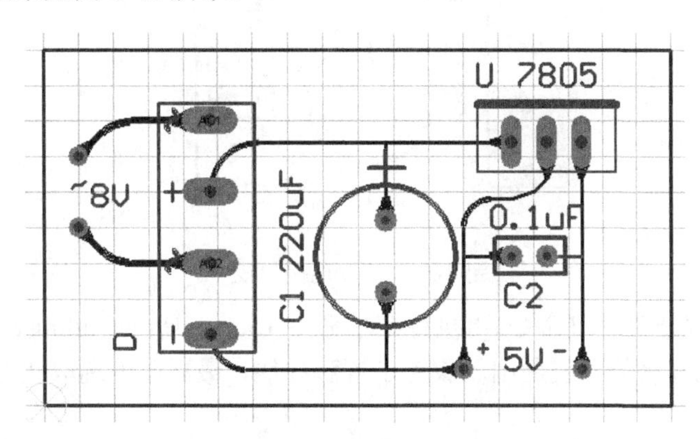

图 8-48　布线效果图

6. 放置屏蔽导线

屏蔽导线是为了防止相互干扰而将某些导线用接地线包住，故又称包地。一般来说，容易干扰其他线路的导线，或容易受其他线路干扰的导线需要屏蔽起来。

下面主要介绍对屏蔽导线的操作方法。

(1) 执行菜单命令 Edit→Select，如图 8-49 所示。选取 Net(网络)命令或 Connected Copper(连接导线)命令，将光标指向所要屏蔽的网络或连接导线，单击鼠标左键选取之，如图 8-50 所示。

图 8-49　Select 命令

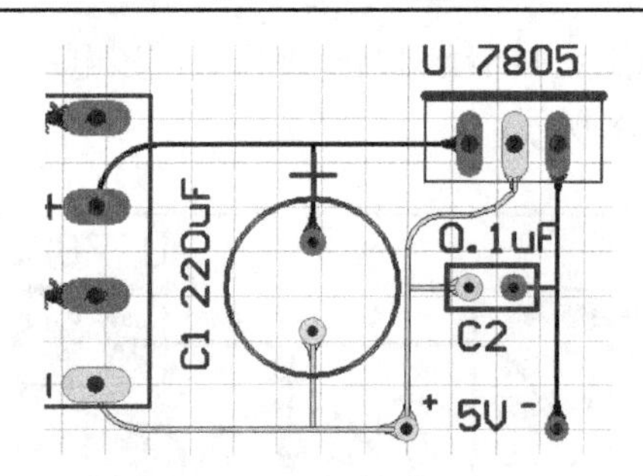

图 8-50 选取连接导线

(2) 按鼠标右键结束选取命令。再执行菜单命令 Tool(工具)→Outling Selected Objects(屏蔽导线)，该网络或连接的导线周围就放置了屏蔽导线，最后取消选取状态，恢复原来的导线，如图 8-51 所示。

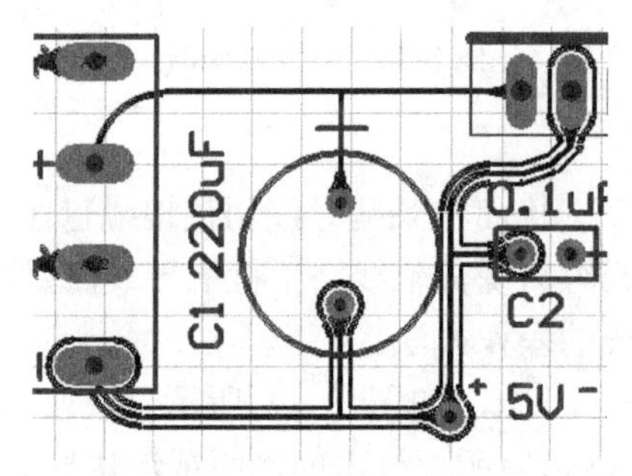

图 8-51 屏蔽导线的形状

当不需要屏蔽导线时，可执行 Edit→Delect，删除即可。

7. PCB 板的 3D 预览显示

Protel 99 SE 系统提供了 3D 预览功能。使用该功能，可以很方便地看到加工成型之后的印刷电路板和在电路板焊接元件之后的效果，使设计者对自己的作品有一个较直观的印象。

1) 生成 PCB 的三维视图和 3D 预览文件的操作过程

(1) 执行菜单命令 View→Board in 3D，如图 8-52 所示的 3D 菜单，或用鼠标左键单击主工具栏中的按钮。

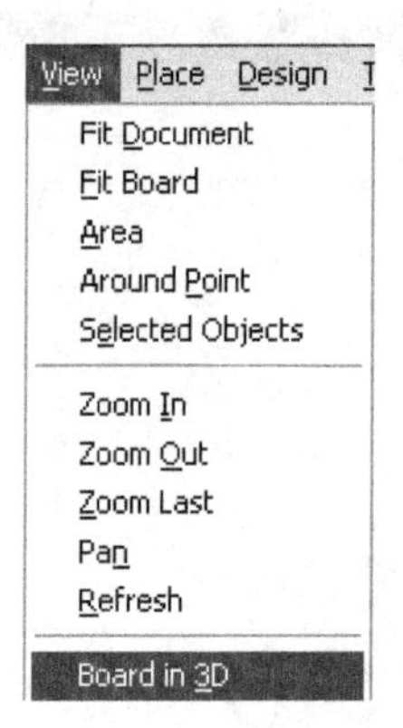

图 8-52 3D 菜单

(2) 在工作窗口生成了印刷电路板的三维视图，同时生成 3D 预览文件，如图 8-53、图 8-54 所示。预览文件名为 3D 整流电路.pcb。

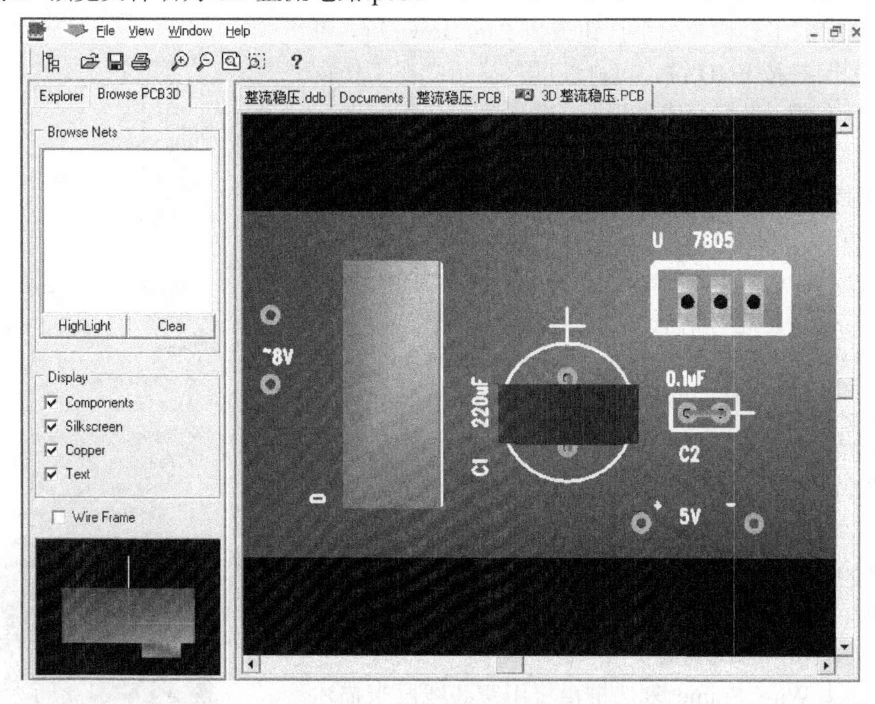

图 8-53　生成的 PCB 3D 效果图和预览文件(元件面)

图 8-54　生成的 PCB3D 效果图和预览文件(布线面)

2) 对 PCB 三维视图的有关操作

使用主工具栏的放大按钮或按 PageUp 键，可放大三维视图；使用主工具栏的缩小按钮或按 PageDown 键，可缩小三维视图；按 END 键，可刷新屏幕显示；在工作窗口按住鼠标右键，光标变成手形，可在屏幕上任意移动三维视图，以观察不同的部位。

3) PCB 3D 浏览器的使用

在生成三维视图的同时，在 PCB 管理器中会出现 Browse PCB 3D 选项卡，单击该选项卡，会出现如图 8-55 所示的对话框，在此对话框中可完成如下的操作。

(1) 网络的高亮显示。在 Browse Nets 列表框中，选择想要高亮显示的网络，然后再单击下面的【Highlight】按钮，你会发现，在三维视图上，相应网络的导线高亮显示。要取消高亮显示的网络，单击【Clear】按钮即可。

(2) 三维视图显示模式。在 Display 栏有四个选项，包括 Component(元件)、Silkscreen(丝印)、Copper(铜膜导线)和 Text(文字)四个显示对象。选取某项后，则在三维视图上仅显示该对象的内容。

(3) 选取 Wire Frame 复选框，将用空心线段来描述 3D 视图。

(4) 旋转三维视图。在浏览器左下方的小窗口，将光标放到窗口内，光标变成带箭头的十字形，用鼠标左键按住光标并旋转，你会发现，三维视图也随之旋转，可从各个角度观察印刷电路板。

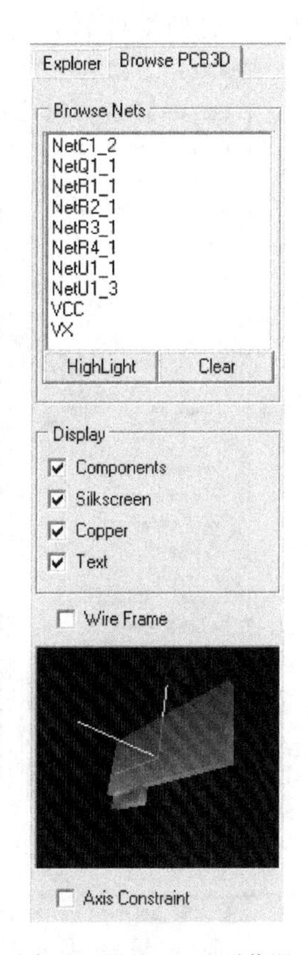

图 8-55 PCB 3D 浏览器

4) 打印 3D 视图

执行菜单命令 File→Print，或单击主工具栏中的按钮，可把 3D 视图打印输出。

8. 手工操作的其他技巧——阵列粘贴

当手工绘制较复杂的 PCB 图时，对于重复性放置导线、焊盘和重复性的元件时，需要重复多次放置，占用时间较长。如果采用阵列式粘贴，就可以一次完成重复性操作，从而大大提高了绘图的效率。

Protel 99 SE 提供了自己的剪贴板，对象的拷贝、剪切、粘贴都是在其内部的剪贴板上进行的。具体操作步骤如下：

1) 对象的拷贝

(1) 选中要拷贝的对象。

(2) 执行菜单命令 Edit→Copy，光标变成十字形。

(3) 在选中的对象上单击鼠标左键，确定参考点。参考点的作用是在进行粘贴时以参考点为基准。

此时选中的内容被复制到剪贴板上。

2) 对象的剪切

(1) 选中要剪切的对象。

(2) 执行菜单命令 Edit→Cut，光标变成十字形。

(3) 在选中的对象上单击鼠标左键，确定参考点。

此时选中的内容被复制到剪贴板上，与拷贝不同的是选中的对象也随之消失。

3) 对象的粘贴

(1) 单击主工具栏上的图标，或执行菜单命令 Edit→Paste，光标变成十字形，且被粘贴对象处于浮动状态粘在光标上。

(2) 在适当位置单击鼠标左键，完成粘贴。

这种粘贴方法一次只能粘贴一个对象，并且所粘贴的对象与原对象完全一样。

4) 阵列式粘贴

(1) 执行菜单命令 Edit→Paste Array，弹出如图 8-56 所示的特殊粘贴对话框，单击图中的【Paste Array】按钮，弹出如图 8-57 所示的阵列粘贴方式对话框。单击放置工具栏中的图标，也可弹出如图 8-57 所示的对话框。

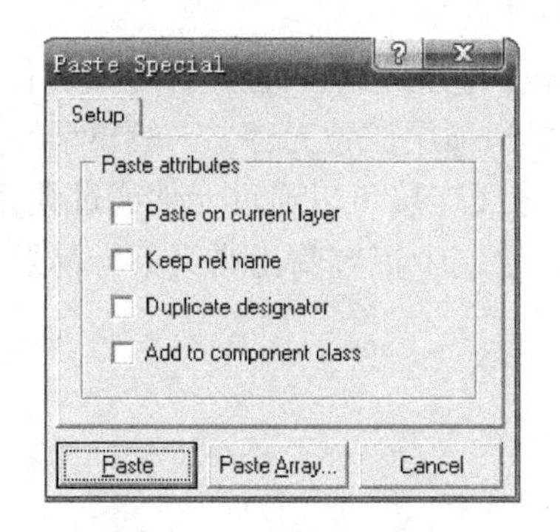

图 8-56　特殊粘贴对话框

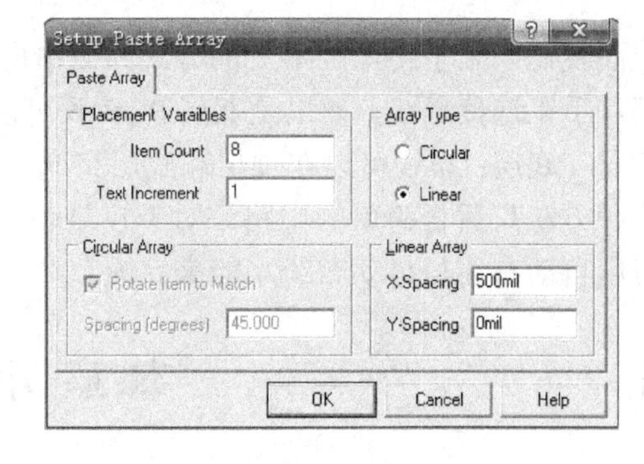

图 8-57　阵列粘贴设置对话框

(2) 设置粘贴的方式。在 Placement Variable 区域设置复制数量，在 Array Type 区域设置粘贴的方式(圆形或线形)。

(3) 圆形阵列粘贴。在粘贴的位置点击鼠标左键，确定阵列的圆心，移动鼠标确定阵列圆的半径。粘贴效果如图 8-58 所示。

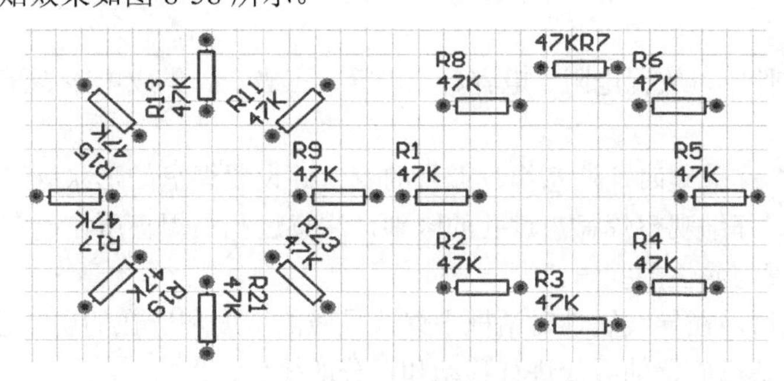

图 8-58　圆形阵列粘贴效果

(4) 线性阵列。选择 Linear，在 Linear Array 设置 X、Y 方向的间距。在粘贴的位置点击鼠标左键确定粘贴起点，粘贴效果如图 8-59 所示。

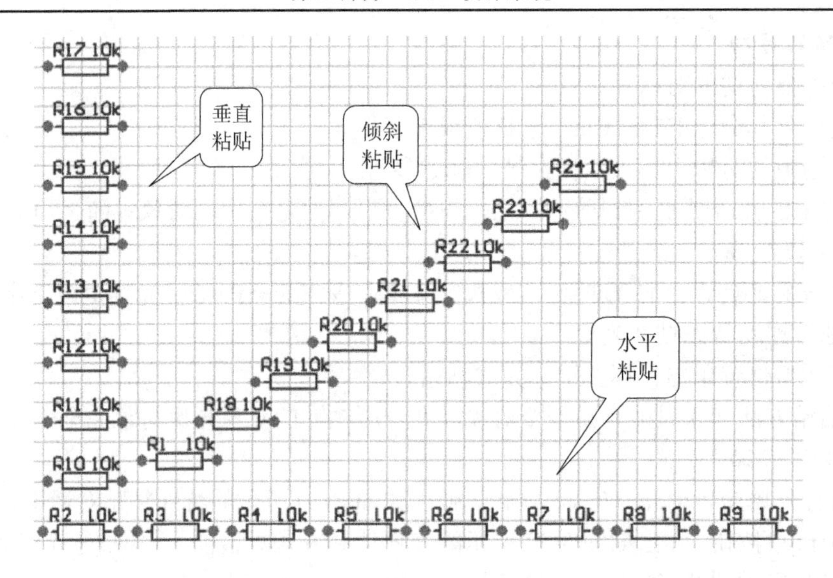

图 8-59　线性阵列粘贴效果

上面我们介绍了使用纯手工的方式绘制单层 PCB 板，包括手工放置各种对象实体、手工布局和手工连接导线，如果是双层 PCB 板可以在底层和顶层放置元件。一般小型的少数元件放置在底层；布线可以在顶层和底层完成，上下层导线连接可以通过元件或过孔完成。但是这种方法只适合简单的电路，对于较复杂的电路，绘制中很容易出错又不容易发现，此时可用自动布局与自动布线功能来完成。

本章小结

本章主要介绍了元件封装库的加卸载方法，PCB 对象实体的放置方法及其属性的编辑等基本操作；同时，以一个简单的实例介绍了手工绘制 PCB 的过程、PCB 的 3D 预览显示等内容。

思考与练习

1. 在 PCB 文件中，放置电阻、电容、二极管、三极管、集成电路等元件，并设置它们的属性。

2. 放置焊盘，在放置时，注意焊盘编号的变化并设置焊盘的形状等属性。

3. 放置过孔，仔细观察焊盘与过孔的区别，注意过孔与焊盘所在层有何不同。

4. 导线的放置与属性的编辑。

(1) 放置导线后，在导线属性对话框中修改导线的宽度和所在的层，看一看有何变化。

(2) 练习对一条已放置的导线进行移动和拆分的操作。

(3) 练习将一条导线放置在顶层和底层的操作，注意添加的过孔和导线颜色的变化。

5. 定义一块尺寸宽为 100 mm，长为 200 mm 的单面电路板。要求在禁止布线层和机械层画出电路板板框，在机械层标注尺寸。

6. 根据图 8-60(a)所示门铃电路电气原理图，手工绘制一块单层电路板图，电路板长 1450 mil，宽 1300 mil，加载 Advpcb.Ddb 元件封装库。根据表 8-2 提供的元件封装并参照图 8-60(b)进行手工布局，其中按钮 S、电源和扬声器 SP 等元件要外接，需在电路板上放置焊盘。布局后在底层进行手工布线，布线宽度为 20 mil。布线结束后，进行字符调整，并为按钮、电源和扬声器添加标识字符。

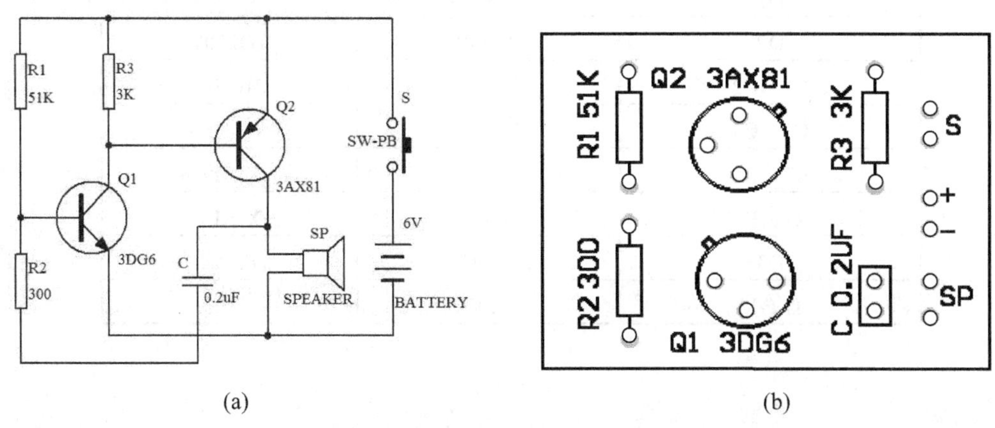

图 8-60　电气原理图与参考布局图

(a) 原理图；(b)　PCB 布局图

7. 正负电源电路如图 8-61 所示，元件清单如表 8-3 所示。试设计该电路的电路板。设计要求：

(1) 使用单层电路板，电路板尺寸为 3000 mil × 2000 mil。

(2) 电源地线的铜膜线宽度为 40 mil。

(3) 一般布线的宽度为 20 mil。

(4) 布线时只能单层走线。

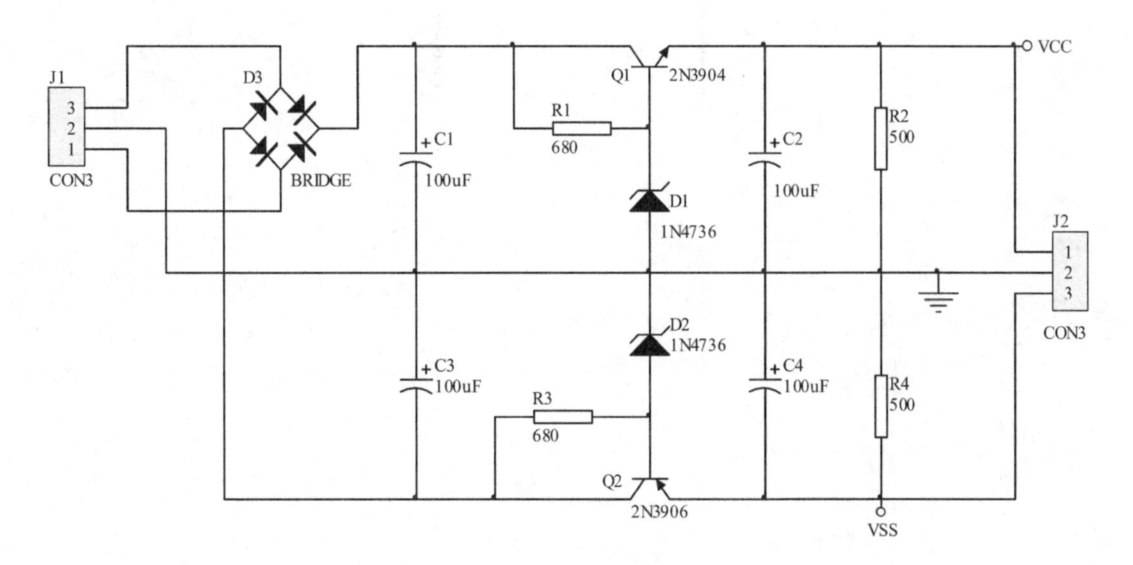

图 8-61　正负电源电路

表8-3 元件列表

元件在图中的标号 (Designator)	元件类别或标示值 (Part Type)	元件封装形式 (Footprint)
D1、D2	1N4736	DIODE-0.4
Q1	2N3904	TO220V
Q2	2N3906	TO220V
C1、C2	100 uF	RB-.3/.6
C3、C4	100 uF	RB-.3/.6
R2、R4	500	AXIAL0.4
R1、R3	680	AXIAL0.4
D3	BRIDGE	FLY-4
J1、J2	CON3	SIP-3

自动布局与自动布线

内 容 提 要

本章主要介绍自动布局和自动布线的规则设置，加载网络表，自动装载 PCB 元件封装，自动布局与布线，完成 PCB 的绘制方法，相关打印知识等。

上一章我们介绍了使用纯手工的方式绘制单层 PCB 板的方法，熟悉了电路板的手工布局和手工布线的各种基本操作。但是这种方法只适合简单电路的绘制，而对于比较复杂的电路，手工布线费时费力，易产生差错。根据电路原理图生成网络表，再进行电路板的自动布局和自动布线，才是 Protel 99 SE 的最大特色。下面以图 2-32 过压监视电路为例，介绍 PCB 板的自动布局与自动布线的操作，完成双层 PCB 板的绘制。图中所有元件均在 Advpcb.ddb 元件封装库中，元件明细如表 2-4 所示。

9.1　PCB 自动布线流程

PCB 自动布线就是通过计算机自动将原理图中元件间的逻辑连接转换为 PCB 铜箔连接，PCB 的自动化设计实际上是一种半自动化的设计过程，还需要人工的干预才能设计出合格的 PCB。

PCB 自动布线的流程如下：

(1) 绘制电路原理图，生成网络表。

(2) 在 PCB 99 SE 中，规划印刷电路板。

(3) 装载元件封装库、加载原理图网络表。

(4) 自动布局及手工布局调整。

(5) 自动布线参数设置。

(6) 自动布线。

(7) 手工布线调整及标注文字调整。

(8) 输出 PCB 图。采用打印机或绘图仪输出电路板图。

9.2　绘制电路原理图、生成网络表

根据第 2 章电路原理图的设计方法，绘制图 2-32 过压监视电路原理图。注意此时绘制的原理图所有元件属性中均应包括元件封装形式，各元件的封装类型请参考表 2-4。

按照第 5 章网络表的生成方法，产生网络表。为了能够充分利用 PCB 设计器的自动布局和布线功能，网络表本身一定要包括电路原理图中的所有元件，而且在属性设置时必须为每个元件指定与封装库匹配的封装形式。网络表的文件名为“过压监视电路.NET”。

9.3　规划印刷电路板

设置工作层和布局范围。该 PCB 板采用双面板，需要加载的板层如图 9-1 所示，板层至少有顶层、底层、顶层丝印层、多层和禁止布线层。

TopLayer　BottomLayer　Mechanical1　TopOverlay　KeepOutLayer　MultiLayer

图 9-1　双面板层所加层显示

元件布局范围属于 PCB 大小，在机械层绘制物理边界，禁止布线层设置电气边界。设置相对坐标原点，在禁止布线层绘制一个长 1700 mil、宽 1200 mil 的矩形框。

9.4　装载元件封装库

按照 8.1.2 节加载 Advpcb.ddb 元件封装库。

需要注意的是，不同的电路中组成元件不同，需要的封装形式有所区别，根据实际电路加载不同的封装库，所加载的元件封装库一定要包括电路原理图中所有元件封装形式，否则在加载网络表时将会出错。

9.5　加载原理图网络表

网络表是连接原理图和电路板图的桥梁。在 PCB 编辑器中加载 PCB 元件库后，就可以执行装入网络表的操作。装入网络表，实际上就是将原理图中元件对应的封装和各个元件之间的连接关系装入 PCB 设计系统中，用来实现电路板中元件的自动放置、自动布局和自动布线。系统提供两种网络表的装入方法，一种是直接装入网络表文件，另一种是利用 Synchronizer(同步器)来实现。

9.5.1　直接装入网络表文件

直接装入网络表文件的操作步骤如下：

(1) 选择主菜单 Design→Load Nets…，如图 9-2 所示。

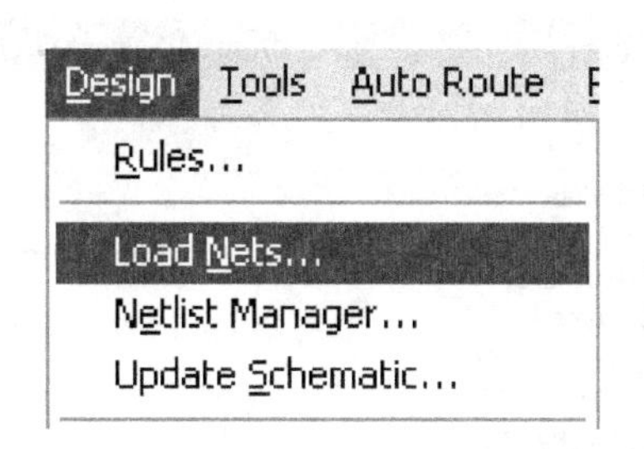

图 9-2　加载网络表命令

(2) 弹出如图 9-3 所示的加载网络表对话框。若选中 Delete components not in netlist，表示系统将自动删除没有在网络表中的元件，即没有连接的元件；若选中 Updata footprints，表示如果调入的网络表文件中的元件封装和已经存在的元件封装不同，则采用新的元件封装形式，如果不选，则采用原来的封装形式。

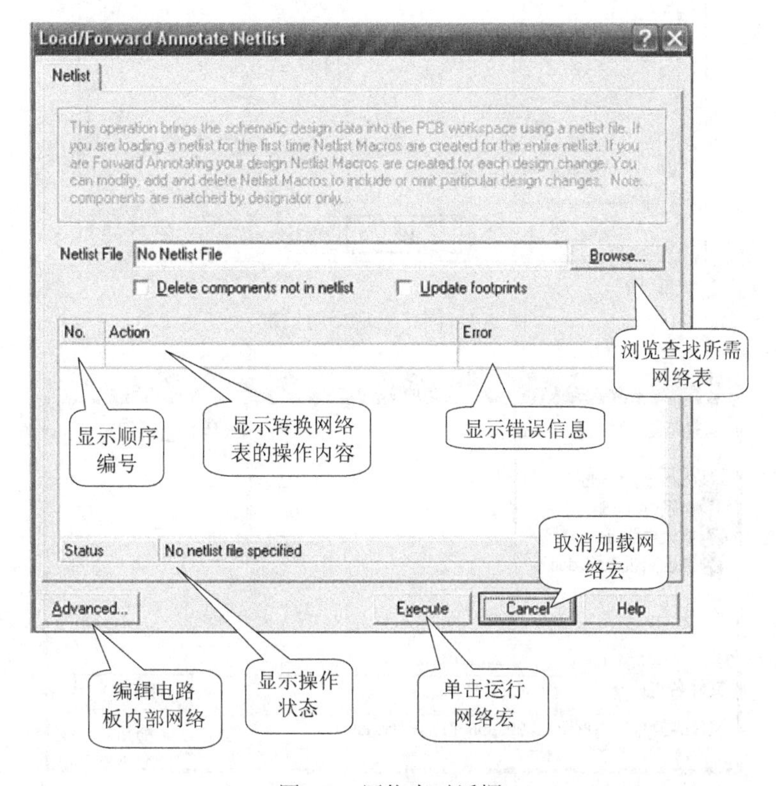

图 9-3　网络表对话框

(3) 查找加载网络表，如果在图 9-3 的 Netlist File 中未出现所要加载的网络表名称，则单击 **Browse...** (浏览)按钮，弹出如图 9-4 所示的对话框，查找需要加载的网络表名称，如“过压监视电路.NET”，选中并单击【OK】按钮完成。

如果需要加载的网络表不在图 9-4 所示的对话框中，可以单击右上方的【Add】按钮，出现如图 9-5 所示的对话框，选中文件后再单击 打开(O) 按钮。

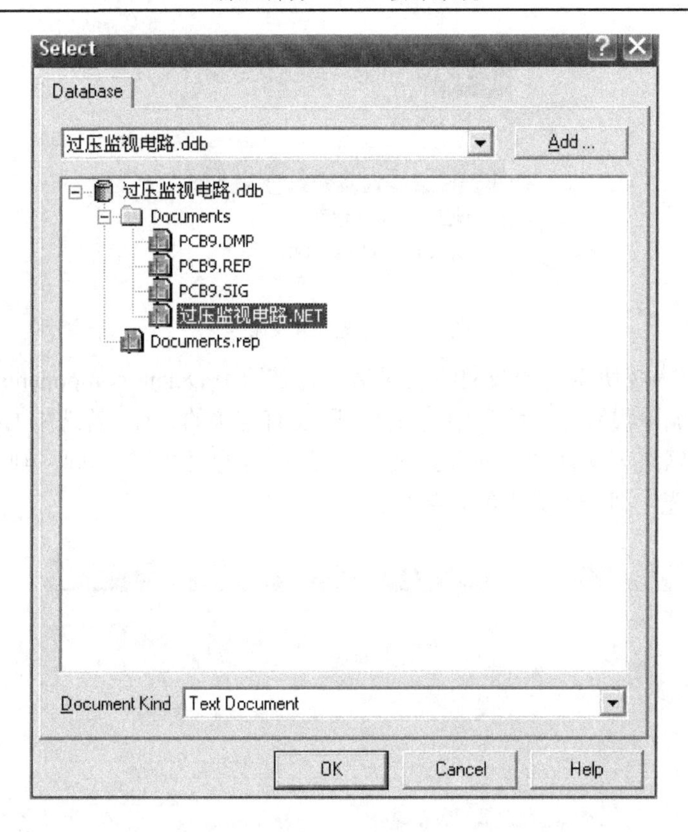

图 9-4　网络表选择对话框

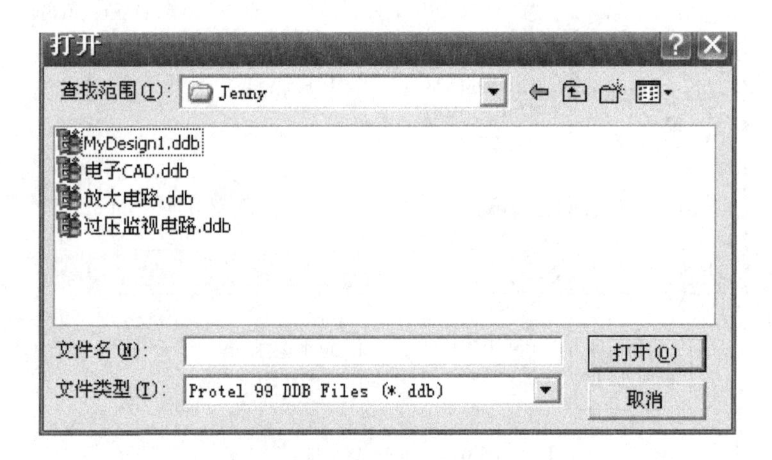

图 9-5　专题设计数据库中选择网络表文件

(4) 单击【OK】按钮，系统将加载选定的网络表，如图 9-6 所示，并进行分析。如果网络表中没有任何错误信息，可单击【Execute】按钮，装入网络表及元件。如果网络表有错误信息，这时必须认真分析错误列表窗口内的提示信息，找出出错原因，并单击【Cancel】按钮，放弃网络表的加载，返回原理图编辑状态，更正后再执行操作，直到信息列表窗内没有错误提示信息为止。

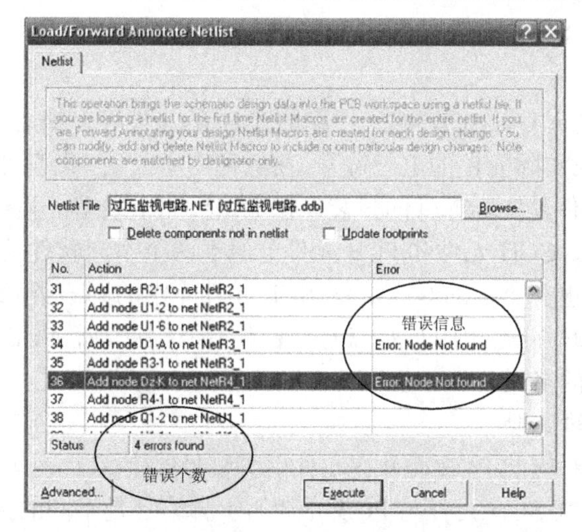

图 9-6　生成的有错误的网络表宏信息

9.5.2　网络宏错误的修改及重新加载网络表

1. 常见的错误和警告

如果在生成网络宏时出错，列表框中 Error 列将显示出现的错误信息，如图 9-6 所示。常见的错误是在原理图中没有设定元件的封装，或者封装不匹配，此时应该返回到原理图编辑器中，修改错误，并重新生成网络表，然后再切换到 PCB 文件中进行操作。常见的宏错误信息如下：

- Net not found：找不到对应的网络。
- Component not found：找不到对应的元件。
- New footprint not matching old footprint：新的元件封装与旧的元件封装不匹配。
- Footprint not found in library：在 PCB 元件库中找不到对应元件的封装。
- Warning alternative footprint xxx used instead of：警告信息，用 xxx 封装替换。
- Node not found：引脚遗漏错误。

如果想查看网络表所生成的宏，可以双击图 9-6 列表中的对象，在弹出的如图 9-7 所示的网络宏属性对话框中，可以进行宏的添加、移除和修改。

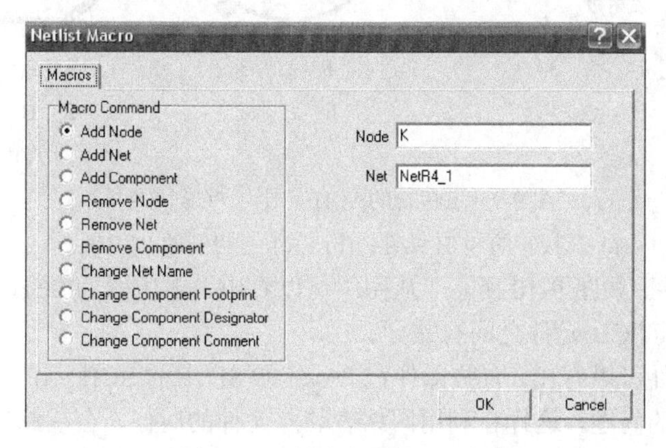

图 9-7　网络表宏属性对话框

2. PCB 元件库与 SCH 元件库的区别

1) 概念上的区别

焊接在电路板上的元件、SCH 的元件库、PCB 的元件库在概念上是不同的。在 SCH 元件库中的元件是对应实际元件的电气符号，在原理图中采用，我们可以称之为 SCH 元件；而 PCB 元件库中的元件是实际元件的封装，在电路板图中采用，我们可以称之为 PCB 元件。在 Protel 99 SE 中，SCH 元件和 PCB 元件分属于两个不同软件功能的元件库。

另外，两个元件库也有一定的对应关系。SCH 元件库中的同一类元件可以对应多个 PCB 元件库中的元件，例如，同是电阻，对应的封装有多个；而一个 PCB 元件库中的元件，可能对应 SCH 元件库中的多类元件。

2) 元件引脚编号的区别

有的 SCH 元件与对应的 PCB 元件在元件引脚编号的定义上是有所区别的。

(1) 二极管元件：其 SCH 元件与 PCB 元件的引脚编号是不同的，如图 9-8 所示。

图 9-8　二极管的 SCH 元件与 PCB 元件

(a) 二极管的 SCH 元件；(b) 二极管的 PCB 元件

(2) 三极管元件：以 NPN 型三极管为例，如图 9-9 所示。可以看出三极管的 SCH 元件与 PCB 元件的引脚编号是相同的，但它们的引脚对应的极的名称却存在差异。

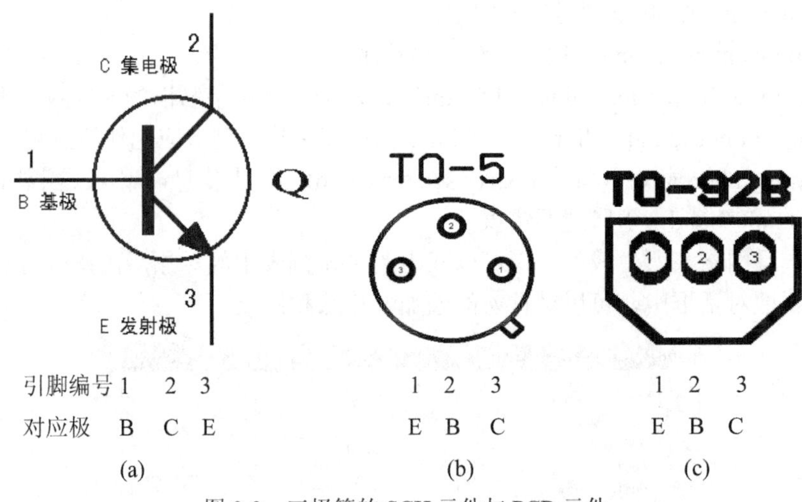

图 9-9　三极管的 SCH 元件与 PCB 元件

(a) 三极管的 SCH 元件；(b)、(c) 三极管的 PCB 元件

(3) 电位器元件。如图 9-10 所示。从图中可以看出，电位器的 SCH 元件的中间抽头的引脚编号为 3，与其 PCB 元件之间有差异。

从上述三个元件可以看出，有些元件在 Protel 99 SE 中的 SCH 元件与 PCB 元件仍然存在引脚编号不一致的问题，这样在利用网络表装入元件的时候，会引起错误。对于三极管、电位器等元件虽然在装入网络表时没有显示错误信息，但如果不修改其引脚编号的话，制成的 PCB 板将会出错，一定要特别注意。

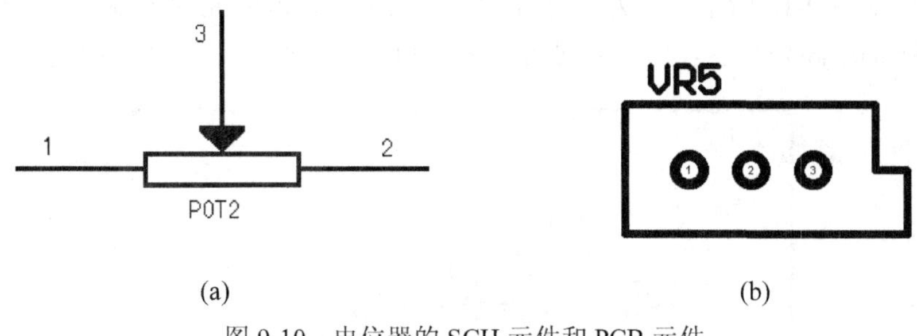

图 9-10　电位器的 SCH 元件和 PCB 元件

(a) 电位器的 SCH 元件；(b) 电位器的 PCB 元件

3. 解决问题的两种方法

(1) 对 SCH 元件或 PCB 元件的引脚编号在相应的元件库编辑器中进行修改，使之保持一致。在原理图元件库编辑器中修改的具体操作方法，可参考第 6 章原理图元件符号设计与元件库编辑一章。另外，在 PCB 元件封装库编辑器中，也可以对 PCB 元件的引脚焊盘的编号(Designator)加以修改，以解决此问题，具体操作方法将在第 10 章讲解。

(2) 在电路原理图生成网络表之后，在网络表文件中进行修改，使之保持一致。保存修改的结果，并更新原理图，重新产生网络表。然后打开 PCB 文件，重新加载网络表。另外，在绘制原理图时，应该确定每个元件的封装，以方便绘制电路板图。如果某个元件没有对应的封装，应当建立该元件的封装，否则在装入网络表时同样无法装入该元件而引发错误。

修改完错误后重新加载网络表如图 9-11 所示。

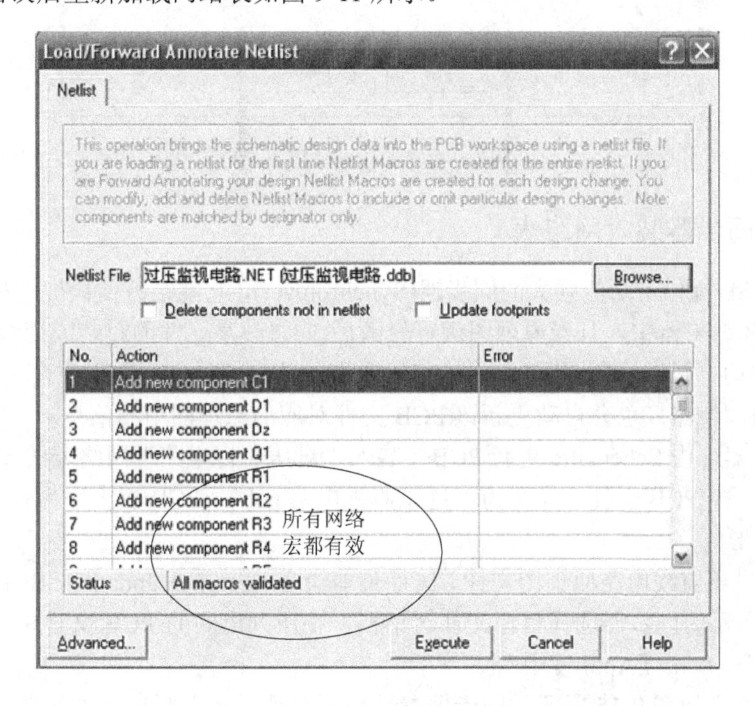

图 9-11　生成的无错误的网络表宏信息

网络表没有任何错误时，单击图 9-11 底部的【Execute】按钮，完成网络表元件的装入。装入后的效果如图 9-12 所示。因为没有进行元件布局，装入的元件重叠在电路板的电气边界内，与连线都用高亮绿色表示。此时可以采用自动布局或手工调整进行合理的布局。

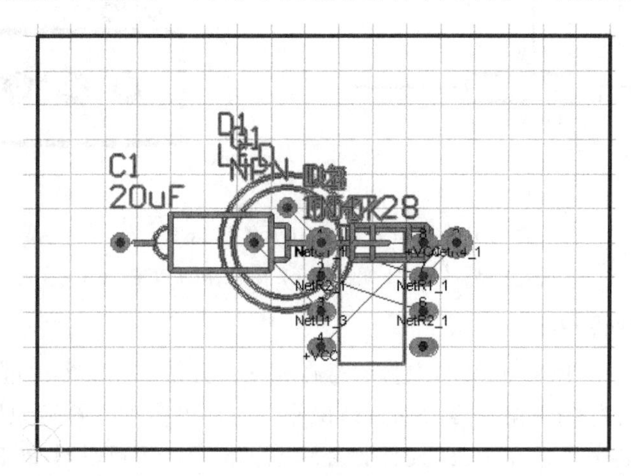

图 9-12　网络表加载后的 PCB 图

注意：如果网络表中存在宏错误而没有修改，立即执行【Execute】命令，将出现如图 9-13 所示不能加载网络宏对话框。此时用户可单击【No】按钮返回，以便修改网络宏错误。如果用户单击【Yes】按钮强行加载网络表，那么，布线时将不能完整布线。

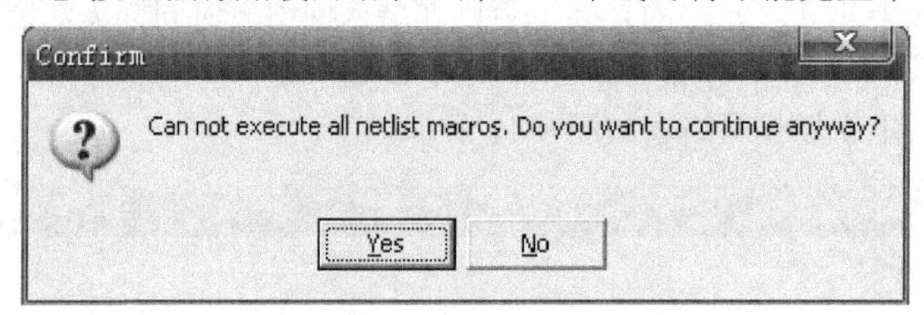

图 9-13　不能加载网络宏对话框

9.5.3　利用同步器装入网络表

Protel 99 SE 提供了功能强大的同步器(Synchronizer)，它能很方便快捷地把原理图的网络表装入 PCB 编辑器中，且当原理图进行修改后(如修改某元件的封装或连线关系等)使用同步器，会自动更新该原理图所对应的 PCB 文件的信息。反之，如果改变了 PCB 文件中的信息，使用同步器，也会自动更新该 PCB 文件对应的原理图中的信息。

利用同步器，由 Schematic 更新 PCB，装入“过压监视电路”网络表的步骤如下：

(1) 新建一个 PCB 文件，命名为“过压监视电路.pcb”，PCB 板大小为长 1700 mil，宽 1200 mil 的矩形。

(2) 打开过压监视电路原理图文件，执行菜单命令 Design→Updata PCB(更新 PCB)，弹出如图 9-14 所示的同步器选择目标文件对话框。在所列出的的 PCB 文件中，选取“过压监视电路.Pcb”，单击【Apply】按钮。

(3) 系统弹出如图 9-15 所示的同步器参数设置对话框。主要参数的含义如下：

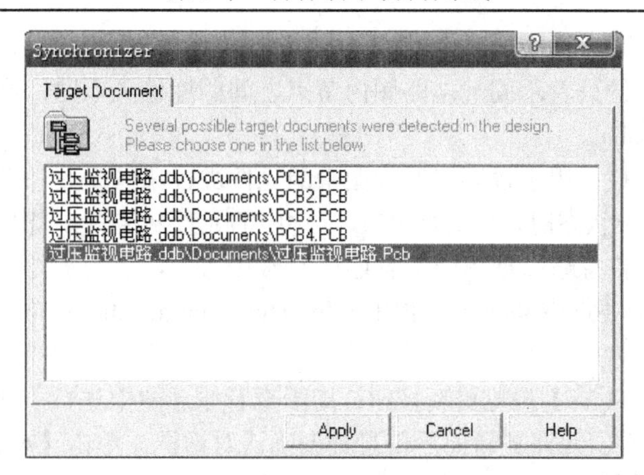

图 9-14　同步器选择目标文件对话框

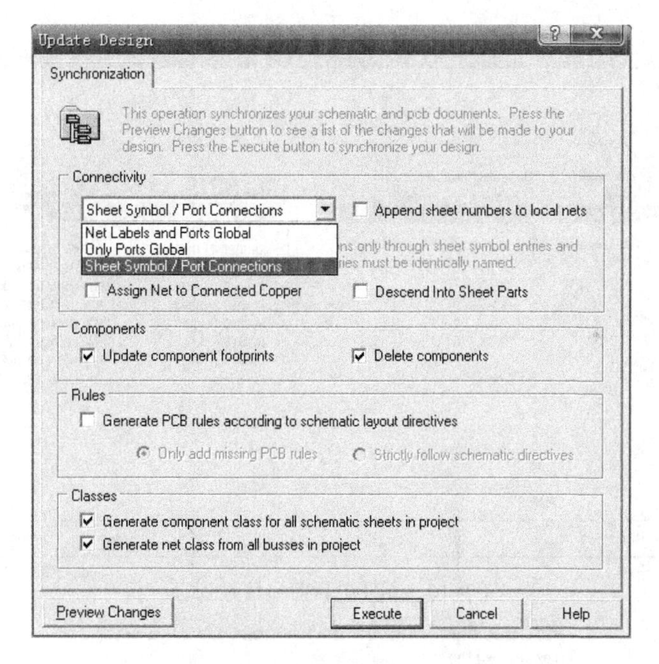

图 9-15　同步器参数设置对话框

- Connectivity 栏：用于设置原理图与 PCB 图之间的连接类型。对于单张电路原理图来说，可以选择 Sheet Symbol /Port Connections、Net Labels and Port Global 或 Only Port Global 方式中的任一种。

对于由多张原理图组成的层次电路原理图来说，如果在整个设计项目(.prj)中，只用方块电路 I/O 端口表示上下层电路之间的连接关系，也就是说，子电路中所有的 I/O 端口与上一层原理图中方块电路 I/O 端口一一对应，此外就再也没有使用 I/O 端口表示同一原理图中节点的连接关系，则将 Connectivity(连接)设为 Sheet Symbol/Port Connections。如果网络标号及 I/O 端口在整个设计项目内有效，即不同子电路中所有网络标号、I/O 端口相同的节点均认为电气上相连，则将 Connectivity(连接)设为 Net Labels and Port Global。

如果 I/O 端口在整个设计项目内有效，而网络标号只在子电路图内有效，在原理图编辑过程中，严格遵守同一设计项目内不同子电路图之间只通过 I/O 端口相连，不通过网络标号连接，即网络标号只表示同一电路图内节点之间的连接关系时，则将 Connectivity(连接)设为 Only Port Global。

• Components 栏：用于设置对原理图中的元件进行哪些修改。当 Update component footprint 选项处于选中状态时，将更新 PCB 文件中的元件封装图；当 Delete components 选项处于选中状态时，将忽略原理图中没有连接的孤立元件。

• Rules：根据需要选中 Generate PCB rules according to schematic layout directives 选项及其下面的选项。

• 【Preview Changes】预览更新按钮：用于查看原理图中进行了哪些修改。单击该按钮，弹出如图 9-16 所示元件更新前后信息列表确认对话框。单击【Apply】按钮，出现如图 9-17 所示更新电路板图信息对话框，如果出现宏错误，同样也要对错误进行修改，直到没有错误为止。

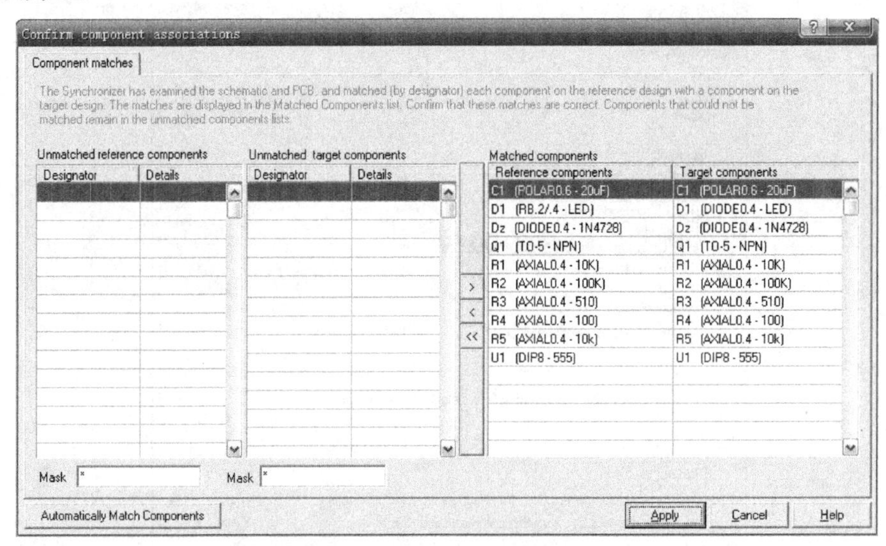

图 9-16　元件更新前后信息列表

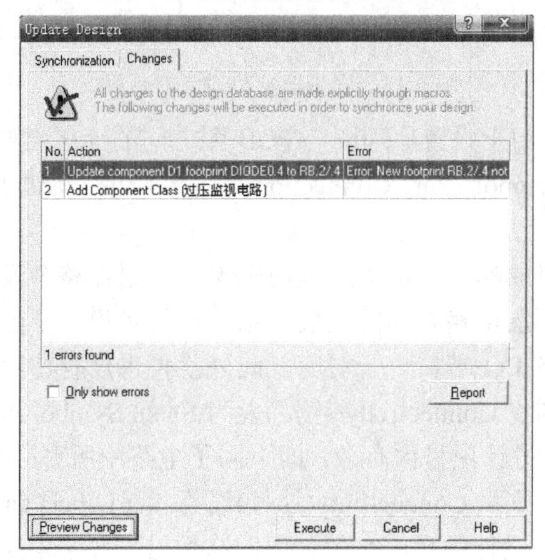

图 9-17　更新电路板图信息对话框

(4) 单击【Execute】按钮，装入网络表及元件。效果与直接装载网络表一样。

需要注意的是：执行 Design 菜单下的 Update PCB…命令后，如果原理图文件所在文件夹内没有 PCB 文件，将自动生成一个新的 PCB 文件(文件名与原理图文件相同)；如果当前文件夹内已存在一个 PCB 文件，将更新该 PCB 文件，使原理图内元件电气连接关系、封装形式等与 PCB 文件保持一致(更新后不改变未修改部分的连线)；如果原理图文件所在文件夹内存在两个或两个以上的 PCB 文件时，将给出如图 9-14 所示的提示信息，要求操作者选择并确认更新哪一个 PCB 文件。因此，在 Protel 99 SE 中，可随时通过“更新”操作，使原理图文件(.sch)与印刷板文件(.PCB)保持一致。

同理，在 PCB 编辑器下，对电路板图进行了修改，然后执行菜单命令 Design→Update Schematic，再打开对应的原理图文件，你会发现与该电路板图对应的原理图已经进行了更新。

9.6　自动布局及手工布局调整

9.6.1　元件布局原则

在 PCB 电路单元中元器件的位置安排称为元器件布局，合理的布局能够保证电路技术指标的实现和电路稳定可靠的工作。尽管印刷板形状及结构很多、功能各异，元件数目、类型也各不相同，但印刷板元件布局还是有章可循的。下面介绍布局时应遵循的原则。

(1) 元件位置的安排。在 PCB 设计中，如果电路系统同时存在数字电路、模拟电路以及大电流回路，则必须分开布局，使各系统之间耦合达到最小。

在同一类型电路(指数字电路或模拟电路)中，按信号流向及功能，分块、分区放置元器件。

输入信号处理元件、输出信号驱动元件应尽量靠近印刷电路板边框，使输入/输出信号走线尽可能短，以减少输入/输出信号可能受到的干扰。

(2) 元件布局要有利于维修、安装和拆卸。元件离印刷板机械边框的最小距离必须大于 2 mm 以上，如果印刷板安装空间允许，最好保留 5～10 mm。

(3) 元件放置方向。在印刷板上，元件只能沿水平和垂直两个方向排列，否则不利于插件。对于竖直安装的印刷电路板，当采用自然对流冷却方式时，集成电路芯片最好竖直放置，发热量大的元件要放在印刷板的最上方；当采用散热风扇强制冷却时，集成电路芯片最好水平放置，发热量大的元件要放在风扇直接吹到的位置。

(4) 元件间距。对于中等布线密度印刷板，如小功率电阻、电容、二极管、三极管等分立元件彼此间的间距与插件、焊接工艺有关。当采用自动插件和波峰焊接工艺时，元件之间的最小距离可以取 50～100 mil(即 1.27～2.54 mm)；而当采用手工插件或手工焊接时，元件间距要大一些，如取 100 mil 或以上，否则会因元件排列过于紧密，给插件、焊接操作带来不便，也不利于散热。对于大尺寸元件，如集成电路芯片，元件间距一般为 100～150 mil。对于高密度印刷板，可适当减小元件间距。

对于发热量大的功率元件，元件间距要足够大，以利于大功率元件散热，同时也避免了大功率元件间通过热辐射相互加热，以保证电路系统的热稳定性。

当元件间电位差较大时，元件间距应足够大，以免出现放电现象，造成电路无法工作或损坏器件；带高压元件应尽量远离整机调试时手容易触及的部位，避免发生触电事故。

但元件间距也不能太大，否则印刷板面积会迅速增大，除了增加成本外，还会使连线长度变长，造成印刷导线寄生电容、电阻、电感等增大，使系统抗干扰能力变差。

(5) 热敏元件要尽量远离大功率元件。具有磁场的铁芯器件、高压元件，最好远离其他元件，以免元件之间互相干扰。

(6) 电路板上重量较大的元件应尽量靠近印刷电路板支撑点，使印刷电路板翘曲度降至最小。如果电路板不能承受，则可把这类元件移出印刷板，安装到机箱内特制的固定支架上。

(7) 对于需要调节的元件，如电位器、微调电阻、可调电感等的安装位置应充分考虑整机结构要求；对于需要机外调节的元件，其安装位置和调节旋钮与机箱面板上的位置要一致；对于机内调节的元件，其放置位置以打开机盖后即可方便调节为原则。

(8) 在布局时，IC 去耦电容要尽量靠近 IC 芯片的电源和地线引脚，否则滤波效果会变差。在数字电路中，为保证数字电路系统工作可靠，在每一数字集成电路芯片(包括门电路和抗干扰能力较差的 CPU、RAM、ROM 芯片)的电源和地之间均需要放置 IC 去耦电容。

(9) 时钟电路元件尽量靠近 CPU 时钟引脚。数字电路，尤其是单片机控制系统中的时钟电路，最容易产生电磁辐射，干扰系统内其他元器件。因此，布局时，时钟电路元件应尽可能靠在一起，且尽可能靠近单片机芯片时钟信号引脚，以减少时钟电路的连线长度。如果时钟信号需要接到电路板外，则时钟电路应尽可能靠近电路板边缘，使时钟信号引出线最短；如果不需引出，可将时钟电路放在印刷板中心。

(10) 元件排列时，应注意其接地方法和接地点。元件需要接地时，应选择最短的路径就近焊接在较粗的地线上。

9.6.2　自动布局规则设置

如果加载网络表后直接进行自动布局，系统将使用默认设置规则，也可以根据实际电路自己设置布局规则。自动布局设计规则操作如下：

在 PCB 设计环境下，执行菜单命令 Design→Rule，弹出如图 9-18 所示的 Design Rules(设计规则)设置对话框。Design Rules 设置窗包含 Routing(布线参数)、Manufacturing(制造规则)、High Speed(高速驱动，主要用于高频电路设计)、Placement(放置)、Signal Integrity(信号完整性分析)及 Other(其他约束)标签。单击【Placement】选项卡，可以对元件布局设计规则进行设置，它只适合于 Cluster Placer 自动布局方式。

图中的 Ruler Classes(规则分类)栏包含电路板中有关元件布局方面的一些规则，右方区域和下方区域分别是 Ruler Classes 栏处于选取状态设计规则的说明信息和包含的具体内容。下面介绍 Ruler Classes 栏中列出的五类规则的具体含义。

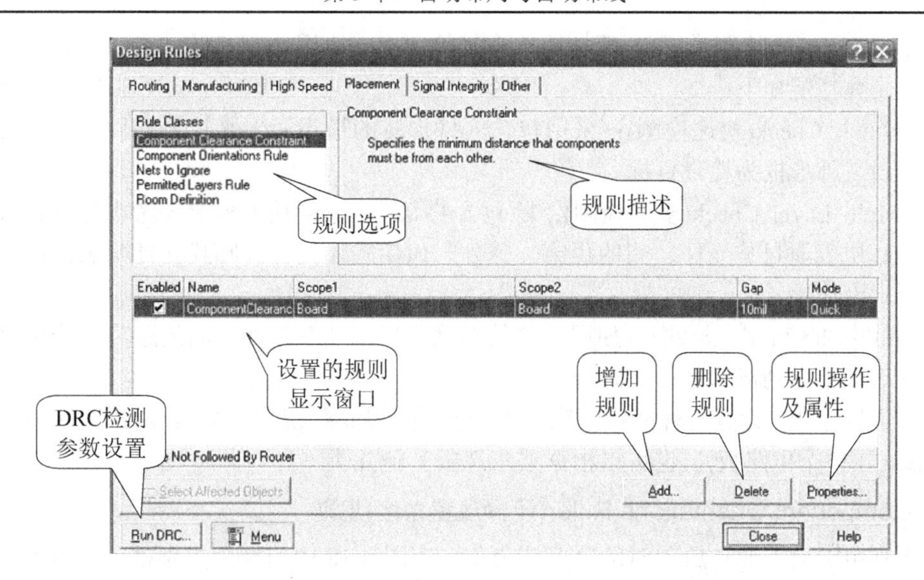

图 9-18　Design Ruler 对话框中的 Placement 选项卡

1. Component Clearance Constraint(元件间距临界值)规则

该规则用于设置元件之间的最小间距及元件之间距离的计算方法。在默认状态下，设计规则列表中已经存在一条设计规则，如图 9-18 所示。单击右下角【Properties...】(属性)按钮，或者将光标移至该项上，用鼠标左键双击，可编辑选定的规则；或先单击该项，然后单击右下角【Add】按钮，弹出如图 9-19 所示的 Component Clearance 设置对话框，可增加新的放置规则。设置完成后单击【OK】按钮，返回上层规则设置对话框。在规则列表窗口内选择某一特定规则后，单击【Delete】按钮，即可删除选定的规则。

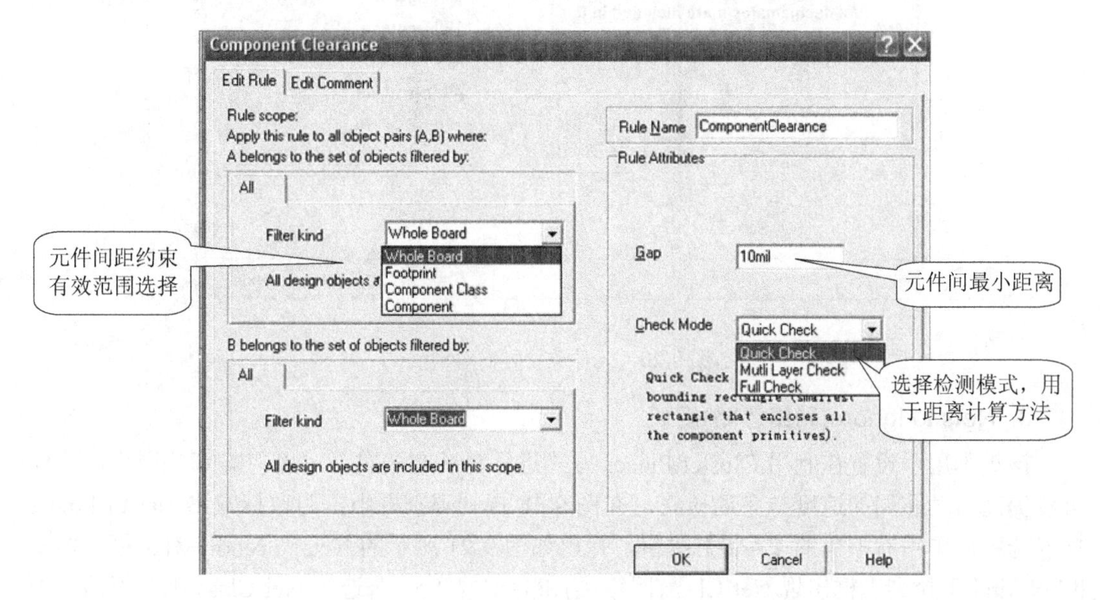

图 9-19　Component Clearance 设置对话框

在 Check Mode(检测模式)的下拉框中选择检测模式，用于距离计算方法。包括三种检测模式，具体功能如下：

• Quick Check(快速检测)：采用包含元件形状的最小矩形来计算元件之间的距离。以元件的封装外形框为检查目标。

• Multi Layer Check(多层检测)：除包含 Quick Check 功能外，还考虑焊盘在底层上的部分与底层表面封装元件之间的距离。另外，该模式还接受针脚式元件与表面粘贴式元件的混合式设计。

• Full Check(完全检测)：使用元件的精确外形来计算元件之间的距离。当电路板中有很多圆形或不规则形状的元件时使用。

在对话框左边，设置元件间距约束的有效范围，默认情况下，A、B 两组的有效范围为 Whole Board(整个电路板)，也可以根据要求选择其他几类。

2. Component Orientations Ruler(元件放置角度)规则

该规则用于设置元件放置时的角度或方位。在图 9-18 中的规则类别框中，用鼠标双击 Component Orientations Ruler 项或选中后单击右下角的【Add】按钮，弹出如图 9-20 所示的元件放置方向对话框。设置完成后单击【OK】按钮，返回上层规则设置对话框。

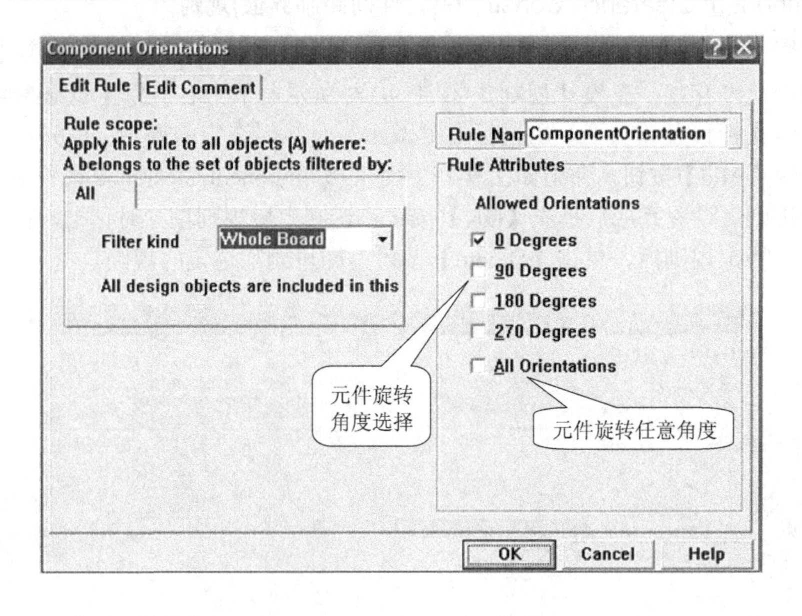

图 9-20 元件放置方向对话框

3. Nets to Ignore(网络忽略)规则

该规则用于设置在利用 Cluster Placer 方式进行自动布局时，可以忽略哪些网络，这样可以提高自动布局的速度与布局质量。在图 9-18 规则类别框中，用鼠标双击 Net to Ignore 项或选中后单击右下角的【Add】按钮，弹出如图 9-21 所示的 Nets to Ignore 对话框，单击 Filter kind 下拉列表框出现 Net Class(网络类)和 Net(网络)。若选中 Net Class 则其下面栏中为 All Nets；若选中 Net，则在下面栏中选中需要忽略的网络，一般将接地和电源网络忽略掉。设置完成后单击【OK】按钮，返回上层规则设置对话框。

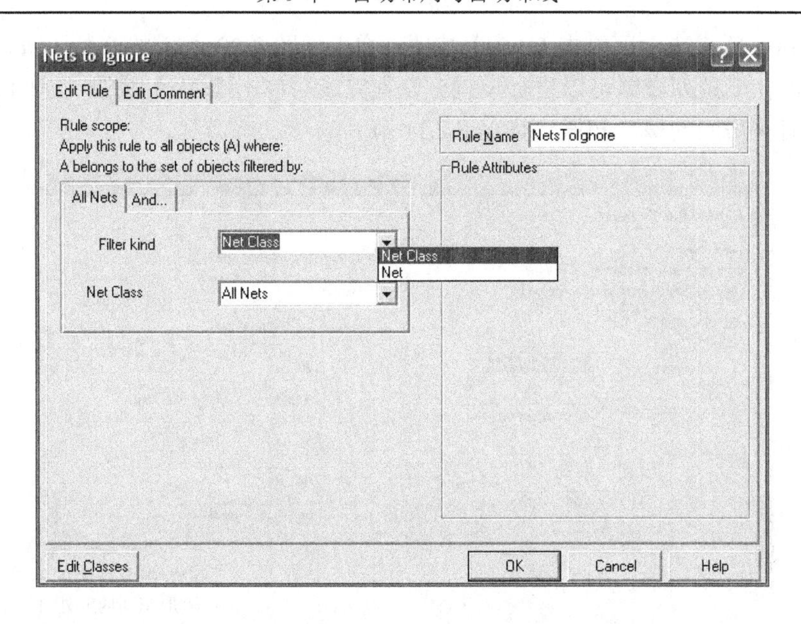

图 9-21　Nets to Ignore 对话框

4. Permitted Layer Ruler(允许元件放置层)规则

该规则用于设置允许元件放置的电路板层。一般只有顶层和底层能够放置元件，在图 9-18 的规则类别框中，双击 Permitted Layer Ruler 项或选中后单击【Add】按钮，弹出如图 9-22 所示的 Permitted Layers 对话框。该规则(选中)设置顶层和底层都可以放置元件。设置完成后单击【OK】按钮，返回上层规则设置对话框。

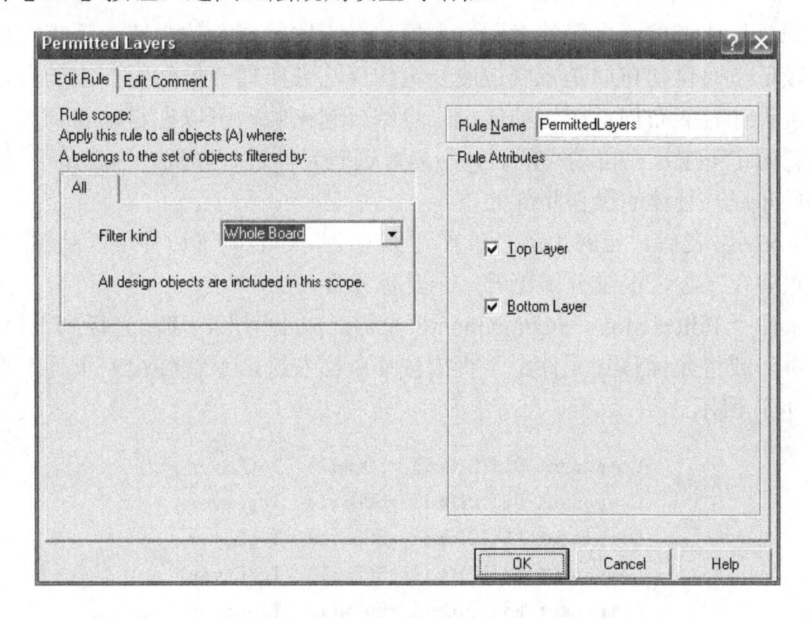

图 9-22　Permitted Layers 对话框

5. Room Definition(定义房间)规则

该规则用于在布局时放置一个矩形区域规则。在图 9-18 所示的规则类别框中，双击

Room Definition 项或选中后单击【Add】按钮，弹出如图 9-23 所示的 Room Definition 对话框。部分功能在下拉列表框可以进行设置。设置完成后单击【OK】按钮，返回上层规则设置对话框。有关房间的概念和操作详见 8.2.11 节。

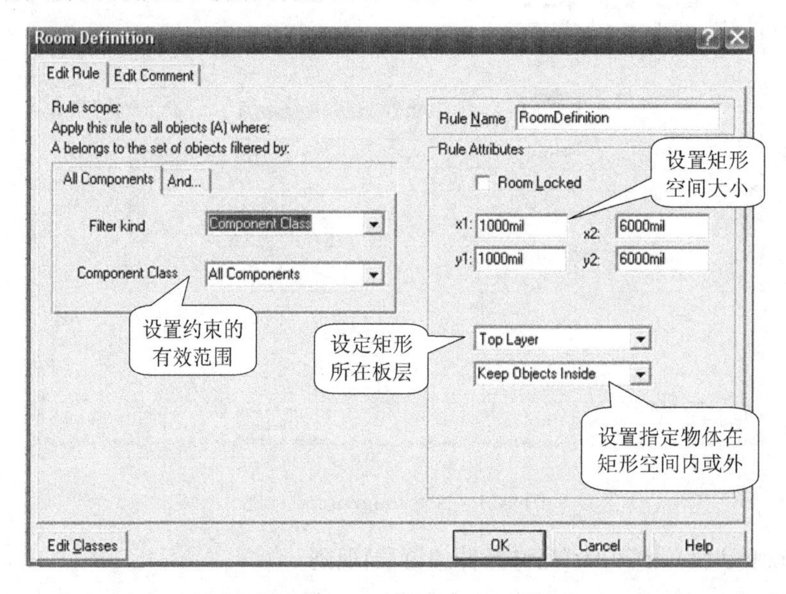

图 9-23　Room Definition 对话框

一般自动布局规则的设置，除特殊情况外可以不进行设置，使用系统默认参数。

9.6.3　手工定位元件

手工布局是设计者按照自己的意图去布局，对于比较复杂的电路，手工布局不一定合理，且效率较低。而自动布局是系统按照一定的算法去布局，虽然有一定的合理性，但总不能完全体现设计者的布局意图。如何把二者结合起来呢？可以在自动布局之前，先把一些元件的位置固定下来，在自动布局时，不再对这些元件进行布局，这就是手工定位元件，也称元件的预布局。具体的操作步骤如下：

(1) 在装入网络表后，元件也随之放置到预先绘制好的电气边界中，从图 9-12 中可以看出，元件重叠在一起，很难分辨出哪一个具体元件。

执行菜单命令 Edit→Move→Component，光标变成十字形，移动光标到重叠的元件上，单击鼠标左键，或将光标移到元件上，直接按住鼠标左键，系统弹出一个列有重叠元件的菜单，如图 9-24 所示。

```
Component D1 (1010mil,-500mil)  TopLayer
Component D2 (1010mil,-500mil)  TopLayer
Component R1 (1010mil,-500mil)  TopLayer
Component R2 (1010mil,-500mil)  TopLayer
Component R3 (1010mil,-500mil)  TopLayer
Component R4 (1010mil,-500mil)  TopLayer
```

图 9-24　列有重叠元件的菜单

(2) 在菜单中选择需要定位的元件，该元件变成高亮，移动光标，元件也随之移动。移动元件封装到合适位置，单击鼠标左键，该元件被放置。此时继续移动其他元件，或单击鼠标右键，结束命令状态。

(3) 用鼠标左键双击需要定位的元件，在弹出的如图 9-25 所示的元件属性对话框中，选取 Locked 复选框，使该元件被锁定，不参与自动布局，单击【OK】按钮完成。去掉选择 Locked 选项，该元件仍可参与自动布局。

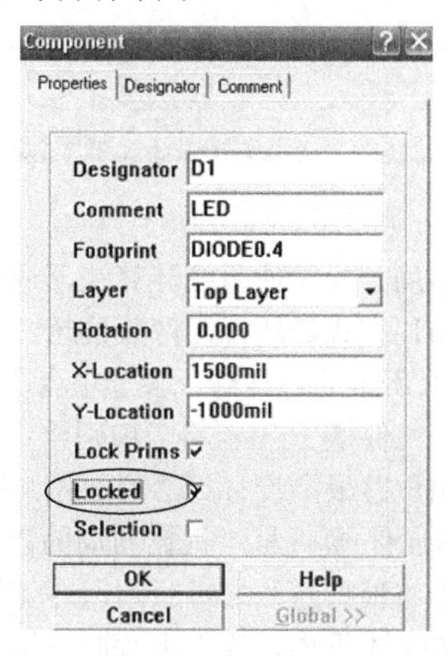

图 9-25　锁定元件

9.6.4　自动布局

设置自动布局规则之后，就可以执行自动布局操作了。操作步骤如下：

(1) 执行菜单命令 Tools→Auto Placement，出现如图 9-26 所示的下拉菜单。

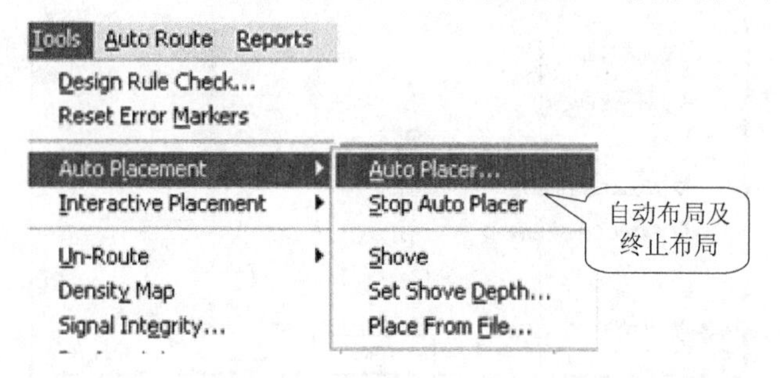

图 9-26　自动布局菜单与子菜单

(2) 选择 Tools→Auto Placement→Auto Placer，系统弹出如图 9-27 所示的自动布局对话框。对话框中显示了两种自动布局方式，每种方式所使用的计算和优化元件位置的方法不同，介绍如下：

Cluster Placer：群集式布局方式。根据元件的连通性将元件分组，然后使其按照一定的几何位置布局。这种布局方式适合于元件数量较少(少于 100 个)的电路板设计。其设置对话框如图 9-27 所示，在下方有一个 Quick Component Placement 复选框，选取它，布局速度较快，但不能得到最佳布局效果。

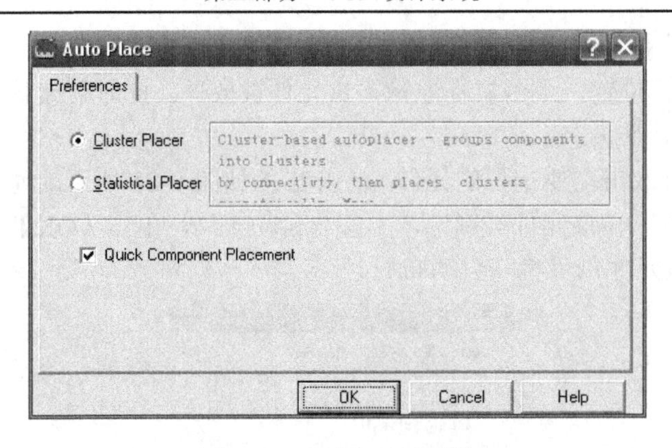

图 9-27　自动布局对话框

Statistical Placer：统计式布局方式。使用统计算法，遵循连线最短原则来布局元件，无需另外设置布局规则。这种布局方式最适合元件数目超过 100 个的电路板设计。如果选择此布局方式，将弹出如图 9-28 所示的对话框，各选项含义介绍如下：

① Group Components(组合元件)复选框：将当前网络中连接密切的元件合为一组，布局时作为一个整体来考虑。如果电路板上没有足够的面积，则不要选取该项。

② Rotate Components(旋转元件)复选框：根据布局的需要将元件旋转。当该选项处于选中状态时，在自动布局过程中将根据连线最短原则，对元件进行必要的旋转。

③ 在 Power Nets(电源网络)文本框内，输入电源网络标号名，如 VCC。

④ 在 Ground Nets(地线网络)文本框内，输入地线网络标号名，如 GND。

⑤ 在 Grid Size(栅格间距)文本框内输入自动布局时栅格之间的距离，缺省时为 20 mil，即 0.508 mm。一般不用修改，当栅格间距太大时，元件布局后可能超出布线区。

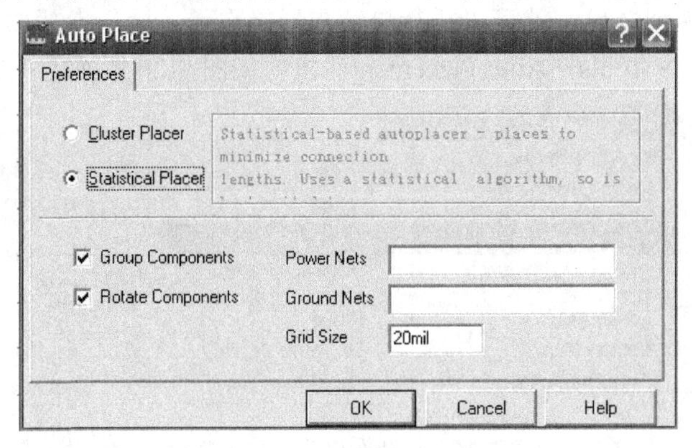

图 9-28　选择自动布局方式

选择布局方式后单击【OK】按钮完成。对于本章的例子，因为元件较少，故选择群集式元件布局方式。在自动布局过程中，将不断调整元件摆放位置，以便获得最佳的布局效果。因此，在自动布局过程中，要进行大量而复杂的计算，耗时从几秒到几十分钟不等，需耐心等待(等待时间的长短与计算机的档次、原理图复杂程度、元件放置方式以及自动布局选项设置有关)，最好不要强行关闭布局状态窗口，终止自动布局过程，除非用户仅仅是为了通过“自动布局”操作将重叠在一起的元件分开。

布局后，各元件焊盘之间已经存在连线(Connection)，这种线俗称飞线。在印刷板中用“飞线”表示元件的连接关系，但飞线仅仅是一种示意性连线，并不是真正的印刷导线。此外，飞线也不能删除，但可以通过“View”菜单下的“Connections”系列命令隐藏与特定节点、元件相连的一组飞线或全部飞线。

自动布局后的效果如图 9-29 所示，显然图中元件仍然为高亮状态。另外，当布线区太小，无法按设定距离放置原理图内所有元件封装图时，布局结束后会发现个别元件放在禁止布线区外，即布局不是太合理，需要进一步调整。

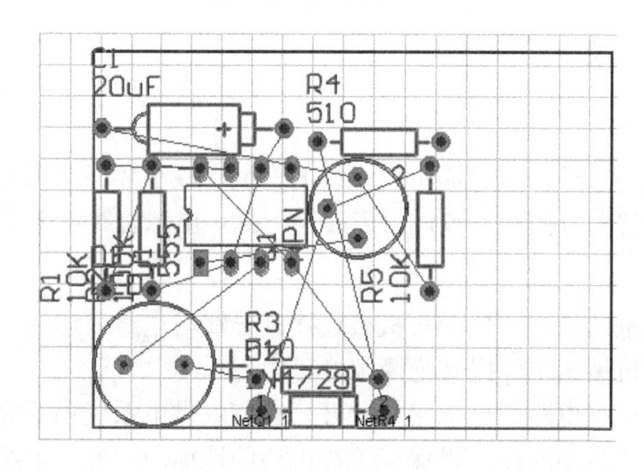

图 9-29　自动布局效果图

9.6.5　手工布局调整

自动布局完成后，一般不能完全符合电路板设计要求。例如系统没有充分利用空间，部分元件布置不合理等，如图 9-29 所示。可以手工完成调整，调整布局后的效果如图 9-30 所示。

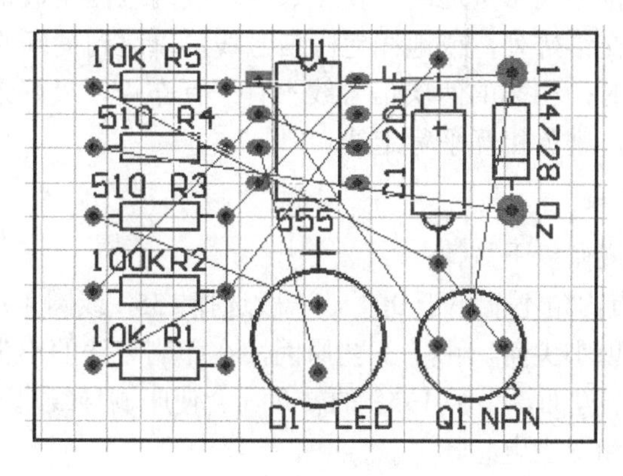

图 9-30　布局调整后的电路图

9.7 自 动 布 线

自动布局及手工调整布局之后，就要进行自动布线的工作。自动布线是指系统根据设计者设定的布线规则，依照网络表中的各个元件之间的连线关系，按照一定的算法自动在各个元件之间进行布线。从图 9-30 中可以看出，各元件焊盘之间已经存在飞线连线(Connection)。飞线只是在逻辑上表示各元件焊盘间的电气连接关系，而布线是根据飞线指示的电气连接关系来放置铜膜导线。

布线过程包括设置自动布线参数、自动布线前的预处理、自动布线、手工修改四个环节。其中自动布线前的预处理是指利用布线规律，用手工或自动布线功能，优先放置有特殊要求的连线，如易受干扰的印刷导线、承受大电流的电源线和地线等。

9.7.1 布线的一般原则

1. 电源线设计

根据电路板电流的大小，尽量加粗电源线的宽度，减小环路电阻和电压降。电源线、地线的走向和数据传递的方向应一致，可以减小干扰。电源总线尽量靠近地线。

2. 地线设计

公共地线布置在板的边缘，便于与机架连接。导线与电路板边缘应留出一定的距离，便于安装导轨和进行机械加工，提高绝缘性能。

数字电路的地与模拟电路的地应尽量分开，它们的供电系统也要完全分开。电路板上每级电路的地线应自成封闭回路，以保证每级电路的地电流主要在本级地回路中流通，减少级间地电流耦合。

3. 信号线设计

总线必须严格按照高频→中频→低频一级级按弱电到强电的顺序排列连接，如有不当容易引起自激。高频电路常采用大面积包围式地线，保证有良好的屏蔽效果。

低频导线应靠近电路板的边缘布置。

高电位导线和低电位导线尽量远离，使相邻的导线间电位差最小。

采用信号线和地线交错排列，或地线包围信号线，以达到良好的抗干扰作用。

采用双信号带状线时，相邻的两层信号线不宜平行布设，最好采用井字形网状布线结构，或斜交、弯曲走线，避免相互平行走线。

4. 布线规律

在布线过程中必须遵循以下规律：

(1) 印刷导线转折点内角不能小于 90°，一般选择 135° 或圆角；导线与焊盘、过孔的连接处要圆滑，避免出现小尖角。由于工艺原因，在印刷导线的小尖角处，印刷导线有效宽度小，电阻增大；另一方面，小于 135° 的转角，会使印刷导线总长度增加，也不利于减小印刷导线的寄生电阻和寄生电感。

(2) 导线与焊盘、过孔必须以 45° 或 90° 相连。

(3) 在双面、多面印刷板中，上下两层信号线的走线方向要相互垂直或斜交叉，尽量避免平行走线；对于数字、模拟混合系统来说，模拟信号走线和数字信号走线应分别位于不同层面内，且走线方向垂直，以减少相互间的信号耦合。

(4) 在数据总线之间可以加信号地线，来实现彼此间的隔离；为了提高抗干扰能力，小信号线和模拟信号线应尽量靠近地线，远离大电流和电源线；数字信号既容易干扰小信号，又容易受大电流信号的干扰，布线时必须认真处理好数据总线的走线，必要时可加电磁屏蔽罩或屏蔽板；时钟信号引脚最容易产生电磁辐射，因此走线时，应尽量靠近地线，并设法减小回路长度。

(5) 连线应尽可能短，尤其是电子管与场效应管栅极、晶体管基极以及高频回路。

(6) 高压或大功率元件应尽量与低压小功率元件分开布线，即彼此电源线、地线分开走线，以避免高压大功率元件通过电源线、地线的寄生电阻(或电感)干扰小元件。

(7) 数字电路、模拟电路以及大电流电路的电源线、地线必须分开走线，最后再接到系统电源线、地线上，形成单点接地形式。

(8) 在高频电路中必须严格限制平行走线的最大长度。

(9) 在双面电路板中，由于没有地线层屏蔽，应尽量避免在时钟电路下方走线。例如，时钟电路在焊锡面连线时，信号线最好不要通过元件面的对应位置。解决方法是在自动布线前，在元件面内放置一个矩形填充区，然后将填充区接地，必要时可将晶振外壳接地。

(10) 选择合理的连线方式。为了便于比较，图 9-31 给出合理及不合理的连线方式。

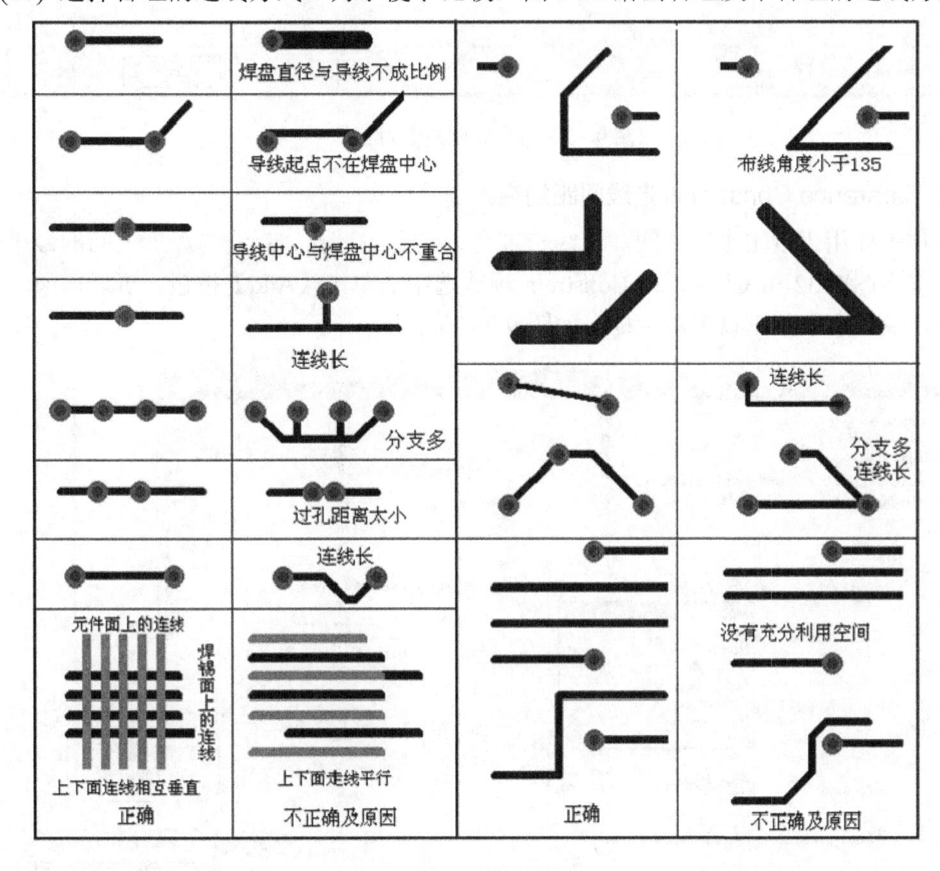

图 9-31　连线举例

9.7.2　自动布线的规则设置

选择菜单命令 Design→Rules，出现如图 9-32 所示的对话框。在对话框中选择标签，以调出 Routing 选项卡。自动布线共有 10 个参数组可以设置。

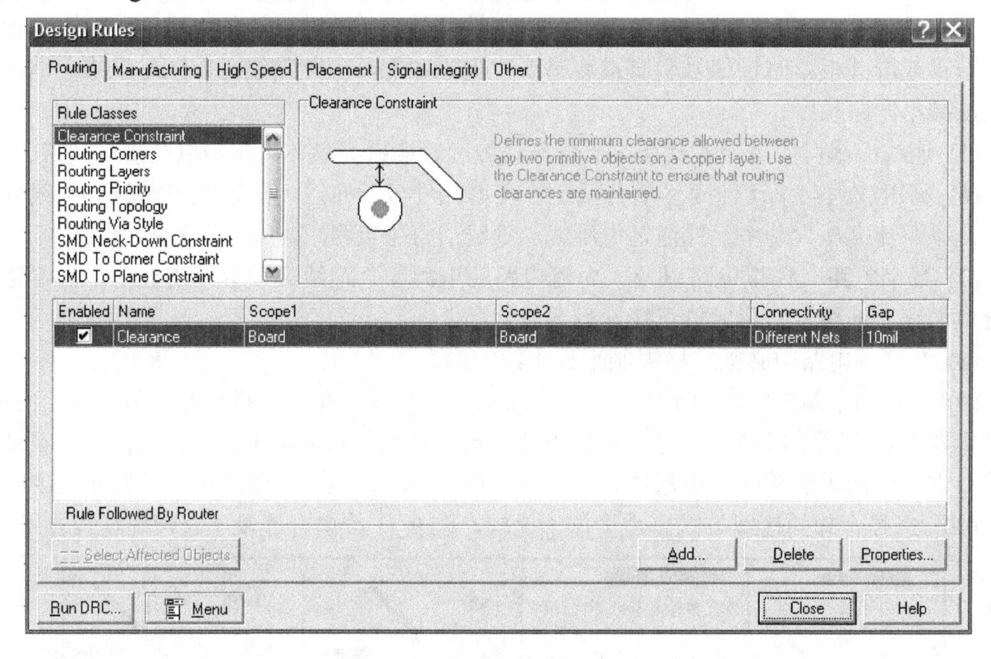

图 9-32　布线规则设置对话框

1. Clearance Constraint(走线间距约束)

该项主要用于规定走线之间，走线与过孔、过孔与过孔、走线与焊盘之间的最小安全距离。双击图 9-32 中 Clearance Constrain 项或选中后单击【Add】按钮，可以增添一项走线约束，调出它的规则设置对话框，如图 9-33 所示。

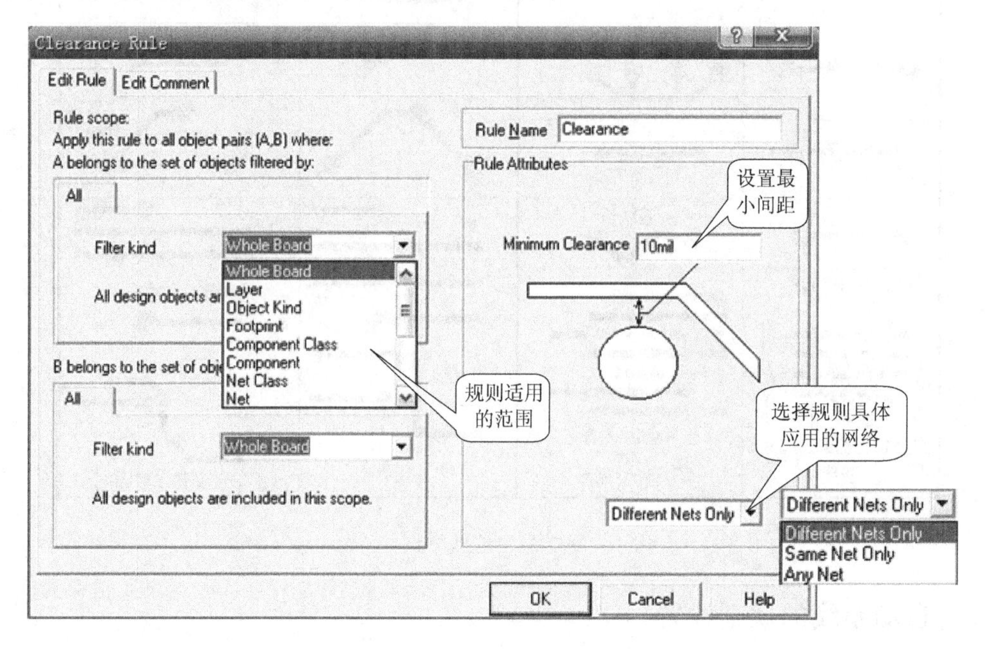

图 9-33　Clearance Constraint 对话框

设置内容包括两部分：

• Rule scope(规则的适用范围)：在该选项内，可以选择“Whole Board”(整个电路板)、“Layer”(某一层)、“Net”(某一网络)、“Net Class”(某类网络，但需先通过“Design”菜单下的“Classes…”命令预先定义)、“Component”(某一元件)、“Component Class”(某类元件，也需要先通过“Design”菜单下的“Classes…”命令预先定义某一区域。

一般情况下，将适用范围设为“Whole Board”，即适用于整个电路板。

• Rule Attributes(规则属性)：用来设置最小安全间距的数值(如 10 mil)及其所适用的网络，包括 Different Nets Only(仅不同网络)、Same Net Only(仅同一网络)和 Any Net(任何网络)。

设置完成后单击【OK】按钮，返回上层规则设置对话框。

2. Routing Corners(走线转角方式)

该项规则主要用于设置布线时拐角的形状及拐角走线垂直距离的最小和最大值。在图 9-32 中，双击 Routing Corners 项或选中后单击【Add】按钮，可以增加一项走线转角方式约束，同时调出规则参数设置对话框，如图 9-34 所示。在 Style 下拉框中，有 3 种拐角模式可选，即 45 Degrees(45° 角)、90 Degrees(90° 角)和 Rounded(圆角)。系统中已经使用一条默认的规则，名称为 RoutingCorners，适用于整个电路板，采用 45° 拐角，拐角走线的垂直距离为 100 mil。

设置完成后单击【OK】按钮，返回上层规则设置对话框。

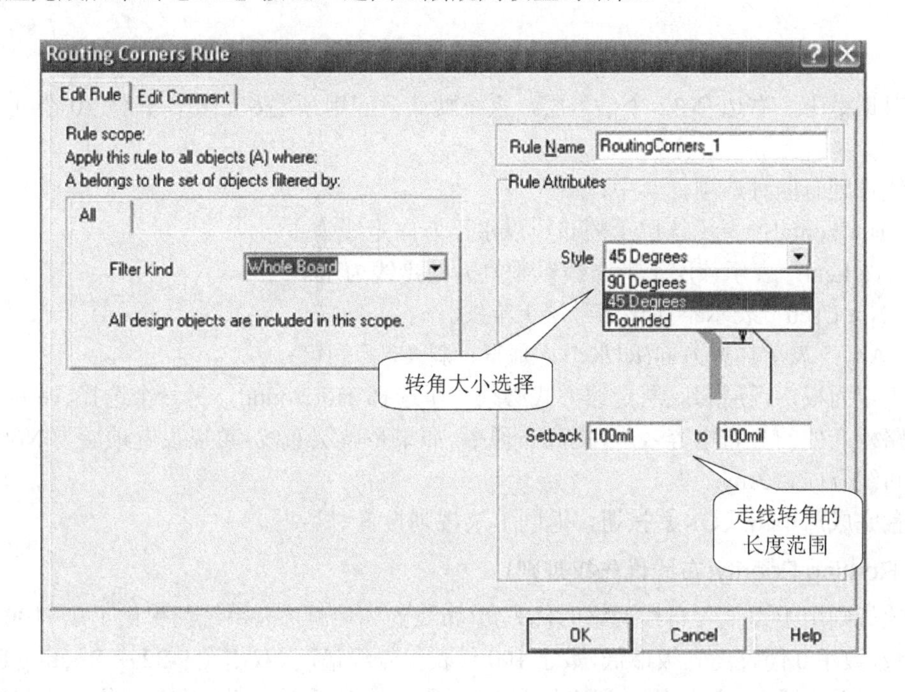

图 9-34　Routing Corners 对话框

3. Routing Layers(自动布线信号层)

该项规则用于设置自动布线过程中哪些信号层可以使用及在该层上的布线方向。双击

图 9-32 中 Routing Layers 项或选中后单击【Add】按钮，可以增加布线层约束规则，同时调出如图 9-35 所示的对话框。

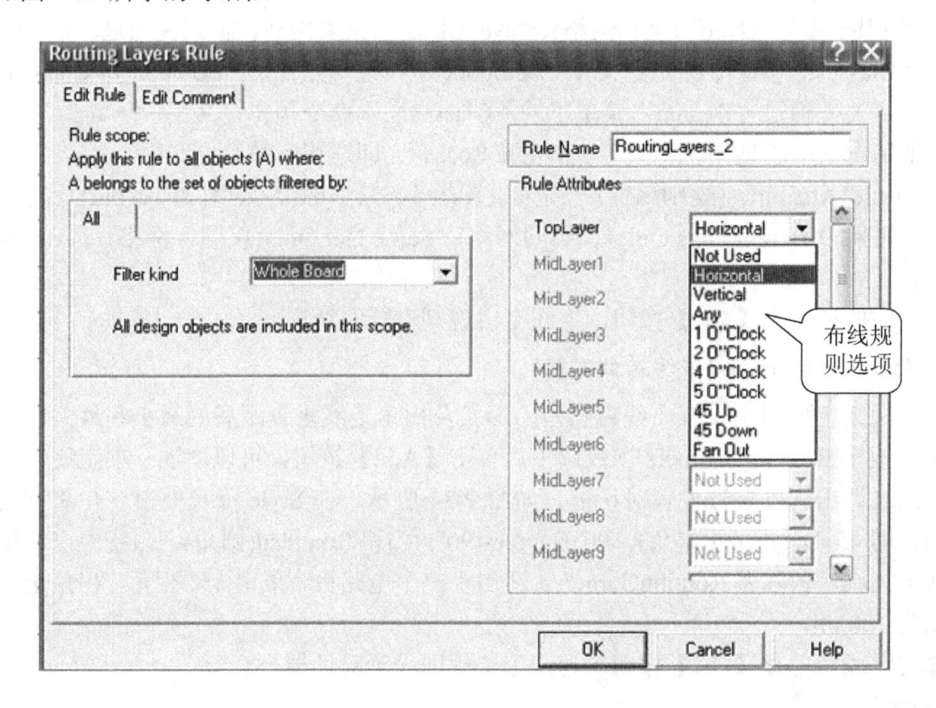

图 9-35　Routing Layers 对话框

该对话框中，右边有 32 个信号层，系统默认只应用顶层和底层，其他 30 个处于空闲状态。

布线规则有四种选项，其中：

- Horizontal：表示该层上的布线以水平方向走线为主。
- Vertical：表示该层上的布线以垂直方向走线为主。
- Not Used：表示不在该信号层上走线。
- Any：表示任意方向(即水平、垂直、斜 45°等均可)。

对于双面板，顶层和底层走线方式必须一个选择 Horizontal，另一个选择 Vertical，以减小电路板产生的分布电容效应，提高布通率。如果是单层布线，可以设置顶层为 Not Used，底层的布线方向为 Any。

设置完成后单击【OK】按钮，返回上层规则设置对话框。

4. Routing Priority(布线优先权规则)

该项规则用于设置各布线网络的优先级(布线的先后顺序)。系统共提供了 0～100 共 101 个优先级，数字 0 代表优先级最低，数字 100 代表优先级最高。双击图 9-32 中 Routing Priority 项或选中后单击【Add】按钮，调出如图 9-36 所示的对话框。例如在对话框中选择电源地网络(GND)优先权为 100，则在布线时先布置电源地网络的导线。设置完成后单击【OK】按钮，返回上层规则设置对话框。

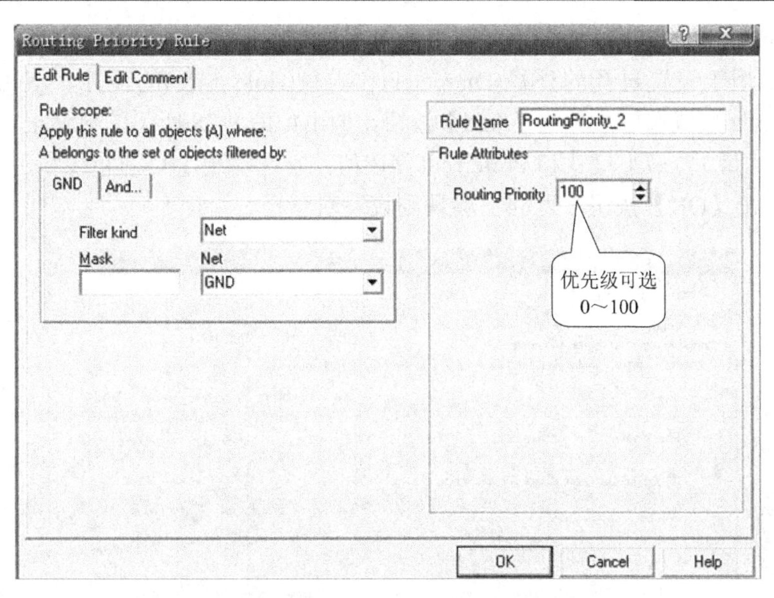

图 9-36　Routing Priority 对话框

5. Routing Topology(布线的拓扑结构)

该项规则用来设置布线的拓扑结构。拓扑结构是指以焊盘为点，以连接各焊盘的导线为线，则点和线构成的几何图形称拓扑结构。在 PCB 中，元件焊盘之间的飞线连接方式称为布线的拓扑结构。双击图 9-32 中 Routing Topology 项或选中后单击【Add】按钮，调出如图 9-37 所示的布线拓扑结构设置对话框，在 Routing Attribute 的下拉框中有 7 种拓扑结构可供选择，如 Shortest(最短连线)、Horizontal(水平连线)、Vertical(垂直连线)等。系统默认的拓扑结构为 Shortest。

设置完成后单击【OK】按钮，返回上层规则设置对话框。

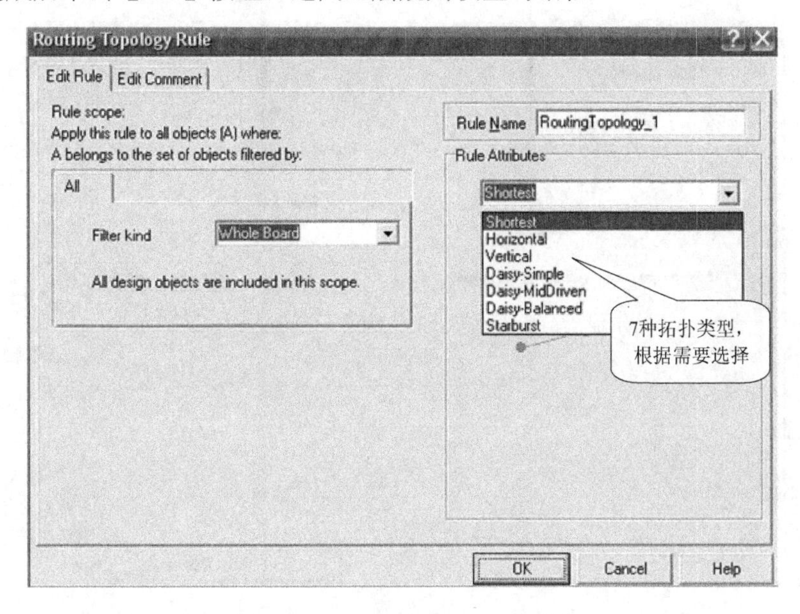

图 9-37　Routing Topology 对话框

6. Routing Via Style(过孔样式)

该项规则用于设置过孔的外径(Diameter)和内径(Hole Size)的尺寸。双击图 9-32 中 Routing Via Style 项或选中后单击【Add】按钮，调出如图 9-38 所示的对话框，设置过孔的内、外孔直径的最大、最小尺寸和 Preferred(首选值)。首选值用于自动布线和手工布线过程。设置完成后单击【OK】按钮，返回上层规则设置对话框。

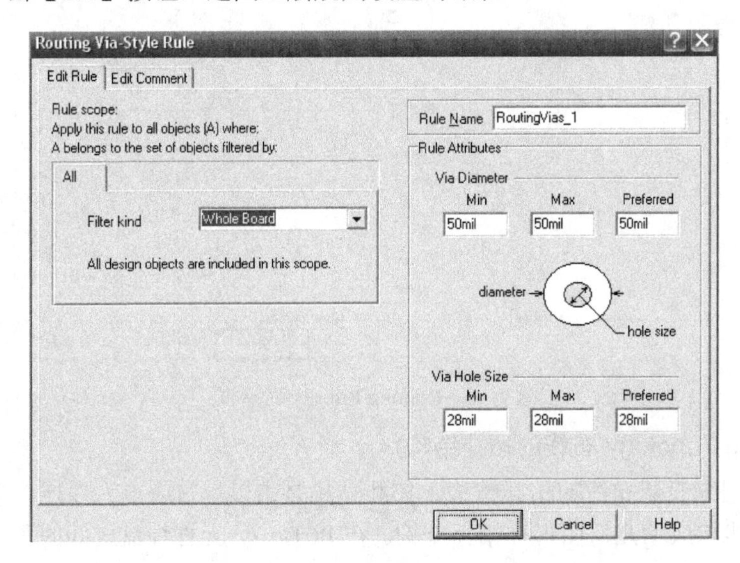

图 9-38　Routing Via Style 对话框

7. SMD Neck-Down Constraint(表面粘贴式焊盘颈状收缩的设计规则)

双击图 9-32 中 SMD Neck-Down Constraint 项或选中后单击【Add】按钮，调出如图 9-39 所示的对话框。设置完成后单击【OK】按钮，返回上层规则设置对话框。

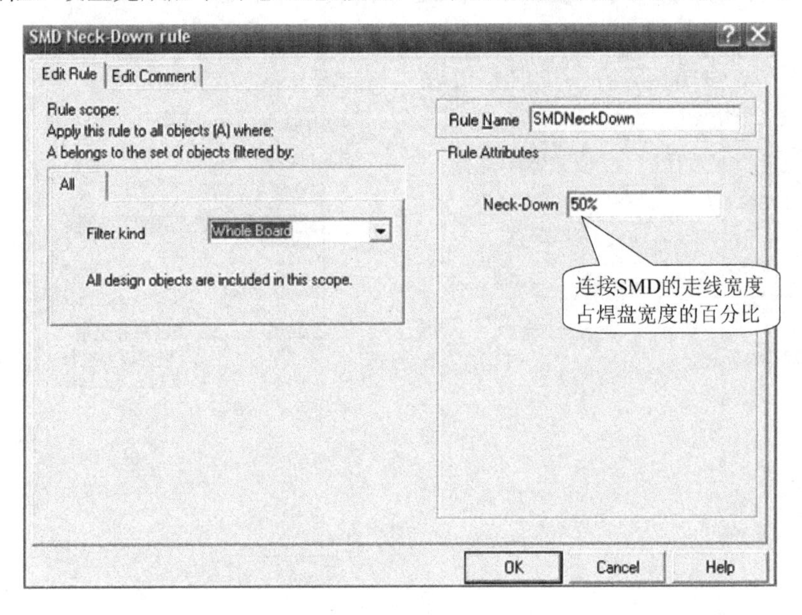

图 9-39　SMD Neck-Down Constraint 对话框

8. SMD To Corner Constraint(设置 SMD 元件到导线转角间的最小距离)

双击图 9-32 中 SMD To Corner Constraint 项或选中后单击【Add】按钮，调出如图 9-40 所示的对话框。设置完成后单击【OK】按钮，返回上层规则设置对话框。

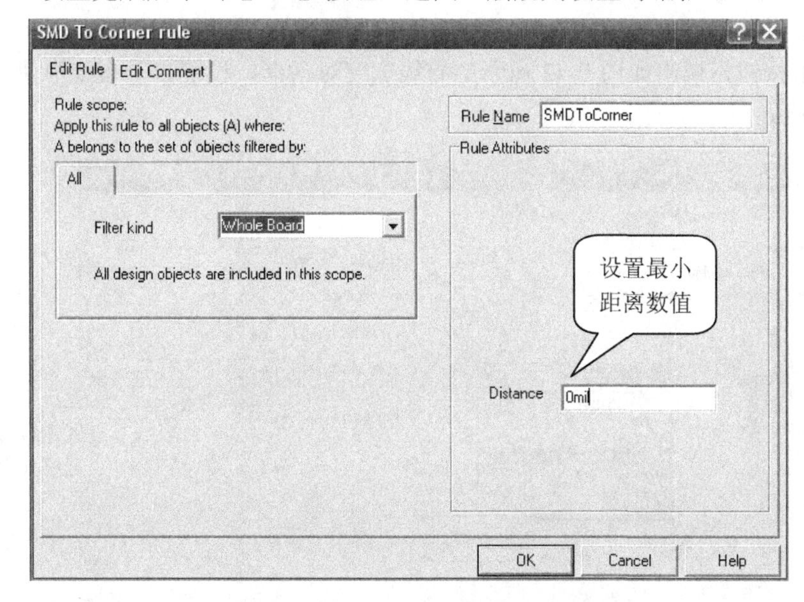

图 9-40　SMD To Corner Constraint 对话框

9. SMD To Plane Constraint(设置 SMD 焊盘中心到连接电源层的过孔或焊盘中心最小间距)

双击图 9-32 中 SMD To Plane Constraint 项或选中后单击【Add】按钮，调出如图 9-41 所示的对话框。设置完成后单击【OK】按钮，返回上层规则设置对话框。

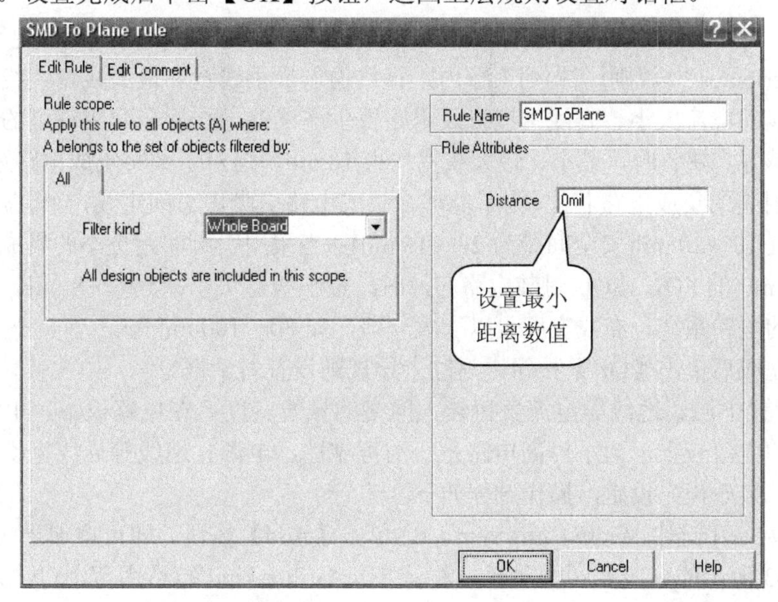

图 9-41　SMD To Plane Constraint 对话框

10. Width Constraint(走线宽度约束)

在自动布线前，一般均要指定整体布线宽度及特殊网络，如电源、地线网络的布线宽度。设置布线宽度的操作过程如下：

(1) 设置没有特殊要求的印制导线宽度。双击图 9-32 中 Width Constraint 项或选中后单击【Add】按钮，调出如图 9-42 所示的布线宽度对话框，设置自动布线中使用走线的最小和最大宽度。

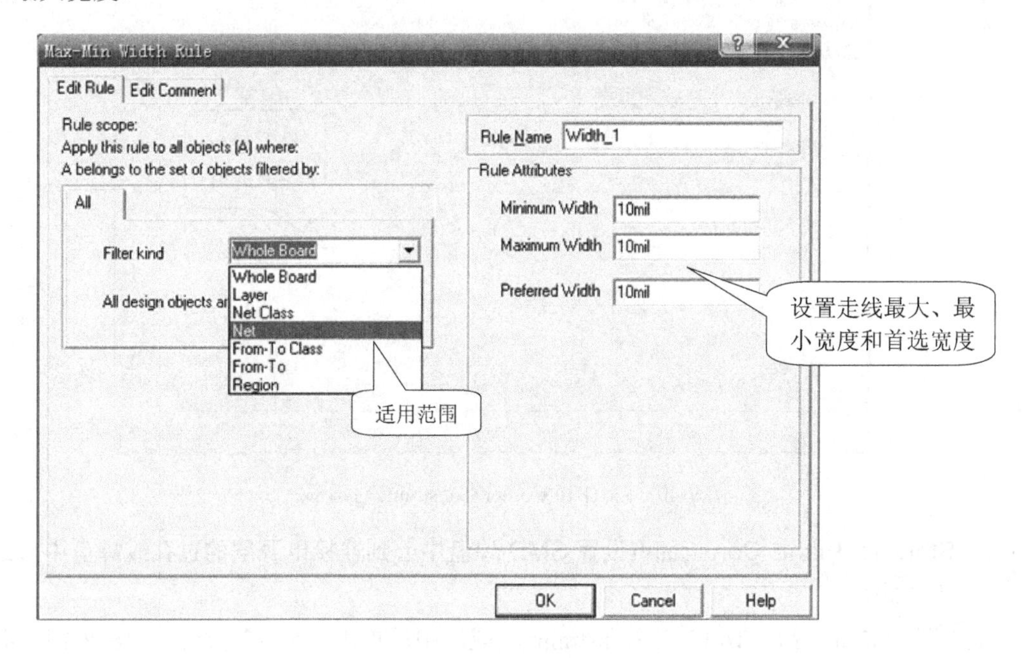

图 9-42　Width Constraint 对话框

单击“Filter kind”(适用范围)下拉按钮，选择“Whole Board”(整个电路板)，然后在“Rule Attributes”(规则属性)列表窗内，直接输入最小线宽和最大线宽。线宽选择的依据是流过导线的电流大小、布线密度以及电路板生产工艺，在安全间距许可的情况下，导线宽度越大越好。缺省时，最小、最大线宽均为 10 mil，这对于数字集成电路系统非常合理。对于 DIP 封装的集成电路芯片，为了能够在集成电路引脚焊盘间走线，当焊盘间距为 50 mil 时，线宽取 10～20 mil(安全间距为 20～15 mil)；当采用引脚间距更小的集成芯片，如引脚间距为 50 mil 的 SOJ、SOL 封装电路芯片时，最小线宽可以减到 6～8 mil。但对于以分立元件为主的电路系统，布线宽度可以取大一些，如 30～100 mil 等。

设置完成后单击【OK】按钮，返回上层规则设置对话框。

(2) 设置电源、地线等电流负荷较大网络的导线宽度。在电路板中，电源线、地线等导线流过的电流较大，为了提高电路系统的可靠性，电源、地线等导线宽度要大一些。自动布线前，最好预先设定，操作过程如下：

在图 9-32 中选中 Width Constraint 项，单击【Add】按钮，即可增加导线宽度约束项。在如图 9-43 所示的导线宽度设置窗口内，单击“Filter kind”(适用范围)下拉按钮，在弹出的列表窗内选择“Net”(网络)，接着在“Net”(网络名)下拉列表中选中相应的网络名，如 VCC、GND(地线)等；在线宽窗口内直接输入最小、最大线宽，如图 9-43 所示。

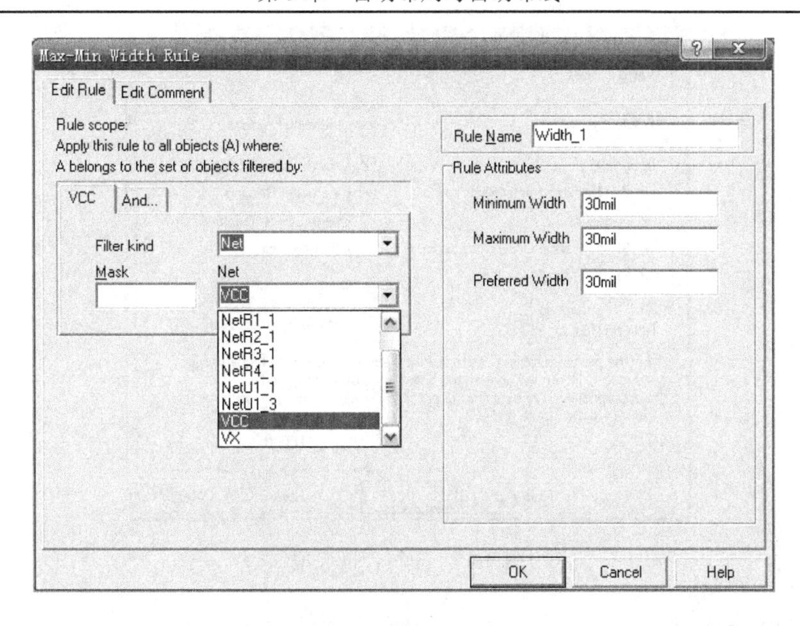

图 9-43　电源线宽度设置窗口

设置完成，单击【OK】按钮后，即可发现线宽状态窗口内多了电源线宽度信息行，如图 9-44 所示。

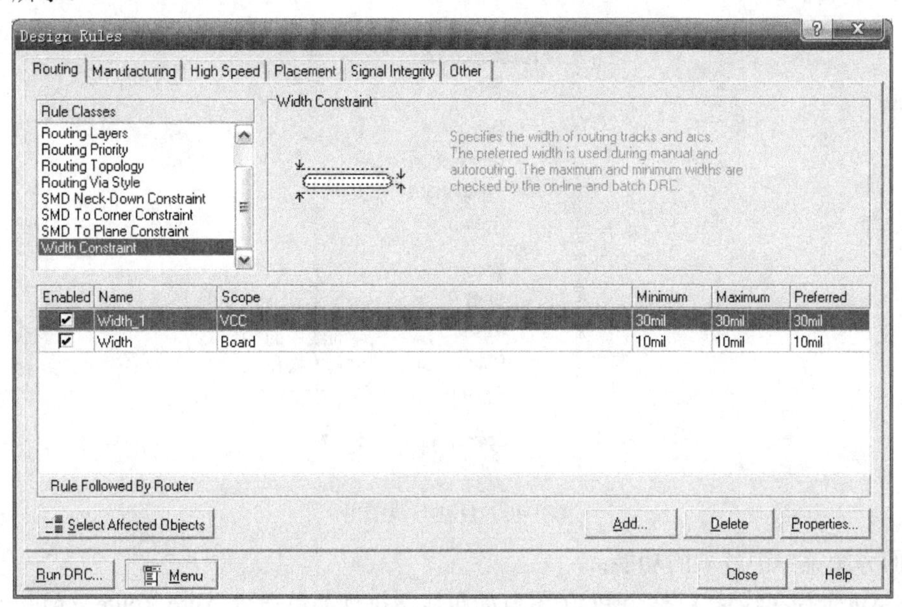

图 9-44　增加了电源宽度后的线宽信息

注意：在上述 10 个参数组中，Routing Layers 必须设置；另外，Clearance Constraint(走线间距约束)和 Width Constraint(走线宽度约束)至少选择一项，其他参数可以采用默认值。

除了上面的设计规则设置外，自动布线还有一些布线合格性的选项可以设置。步骤如下：

执行菜单命令 Auto Route→Setup…，弹出如图 9-45 所示的对话框。主要用于设置一些布线合格的选项开关，可以选择默认值。设置完成后，单击【OK】按钮完成。

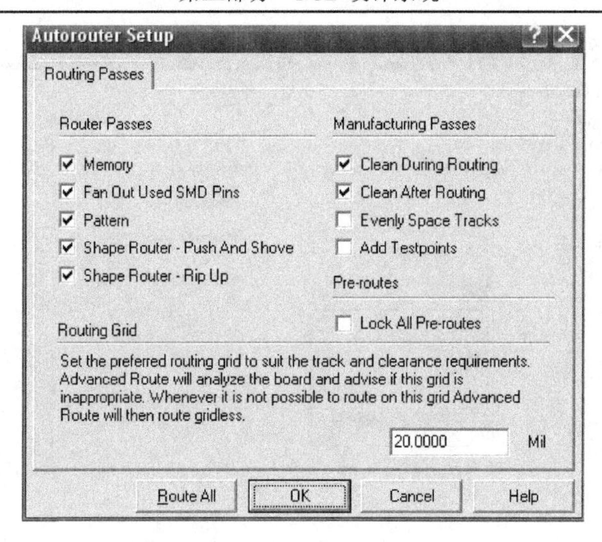

图 9-45　布线合格选项

9.7.3　运行自动布线

完成自动布线规则设置后，就可以进行自动布线了。单击菜单命令 Auto Route，出现如图 9-46 所示的下拉菜单。

图 9-46　自动布线菜单

下面介绍菜单中各项的功能：

- All(全局布线)：对整个 PCB 图自动布线。执行菜单命令 Auto Route→All，可对整个电路板进行自动布线。
- Net(某网络布线)：对选中的网络进行自动布线。执行菜单命令 Auto Route→Net，光标变成十字形。移动光标到 PCB 编辑区内，选择所要布通的网络，可以选择属于该网络的其中一条飞线或某个焊盘，单击鼠标左键，则选中的网络被自动布线。
- Connection(对选定飞线进行布线)：对所选中的飞线自动布线。执行菜单命令 Auto Route→Connection，光标变成十字形，移动光标到要布线的飞线上，单击鼠标左键，仅对该飞线进行布线，而不是对该飞线所在的网络布线。

• Component(对选定元件进行布线)：对所选中的元件上的所有的连接进行布线。执行菜单命令 Auto Route→Component，光标变成十字形，在 PCB 编辑区内，鼠标左键单击需要布线的元件，可以看到与该元件相连的飞线全部被布线。

• Area(对选定区域进行布线)：对所选中的区域内所有的连接进行布线，只要该连接有一部分处于该区域即可，不管是焊盘还是飞线。执行菜单命令 Auto Route→Area，光标变成十字形，在电路板上选定一个矩形区域后，系统自动对这个区域进行布线。

• 其他布线命令：Stop(停止自动布线)、Reset(对电路重新布线)、Pause(暂停自动布线)、Restart(重新开始自动布线)。

对于比较简单的电路，自动布线的布通率可达 100%，如果布通率没有达到 100%，设计者一定要分析原因，拆除所有或部分布线，并进一步调整布局，再重新自动布线，最终使布通率达到 100%。如果仅有少数几条线没有布通，也可以采用放置导线命令，手工布线。

对于本章举例的“过压监视电路.PCB”，可采用全局自动布线方式完成，操作步骤如下：

(1) 执行菜单命令 Auto Route→All。

(2) 执行命令后，系统弹出如图 9-47 所示的自动布线设置对话框。

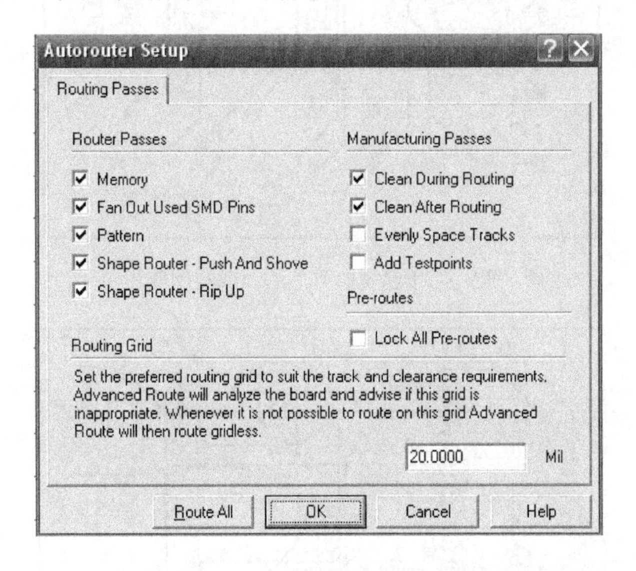

图 9-47　自动布线设置对话框

从图 9-47 中可以看出，仅有三个复选框没被选取。通常采用对话框中的默认设置，就可实现自动布线。下面对三个没被选取的复选框的功能作简要说明。

• Evenly Space Tracks：选取该复选框，则当集成电路的焊盘间仅有一条走线通过时，该走线将由焊盘间距的中间通过。

• Add Testpoints：选取该复选框，将为电路板的每条网络线都加入一个测试点。

• Lock All Pre-route：选取该项，在自动布线时，可以保留所有的预布线。

(3) 设置完毕后，单击【Route All】按钮，系统开始对电路板进行自动布线。布线结束后，弹出一个自动布线信息对话框，如图 9-48 所示，显示布线情况，包括布通率、完成布线的条数、没有完成的布线条数和布线所需时间等信息。

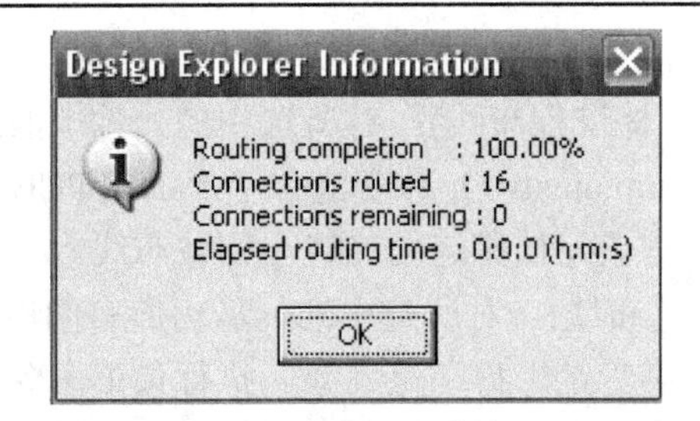

图 9-48　布线信息对话框

采用全局布线后的布线效果如图 9-49 所示。从图中布线效果可以看出，布线完成后电路板上出现很多连线不完整的痕迹，此时可执行 View→Refresh 或点击键盘上的 End 键，以消除痕迹，使电路板看起来完整美观，如图 9-50 所示。

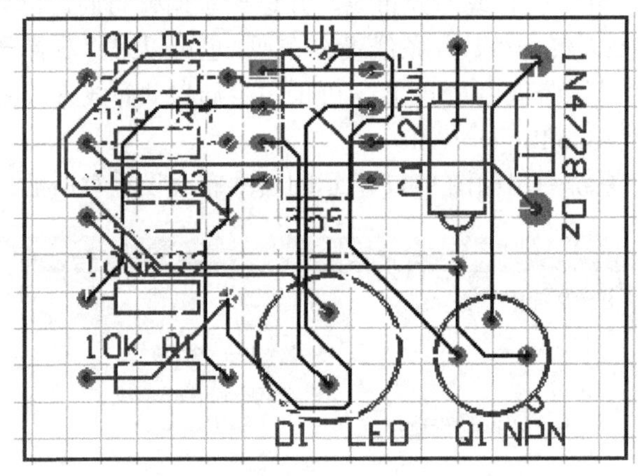

图 9-49　对电路板进行全局布线后的效果图

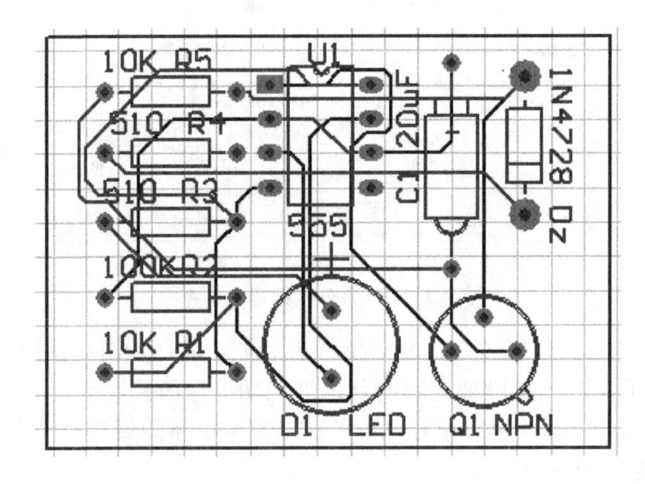

图 9-50　全局布线刷新后的效果图

9.7.4　布线后的处理

自动布线完成后，印刷电路板的设计并没有结束。虽然 Protel 99 SE 自动布线的布通率可达 100%，但有些地方的布线仍不能使人满意，需要手工进行调整。另外，可以完成对标注字符串的调整和添加、对电路的输入/输出的处理，如当在电路板中需要外接电源或其他元部件时，可以通过放置焊盘来完成；导线的宽度调整、填充的放置和确定螺丝固定孔等操作。

1. 在电路板上放置焊盘，并将它们和相应的网络连接起来

(1) 在 PCB 图中合适的位置放置三个焊盘，与原理图中 VCC、GND 和 Vx(输入信号)对应。本电路板焊盘放置在距离电路板左边边界 60 mil 位置。

(2) 双击焊盘调出属性对话框，如图 9-51 所示。在焊盘属性对话框中，单击【Advanced】选项卡，在 Net 下拉框中选择焊盘所在的网络，如电源焊盘属于 VCC 网络，接地焊盘属于 GND，另一个属于 Vx 网络焊盘。设置完毕，会发现焊盘通过飞线与相应的网络连接，如图 9-52 所示。

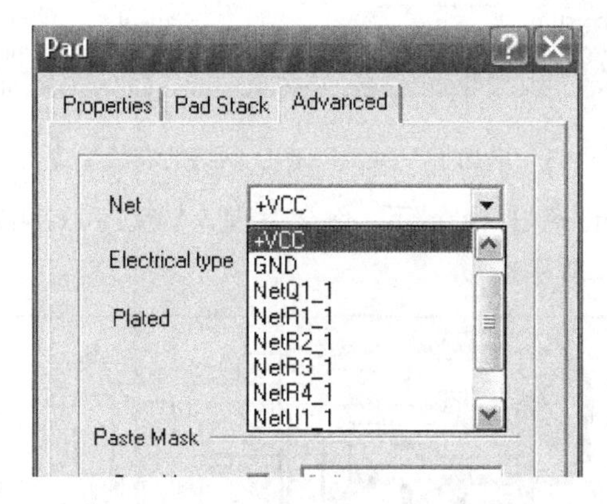

图 9-51　焊盘属性对话框

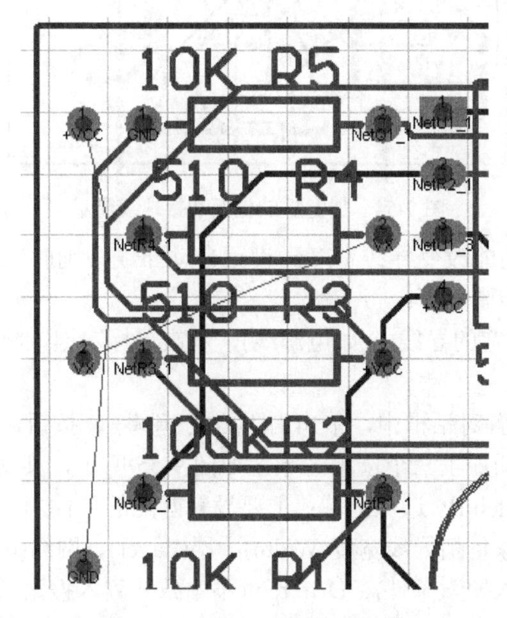

图 9-52　设置焊盘属性后的飞线

(3) 执行自动布线命令 Auto Route→Connection，或执行手工布线命令 Place→Interactive Routing，完成焊盘与相应网络的布线连接。

2. 改变导线宽度

(1) 在自动布线时加粗电源线、地线：在自动布线时，要求电源网络(VCC)和接地网络(GND)的导线线宽为 30 mil，其他网络的线宽为 10 mil。具体操作步骤如下：

① 调出如图 9-42 所示的布线宽度对话框，在 Filter kind 下拉框中，单击下拉按钮，在弹出的列表中，选择 Net。在其下方的 Net 下拉框中选择要加宽的导线所在网络名，如 VCC 或 GND。

② 在图 9-42 中右边的 Rule Attributes 选项区域中，设置布线的最小、最大和和首选值，其中首选值在布线时采用。最后，单击【OK】按钮。设置后的布线宽度规则如图 9-53 所示。

Enabled	Name	Scope	Minimum	Maximum	Preferred
☑	Width 2	GND	30mil	30mil	30mil
☑	Width 1	VCC	30mil	30mil	30mil
☑	Width	Board	10mil	10mil	10mil

图 9-53　增加了 VCC 和 GND 网络的布线宽度规则

③ 在执行 Auto Route→All 命令后，你会发现，VCC 和 GND 网络导线的宽度与其他导线宽度不同，如图 9-54 所示。

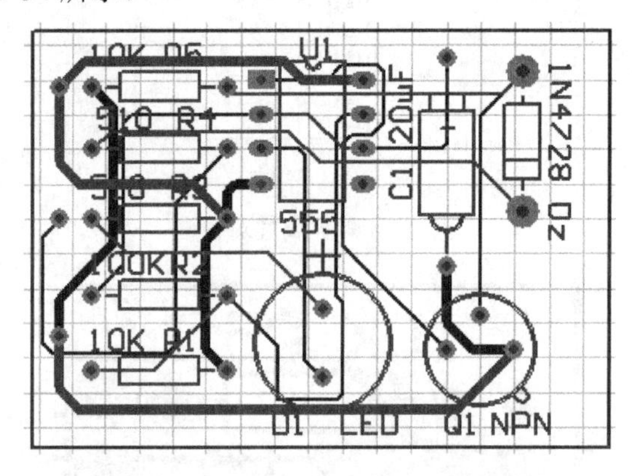

图 9-54　加宽后的电源和接地线显示

(2) 采用全局编辑功能改变导线宽度。设置自动布线规则时，所有网络的走线线宽设置为 20 mil。具体操作步骤如下：

① 将光标移到要加宽的导线上(如电源线)，双击鼠标左键，将弹出 Track 属性设置对话框。

② 在 Track 属性设置对话框中，单击右下方的 Global>> 按钮，在原对话框基础上，可以看到拓展后的对话框增加了三个选项区域，如图 9-55 所示，其功能如下：

- Attributes To Match By 选项区域：主要设置匹配的条件。各下拉列表框都对应某一个对象和匹配条件。对象包括导线宽度(Width)、层(Layer)、网络(Net)等。对象匹配的条件有 Same(完全匹配才列入搜索条件)、Different(不一致才列入搜索条件)和 Any(无论什么情况都列入搜索条件)共三个选项。
- Copy Attributes 选项区域：主要负责选取各属性复选框要复制或替代的选项。
- Change Scope：主要设置搜索和替换操作的范围。选取 All Primitive 项，要更新所有的导线；选取 All Free Primitive 项，指对自由对象进行更新；选取 Include Arcs 项，指将圆弧视为导线。

对全部导线宽度设置为 20 mil，属性框中参数设置如图 9-55 所示。单击【OK】按钮，系统弹出如图 9-56 所示的确认对话框，单击【Yes】按钮完成。改变导线宽度的电路如图 9-57 所示。

Track

Properties

		Attributes To Match By		Copy Attributes
Width	20mil	Width	Any	☑ Width
Layer	TopLayer	Layer	Any	☐ Layer
Net	No Net	Net	Any	☐ Net
Locked	☐	Locked	Any	☐ Locked
Selection	☐	Selection	Any	☐ Selection
Start - X	9250mil	Start - X	Any	☐ Start-X
Start - Y	9430mil	Start - Y	Any	☐ Start-Y
End - X	9850mil	End - X	Any	☐ End-X
End - Y	9430mil	End - Y	Any	☐ End-Y
Keepout	☐	Keepout	Any	Fixed

OK　Help　Cancel　<< Local

Change Scope: All primitives　☐ Include Arcs

图 9-55　全局编辑下的 Track 属性设置对话框

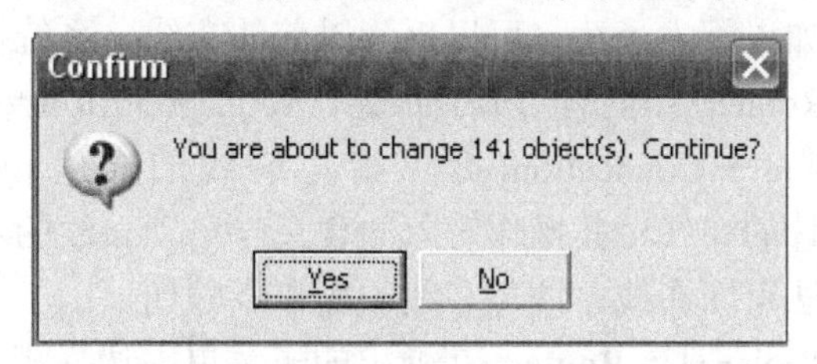

图 9-56　Confirm 对话框

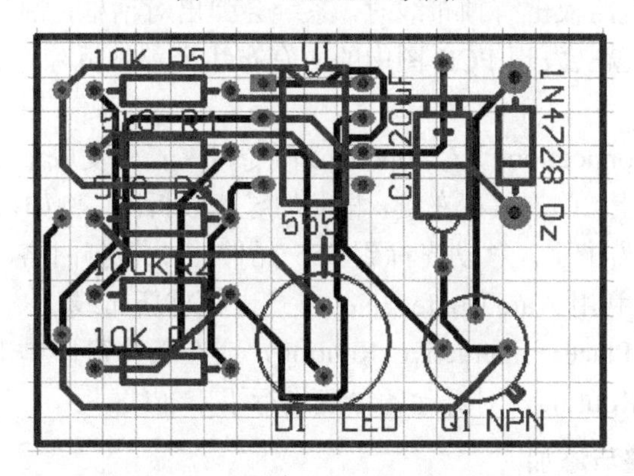

图 9-57　全局编辑导线宽度效果显示

(3) 修改单条导线宽度。修改信号线宽度为 15 mil。将光标移动到需要修改的导线上，单击鼠标左键选中导线并按 Tab 键或双击该导线，弹出如图 9-58 所示的属性对话框，修改

Width 为 15 mil，修改后单击【OK】按钮完成，修改后的导线显示如图 9-59 所示。

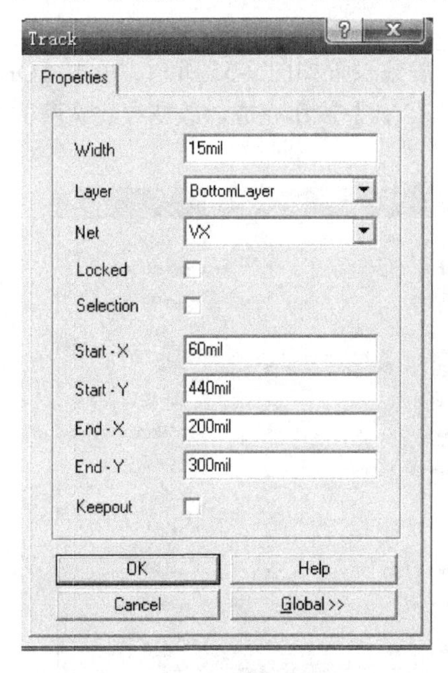

图 9-58　导线属性对话框

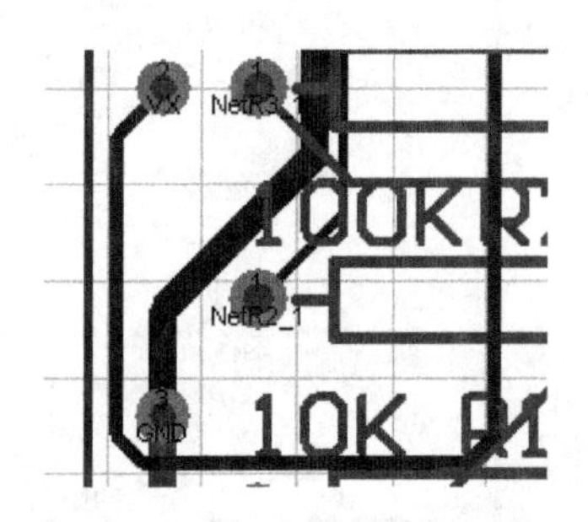

图 9-59　加粗后的导线显示

3. 调整布线

对自动布线的结果如果不太满意，可以拆除以前的布线。系统提供 4 条拆除布线的命令，分别是 Tools→Un-Route→All(拆除所有布线)、Tools→Un-Route→Net(拆除指定网络的布线)、Tools→Un-Route→Connection(拆除指定连线的布线)和 Tools→Un-Route→Component(拆除指定元件的布线)。其操作对象的含义与自动布线的对象一致。导线拆除后，可以采用手工布线的方法重新布线。调整布线的操作步骤如下：

(1) 执行菜单命令 Tools→Un-Route，在弹出的子菜单中选择相应的操作命令。

(2) 当选择 All 或电路板上有预布线时，系统会弹出对话框，询问是否连同预布线一同拆除。若选取【Yes】，就会发现 PCB 图中的所有布线全部被拆除。若选取【No】，除预布线外的导线被拆除。

(3) 当选择 Net、Connection 或 Component 命令时，光标变成十字形，移动光标到要拆除的网络、连线或元件上，单击鼠标左键，相应的导线被拆除。例如，执行 Tools→Un-Route→Net 命令后，光标变为十字，移动光标到 555 元件的 1 管脚网络，删除该网络连线。对该网络可以进行手工或利用 Auto Route→Net 方式进行重新布线。

(4) 执行菜单命令 Place→Interactive Routing，或在工作窗口单击鼠标右键，在弹出的菜单中选择 Interactive Routing，对拆除的导线进行手工布线。

4. 文字标注的调整与添加

文字标注是指元件的标号、标称值和对电路板进行标示的字符串。在电路板进行自动布局和自动布线后，文字标注的位置可能不合理，整体显得较凌乱，需要对它们进行调整，并根据需要，再添加一些文字标注。

(1) 文字标注的调整。具体步骤如下：

① 移动文字标注的位置：用鼠标左键选取文字标注并拖动。

② 文字标注的内容、角度、大小和字体的调整：用鼠标左键双击文字标注，在弹出的属性对话框中，可对 Text(内容)、Width(大小)、Rotation(旋转角度)和 Font(字体)等进行修改。

(2) 添加文字标注。例如，对新添加的三个焊盘的作用分别用 VCC、GND、VX 加以标注，并添加电路板制作时间，具体步骤如下：

① 将当前工作层切换为 TopOverlayer(顶部丝印层)。

② 执行菜单命令 Place→String，光标变成十字形，按下 Tab 键，在弹出的字符串属性对话框中，对字符串的内容(分别改为 VCC、GND 或 VX)、大小等参数进行设置。

③ 设置完毕后，移动光标到合适的位置，单击鼠标左键，放置一个文字标注，依次放置其他两个字符。单击鼠标右键，结束命令状态。

图 9-60 所示为添加文字标注及调整后的效果。

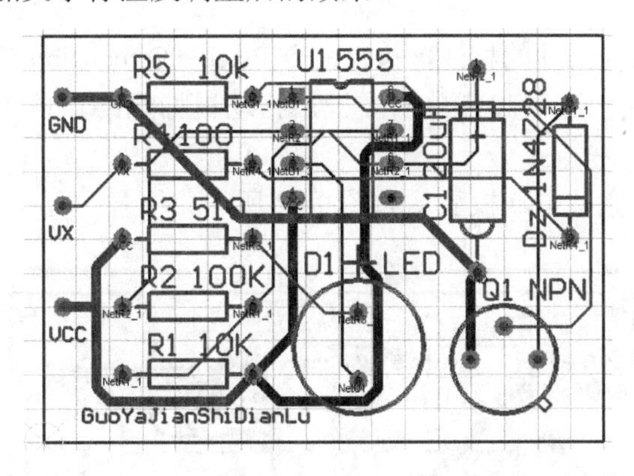

图 9-60　添加文字标注及调整后的效果

5. 设置泪滴焊盘

为了加固导线与焊盘的连接程度，减小导线与焊盘处的电阻，可以将特定区域的焊盘设置成泪滴焊盘。本例对全部过孔和焊盘添加泪滴。执行 Tools→Teardrops...命令，弹出如图 9-61 所示的对话框，单击【OK】按钮完成。

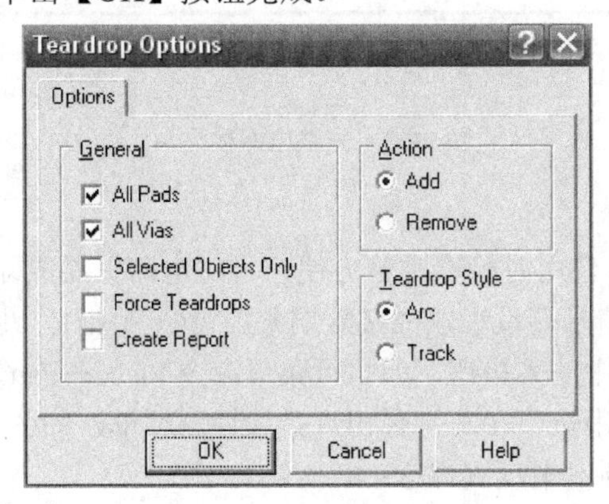

图 9-61　泪滴对话框

6. 放置定位螺丝孔

在电路板上经常需要打出一些螺丝孔，以把电路板固定在机箱里，或将元件的散热片固定在电路板上。这些孔与焊盘不同，焊盘的中心是通孔，孔壁上有电镀，孔口周围是一圈铜箔。而螺丝孔一般不需要导电部分。我们可以利用放置焊盘的方法来制作螺丝固定孔。以在电路板的四个角各放置一个螺丝孔为例，介绍其具体操作步骤如下：

(1) 执行放置焊盘操作。在电路板的四个角左右、上下对称的位置放置四个焊盘，一般距离电路板边界 40 mil。

(2) 设置焊盘的属性。在焊盘的属性对话框中，单击 Properties 选项卡，选择圆形焊盘，并设置 X-Size、Y-Size 和 Hole-Size 文本框中的数据相同，目的是取消焊盘的孔口铜箔。孔的尺寸要与螺丝的直径相符。在 Advanced 选项卡中，使 Plated 复选框无效，目的是取消通孔壁上的电镀。

(3) 单击【OK】按钮，即制作了一个螺丝孔。同理，放置另外三个螺丝孔。

7. 放置尺寸标注

利用坐标完成电路板尺寸的标注，执行命令 Place→Dimension 或单击按钮，鼠标变为十字并粘贴坐标形式。选取起点单击左键后拖动鼠标到终点单击完成，单击右键结束命令。

各项设置完成后，完整电路板显示如图 9-62 所示。

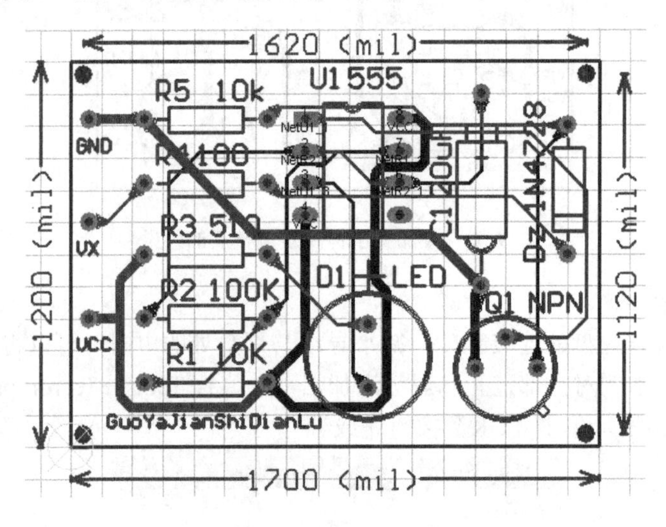

图 9-62　完整电路板显示

8. 设置插接板

为了使印刷电路板在使用时检查维修方便，可将电路板制成即插即卸插接板形式，即将电路板的输入/输出及信号端设置成插接敷铜条焊盘(金手指)。具体操作步骤如下：

(1) 单击放置工具栏中的按钮，或执行菜单命令 Place→Pan 放置焊盘。

(2) 在放置焊盘过程中按下 Tab 键弹出焊盘属性对话框，如图 9-63 所示。

(3) 在 Properties 选项卡中设置焊盘：

X-Size 和 Y-Size 方向的尺寸分别设置为：180 mil、40 mil。

Hole Size 焊盘的通孔直径大小设置为 0 mil。

Layer 设置焊盘所在层设置为 TopLayer(顶层)。

(4) 在图 9-64 所示的 Advanced(高级设置)选项卡中设置焊盘：

Net(焊盘网络)：分别为 GND、VCC、VX。

Electrical type(电气类型)：设定 Source(源焊盘)。

Plated：取消该复选项。

(5) 执行自动布线命令 Auto Route→Connection，或执行手工布线命令 Place→Interactive Routing，完成焊盘与相应网络的布线连接。结果如图 9-65 所示。

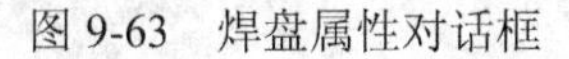

图 9-63　焊盘属性对话框

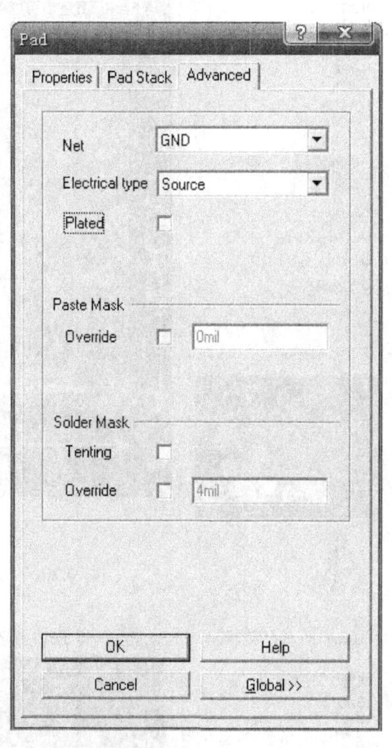

图 9-64　焊盘网络属性对话框

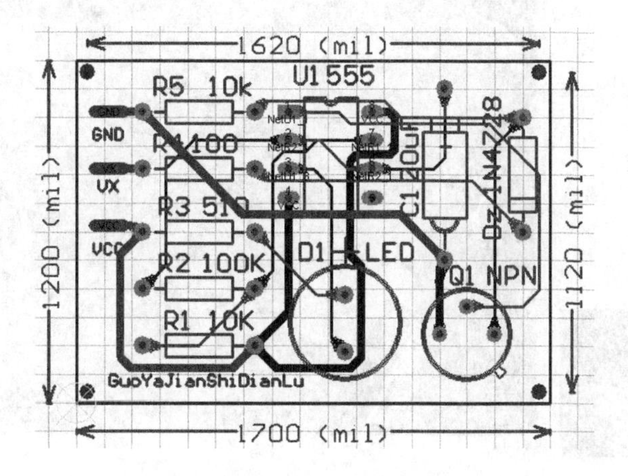

图 9-65　插接敷铜条焊盘完整电路板

9.7.5　PCB 板的显示

1. PCB 板 3D 预览

完成电路板后可以进行 3D 预览，执行 View→Board in 3D 命令，即可显示 PCB 板立体效果图，如图 9-66 和图 9-67 所示。

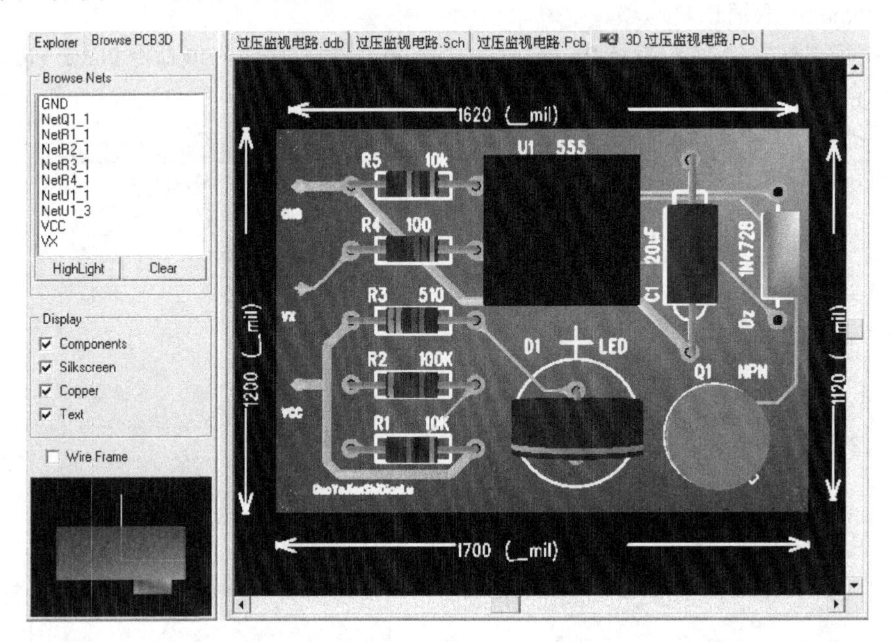

图 9-66　电路板顶层 3D 效果

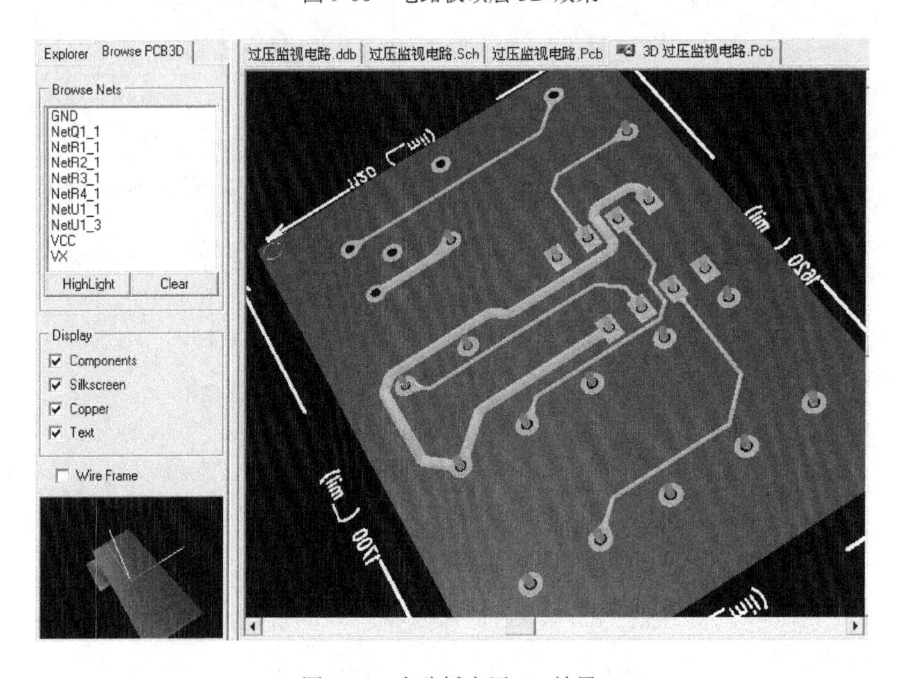

图 9-67　电路板底层 3D 效果

2. 单层显示

从图 9-62 中可以看出，电路板的各个层重叠在一起显示，系统以颜色来区分各层。对于复杂的 PCB 图，由于元件和布线的密度较大，查看图纸不方便，我们可以采用系统提供的单层显示功能分层显示。

执行菜单命令 Tools→Preferences，在 Display options 栏中，选取 Single Layer Mode(单层显示模式)复选框，如图 9-68 所示，单击【OK】按钮，回到 PCB 编辑区。

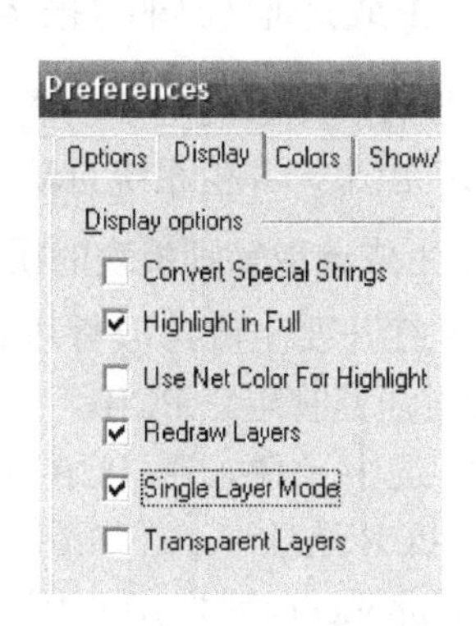

图 9-68　Display options 对话框

切换各工作层，则系统仅把当前工作层的画面显示出来。如图 9-69 所示为顶层和底层的单层显示效果，也可以显示其他各层。显示完后取消 Single Layer Mode 复选框不再进行单层显示。

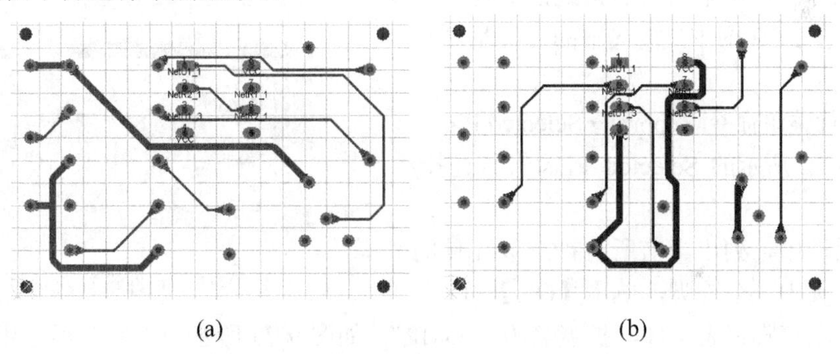

(a)　(b)

图 9-69　单层显示模式下的各层显示画面

(a) 当前层为顶层的显示画面；(b) 当前层为底层的显示画面

9.8　PCB 报表文件的生成

PCB 报表是为方便用户查阅和管理电路板而建立的。印刷电路板详细信息可以记录在各种不同报表中，包括管脚信息、元件封装信息、网络信息、布线信息等等。设计完成 PCB 板后，可以生成各种类型的 PCB 报表。

执行菜单命令 Reports，如图 9-70 所示，可生成各种报表信息。

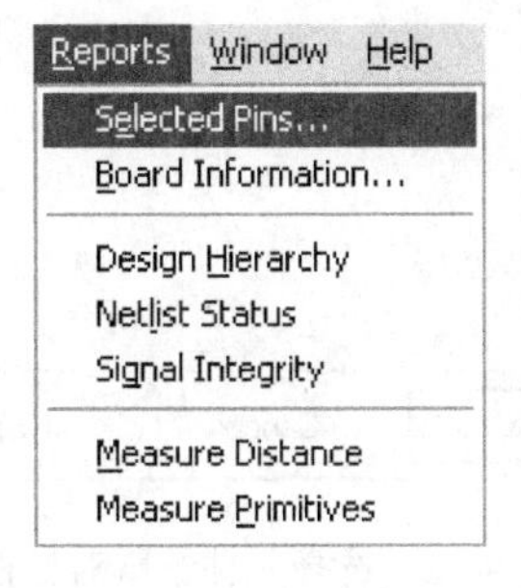

图 9-70　Reports 菜单

9.8.1　生成选取管脚的报表

选取管脚报表的主要功能是将当前选取元件的管脚或网络上所连接元件的管脚在报表中全部列出来，并由系统自动生成 *.DMP 报表文件。

1. 生成选取管脚报表的操作步骤

(1) 打开要生成选取管脚报表的 PCB 文件，如过压监视电路.PCB。

(2) 选中元件。在 PCB 管理器中，单击 Browse PCB 选项卡，在 Browse 下拉列表框中选择 Components(元件)，如图 9-71 所示。在元件列表框中，选择一个元件(如 U1)，然后单击【Select】按钮，选取该元件，利用这个方法可选中多个元件。也可采用前面讲到的其他方法选中元件。在 PCB 图中，被选中的元件呈高亮显示。

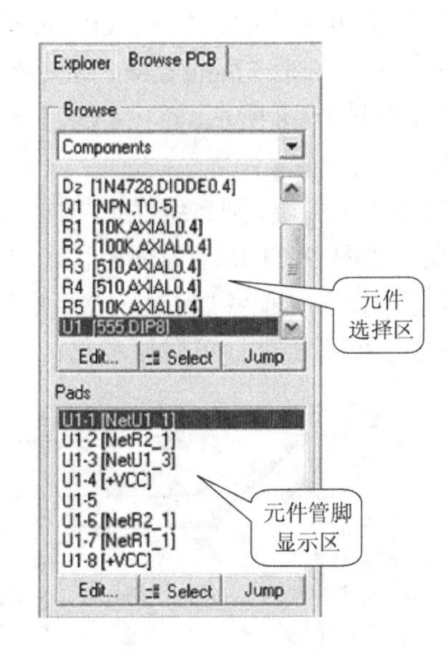

图 9-71　元件选择对话框

(3) 执行菜单命令 Reports→Selected Pins，弹出如图 9-72 所示的 Selected Pins(管脚选择)对话框。

在对话框中，列出当前所有被选取元件的管脚。选择其中一个管脚，单击【OK】按钮，就会生成选取管脚报表文件，扩展名为“.DMP”，如图 9-73 所示，内容为所选中元件的全部管脚。

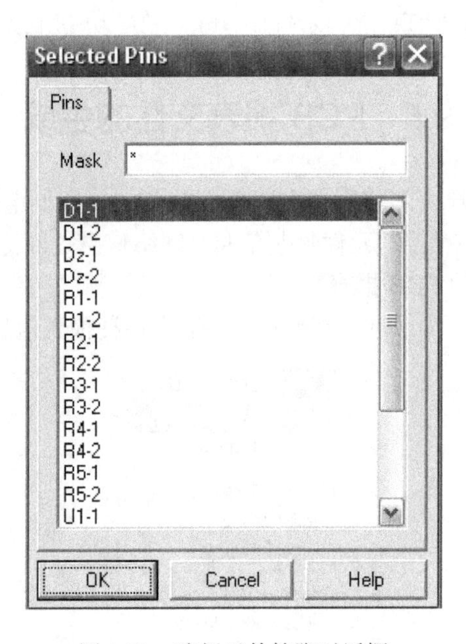

图 9-72　选择元件管脚对话框

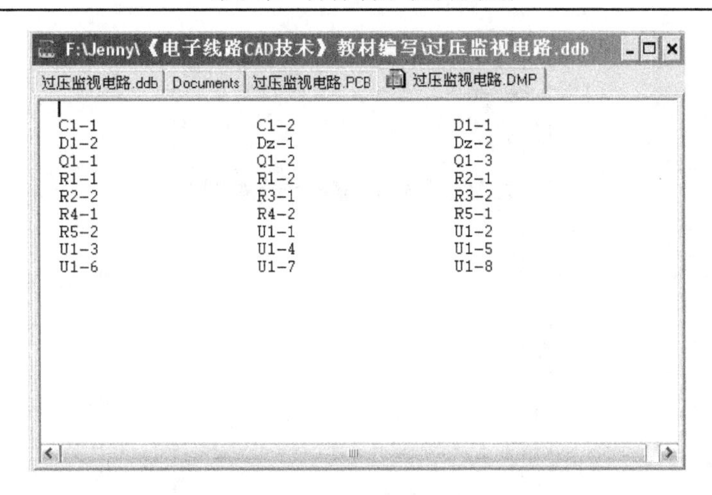

图 9-73　选取元件管脚报表

2. 生成选取网络管脚报表

(1) 选取网络。在 PCB 管理器中，单击 Browse PCB 选项卡，在 Browse 下拉列表框中选择 Nets，如图 9-74 所示，在元件列表框中，选择一个网络(如 VCC)，然后单击【Select】按钮，选取该元件，利用这个方法可选中多个网络。

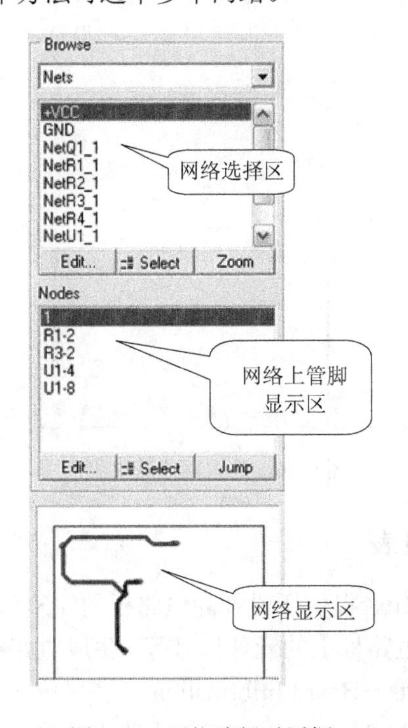

图 9-74　网络选择对话框

(2) 执行菜单命令 Reports→Selected Pins，弹出如图 9-75 所示的 Selected Pins(管脚选择)对话框。在对话框中，列出与当前被选取网络相连接的元件管脚。选择其中一个管脚，单击【OK】按钮，就会生成选取管脚报表文件，扩展名为“.DMP”，如图 9-76 所示，内容为与所选中网络的全部管脚。

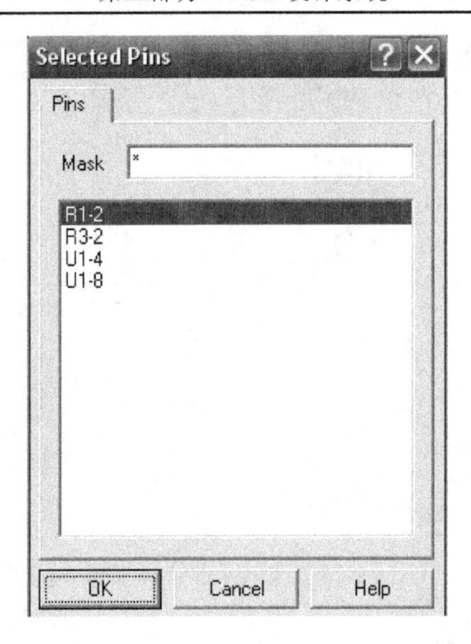

图 9-75　网络管脚对话框

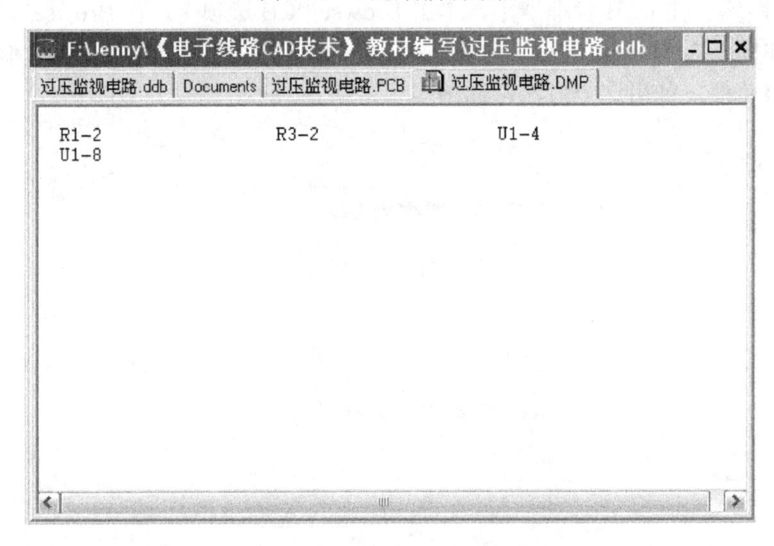

图 9-76　选取网络管脚报表

9.8.2　生成电路板信息报表

电路板信息报表是为设计者提供所设计的电路板的完整信息，包括电路板尺寸、电路板上的焊盘、过孔的数量及电路板上的元件标号等。生成电路板信息报表的操作步骤如下：

(1) 执行菜单命令 Reports→Board Information。

(2) 弹出如图 9-77 所示的 PCB Information(电路板信息)对话框。共包括 3 个选项卡，General、Components 和 Nets，包含信息如图所示。

(3) 单击图 9-77 中的【Report...】按钮，弹出如图 9-78 所示的选择报表项目对话框，用来选择要生成报表的项目。单击【All On】按钮，选择所有项目；单击【All Off】按钮，不选择任何项目；选中 Selected objects only 复选框，仅产生所选中项目的电路板信息报表。

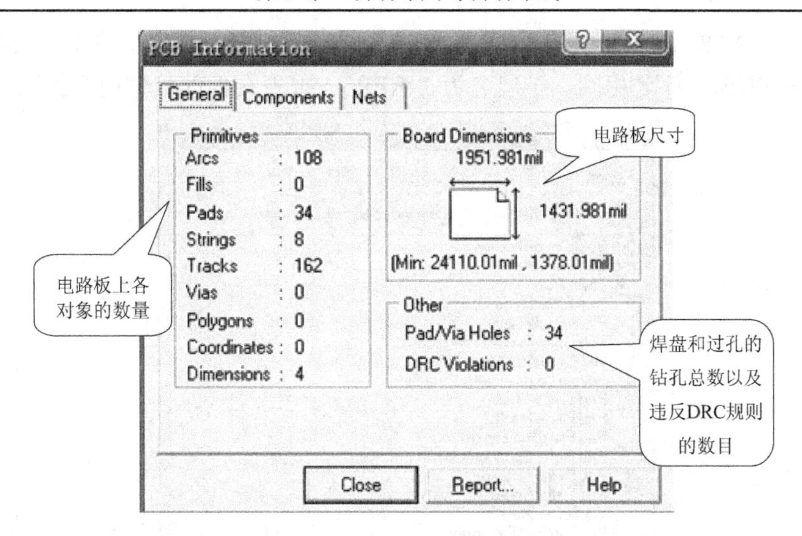

图 9-77(a)　General 对话框

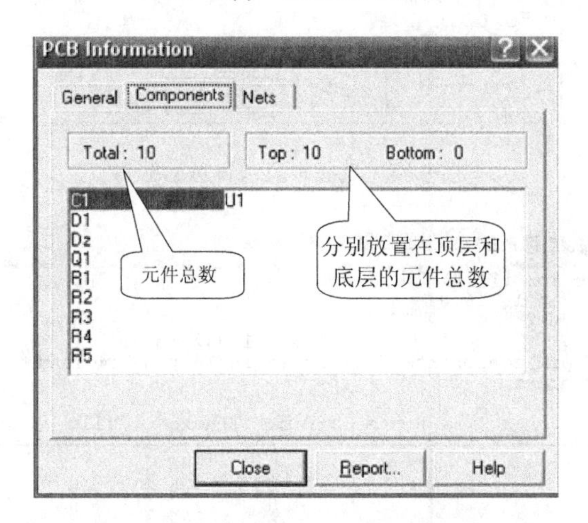

图 9-77(b)　Components 对话框

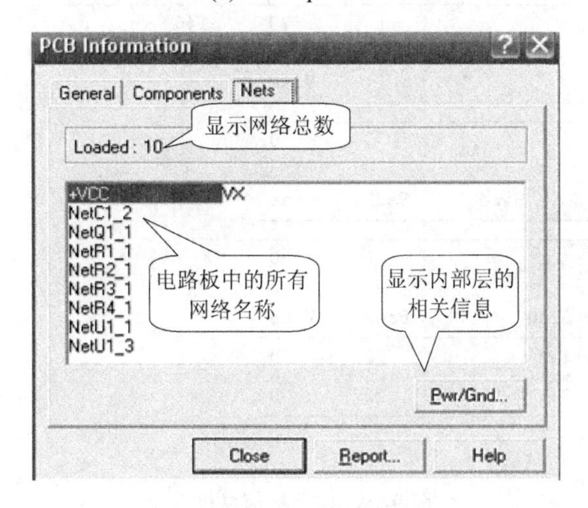

图 9-77(c)　Nets 对话框

(4) 单击图 9-78 中的【Report】按钮，将按照所选择的项目生成相应的报表文件，文件名与相应 PCB 文件名相同，扩展名为“.REP”。报表文件的具体内容如图 9-79 所示。

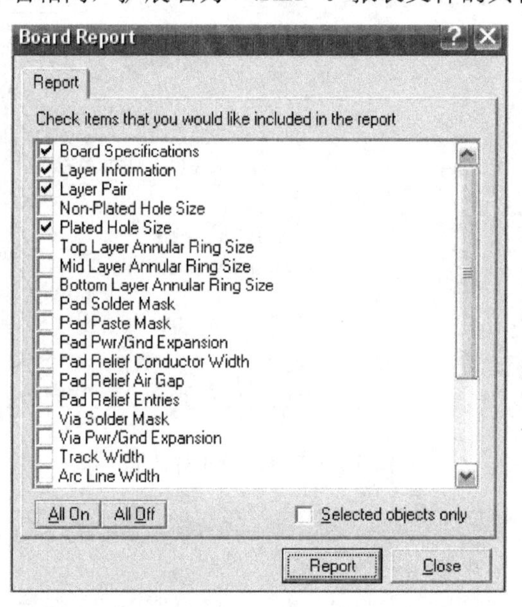

图 9-78　选择报表项目对话框

监视电路.ddb | 过压监视电路.Pcb | 过压监视电路.REP

Specifications For 过压监视电路.Pcb
On 8-Dec-2008 at 16:16:02

Size Of board　1.835 x 1.347 sq in
Equivalent 14 pin components　1.28 sq in/14 pin component
Components on board　10

Layer	Route	Pads	Tracks	Fills	Arcs	Text
TopLayer		0	33	0	64	0
BottomLayer		0	35	0	39	0
TopOverlay		0	74	0	4	26
KeepOutLayer		0	4	0	1	0
MultiLayer		30	0	0	0	0
Total		30	146	0	108	26

Layer Pair	Vias
Total	0

Non-Plated Hole Size	Pads	Vias
Total	0	0

Plated Hole Size	Pads	Vias
28mil (0.7112mm)	2	0
30mil (0.762mm)	6	0
32mil (0.8128mm)	22	0
Total	30	0

图 9-79　电路板信息报表

9.8.3　生成设计层次报表

设计层次报表用于显示当前设计数据库文件的分级结构。执行菜单命令 Reports→Design Hierarchy，生成的设计层次报表内容如图 9-80 所示。

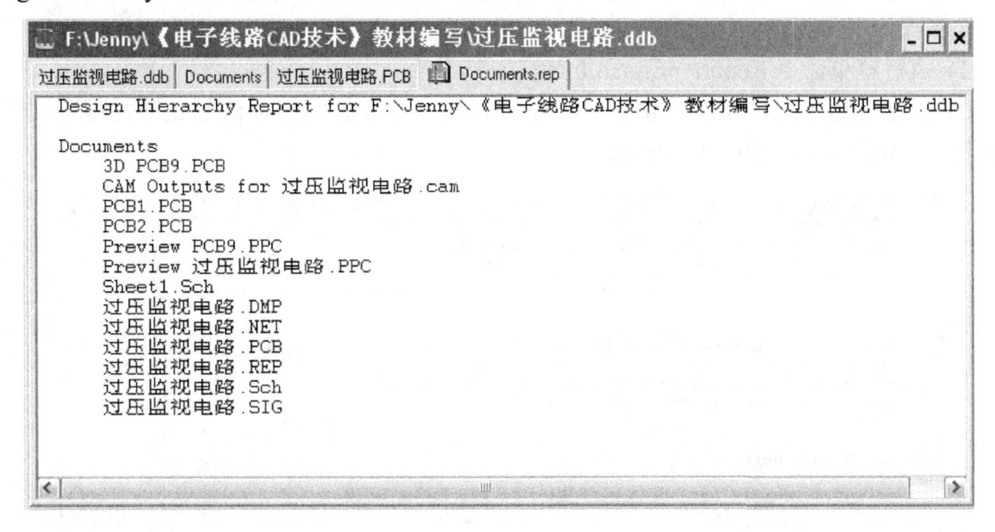

图 9-80　设计层次报表

9.8.4　生成网络状态报表

网络状态报表用于显示电路板中的每一条网络走线的长度。执行菜单命令 Reports→Netlist Status，系统自动打开文本编辑器，产生相应的网络状态报表，扩展名也为“.REP”。报表文件内容如图 9-81 所示。

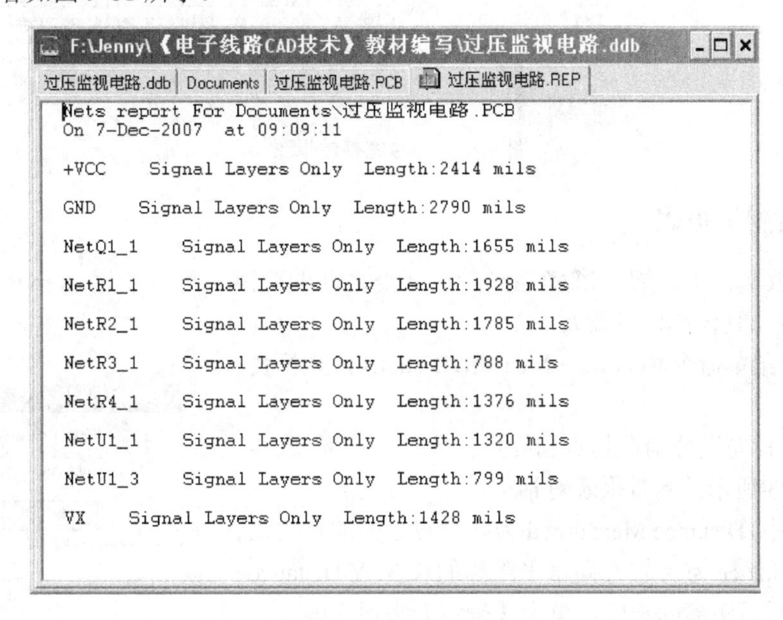

图 9-81　网络状态报表

9.8.5　生成信号完整性报表

信号完整性报表是根据当前电路板文件的内容和 Signal Integrity 设计规则的设置内容生成的信号分析报表。该报表用于为设计者提供一些有关元件的电气特性资料。生成报表的操作步骤如下：

(1) 执行菜单命令 Report→Signal Integrity。

(2) 执行该命令后，系统将切换到文本编辑器，并在其中产生信号完整性报表文件，扩展名为 .SIG，内容如图 9-82 所示。

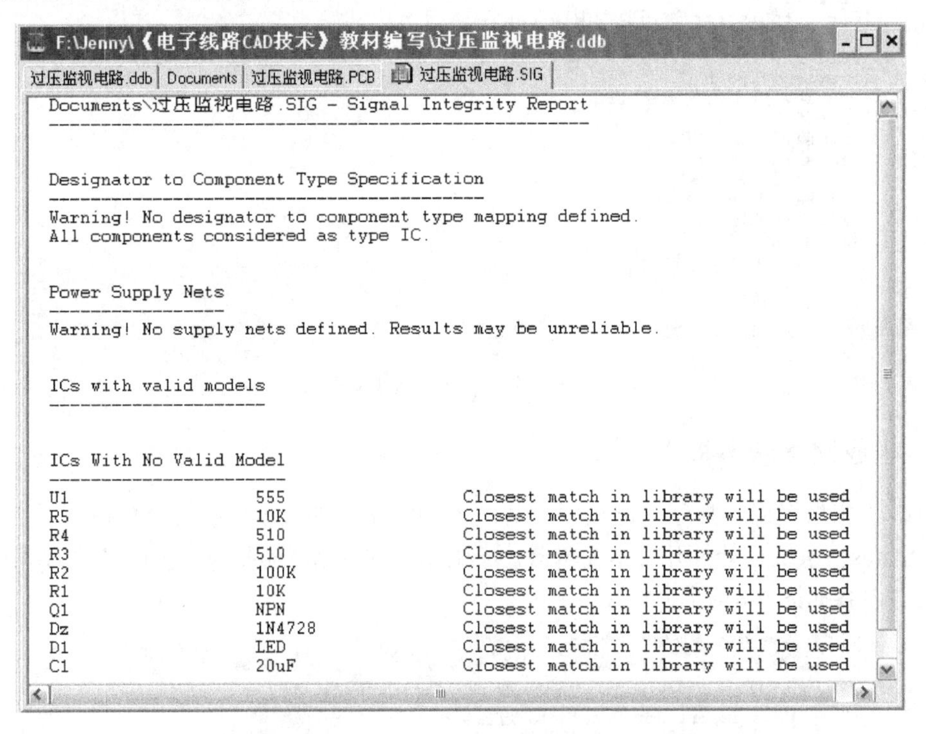

图 9-82　信号完整性报表

9.8.6　距离测量报表

在电路板文件中，要想准确地测量出两点之间的距离，可以使用 Reports→Measure Distance 命令。具体操作步骤如下：

(1) 执行菜单命令 Reports→Measure Distance，光标变成十字形。

(2) 用鼠标左键分别在起点和终点位置点击一下，就会弹出如图 9-83 所示的测量报表对话框。

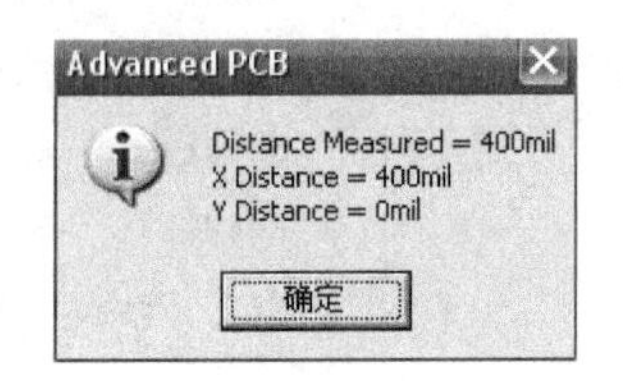

图 9-83　距离测量报表对话框

图 9-83 中，Distance Measureed 为两个点之间的直线距离长度，X Distance 为 X 轴方向水平距离的长度，Y Distance 为 Y 轴方向垂直距离的长度，单击【确定】按钮完成。

9.8.7　测量两个图件的间距报表

与距离测量功能不同的是，它是测量两个对象(焊盘、导线、标注文字等)之间的距离。具体操作步骤如下：

(1) 执行菜单命令 Reports→Measure Primitives。

(2) 用鼠标左键分别在两个对象的测量位置点击一下，就会弹出如图 9-84 所示的对象距离测量报表对话框，并显示测量点的坐标、工作层和测量结果，单击【OK】按钮完成。

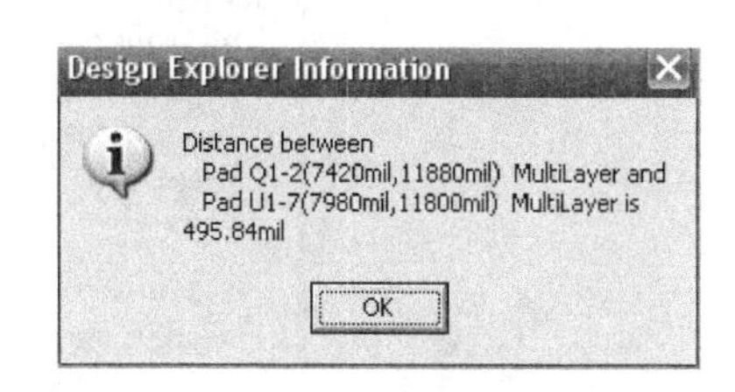

图 9-84　对象距离测量报表对话框

9.9　打印电路板图

电路板布线完成后，就可以打印输出电路板图，并将输出结果送往厂家进行制作。电路板图的输出比较复杂，Protel 99 SE 提供了一个全新而功能强大的打印/预览功能。

9.9.1　打印机的设置

打印机设置的操作过程如下：

(1) 打开要打印的 PCB 文件，如“过压监视电路.PCB”。

(2) 执行菜单命令 File→Printer/Preview。

(3) 系统生成 Preview 过压监视电路.PPC 文件，如图 9-85 所示。

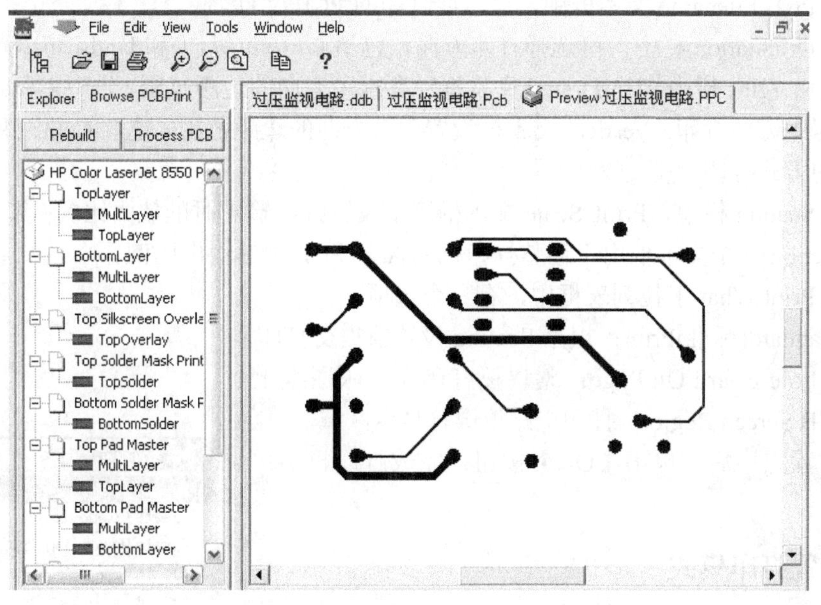

图 9-85　Preview 过压监视电路.PPC 文件

(4) 进入 Preview 过压监视电路.PPC 文件，然后执行菜单命令 File→Setup Printer，系统弹出如图 9-86 所示的对话框，可以设置打印类型。

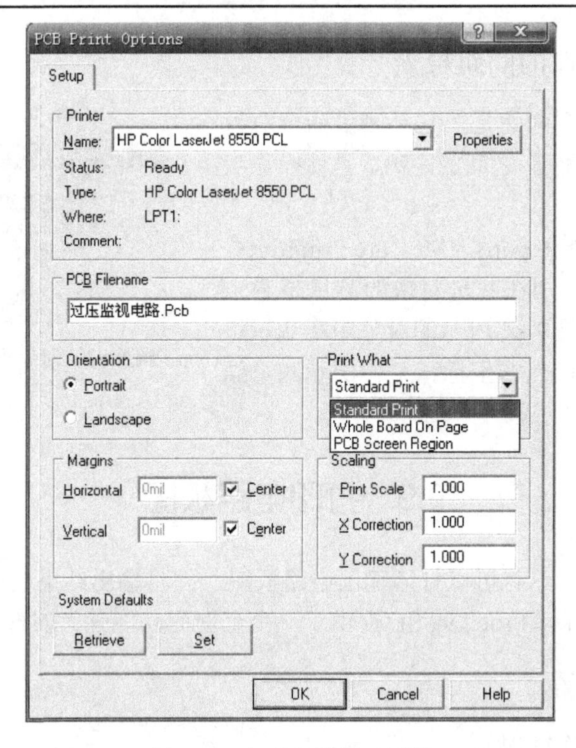

图 9-86　打印机设置对话框

设置内容如下：

① 在 Printer 下拉列表框中，可选择打印机的型号。

② 在 PCB Filename 文本框中，显示要打印的 PCB 文件名。

③ 在 Orientation 栏中，可选择打印方向，包括 Portrait(纵向)和 landscape(横向)。

④ 在 Margins 栏中，Horizontal 文本框设置水平方向的边距范围，选取 Center 复选框，将以水平居中方式打印；Vertical 文本框设置垂直方向的边距范围，选取 Center 复选框，将以垂直居中方式打印。

⑤ 在 Scaling 栏中，Print Scale 文本框用于设置打印输出时的放大比例；X Correction 和 Y Correction 两个文本框用于调整打印机在 X 轴和 Y 轴的输出比例。

⑥ 在 Print What 下拉列表框中，有三个选项。

- Standard(标准)Print：根据 Scaling 设置值提交打印。
- Whole Board On Page：整块板打印在一张图纸上。
- PCB Screen Region：打印电路板屏幕显示区域。

(5) 设置完毕后，单击【OK】按钮，完成打印机设置。

9.9.2　设置打印模式

系统提供了一些常用的打印模式。可以从 Tools 菜单项中选取，如图 9-87 所示。菜单中各项的功能如下：

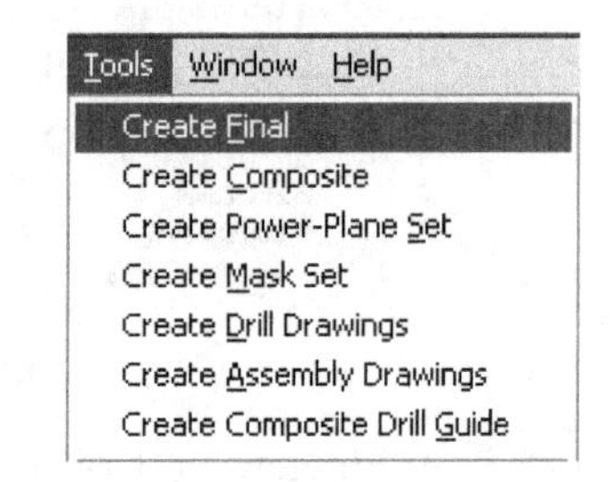

图 9-87　Tools 功能菜单中的打印模式

(1) Create Final 主要用于分层打印的场合，是经常采用的打印模式之一。选择后弹出确认对话框，单击【Yes】按钮，出现如图 9-88 所示的对话框。

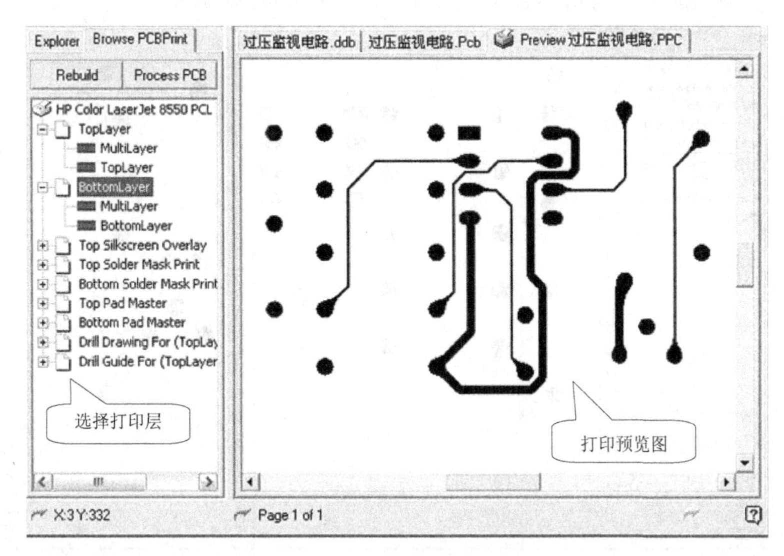

图 9-88　分层打印模式

(2) Create Composite 主要用于叠层打印的场合，也是经常采用的打印模式之一。选择后弹出确认对话框，单击【Yes】按钮，出现如图 9-89 所示的对话框。图中右侧窗口显示了各层叠加在一起的打印预览图。打印机要选用彩色打印机，才能将各层颜色区分开。

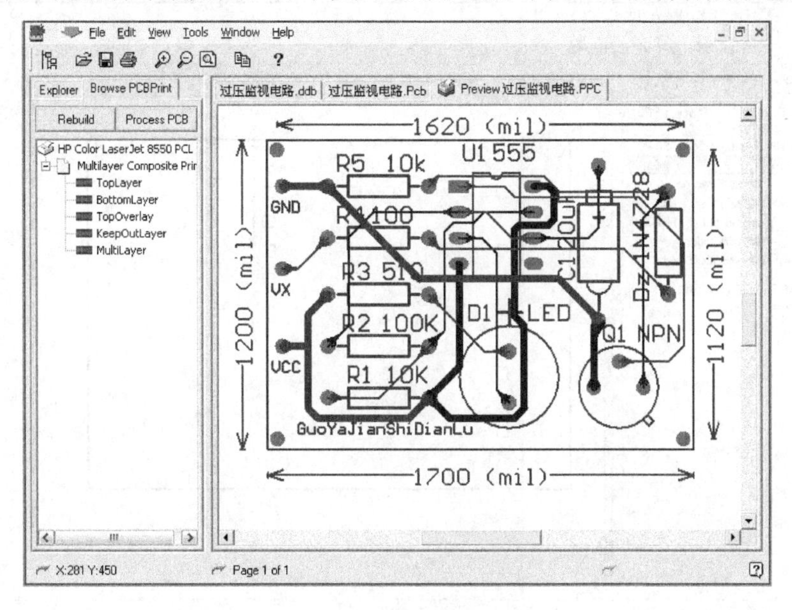

图 9-89　叠层打印模式

(3) Create Power-Plane Set 主要用于打印电源/接地层的场合。该电路板未设置这两个层，所以不能打印。

(4) Create Mask Set 主要用于打印阻焊层与助焊层的场合。选择后弹出确认对话框，单击【Yes】按钮，出现如图 9-90 所示的对话框。

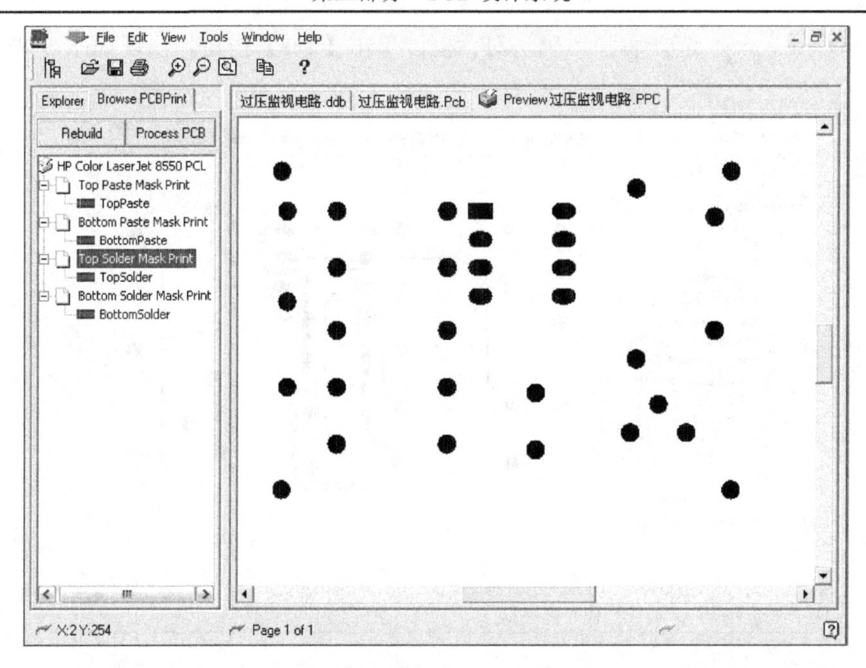

图 9-90　阻焊层打印模式

(5) Create Drill Drawings 主要用于打印钻孔层的场合。选择后弹出确认对话框，单击【Yes】按钮，出现如图 9-91 所示的对话框。

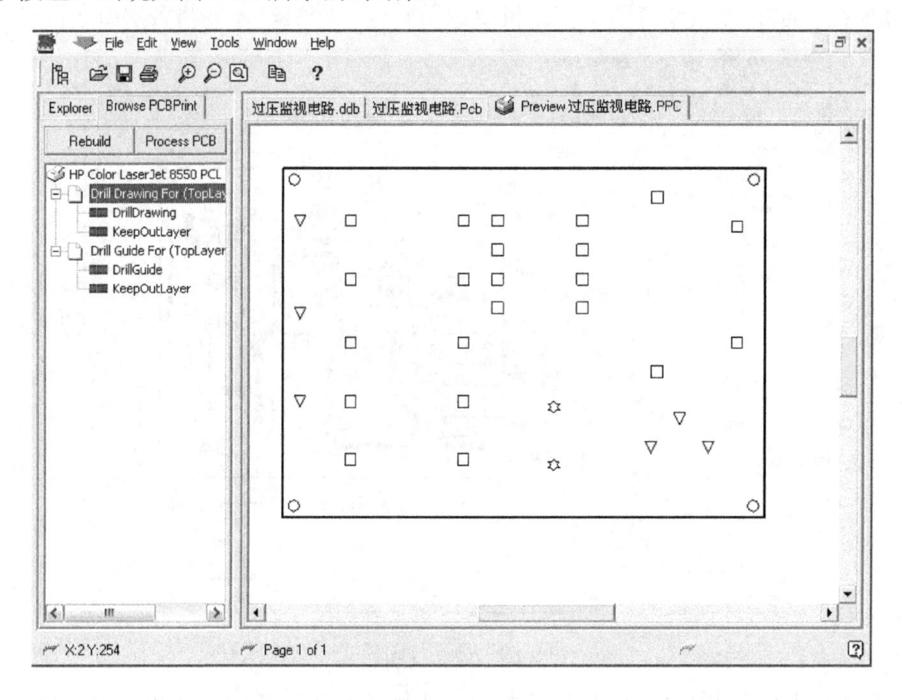

图 9-91　钻孔层打印

(6) Create Assembly Drawings 主要用于打印与 PCB 顶层和底层相关层内容的场合。选择后弹出确认对话框，单击【Yes】按钮，出现如图 9-92 所示的对话框。

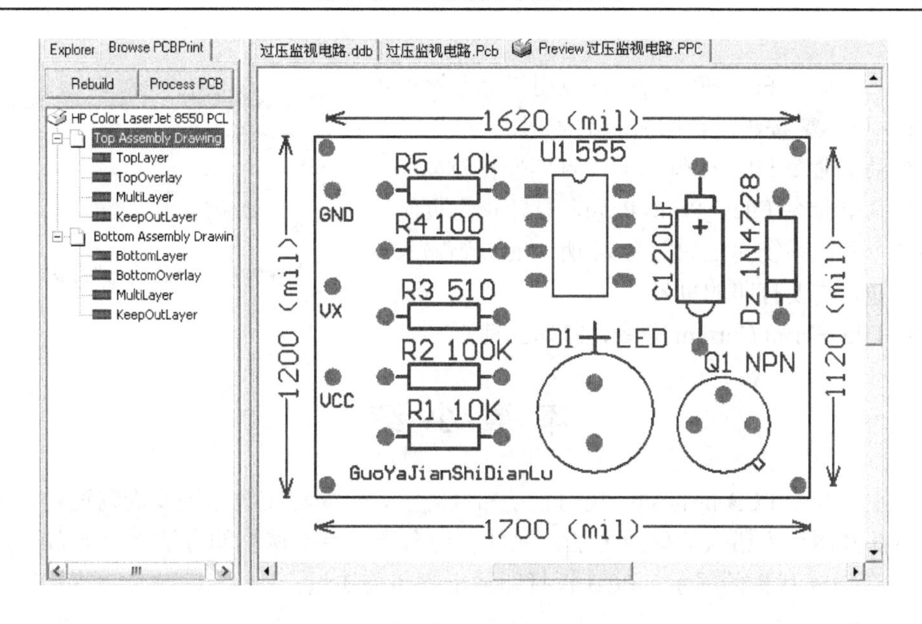

图 9-92　顶层和底层 Assembly Drawings 打印模式

(7) Create Composite Drill Guide 主要用于 Drill Guide、Drill Drawing、Keep-Out、Mechanical 这几个层组合打印的场合。选择后弹出确认对话框，单击【Yes】按钮，出现如图 9-93 所示的对话框。

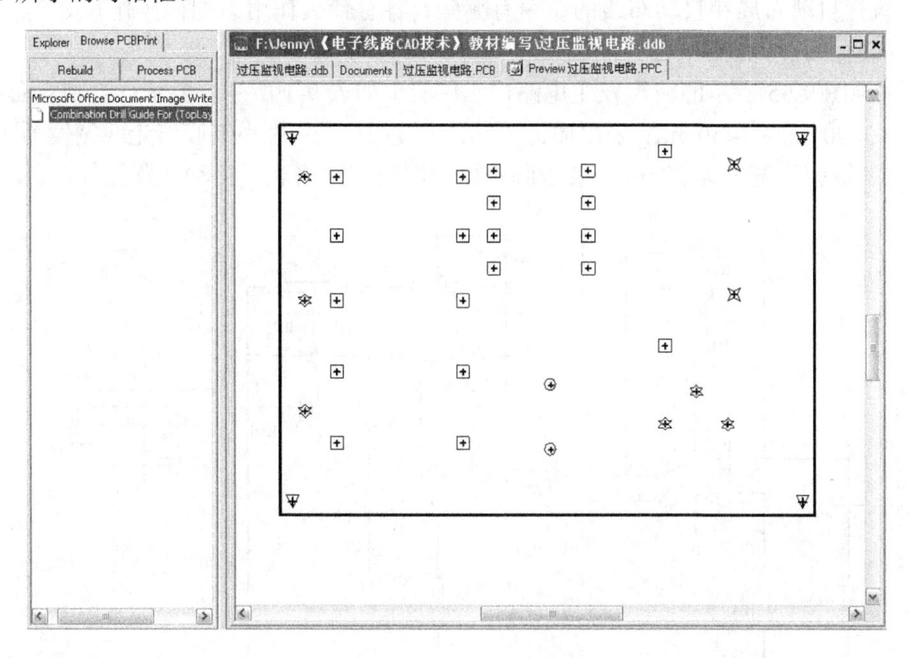

图 9-93　组合打印模式

9.9.3　打印输出

设置好打印机，确定打印模式后，就可执行主菜单 File 中的 4 个打印命令，进行打印输出。

执行菜单命令 File→Print All，或用鼠标左键单击主工具栏中的按钮，打印所有的图形。

执行菜单命令 File→Print Job，打印操作对象。

执行菜单命令 File→Print Page，打印指定页面。执行该命令后，系统弹出如图 9-94 所示的页码输入对话框，以输入需要打印的页号。

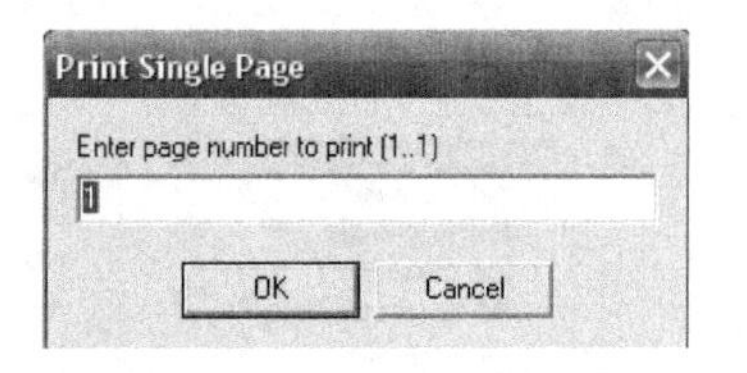

图 9-94　页码输入对话框

执行 File→Print Current 命令，打印当前页。

本章小结

本章主要介绍 PCB 的自动布局与自动布线方法，布局与布线原则及规则设置，网络表的加载方法及网络宏错误的修改方法，元件自动布局及手工调整的方法，自动布线完成后的手工调整及 PCB 板的显示，PCB 板打印输出等相关知识。

思考与练习

1．自动布局和自动布线应注意哪些方面。

2．执行自动布局和自动布线的命令有哪些？各有什么作用？如何操作？

3．如何加载网络表？

4. 试画图 9-95 所示的波形发生电路，元件清单如表 9-1 所示。要求：绘制双面板，板子尺寸为 3000 mil × 1450 mil；采用插针式元件；镀铜过孔；最小铜膜线走线宽度为 10 mil，电源地线的铜膜线宽度为 20 mil；要求画出原理图建立网络表，自动布置元件，自动布线。

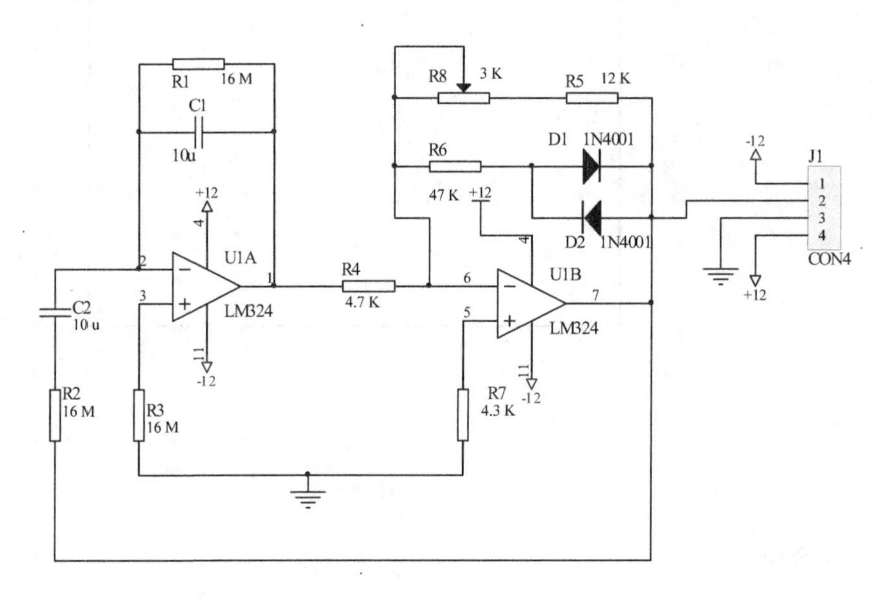

图 9-95　波形发生电路

表 9-1　元 件 列 表

元件在图中的标号 (Designator)	元件在库中的名称 (LibRef)	元件类别或标示值 (Part Type)	元件封装形式 (FootPrint)
U1	LM324	LM324	DIP14
R1、R2、R3	RES2	16M	AXIAL0.3
R4	RES2	4.7 K	AXIAL0.3
R5	RES2	12 K	AXIAL0.3
R6	RES2	47 K	AXIAL0.3
R7	RES2	4.3 K	AXIAL0.3
C1、 C2	CAP	10 u	RB.2/.4
R8	POT2	3 K	VR2
J1	CON4	CON4	SIP4
D1、D2	100HF100PV	1N4001	DIODE0.4

5. 试画图 9-96 所示的光隔离电路，元件清单如表 9-2 所示。要求：绘制双层 PCB 板，板子尺寸为 2560 mil × 1500 mil；最小铜膜线走线宽度为 10 mil，电源地线的铜膜线宽度为 20 mil；对焊盘添加泪滴；生成各类报表；对 PCB 进行单层显示；进行 DRC 检测；要求画出原理图、建立网络表、自动布局元件后手工调整合理，自动布线。

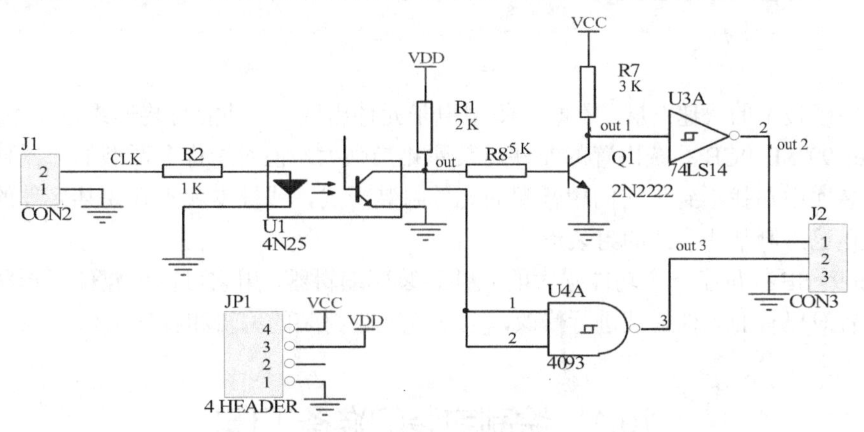

图 9-96　光隔离电路

表 9-2　元 件 列 表

元件在图中的标号 (Designator)	元件封装形式 (FootPrint)	元件在库中的名称 (LibRef)
U1	DIP6	4N25
R1、R2、R7、R8	AXIAL0.3	RES
Q1	TO-92A	2N1893
U3	DIP14	74LS14
U4	DIP14	4093
J1	SIP2	CON2
JP1	FLY4	4 HEADER
J2	SIP3	CON3

PCB 元件封装设计

内 容 提 要

本章主要介绍 PCB 元件封装的手工绘制和利用向导绘制元件封装的方法，修改元件封装库中的现有元件封装并应用，元件封装库的管理等内容。

随着电子技术的快速发展，不断有新型电子元件出现，元件的封装形式也在不断发展。尽管 Protel 99 SE PCB 系统内置的元件封装库相当强大，但对于许多新型的元器件在已有的元件封装库中却找不到与它们相匹配的元件封装形式，或根本就不存在某元件的封装。因此需要自己绘制某些元件的封装形式。

Protel 99 SE 提供了一个功能强大的元件封装库编辑器，用它可以创建任意形状的元件封装，或者对已有的元件封装进行修改，以实现元件封装的编辑和管理工作。

10.1 绘制封装的准备工作

10.1.1 元件封装信息

在开始绘制封装之前，首先要做的工作是收集该元件的封装信息。封装信息的主要来源是生产厂家所提供的元器件手册。需要的信息可以在手册上查找，或者到厂家的网站查询。如果找不到元件封装信息，只能把元件买回后，用游标卡尺测量正确的尺寸。

绘制时一般在 PCB 板顶部丝印层上绘制元件外形轮廓。外形轮廓要求准确，预留量不要太大。元件的高度在安装时再考虑，同时考虑元件引脚粗细和相对位置，注意元件外形和焊盘之间的相对位置。

焊盘的大小设置和引脚的粗细有关，一般焊盘中心孔要比器件引脚直径稍大一些。焊盘太大，焊点不饱满易形成虚焊，焊盘太小容易在焊接时粘断或剥落。一般焊盘孔径为：$D \geqslant d + 1.2$ mm，其中 d 为引脚直径。

10.1.2　建立自己的封装数据库

通常可以将自己创建的元件封装放置在自己建立的封装库中，或者可以修改已有的元件封装。先在系统库中拷贝需要修改的元件封装到自己建立的库中，再进行修改。一般不要直接修改原系统库中的封装形式。

启动 Protel 99 SE，执行菜单命令 File→New，新建一个新的设计数据库。该数据库命名为“新建元件.ddb”，单击【Browse…】按钮，选择存盘路径。如图 10-1 所示，设置后单击【OK】按钮完成。

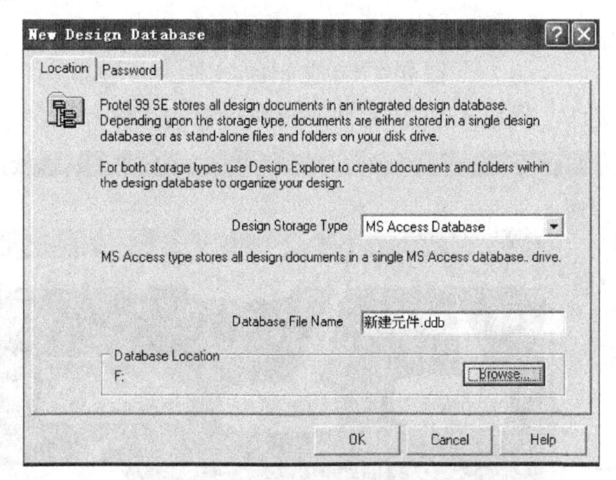

图 10-1　新建设计数据库对话框

10.2　元件封装库编辑器

10.2.1　启动元件封装库编辑器

启动元件封装库编辑器的操作步骤如下：

(1) 打开“新建元件.ddb”设计数据库后，执行菜单命令 File→New，打开新建文件对话框，如图 10-2 中所示，选择 PCB Library Document(PCB 库文件)图标，单击【OK】按钮，则在该设计数据库中建立了一个默认名为 PCBLIB1.LIB 的文件，如图 10-3 所示，此时可更改文件名。

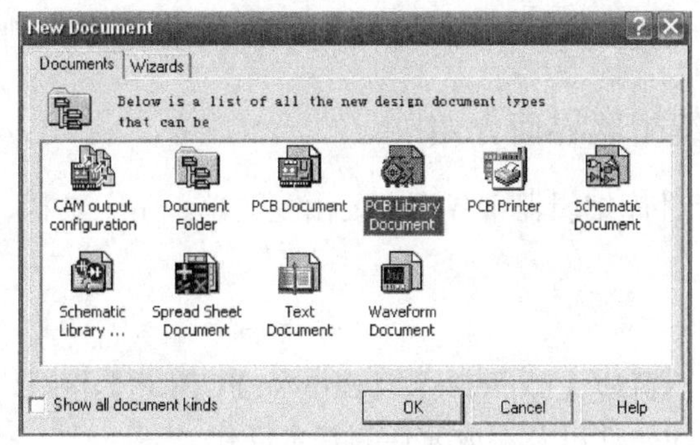

图 10-2　新建 PCB 库文档对话框

图 10-3　新建元件库文件

(2) 双击该新建文件，就进入 PCB 元件封装编辑器的工作界面，如图 10-4 所示。

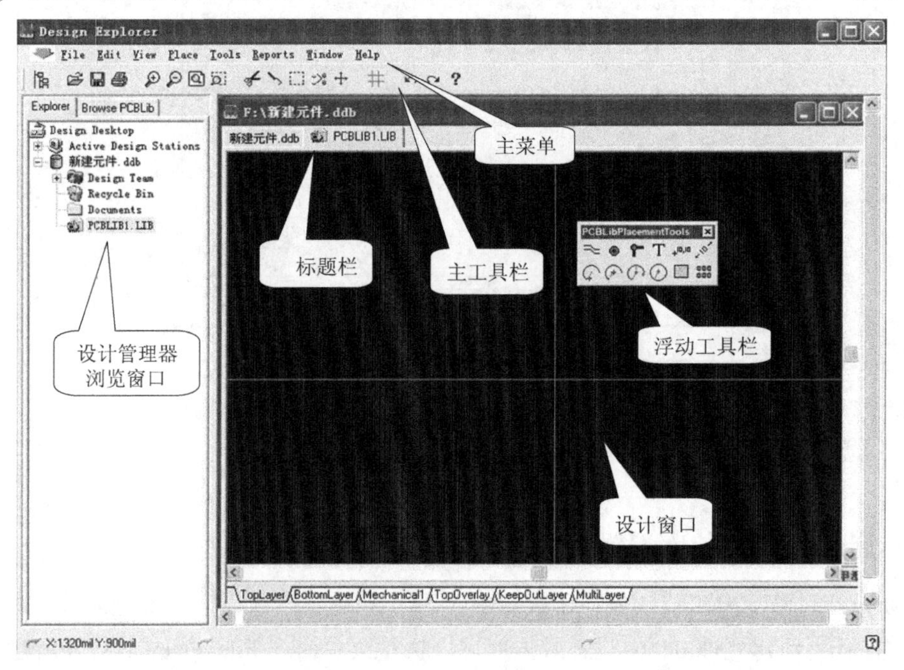

图 10-4　PCB 元件库编辑器主窗口

PCB 元件封装库文件的工作界面与 PCB 编辑器基本相同，不同的是其工作窗口呈现出一个十字线(在不执行任何放大、缩小屏幕操作的情况下)，十字线的中心即是坐标原点，将工作窗口划分成四个象限。通常在第四象限坐标原点附近进行元件封装的编辑。

10.2.2　元件封装库编辑器界面介绍

如图 10-4 所示，元件库编辑器主界面主要由主菜单、主工具栏、浏览管理器、状态栏等组成。

1. 浏览管理器

单击左边设计管理器窗口【Explorer】、【Browse PCBLib】按钮，可以浏览整个数据库的目录和浏览管理器中的元件以及完成元件的基本操作。

2. 主菜单

PCB 元件封装库编辑器的主菜单如图 10-4 所示，每个菜单下均有相应的子菜单，某些菜单下还有多级子菜单。各菜单功能如下：

- File 用于文件的管理、存储、输出、打印等操作。
- Edit 用于各项编辑功能，如复制、删除等操作。
- View 用于画面管理、各种工具栏的打开与关闭。
- Place 用于绘图命令，在工作窗口中放置对象。
- Tools 给用户在设计的过程中提供各种方便的工具。
- Reports 用于产生各种报表。
- Help 提供各种帮助文件。
- Window 用于已打开窗口的排列方式、切换当前工作窗口等。

3. 主工具栏

执行菜单命令 View→Toolsbars→Main Toolbar，可以调用和隐藏工具栏，如图 10-5 所示。

图 10-5　工具栏调用命令

选择后调出主工具栏如图 10-6 所示，各按钮可以方便地执行各种命令或功能。各按钮功能基本和 PCB 主工具栏功能一样，按钮用于设置光标移动的间隔大小。

图 10-6　主工具栏

4. 绘图工具栏

PCB 元件库编辑器提供了一个绘图工具栏，执行菜单命令 View→Toolsbars→Placement Tools 可以调用和隐藏工具栏，如图 10-7 所示。利用各按钮功能可以在编辑区放置各种对象，如导线、圆弧、焊盘等。执行菜单命令 Place 可以完成相同的操作。

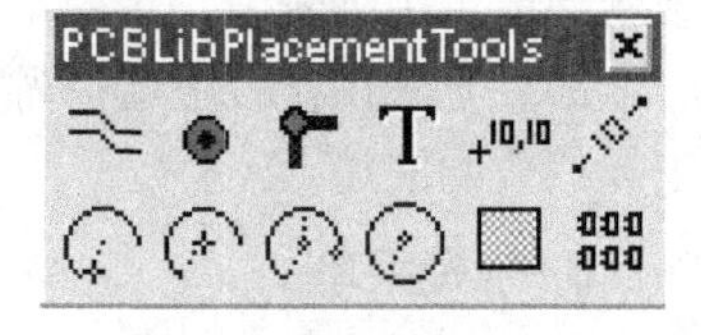

图 10-7　绘图工具栏

5. 自定义加载或卸载工具栏

在图 10-5 中，可以完成常用工具的调用或隐藏。当所需的工具栏在列表中找不到时，采用自定义方式进行加载，点击图 10-5 中的 Customize...，出现如图 10-8 所示的对话框。在图 10-8 中点击【Menu】按钮，出现如图 10-9 所示的对话框。

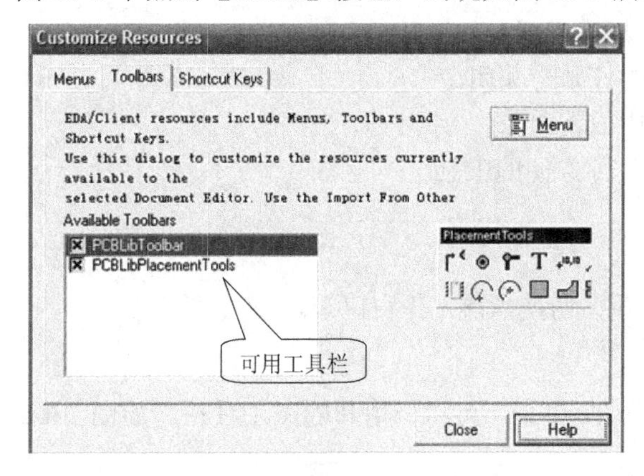

图 10-8　自定义工具栏对话框

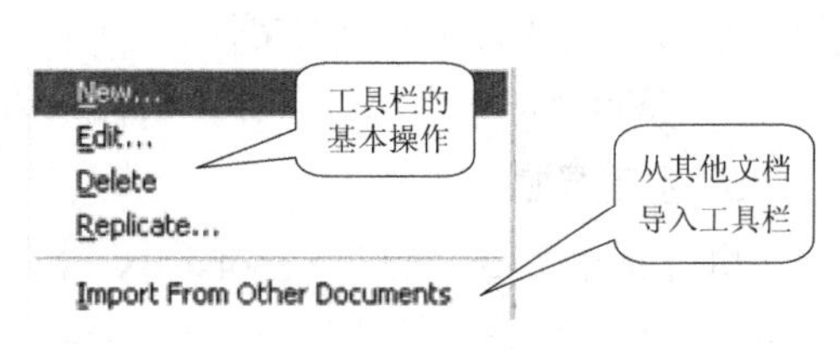

图 10-9　Menu 菜单

单击图 10-9 中 Import From Other Documents 项，弹出加载(Add)或卸载(Remove)工具栏对话框，如图 10-10 所示。

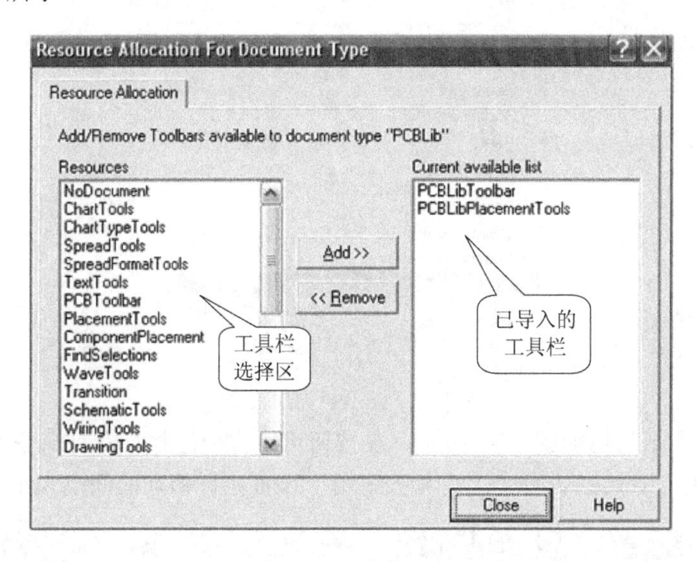

图 10-10　加载或删除工具栏对话框

加载方法：在左边选中需要的工具栏，单击中间【Add】按钮，就将选择的工具栏加载到当前可用列表中。

卸载方法：在右边选中需要删除的工具栏后，单击中间【Remove】按钮，就将选择的工具栏放回左边。

6. 快捷菜单

在编辑区空白处单击鼠标右键，则会弹出如图 10-11 所示的快捷菜单，利用快捷菜单同样可以完成各种操作。

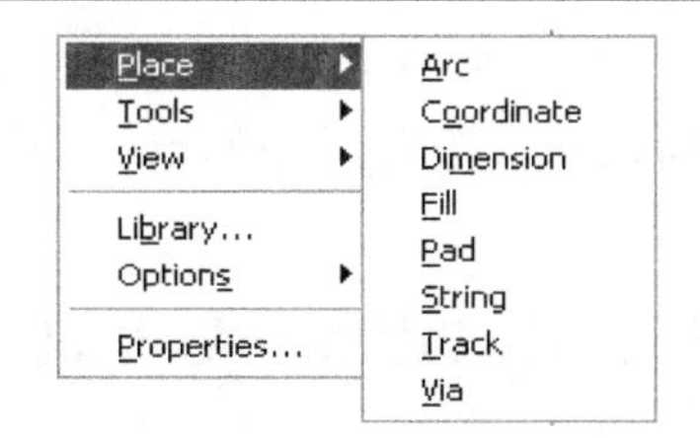

图 10-11　快捷菜单

10.3　创建新的元件封装

利用工具在编辑区创建元件封装通常有两种方法：手工绘制和用向导创建。

使用手工创建元件封装，就是利用系统提供的绘图工具，按照元件的实际尺寸画出该元件的封装图形。下面，我们通过创建电解电容元件封装，来讲解手工创建元件封装的操作步骤。尺寸要求：焊盘的外径为 62 mil，内孔径为 28 mil，两个焊盘对称并且垂直间距为 100 mil，电容外圆的直径为 200 mil。

10.3.1　参数设置

在创建新元件封装之前，最好先在元件封装库编辑器中设置一些有关的环境参数，如使用的工作层、计量单位、栅格尺寸、显示颜色、显示坐标原点等；不需要设置布局的区域，系统会自动开辟出一个工作区供元件绘制使用。

1. 板面参数的设置

进入新建元件封装的编辑界面，如图 10-4 所示，选择菜单 Tools→Library Options...或在设计区域的空白处单击鼠标右键，在弹出的快捷菜单中选中 Options→Library Options，弹出如图 10-12 所示的对话框，选择 Layers 标签，在对话框中设置当前元件库文件的工作层状态。一般选中 Pad Holes、Via Holes，Visible Grid 2 显示栅格尺寸设置为 100 mil，其余保持默认设置即可。

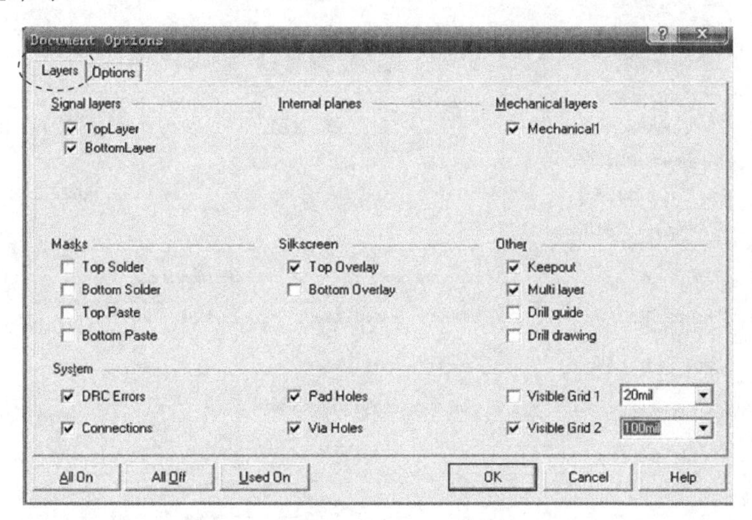

图 10-12　板面参数 Layers 标签对话框

单击 Options 标签，弹出如图 10-13 所示的对话框。为了在绘制线段、弧线或放置焊盘等图件时能够准确地进行，最好将 Snap(格点)项中的数值设置小一些。选中 Electrical Grid，单击【OK】按钮，完成参数设置。

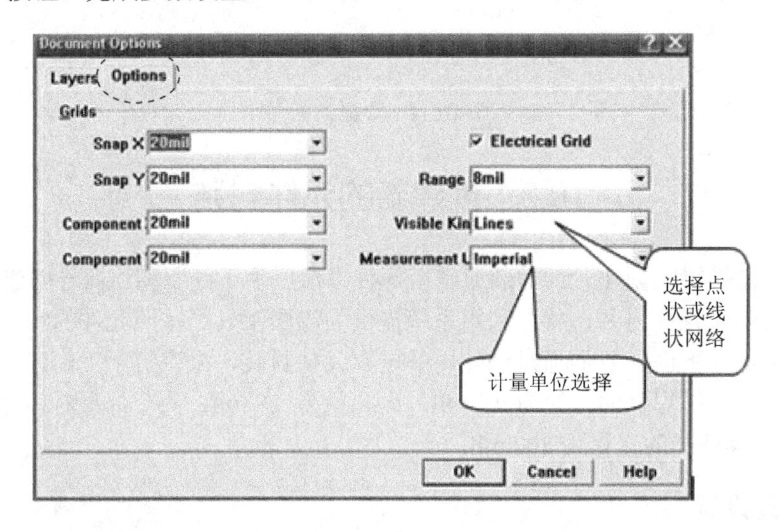

图 10-13　板面参数 Options 标签对话框

2. 系统参数设置

选择菜单 Tools→Preferences...或在设计区域的空白处单击鼠标右键，在弹出的快捷菜单中选中 Options→Preferences...，弹出如图 10-14 所示的对话框。一般只设 **Options** 选项卡的参数，Style 项设置为 Re-Center，其余项选用默认值。参数设置后单击【OK】按钮完成，进入编辑区开始创建元件封装。

注意：其他参数设置方法可参考 7.4 节工作参数设置的内容。

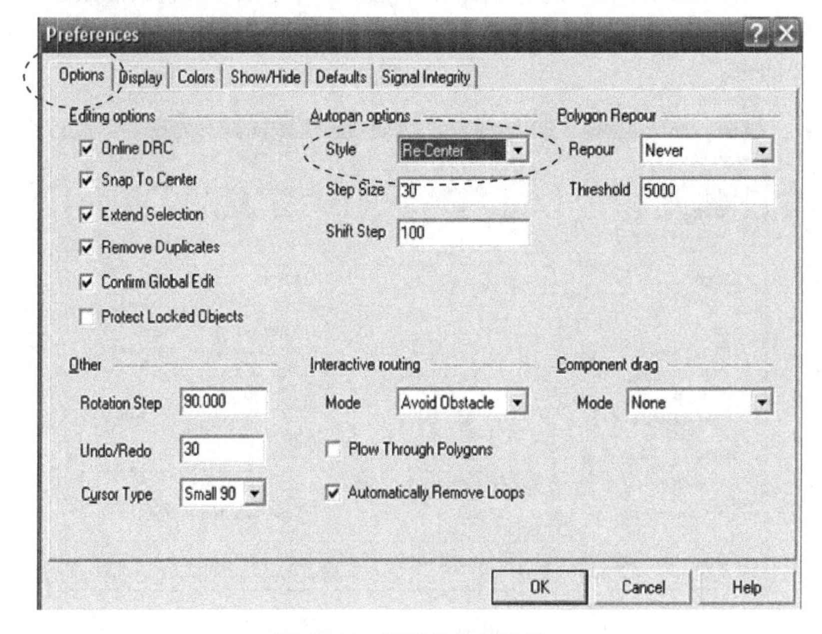

图 10-14　系统参数对话框

10.3.2　手工创建新元件

打开 PCBLIB1.LIB 的文件，进入 PCB 元件封装编辑器的工作界面，如图 10-4 所示，点击左侧浏览管理器中的【Browse PCBLib】按钮，可以看到系统为新元件自动命名为“PCBCOMPONENT_1”，此时在右侧设计窗口可以绘制新元件。

1. 绘制元件外形轮廓

(1) 切换工作层。将工作层切换为顶层丝印层(TopOverLay),在该层绘制元件外形轮廓。绘图位置在窗口中第四象限原点附近。

(2) 绘制元件轮廓。执行命令 Place→Full Circle，或单击画图工具栏按钮(其他绘制圆弧的方法也可以)，鼠标光标变为十字形，移动光标到工作界面栅格交叉点确定圆心，单击鼠标右键，再移动光标就会出现一个圆，单击鼠标左键，确定圆的大小(画一个直径为 200 mil 的外圆)，如图 10-15 所示，然后单击鼠标右键，退出画圆功能。

(3) 编辑对象属性。将光标移到圆弧线上，选中后按 Tab 键或用左键双击圆弧线，调出图 10-16 所示属性对话框，对圆的参数进行修改。将线宽(Width)改为 12 mil，圆的半径(Radius)改为 100 mil。单击【OK】按钮完成。

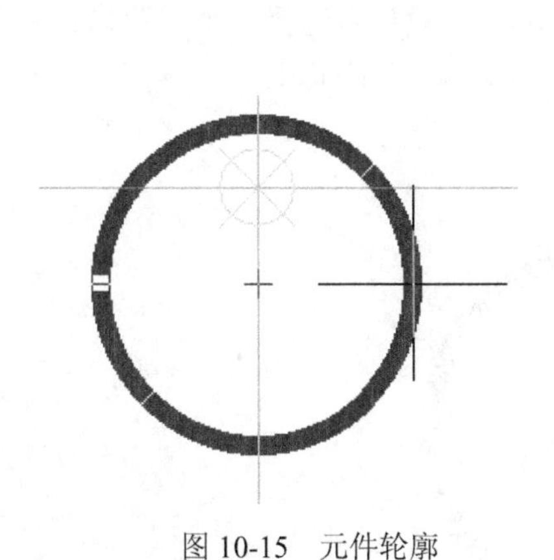

图 10-15　元件轮廓

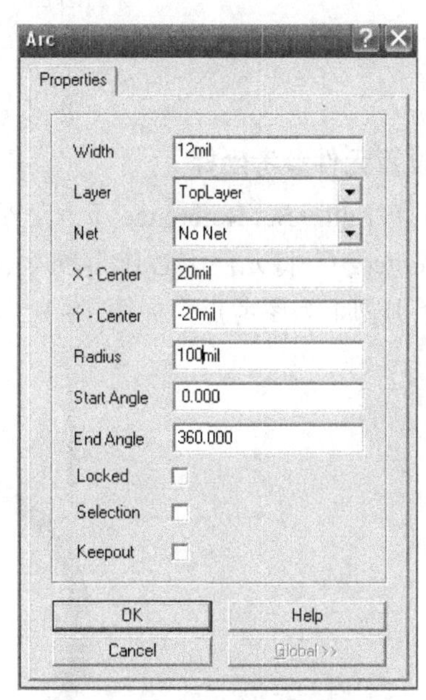

图 10-16　对象属性对话框

(4) 单击工具栏中的【Text】按钮，在元件轮廓上方用“+”号进行文字标注。

2. 放置焊盘

(1) 执行 Place→Pad 命令或单击画图工具栏中的按钮，移动鼠标到适当位置，单击鼠标左键，放置焊盘，用同样方法放置另一个焊盘。

(2) 焊盘属性修改。用鼠标左键双击焊盘，弹出如图 10-17 所示的焊盘属性对话框。设置焊盘外径为 62 mil，孔径为 28 mil。计算两个焊盘在垂直方向的距离为 120 mil(两个焊盘的 Y-Location 数值之差)。

Pad

Properties | Pad Stack | Advanced

Use Pad Stack

X-Size 62mil

Y-Size 62mil

Shape Round

Attributes

Designator 1

Hole Size 28mil

Layer MultiLayer

Rotation 0.000

X-Location 60mil

Y-Location -60mil

Locked

Selection

Testpoint Top Bottom

OK Help

Cancel Global >>

图 10-17　焊盘属性对话框

3. 设置元件参考坐标

在菜单 Edit→Set Reference 下，设置参考坐标的命令有三个：Pin1——设置引脚 1 为参考点；Center——将元件中心作为参考点；Location——设计者选择一个位置作为参考点。本例选择引脚 1 为参考点，如图 10-18 所示焊盘 1 标有斜十字标识。

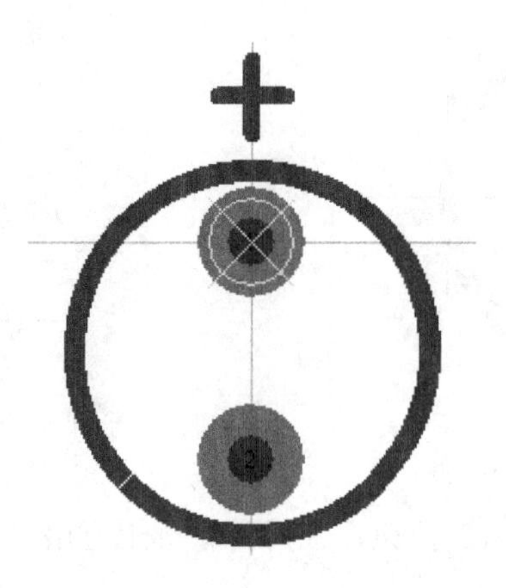

图 10-18　绘制完成的元件封装

4. 命名与保存

(1) 命名。首先选中要修改名字的元件，用鼠标左键单击 PCB 元件库管理器中的【Rename…】按钮，或在元件默认名字上单击鼠标右键弹出对话框，选择 Rename，如图 10-19 所示。弹出重命名元件对话框，如图 10-20 所示。在对话框中输入新建元件封装的名称“电解电容”，单击【OK】按钮即可。

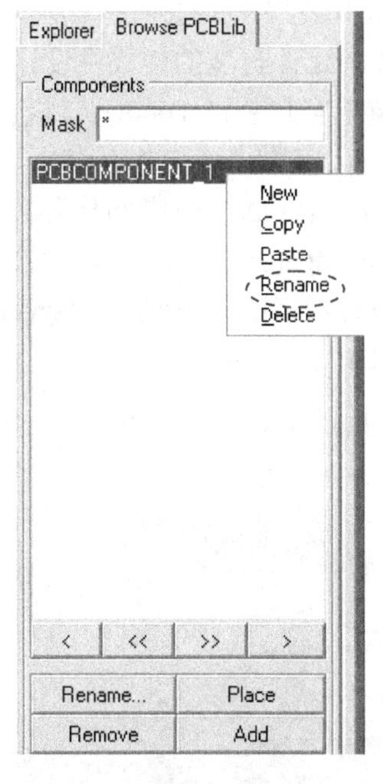

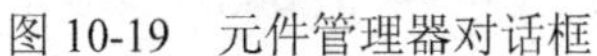

图 10-19　元件管理器对话框

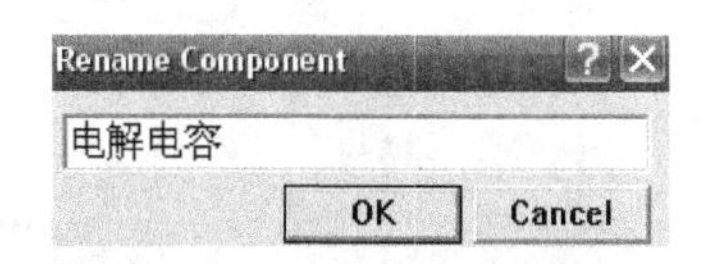

图 10-20　重命名元件对话框

(2) 保存：执行菜单命令 File→Save，或单击主工具栏上的按钮，可将新建元件封装保存在元件封装库中，在需要的时候可任意调用该元件。

10.3.3　使用向导创建元件封装

Protel 99 SE 提供了元件封装生成向导。根据设计者的要求，由系统很方便地生成元件的封装形式。下面以生成 DIP6 的封装来讲解利用向导创建元件封装的操作步骤。

(1) 在图 10-4 所示的元件封装库编辑器中，执行菜单命令 Tools→New Component，或在 PCB 元件库管理器中单击【Add】按钮，系统弹出如图 10-21 所示的元件封装生成向导。

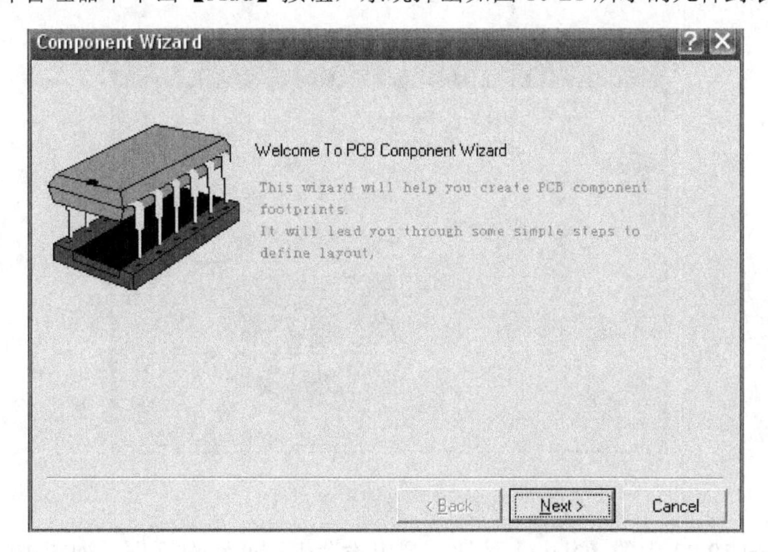

图 10-21　元件封装生成向导

(2) 单击图 10-21 中的【Next】按钮，弹出如图 10-22 所示的元件封装样式列表框，单击【Back】按钮可以返回上一向导。系统提供了 12 种元件封装的样式供设计者选择，包括 Ball Grid Arrays(BGA，球栅阵列封装)、Capacitors(电容封装)、Diodes(二极管封装)、Dual in-line Package(DIP，双列直插封装)、Edge Connectors(边缘连接器封装)、Leadless Chip Carrier(LCC，无引线芯片载体封装)、Pin Grid Arrays(PGA，引脚网格阵列封装)、Quad Packs(QUAD，四边引出扁平封装)、Small Outline Package(SOP，小尺寸封装)、Resistors(电阻封装)、Staggered Pin Grid Array(SPGA，交错引脚网格阵列封装)、Staggered Ball Grid Array(SBGA，交错球栅阵列封装)。这里我们选择 DIP 封装类型。

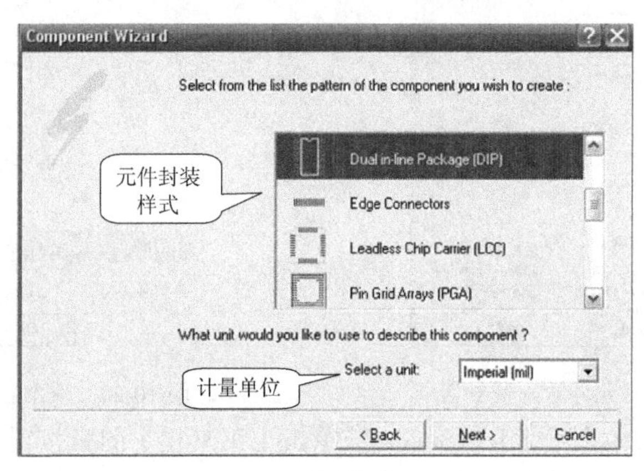

图 10-22　元件封装样式列表框

另外，在对话框右下角，还可以选择计量单位，默认为英制。

(3) 单击图 10-22 中的【Next】按钮，弹出如图 10-23 所示的设置焊盘尺寸对话框。在数值上单击鼠标左键拖动鼠标使数值变为蓝色；或单击左键后用键盘删除原数字，然后输入所需数值即可。这里将焊盘直径改为 50 mil，通孔直径改为 25 mil。一般焊盘的外径尺寸取为内径尺寸的 2 倍，而内径尺寸要稍大于引脚的尺寸，以便实际元件在电路板上安装和焊接。

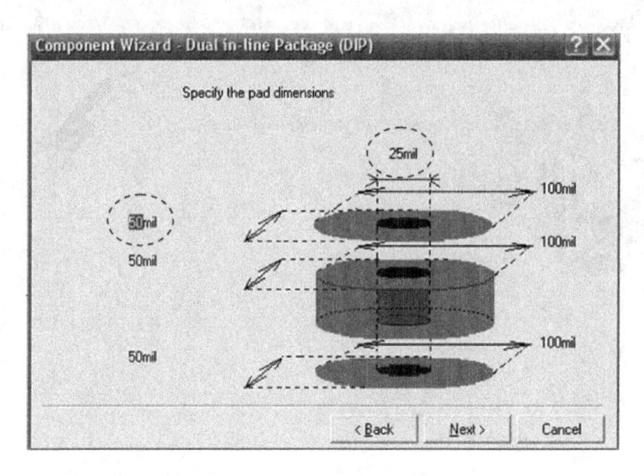

图 10-23　设置焊盘尺寸

(4) 单击图 10-23 中的【Next】按钮，弹出设置引脚间距对话框，如图 10-24 所示。在数值上按压鼠标左键拖动鼠标使数值变为蓝色；或单击左键后用键盘删除原数字，然后输入所需数值即可。这里设置水平间距为 600 mil，垂直间距为 100 mil。

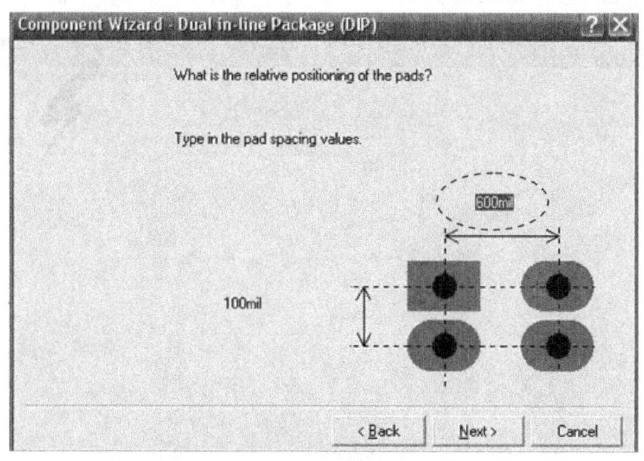

图 10-24　设置引脚间距

(5) 单击图 10-24 中的【Next】按钮，弹出设置元件外形轮廓线宽度对话框，如图 10-25 所示。这里设置为 10 mil。

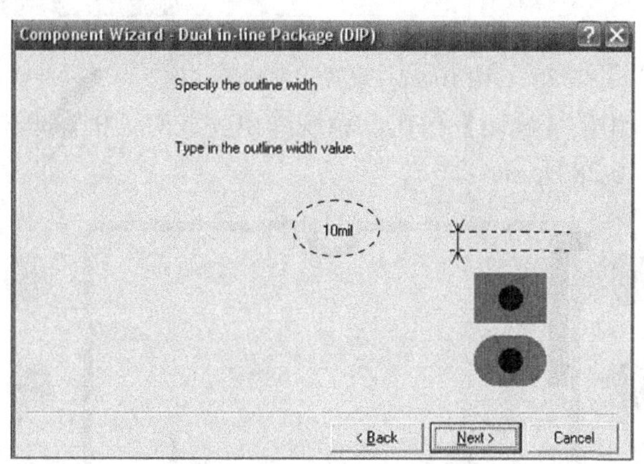

图 10-25　设置元件轮廓线宽

(6) 单击图 10-25 中的【Next】按钮，弹出设置元件引脚数量对话框，如图 10-26 所示。这里设置为 6。

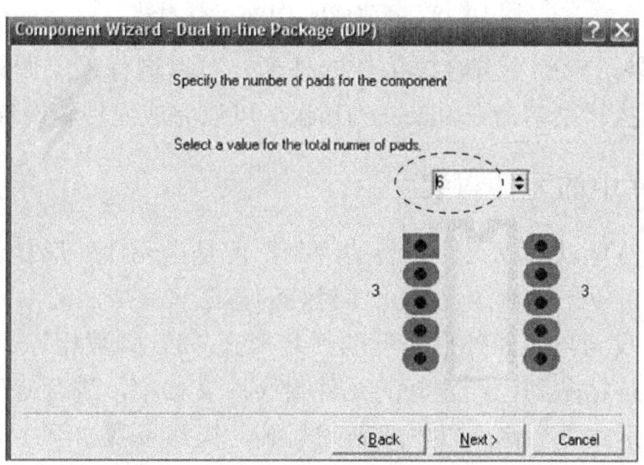

图 10-26　设置元件的引脚数量

(7) 单击图 10-26 中的【Next】按钮，弹出设置元件封装名称对话框，如图 10-27 所示。这里设置为 DIP6。

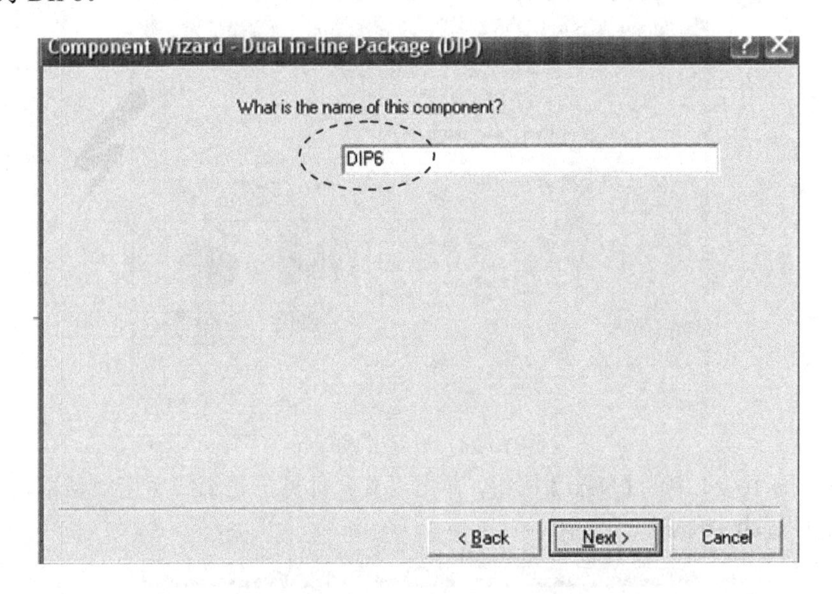

图 10-27　设置元件封装名称

(8) 单击图 10-27 中的【Next】按钮，系统弹出完成对话框，单击【Finish】按钮，生成的新元件封装如图 10-28 所示。

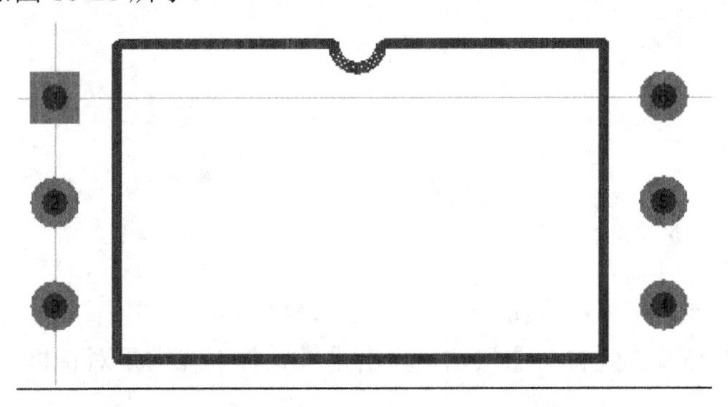

图 10-28　新生成的 DIP6 元件封装

(9) 如果绘制的外形轮廓不符合插接件的外形，可以进行手工调整。将当前工作层设置为 TopOverLayer，执行菜单命令 Place→Track，可以完成元件轮廓线的调整。

10.3.4　修改元件库中的元件封装

上述两种方法虽然可以完成元件封装的绘制，但是当元件外形复杂或管脚多时，绘制就比较费时间，这时可以采用修改已有元件封装的方法来完成。

在元件封装库中找到与元件外形相近的封装形式(如管脚数相等、外形相似等)进行复制。将复制的元件封装粘贴到已经建好的元件封装库文档中，进行修改，提高创建速度。下面对已有元件封装形式进行修改以生成新的封装，操作步骤如下：

(1) 新建一个 PCBLIB2.LIB 的文件，双击打开它，进入编辑界面。

(2) 打开元件封装库，找到与实际元件外形相近的封装形式，如图 10-29 所示。

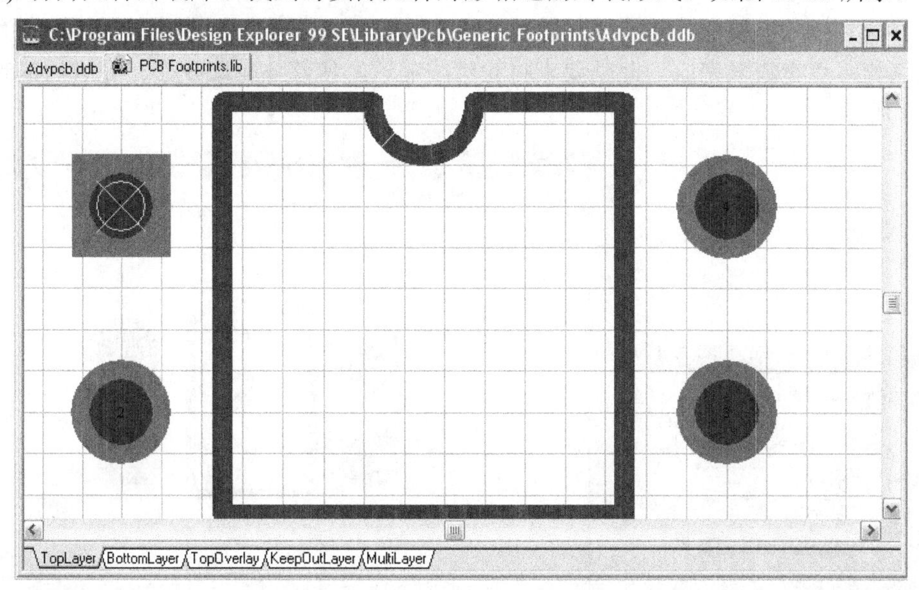

图 10-29　库中元件封装 DIP4

(3) 复制 DIP4 元件封装并粘贴到 PCBLIB2.LIB 编辑界面的第四象限，如图 10-30 所示。

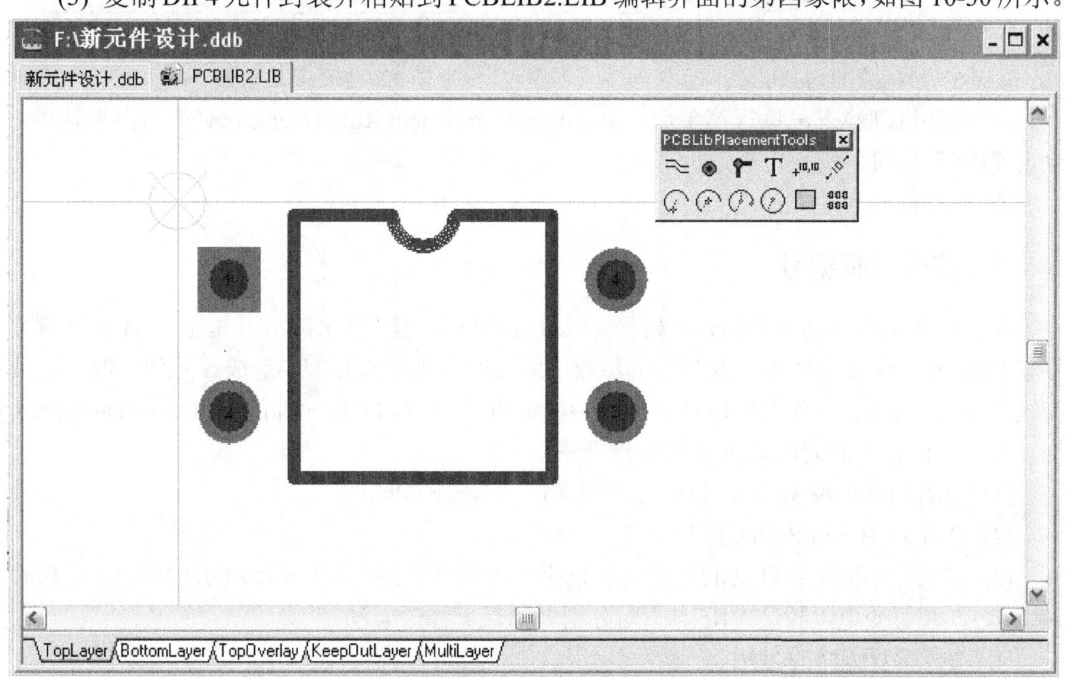

图 10-30　粘贴完成效果

(4) 使用工具栏对元件轮廓或焊盘进行修改。

① 修改焊盘，将鼠标移到焊盘 1 上，双击焊盘弹出属性对话框，如图 10-31 所示，将外径 X、Y 大小设置为 65 mil，内径设为 30 mil，焊盘形状改为八角形，同理修改其他焊盘为同样大小。也可以选择整体编辑的方法同时修改。选择 Edit→Set Reference→Pin1，设置管脚 1 为参考点。

② 图形轮廓线的修改。将工作层切换到TopOverlay，可以选择 Edit→Delete，光标变为十字，移动光标到需要修改的线上删除该线段，利用工具重新绘制；或通过修改现有轮廓线的起点和终点参数来完成。此处要求将轮廓线缩短，使整体轮廓变小。完成后的封装如图 10-32 所示。

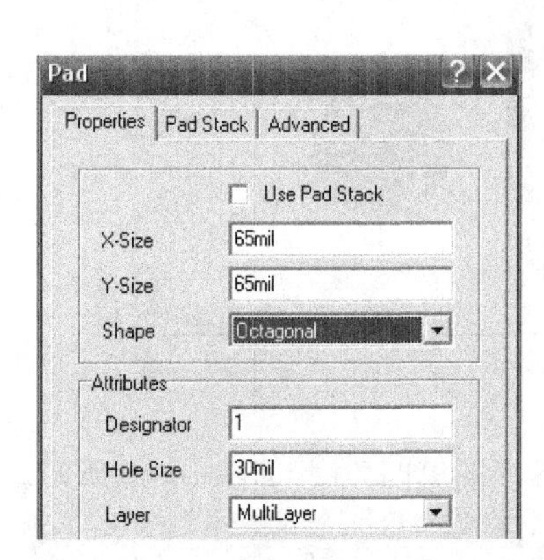

图 10-31　焊盘属性对话框

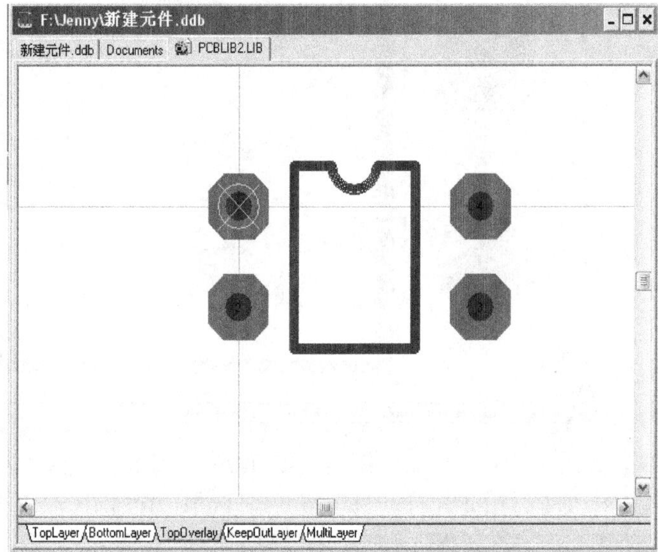

图 10-32　修改后的效果

③ 元件规则检查，执行菜单命令 Report→Component Rule Check 选择所有菜单选项，单击【OK】按钮，执行检查过程。

④ 保存修改后的文件。

10.3.5　修改引脚编号

在自动布局和自动布线时，二极管、三极管和可调电阻等元件由于其在 SCH 库管脚编号和 PCB 库中焊盘序号不一致会造成加载网络表时出现错误信息，造成该元件不能布线或布线发生错误的现象。我们可以在元件封装库编辑器中，对 PCB 元件的焊盘序号(Designator)加以修改，以解决此问题。具体的操作步骤如下：

(1) 启动 Protel 99 SE 后，打开元件封装库 Advpcb.ddb。

(2) 打开 PCB FootPrints.lib 库文件。

(3) 在元件库浏览管理器的元件列表框中，可以查找到二极管封装 DIODE0.4、三极管封装 TO-5 和可变电阻封装 VR5。下面分别介绍焊盘修改方法。

① 二极管管脚修改方法。

• 在元件库浏览管理器的元件列表框中，单击二极管封装 DIODE0.4，使之显示在工作窗口。同时，它的两个焊盘的编号(A 和 K)在引脚列表框中显示，如图 10-33 所示。

• 在引脚列表框中，选取编号 A，单击按钮【Edit】，或在工作窗口中双击焊盘 A，或在引脚列表框中双击编号 A，都可弹出该焊盘的属性设置对话框，如图 10-34 所示。在 Designator 文本框中，将编号 A 修改为 1。同理选取编号 K 并将其修改为 2。

• 保存修改的结果。

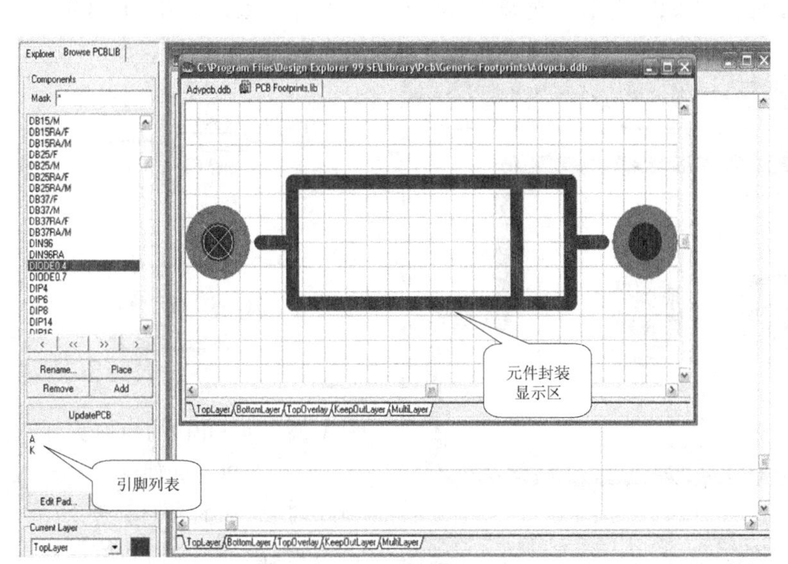

图 10-33　二极管封装显示

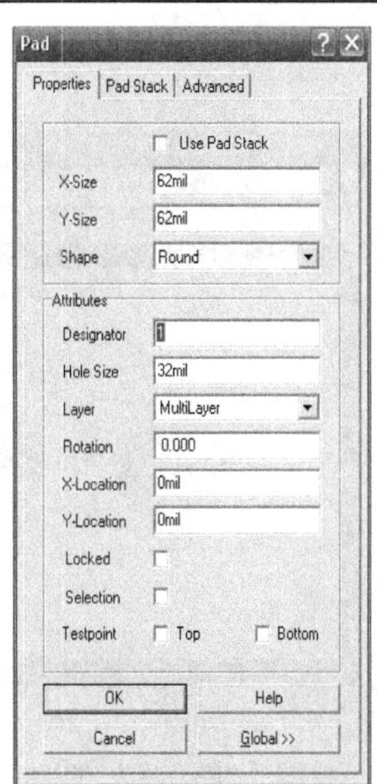

图 10-34　焊盘属性设置对话框

② 三极管管脚修改方法。

• 在元件库浏览管理器的元件列表框中，单击三极管封装 TO-5，使之显示在工作窗口，如图 10-35 所示。由于在实际焊接时，TO-5 的焊盘 1 对应发射极，焊盘 2 对应基极，焊盘 3 对应集电极，因此它们之间存在引脚的极性不对应问题，如图 9-9 所示。

• 在工作窗口或引脚列表中双击焊盘 1，弹出该焊盘的属性设置对话框，在 Designator 文本框中，将编号 1 改为 3。同理，将编号 2 改为 1，3 改为 2。修改后的图形如图 10-36 所示。

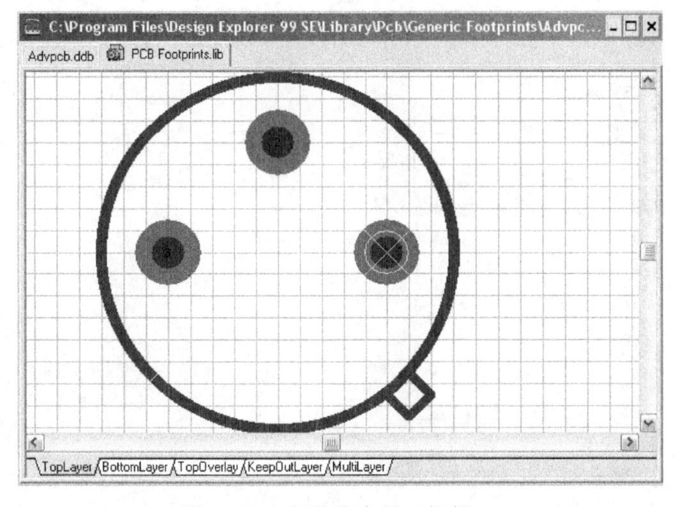

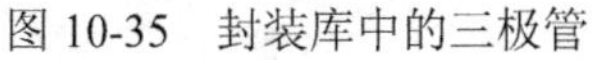

图 10-35　封装库中的三极管

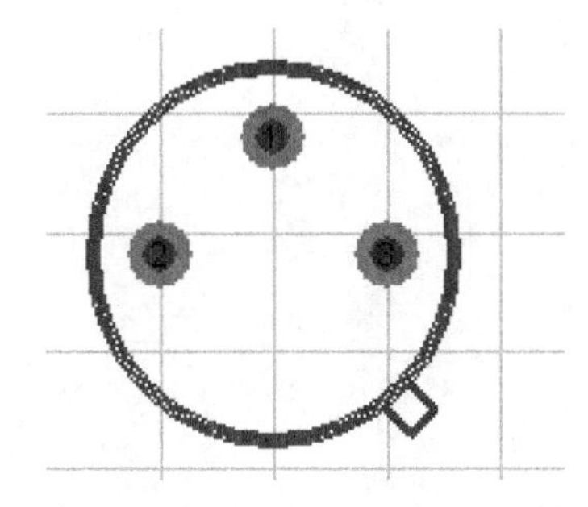

图 10-36　修改后的三极管 PCB 元件

• 保存修改的结果。

③ 可变电阻的修改方法。

• 在元件库浏览管理器的元件列表框中，单击可变电阻封装 VR5，点击【Edit】按钮使之显示在工作窗口，如图 10-37 所示，将焊盘号 2 改为 3；同理将焊盘号 3 改为 2。

• 保存修改结果。修改后的 VR5 管脚编号就与 SCH 元件保持一致，如图 10-38 所示。

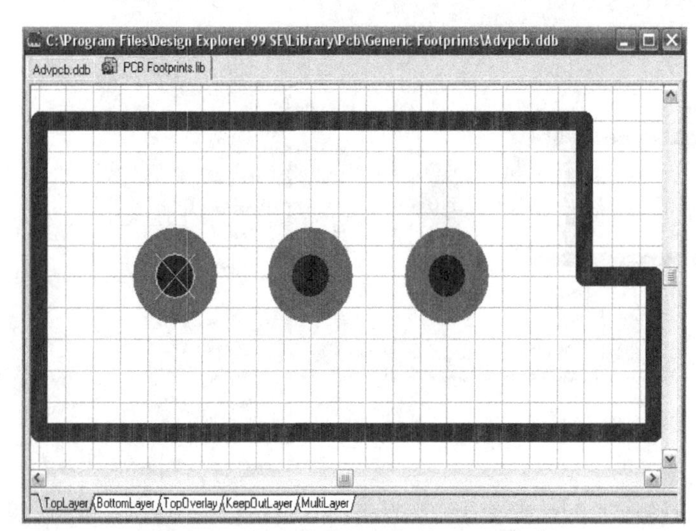

图 10-37　封装库中的可变电阻 PCB 元件

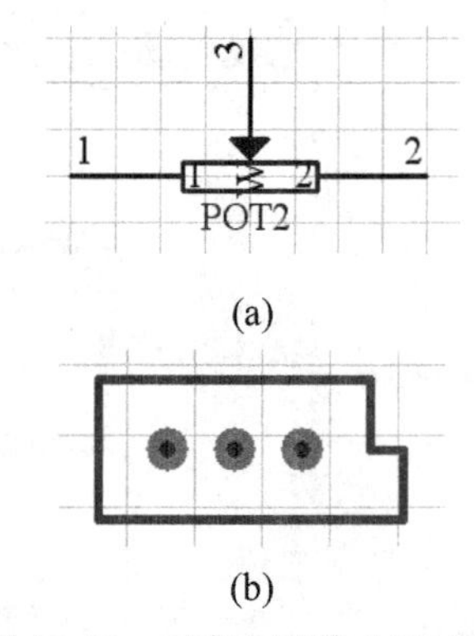

图 10-38　可变电阻的 SCH 元件与 PCB 元件

(a) 可变电阻的 SCH 元件；

(b) 修改后的可变电阻 PCB 元件

10.4　元件封装的管理

元件封装库编辑器能够修改和创建元件的封装，利用它内置的 PCB 元件库管理器，可以很方便地对元件封装库进行浏览、添加、删除、放置和编辑元件引脚焊盘等操作，如图 10-39 所示。

图 10-39　PCB 元件库管理器

10.4.1　浏览元件封装

在 PCB 元件库管理器中，单击 Browse PCBLib 选项卡，进入元件库浏览管理器，如图 10-39 所示。

元件过滤框(Mask 框)用于元件过滤，即将符合过滤条件的元件在元件列表框中显示。在 Mask 框中输入过滤条件，如在元件列表框仅显示以字母“D”打头的元件，则在 Mask 框中输入字母“D*”即可。

当在元件列表框中选取某个元件，该元件的封装就在工作窗口中显示。单击 < 按钮，浏览前一个元件，对应 Tools→Prev Component 命令；单击 > 按钮，浏览下一个元件，对应 Tools→Next Component 命令；单击 << 按钮，浏览库中的第一个元件，对应 Tools→First Component 命令；单击 >> 按钮，浏览最后一个元件，对应 Tools→Last Component 命令。

10.4.2　删除元件封装

在元件列表框中选取该元件，然后单击【Remove】按钮，在弹出的确认框中，单击【Yes】按钮，则将该元件从库中删除。

10.4.3　放置元件封装

通过元件库浏览管理器，还可以进行放置元件封装的操作。

预先打开要放置元件的 PCB 文件，然后在元件封装库编辑器中的 PCB 元件浏览管理器的元件列表框中选取要放置的元件，单击【Place】按钮，则系统自动切换到 PCB 文件，移动光标将该元件封装放到适当的位置。如果在放置之前，没有打开任何一个 PCB 文件，系统会自动建立一个 PCB 文件，并打开它以放置元件封装。

如果修改了 PCB 板中的某个元件封装，可以单击【UpdatePCB】按钮，更新 PCB 板中的元件封装。

10.4.4　生成报告文件

在 PCB 库元件编辑器中也可生成元件库以及其中元件信息的报告，这些报告文件可帮助我们对元件库中的元件进行有效的组织和管理。

执行菜单命令 Reports，如图 10-40 所示，可以生成各类报告文件。具体操作方法与 PCB 报表生成相同，这里不再赘述，读者可参考第 9 章 PCB 报表文件生成一节来完成。

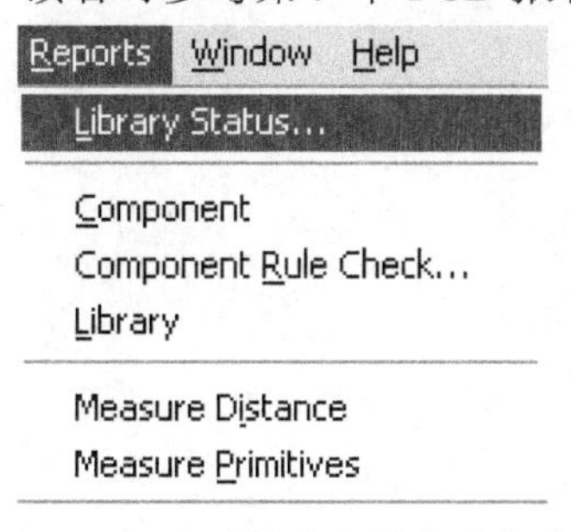

图 10-40　各类报告文件菜单命令

本章小结

本章主要介绍 PCB 元件封装编辑器的相关操作，元件封装绘制系统参数的设置，手工绘制元件封装的方法及利用向导生成元件封装的方法，对已有元件封装的修改，元件库管理的基本操作以及报告文件的生成。

思考与练习

1. 创建 PCB 元件前，如何对工作面进行参数设置？

2. 利用向导创建 DIP10 元件封装。

3. 手工创建 DIP8 元件封装。尺寸为：焊盘的垂直间距为 100 mil，水平间距为 300 mil，外形轮廓框长为 400 mil，宽为 200 mil，距焊盘为 50 mil，圆弧半径为 25 mil。命名为 DIP8，并保存到封装库中。然后打开一个 PCB 文件，加载该元件封装库，并放置该元件。

4. 如图 10-41 所示为发光二极管的 SCH 元件。请绘制出其对应的 PCB 元件封装，如图 10-42 所示。两个焊盘的 X-Size 和 Y-Size 都为 60 mil，Hole Size 为 30 mil，阳极的焊盘为方形，编号为 A，阴极的焊盘为圆形，编号为 K，外形轮廓为圆形，半径为 120 mil，并绘出发光指示。然后打开一个 PCB 文件，加载该元件封装库，并放置该元件。

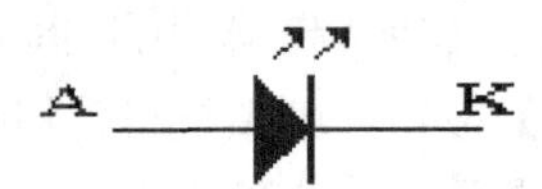

图 10-41　发光二极管的 SCH 元件

图 10-42　发光二极管的 PCB 元件

第四部分

电路仿真系统

电路仿真技术

内 容 提 要

本章主要介绍 Protel 99 SE 环境下绘制一张仿真电路原理图的操作步骤，仿真库中的主要元器件、各种仿真类型的设置方法及仿真的运行等。

11.1　概　　述

在电路设计的始末，设计者总要对所设计的电路性能进行预测、判断和校验，过去常用的方法是数学和物理方法。这两种方法对设计规模较小的电路是可行的，但存在某些局限和致命的缺陷。随着电子技术的发展，构成电路的元器件类型和数量也在不断增多，对电路的可靠性、性价比的要求也越来越高，单纯的数学和物理方法已经不能满足要求，因而计算机辅助电路仿真分析已成为现代电路设计师的主要助手和工具。

所谓电路仿真就是在电路模型上进行的系统性能分析与研究的方法，它所遵循的基本原则是相似原理。电路仿真按电路的类型不同，其分析的内容也不同。

Protel Advanced SIM 99 是 Protel 99 SE 提供的一个功能强大的数/模混和信号电路仿真器，能提供连续的模拟信号和离散的数字信号仿真，并包含一个数目庞大的仿真库。该仿真器运行于 Protel 99 SE 集成环境下，与 Protel 99 SE Schematic 原理图输入程序协同工作，为用户提供了一个完整的从设计到验证的仿真设计环境，能够很好地满足电路仿真的需要。

在 Protel 99 SE 中执行仿真，只需要简单地在仿真元件库中放置所需的元件，连接好原理图，加上激励源，然后单击仿真按钮即可自动开始。设计者可以同时观察复杂的模拟信号和数字信号波形，可以得到整个电路性能的全部波形。

Protel 99 SE 中支持的电路仿真类型有：交流小信号分析，瞬态分析，噪声分析，直流分析，参数扫描分析，温度扫描分析，傅里叶分析和蒙特卡罗分析等。

11.2　电路仿真设计的一般流程

在进行仿真之前首先要完成一张可以用于仿真的电路原理图，这张电路原理图必须满足如下要求：

(1) 所有元器件必须有相应的模型。

(2) 必须要有激励源。

(3) 必须建立网络标号来识别所分析的节点。

(4) 如需要，应设定初始条件。

采用 SIM 99 进行混合电路仿真的设计流程如图 11-1 所示。

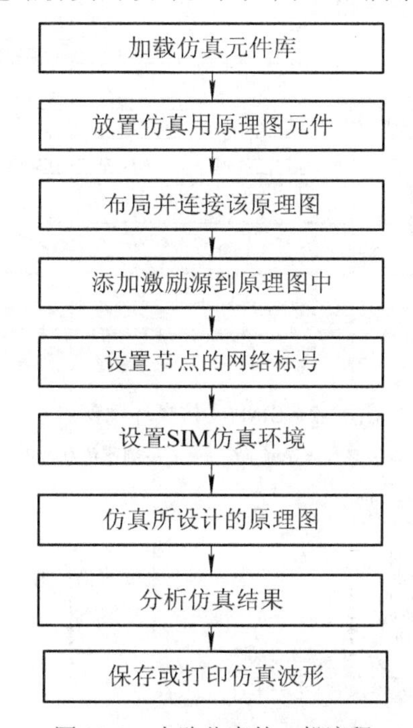

图 11-1　电路仿真的一般流程

注意：前面讲述了如何绘制电路原理图的方法，但是并不是任何一张电路原理图都能进行仿真，只有用仿真库里的元件绘制的原理图才能进行仿真。

11.2.1　SIM 99 仿真环境窗口及管理

下面以 Protel 99 SE 提供的范例介绍电路仿真的基本知识。打开 *: \Program Files\Design Explorer 99 SE\Examples\Circuit Simulation\555Astable Multivibrator.ddb 设计数据库，将看到如图 11-2 所示的窗口。

在显示仿真结果的窗口中单击鼠标左键，即进入查看仿真波形环境，浏览管理器将变成如图 11-3 所示的 Browse SimData 对话框。在 Browse SimData 页面中，窗口被分为四大部分：仿真信号列表区、观察方式设置区、显示比例、光标测量区。通过该窗口可以选择所要显示的信号以及显示选择项，例如选择显示单个信号(Single)或同时显示所有信号(All

Cells)等，同时可以打开测量光标来测量波形数据。

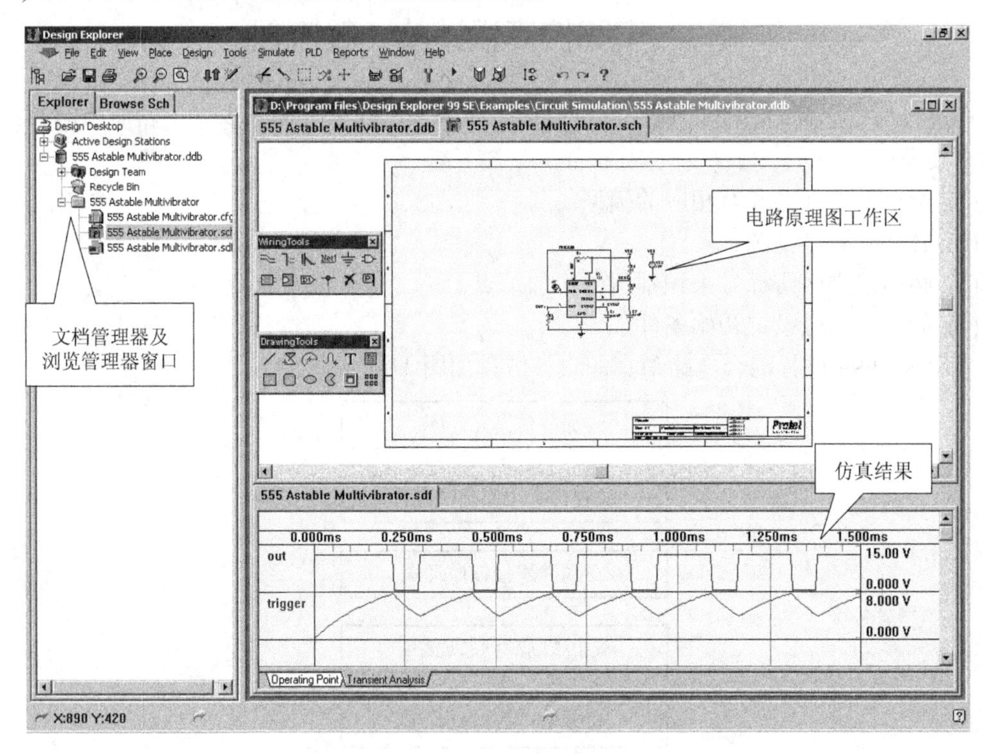

图 11-2　SIM 99 仿真环境窗口

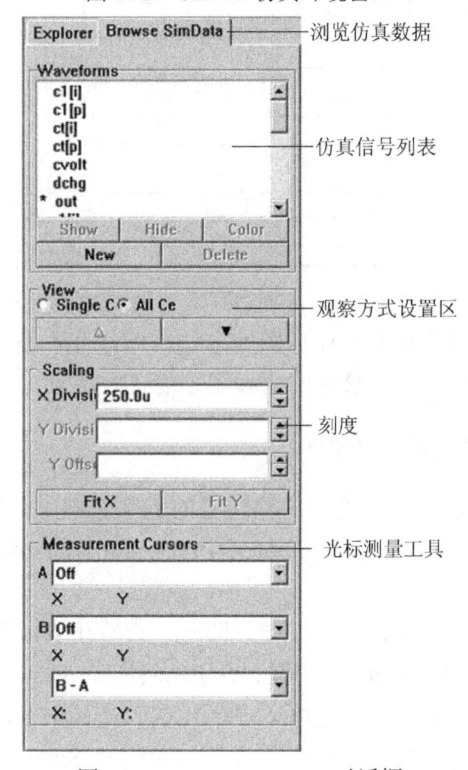

图 11-3　Browse SimData 对话框

在仿真数据文件(SDF)编辑窗口内，通过如下方式观察仿真结果：

1. 调整仿真波形观察窗口内信号的显示幅度

将鼠标移到仿真输出信号下方横线上，当鼠标箭头变为如图 11-4 所示上下双向箭头时，按下左键不放，拖动鼠标，松手后即可发现横线上方仿真输出信号幅度被拉伸或压缩。

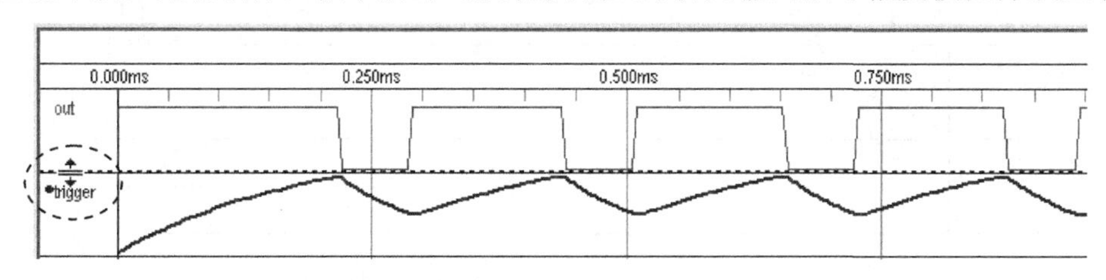

图 11-4　调整显示幅度

2. 调整仿真波形窗口内信号的显示位置

将鼠标移到波形窗口内相应的仿真输出信号名称上，按下鼠标左键不放，拖动鼠标，即可发现一个虚线框(代表信号名称)随鼠标的移动而移动。当虚线框移到另一信号显示单元格内时松手，即可发现两个信号波形出现在同一显示单元格内。如图 11-5 所示即为波形重叠显示。

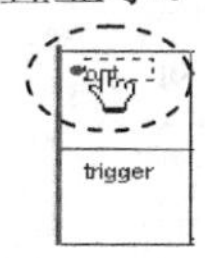

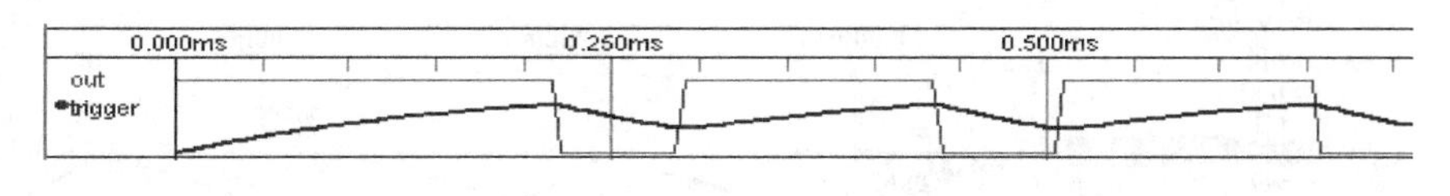

图 11-5　波形重叠显示

3. 改变显示刻度

在 Scaling(刻度)选择框内，单击相应刻度(如 X 轴)文本框右侧上下(增加或减小)按钮，即可改变 X 轴、Y 轴或偏移量大小(当然也可以在文本框直接输入相应的数值)。

改变显示刻度后，在 X、Y 方向上可能观察不到完整的波形，这时可执行 View 菜单下的 Fit Waveforms(适合波形)命令或在波形显示区域单击右键，选择 Fit Waveforms，如图 11-6 所示，即可重新调节波形大小。

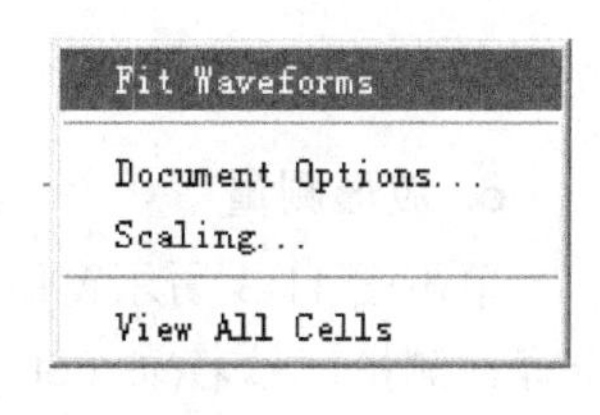

图 11-6　改变显示刻度

4. 在仿真波形窗口内添加未显示的信号波形

在 Waveforms(波形列表窗口)窗口内找出并单击需要显示的信号，如 vcc，然后再单击【Show】按钮，即可在仿真波形观察窗口内显示出指定的信号，如图 11-7 所示。

当需要将 Waveforms 窗口内多个相邻的信号波形同时加入到波形观察窗口内时，可按如下步骤操作：将鼠标移到 Waveforms 窗口内第一个需要显示的信号上，单击左键，按下 Shift 键不放，再将鼠标移到最后一个需要显示的信号上单击左键，即可选择多个相邻的信号，然后释放 Shift 键，再单击【Show】按钮即可。

当需要将 Waveforms 窗口内多个不相邻的信号波形同时加入到波形观察窗口内时，按如下步骤操作：将鼠标移到 Waveforms 窗口内第一个需要显示的信号上，单击左键，按下

Ctrl 键不放，再将鼠标移到需要显示的信号上并单击左键，直到选中了所有需要显示的信号，然后释放 Ctrl 键，再单击【Show】按钮即可。

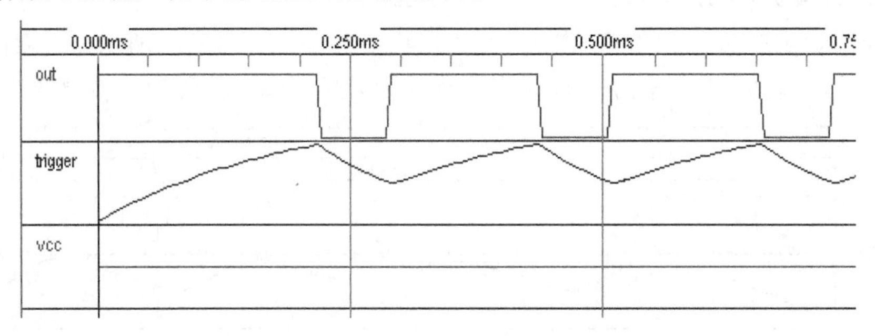

图 11-7　添加 vcc 后的仿真波形对话框

5. 隐藏仿真波形观察窗口内的信号波形

将鼠标移到波形观察窗口内需要隐藏的信号名上，单击鼠标左键，使目标信号处于选中状态(选中后信号波形线条变宽，同时信号名旁边出现一个小黑点，如图 11-8 中的 trigger)，然后再单击【Hide】按钮，相应仿真信号即从波形观察窗口内消失。

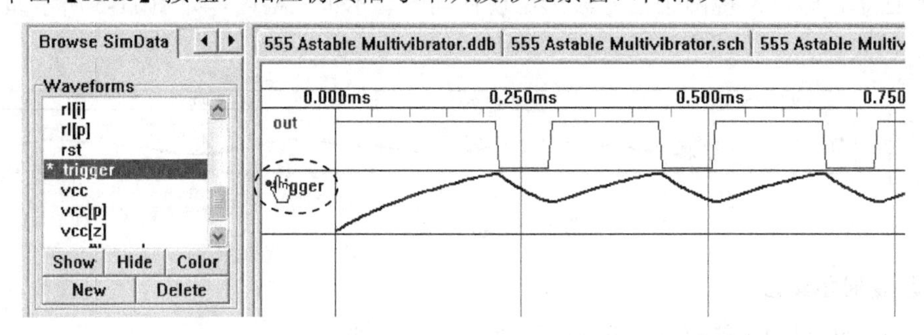

图 11-8　处于选中状态的 trigger 信号

6. 波形测量

单击图 11-3 所示窗口内 Measurement Cursors(测量曲线)框中“A”右侧的下拉按钮，选择被测量信号名(如 out)，“A”框下方即显示出被测信号点 X、Y 的值，同时波形窗口上方出现测量标尺；或者选中目标信号后单击右键，选择 Cursor A 或者 Cursor B。如图 11-9 所示为测量标尺对话框。

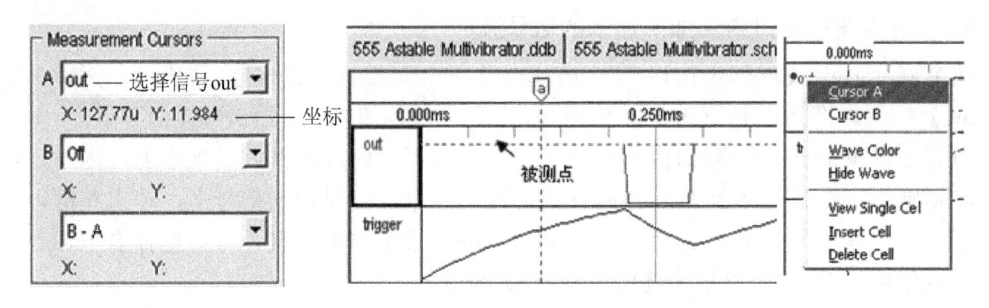

图 11-9　测量标尺对话框

将鼠标移到测量标尺上，按下左键不放并移动鼠标，即可从 X、Y 坐标上了解到波形任一点处的准确数值。用户可同时测量两个信号，即在“A”框内选择某一测量信号后，还可在“B”窗口内选择另一信号，结果波形窗口上将同时出现 A、B 信号测量标尺，这样即可从“B-A”窗口内了解到当前 A、B 两信号点的差(同一信号两点之间的差或不同信号两点之间的差)、最小值(Minimum A..B)、最大值(Maximum A..B)、平均值(Average A..B)、均方值(RMS A..B)、频率差(Frequency A..B)等。

7. 只观察一个单元格内的信号

将鼠标移到某一信号单元格内，单击左键，然后执行 View 选择框内的 Single Cells 选项(或将鼠标移到某一信号单元格内，单击右键调出快捷菜单，指向并单击 ViewSingle Cell 命令)，即可显示该单元格内的信号，如图 11-10 所示仅显示一个单元格内的信号。

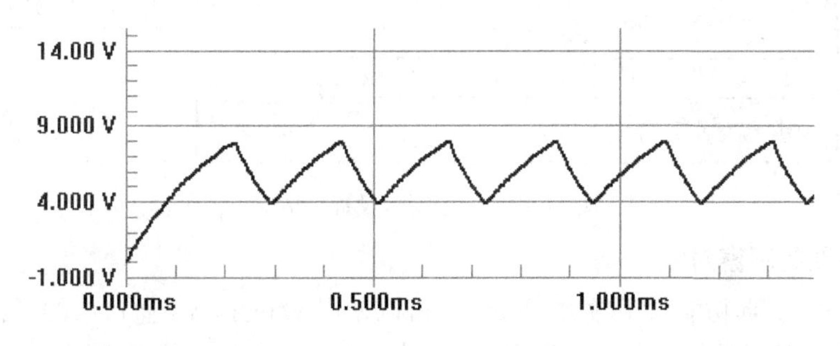

图 11-10　仅显示一个单元格内的信号

8. 选择 X、Y 轴刻度单位及 Y 轴度量对象

根据观察信号的类型，必要时可执行 View 菜单下的 Scaling…命令，在如图 11-11 所示刻度选择对话框内，重新选择 X、Y 轴度量单位。

可供选择的 X 轴度量单位：Linear(线性)、Log(对数)。

可供选择的 Y 轴度量单位与被观察信号的类型有关，其中：

Real：实数或复数信号形式中的实部。

Imaginary：复数信号形式中的虚部。

Magnitude：幅度(Uo/Ui)。

Magnitude In Decibels：以分贝表示的幅度，即 Au = 20 lg(Uo/Ui)。

Phase In Degrees：相位(度)。

Phase In Radians：相位(梯度)。

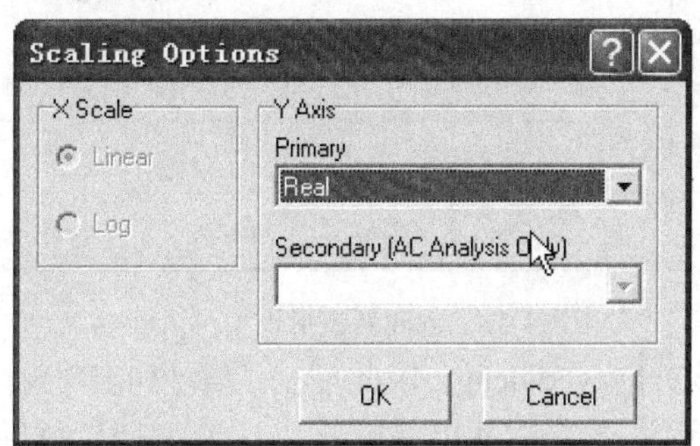

图 11-11　刻度选择对话框

9. 设置波形窗口其他选项——背景颜色、显示计算点

可执行 View 菜单下的 Option… 命令，在如图 11-12 所示的波形窗口设置对话框内，重新选择波形窗口背景、前景以及栅格线颜色等。

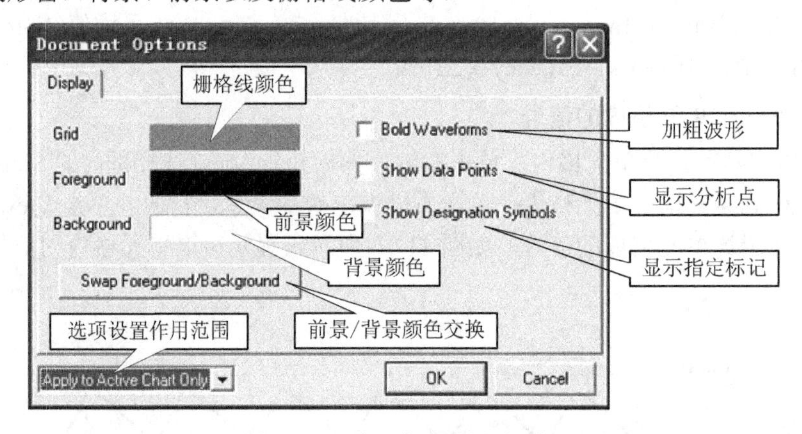

图 11-12　波形窗口设置对话框

10. 创建新的观察对象

Protel 99 SE 仿真功能做了较大的改进，可以使用 Waveforms 窗口内的【New】按钮，创建更为复杂的观察对象。下面以建立 R1 两端的压降为例，介绍新波形的创建过程。

(1) 在图 11-3 中，单击 Waveforms 窗口内的【New】按钮，进入图 11-13 所示 Create New Waveform(创建新波形)设置对话框。

图 11-13　创建新波形设置对话框

(2) 由于新创建波形 vr1 = vcc-dchg，因此可在“信号列表”窗内找出并单击 vcc 信号；接着在“函数列表”(即运算符)窗内找出并单击“–”(即减号运算符)；再到“信号列表”窗内找出并单击 dchg 信号，Expression 文本盒内即出现 vcc-dchg 表示式，如图 11-14 所示。

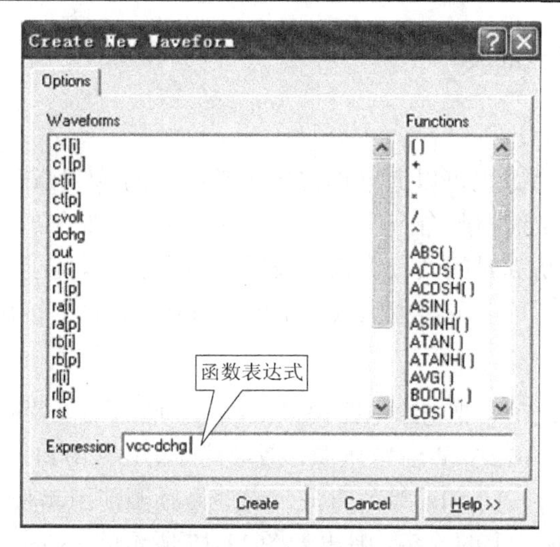

图 11-14　创建了 vcc-dhcg

(3) 单击【Create】按钮，新建的波形 vr1 = vcc-dchg 即出现在波形窗口内，如图 11-15 所示。

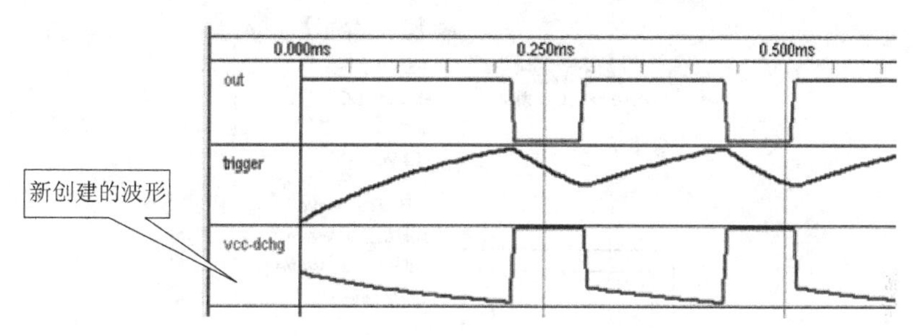

图 11-15　增加了新波形 vcc-dchg

这样就可以利用已有信号，通过数学函数(即运算符)构造更复杂的观察对象了。

11. 切换到另一仿真方式波形窗口

如果在仿真时，同时执行了多种仿真操作，本例所示仿真方式设置窗口内，同时选择了 Operating Point Analyses(静态工作点分析)和 Transient Analysis(瞬态特性分析)，则仿真波形窗口下方将列出相应仿真结果波形标签，单击相应的仿真波形标签，即可观察到对应仿真方式的结果。如图 11-16 所示为仿真波形窗口切换示意图。

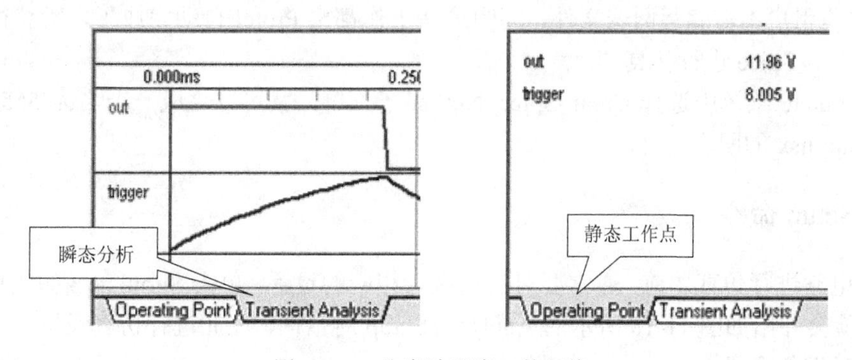

图 11-16　仿真波形窗口的切换

11.2.2　Run 和 Sources 命令

1. Run

运行仿真命令。此命令也可以通过单击主工具栏上的 按钮来实现。如果还没有进行仿真设置，则不能马上选择此命令，而需要先选择 Setup 命令。

有时候由于设置的仿真时间太长，或者设置的仿真步长太小而导致仿真过程较长，此时如果想终止仿真过程，可以单击主工具栏上的 Stopsimulate 按钮来结束仿真。

2. Sources

在对电路进行仿真之前，要先给电路提供激励源，此子菜单罗列出了较常用的激励源，如 +5 V、–5 V、+12 V、–12 V 直流电压源，频率为 1 kHz、10 kHz、1 MHz 等的正弦波以及频率为 1 kHz、10 kHz、1 MHz 等的方波。这些激励源使用起来十分方便，在 Simulate 菜单中单击 Sources 子菜单上的箭头，弹出如图 11-17 所示的 Sources 下拉菜单，然后再选择所需的激励源即可。

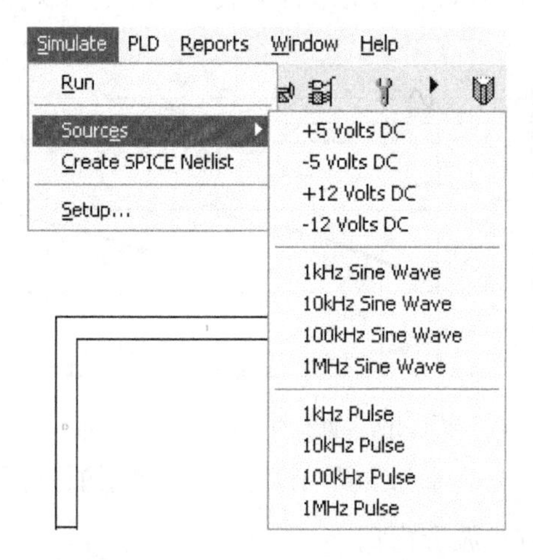

图 11-17　Sources 子菜单

11.2.3　Creat Spice Netlist 命令

Protel 99 SE 仿真引擎使用的是 Spice，用 Spice 仿真需要使用网表文件，而使用 Protel 99 SE 仿真电路用户不需编写网表文件，因为这些工作都由 Protel 自动完成了，所获得的网表文件被传送给 Spice 进行仿真。

在 Simulate 菜单中选择 Creat Spice Netlist 子菜单，就可以生成一个名为 555 Astable Multivibrator.nsx 的网表文件。

11.2.4　Setup 命令

在对电路进行仿真之前，通常要对仿真进行相应的设置，单击 Simulate 菜单中的 Setup 子菜单，就会弹出如图 11-18 所示的 Analyses Setup 对话框，在此进行仿真设置。下面主要介绍该对话框的含义。

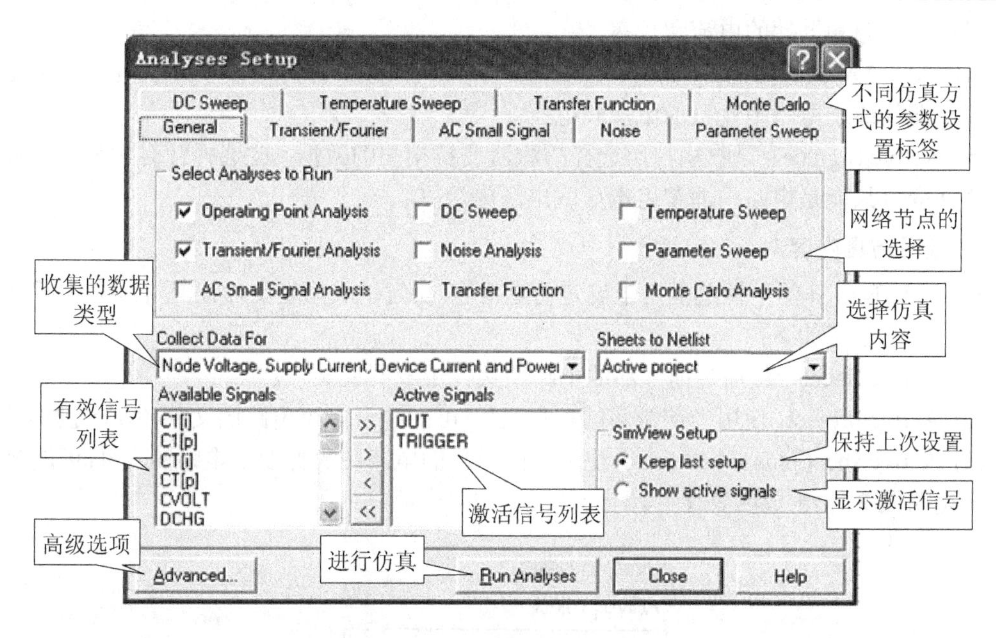

图 11-18　Analyses Setup 对话框

1. 选择分析类型

图 11-18 是 Analyses Setup 对话框 Gerneral 选项。在 Select Analyses to Run 组中列出了 Protel 99 SE 所支持的分析类型：静态工作点分析、直流扫描分析、温度扫描分析、参数扫描分析、瞬态分析/博里叶分析、噪音分析、交流小信号分析、传递函数和蒙特卡罗分析等。用户可以根据需要选择其中一个或多个参数进行分析。

2. 选择所收集的信号类型

Protel 99 SE 在仿真过程中产生了大量的数据，用户可自由选择保存数据的类型。比如节点电压、节点电流、支路电流和流经器件的电流、功率等。在图 11-18 中单击 Collect Data For 收集数据类型右边的向下箭头，弹出如图 11-19 所示的下拉选框，在此可以选择保存何种数据到输出结果中。

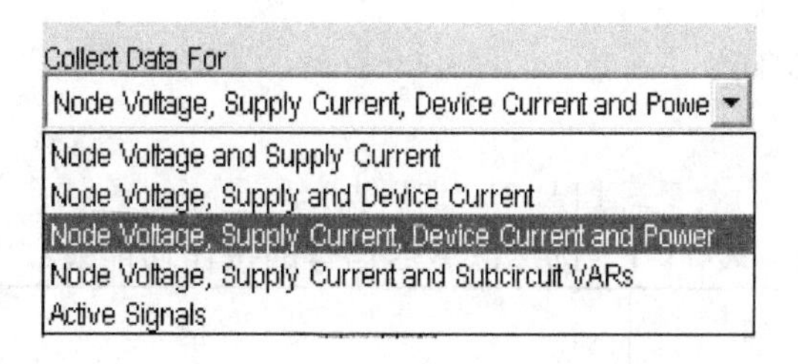

图 11-19　选择所收集的信号类型

以下是下拉选框中各项及其意义：

(1) Node Voltage and Supply Current。保存每个节点的电压和流经每个电源的电流。

(2) Node Voltage，Supply and Device Current。保存每个节点的电压及流经每个电源和器件的电流。

(3) Node Voltage，Supply Currents，Device Currents and Power。保存每个节点的电压

及流经每个电源和器件的电流和功率。

(4) Node Voltage，Supply Current and Subcircuit VARs。保存每个节点的电压及流经每个电源和器件或子电路中变量的电流和电压。

(5) Active Signals。只收集与所选择的激活变量相关的数据。此选择针对性强，但所选择的激活变量只能是电路中的节点电压或电源电流等。

3. 选择仿真内容

Sheets to Netlist 的下拉选框用于确定仿真内容(如何生成网表文件)，图 11-20 中所示的是其选项，其含义如下：

(1) Active Sheet。使用当前激活的电路图文件生成网表文件。

(2) Active project。使用当前激活的项目文件(可能会有多个电路图文件)生成网表文件。

(3) Active sheet plus sub sheets。使用当前激活的电路图文件及子电路图文件(可能会有多个子电路图文件)生成网表文件。

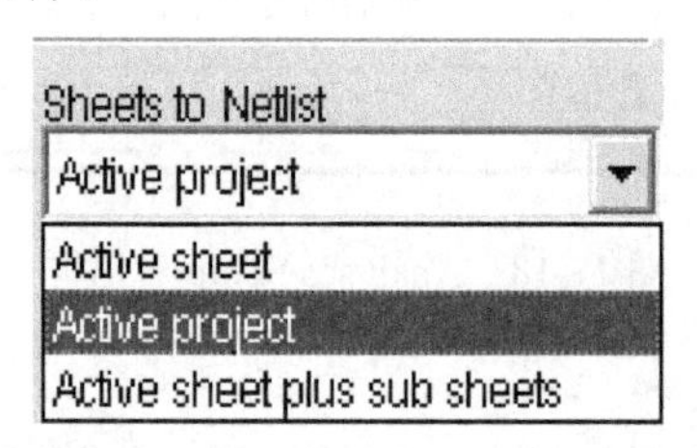

图 11-20　Sheets to Netlist 下拉选框

4. 选择欲激活的信号

所谓激活的信号是指在仿真结束后，这些信号的波形或数据将被显示到相应的区域中，以供用户观察和分析。如图 11-21 所示，左边是所有可选的信号，右边是所选择的激活信号。在仿真时，用户可根据需要选择所要激活的信号。表 11-1 所示是中间那些按钮的功能，点击这些按钮就可选择要激活的信号。

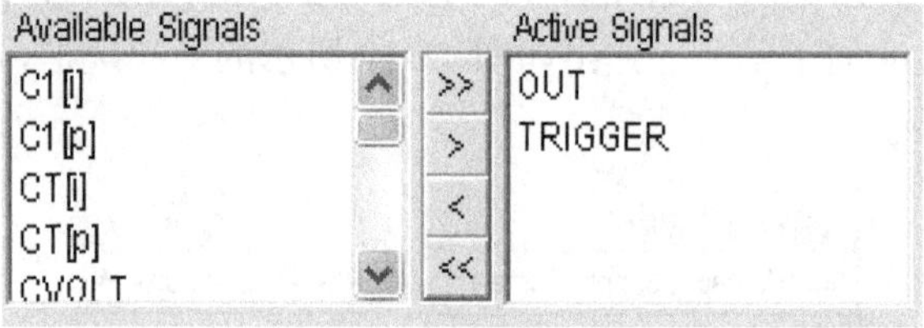

图 11-21　选择欲激活信号

表 11-1　选择欲激活信号的按钮功能表

按　钮	功　　能
>>	选择全部信号
>	选择一个要激活的信号
<	删除一个已激活的信号
<<	删除全部激活的信号

若想把 DCHG 作为激活信号，只需单击 Available Signals 下拉选框中的 DCHG 信号，然后单击 > 按钮即可；删除一个信号操作与此类似。如果需要全部选中，则只需单击 >> 按钮即可；如果需全部删除，则只需单击 << 按钮即可。

技巧：用鼠标双击某个信号变量，即可把其从一边移到另一边。也可以使用 Shift 键(连续选)或 Ctrl 键(不连续选)来同时选择多个信号。

5. 高级选项

单击 Advanced... 高级选项按钮，可进行高级仿真设置，如图 11-22 所示。

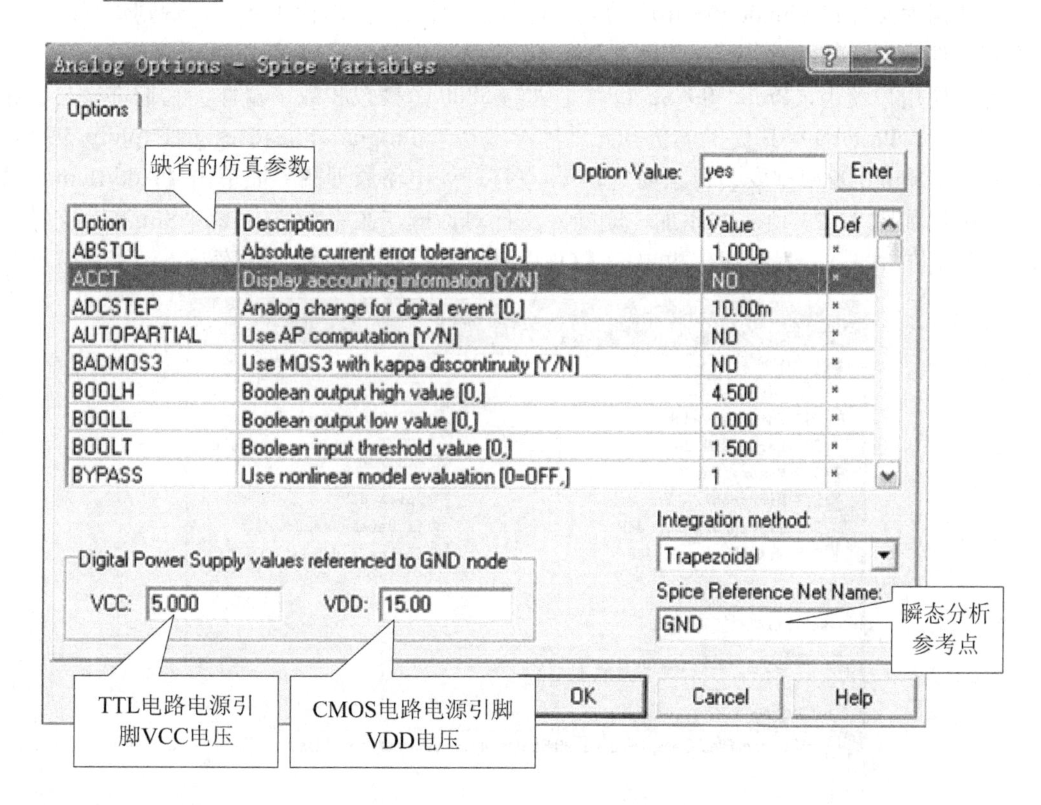

图 11-22　高级选项设置对话框

选择仿真计算模型、数字集成电路电源引脚对地参考电压、瞬态分析参考点、缺省的仿真参数等，用这些选项去控制和限制电路分析的参量。比如电流绝对精度(ABSTOL)、所有分析结束后是否输出统计信息，那么就单击 ACCT 后，在 Option Value 的输出框输入 YES，然后按【Enter】按钮即可。但必须注意，一般并不需要修改高级选项设置，尤其是不熟悉 Spice 电路分析软件定义的器件参数含义、取值范围以及仿真算法的初学者，更不要随意修改高级选项设置，否则将引起不良后果。

6. 运行仿真

在所有的设定都完毕后，即可单击图 11-18 中的 Run Analyses 按钮对电路进行仿真了。

单击 Close 按钮，关闭 Analyses Setup 对话框。

单击 Help 按钮，获得联机帮助。

11.3　绘制仿真电路图

11.3.1　加载仿真元件库

利用原理图编辑器编辑仿真测试原理图时，在编辑原理图过程中，除了导线、电源符号、接地符号外，原理图中所有元器件的电气图形符号，均要取自电路仿真测试用电气图形符号数据库文件包 Sim.ddb 内相应的元件电气图形符号库文件*.Lib 中，否则仿真时会因找不到元件模型参数(如三极管的放大倍数、C-E 结反向漏电流)而终止仿真过程。

为方便用户使用，Protel 99 SE 包含了大约 5800 个模拟和数字器件，它们都有与其相对应的模型。Protel 99 SE 提供的仿真元件库存放在 *:\Program Files\Design Explorer 99 SE\Library\Sch\Sim.ddb(根据安装目录而定)中，在打开的电路原理图界面单击【Add/Remove】按钮，弹出如图 11-23 所示的添加、删除库文件对话框，在库文件中找到 Sim.ddb 文件并单击，然后单击【Add】按钮，再单击【OK】按钮即可加载仿真元件库。

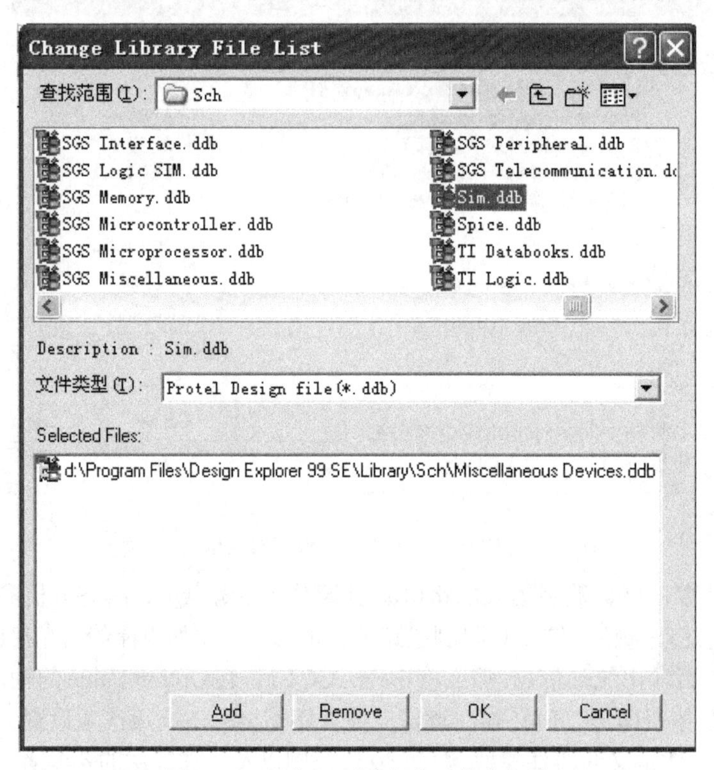

图 11-23　添加、删除仿真元件库文件

11.3.2　Sim 99 仿真库中的元器件

在 Protel 99 SE 中，每一仿真元件的电气特性由元件电气图形符号和元件模型参数描述。仿真测试原理图用元器件电气图形符号(多数为工业标准)，分类存放在如下电气图形符号库(.Lib)文件中，各库文件说明如表 11-2 所示。

表 11-2　电气图形符号库说明

库　名	说　　明
74XX.Lib	74 系列 TTL 数字集成电路
7SEGDISP.Lib	7 段数码显示器
BJT.Lib	双极型晶体管
BUFFER.Lib	缓冲器
CAMP.Lib	电流反馈高速运算放大器
CMOS.Lib	CMOS 数字集成电路元器件
Comparator.Lib	比较器
Crystal.Lib	晶体振荡器
Diode.Lib	二极管
IGBT.Lib	绝缘栅双极型晶体管
JFET.Lib	结型场效应晶体管
MATH.Lib	二端口数学转换函数
MESFET.Lib	MES 场效应晶体管
Misc.Lib	杂合 IC 及其他元器件
MOSFET.Lib	MOS 场效应管
OpAmp.Lib	通用运算放大器
OPTO.Lib	光电耦合器件(实际上该库文件仅含有 4N25 和通用光电耦合器件 OPTOISO 两个元件)
Regulator.Lib	电压变换器，如三端稳压器等
Relay.Lib	继电器类
SCR.Lib	可控硅
Simulation Symbols.Lib	仿真测试用符号库(包括电阻、电容、电感、各种电源等基本仿真器件)
Switch.Lib	开关元件
Timer.Lib	555 及 556 定时器
Transformer.Lib	变压器元件
TransLine.Lib	传输线元件
Triac.Lib	双向可控硅元件
Tube.Lib	电子管
UJT.Lib	单结晶体管

元器件仿真模型参数存放在 Design Explorer 99 SE\Library\Sim 文件夹内的 Simulation Models.ddb 文件包中。需要指出的是，元器件仿真模型参数数据库文件为文本文件，它记录了器件的仿真模型参数，由仿真程序调用，不可随意修改或删除。

在放置元件操作过程中，按 Tab 键进入元件属性窗口后，设置元件有关参数时，必须注意，一般仅需要指定必须参数，如序号、型号、大小(如果打算从电路原理图获取自动布局所需的网络表文件时，还需给出元器件的封装形式)；而对于可选参数，一般用“*”代替(即采用缺省值)，除非绝对必要，否则不宜修改。

在 SIM 99 的仿真元件库(Sim.ddb)中，包含了如下的一些主要的仿真用元器件：

(1) 电阻器。在库 Simulation Symbols.Lib 中，包含了如下电阻器：

- RES 固定电阻(定阻)。
- RESSEMI 半导体电阻。
- RPOT 电位计。
- RVAR 变电阻。

上述符号代表了一般的电阻类型，如图 11-24 所示。

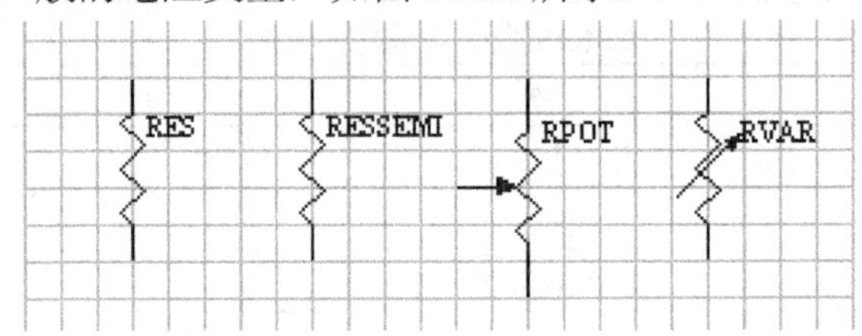

图 11-24　仿真库中的电阻类型

这些元器件有一些特殊的仿真属性域。在放置过程中按 Tab 键或放置完成后，双击该器件弹出属性设置对话框，就可设置元器件属性：

- Designator——电阻器名称(如 R1)。
- Part Type——以欧姆(Ω)为单位的电阻值(如 100 kΩ)。
- L——在 Part Fields 选项卡中设置，以米(m)为单位的电阻的长度(仅仅对半导体电阻)。
- M——在 Part Fields 选项卡中设置，以米(m)为单位的电阻的宽度(仅仅对半导体电阻)。
- Temp——在 Part Fields 选项卡中设置，元件工作温度，以摄氏度(℃)为单位。默认时为 27℃(仅仅对半导体电阻)。
- Set——在 Part Fields 选项卡中设置，仅仅对电位计和可变电阻。

对于固定电阻来说，仅需在元件属性窗口内指定元件序号(Designator，如 R1、R2 等)及阻值(Part，如 10 K、5.1 K)；对可变电阻器、电位器，还需指定 SET 参数，取值范围为 0～1，即 SET 等于电位器(或可变电阻器)第 1 引脚到触点处电阻与电位器总电阻之比。除半导体电阻器 RESSEMI 外，固定电阻器、可变电阻器、电位器等均视为理想元件，即电阻温度系数为 0，也没有寄生电感、寄生电容。

(2) 电容器。在库 Simulation Symbols.Lib 中，包含了如下电容：

- CAP 定值无极性电容。
- CAP2 定值有极性电容。
- CAPSEMI 半导体电容。

这些符号表示了一般的电容类型，如图 11-25 所示。

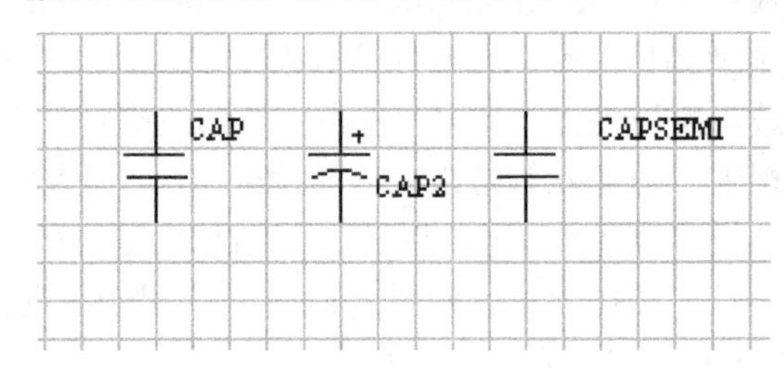

图 11-25　仿真库中的电容类型

对电容属性有如下设置：

- Designator——电容名称(如 C1)。
- Part Type——以法拉(F)为单位的电容值(如 22 μF)。
- L——在 Part Fields 选项卡中设置，以米(m)为单位的电容的长度(仅仅对半导体电容)。
- M——在 Part Fields 选项卡中设置，以米(m)为单位的电容的宽度(仅仅对半导体电容)。
- IC——在 Part Fields 选项卡中设置，表示初始条件，即电容的初始电压值。该项仅在仿真分析工具傅里叶变换中的使用初始条件被选中后才有效。

对于固定电容来说，仅需指定电容序号(Designator，如 C1、C2 等)及容量(Part，如 10 μ、22 μ)；对半导体电容器来说，还需要指定 L、W 参数。在瞬态特性分析及傅里叶分析(Transient/Fourie)过程中，可能还需要指定零时刻电容两端的电压初值 IC(Initial Conditions，即初始条件)，缺省时电容两端电压初值 IC 为 0 V。以上电容器均视为理想电容器，即温度系数为 0，且不考虑寄生电阻(如漏电阻、引线电阻)及寄生电感。

(3) 电感器。在库 Simulation Symbols.Lib 中，包含的电感为 INDUCTOR。

对电感属性的对话框有如下设置：

- Designator——电感名称(如 L1)。
- Part Type——以亨(H)为单位的电感值(如 47 μH)。
- IC——在 Part Fields 选项卡中设置，表示初始条件，即电感的初始电压值。该项仅在仿真分析工具傅里叶变换中的使用初始条件被选中后才有效。

在元件属性窗口内仅需指定电感序号(Designator，如 L1、L2 等)及电感量(Part，如 1 m、22 μ 等)。在瞬态特性分析及傅里叶分析(Transient/Fourie)过程中，可能还需指定零时刻电感中的电流初值 IC，缺省时电感中的电流初值 IC 为 0 A。

电感也被认为是理想元件，即温度系数为 0，忽略寄生电阻和寄生电容。

(4) 二极管、三极管及结型场效应管。工业标准各类二极管(Diode)的电气图形符号存放在 Diode.Lib 元件库文件中；工业标准各类双极型晶体管电气图形符号存放在 BJT.Lib 元件库文件中；单结晶体管电气图形符号存放在 UJT.Lib 元件库文件中；各类结型场效应管(JEFT)电气图形符号存放在 JEFT.Lib 元件库文件中，这四类元件仿真参数包括：

- Designator——二极管、三极管及结型场效应管名称(如 D1、Q1)。
- AREA：面积因子(可选)。
- OFF：静态工作点分析时，管子的初始状态(缺省时为关闭状态，可选)。
- IC：零时刻二极管端电压或流过三极管中的电流(可选)。
- TEMP：环境温度(可选)，缺省时为 27℃。

对于这类元器件来说，一般仅需要在元件属性窗口内给出 Designator(元件序号，用如 D1、D2 等作为二极管序号，用 Q1、Q2 等作为三极管序号)。除非绝对必要，否则不要指定可选参数(即一律设为“*”，采用缺省值)。

此外，对于二极管及后面介绍的三极管、场效应管、可控硅以及各类集成电路芯片等元件的 Part(型号)属性项也不能随意更改，否则可能出现张冠李戴的现象，或因 Simulation Models.ddb 库文件内没有相应的元件模型参数，而终止仿真过程。

如图 11-26 所示，该图简单列出了上述库中包含的二极管、三极管及结型场效应管的类型。

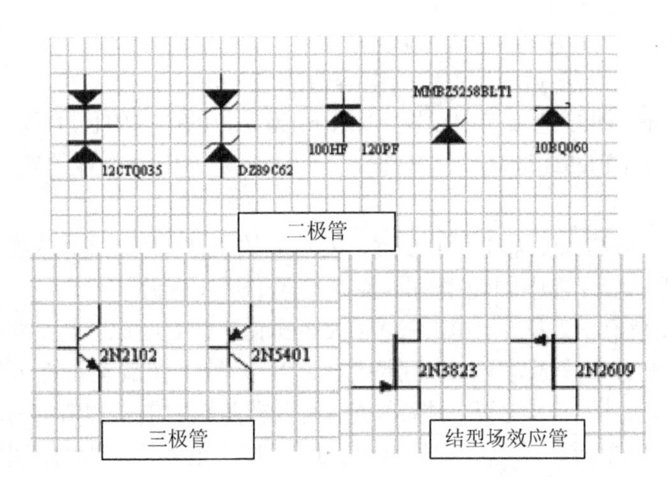

图 11-26　仿真库中的二极管、三极管和结型场效应管类型

(5) MOS 场效应管。各类 MOS 场效应管(MOSFET)电气图形符号存放在 MOSFET.Lib 元件库文件中，这类元件仿真参数包括：

- Designator——MOS 场效应管名称(如 Q1)。
- L——沟道长度，单位为米(m)，在 Part Fields 选项卡中设置。
- W——沟道宽度，单位为米(m)，在 Part Fields 选项卡中设置。
- AD——漏区面积，单位为平方米(m^2)，在 Part Fields 选项卡中设置。
- AS——源区面积，单位为平方米(m^2)，在 Part Fields 选项卡中设置。
- PD——漏区周长，单位为米(m)，在 Part Fields 选项卡中设置。
- PS——源区周长，单位为米(m)，在 Part Fields 选项卡中设置。
- NRD——漏极的相对电阻率的方块数，在 Part Fields 选项卡中设置。
- NRS——源极的相对电阻率的方块数，在 Part Fields 选项卡中设置。
- OFF——可选项，在操作点分析中使三极管电压为零，在 Part Fields 选项卡中设置。
- IC——可选项，表示初始条件，即通过 MOS 场效应管的初始值。该项仅在仿真分析工具傅里叶变换中的使用初始条件被选中后才有效，在 Part Fields 选项卡中设置。
- Temp——可选项，元件工作温度，以摄氏度(℃)为单位。默认时为 27℃，在 Part Fields 选项卡中设置。

对于这类元器件来说，一般只需要在元件属性窗口内给出 Designator(元件序号，如 Q1、Q2 等)。除非绝对必要，否则不改变可选参数(即一律设为“*”，采用缺省值)。如图 11-27 所示，该图简单列出了库中包含的 MOS 场效应管。

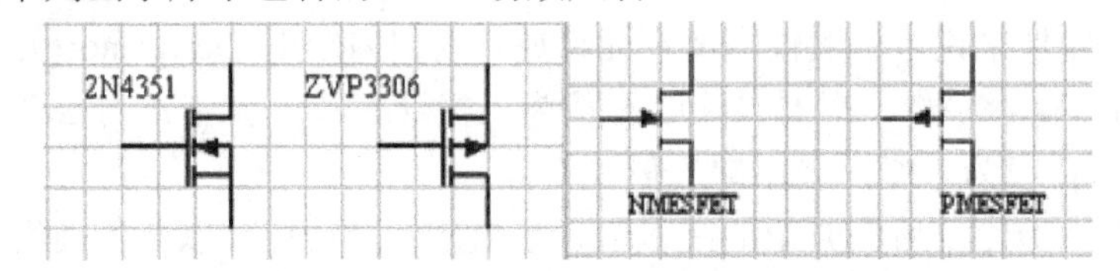

图 11-27　仿真库中的 MOS 场效应管类型

(6) 保险丝。保险丝(Fuse)电气图形符号存放在 Design Explorer 99 SE\Library\Sch\Sim.ddb 文件包内的 Simulation Symbols.Lib 库文件中，在元件属性窗口内需要指定下列

参数：

- Designator：元件序号，如 F1、F2 等。
- Current：电流容量，如 250 mA、2.0 A 等。
- Resistance：串联电阻(可选)，指保险丝的阻抗。

如图 11-28 所示，该图简单列出了仿真库中保险丝的形式。

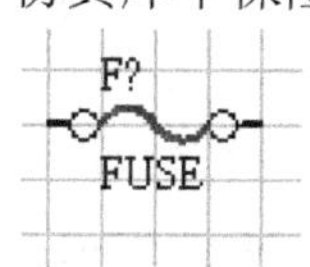

图 11-28　仿真库中保险丝的类型

(7) 变压器。仿真用变压器类元件电气图形符号存放在 Design Explorer 99 SE\Library\Sch\Sim.ddb 文件包内的 Transformer.Lib 元件库文件中，在元件属性窗口内需要指定下列参数：

- Designator：元件序号(如 TF1、TF2 等)。
- Ratio：次级/初级线圈电压传输比，缺省时为 0.1，即初次级电压传输比为 10∶1。

必要时，还可以指定下列可选参数：

- RP：初级线圈直流电阻。
- RS：次级线圈直流电阻。
- LEAK：漏感。
- MAG：互感。

如图 11-29 所示，该图简单列出了仿真库中包含的变压器类型。

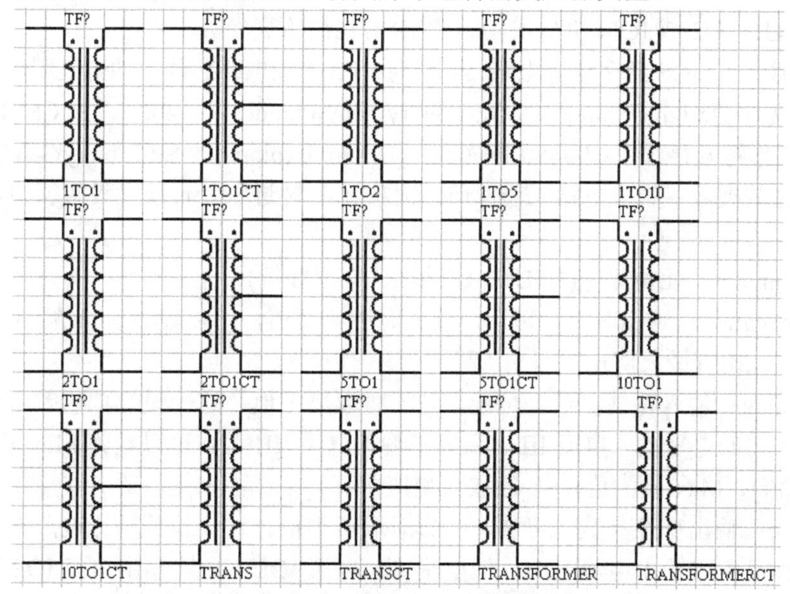

图 11-29　仿真库中的变压器类型

(8) 继电器。仿真用继电器类元件电气图形符号存放在 Design Explorer 99 SE\Library\Sch\Sim.ddb 文件包内的 Relay.Lib 元件库文件中，在元件属性窗口内需要指定下列参数：

- Designator：元件序号，如 RLY1、RLY2 等。
- Pullin：吸合电压(可选)。

- Dropoff：释放电压(可选)。
- Contact：接触电阻(可选)。
- Resistance：线圈电阻(可选)。
- Inductance：线圈电感(可选)。

如图 11-30 所示，该图简单列出了仿真库中包含的继电器。

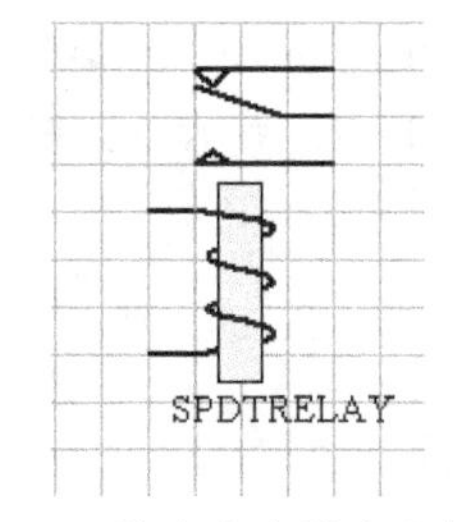

图 11-30　仿真库中继电器的类型

(9) 晶体振荡器。仿真用石英晶体振荡器元件电气图形符号存放在 Design Explorer 99 SE\Library\Sch\Sim.ddb 文件包内的 Crystal.Lib 元件库文件中，在元件属性窗口内需要指定下列参数：

- Designator：元件序号。
- Freq：振荡频率，缺省值为 2.5Meg。
- RS：串联电阻(可选)。
- C：等效电容(可选)。
- Q：品质因数(可选)。

(10) 可控硅及双向可控硅。工业标准单向可控硅元件和双向可控硅元件的电气图形符号分别存放在 SCR.Lib 和 Triac.Lib 元件库内，在元件属性窗口中仅需要指定 Designator(元件序号)。

(11) 运算放大器、比较器。工业标准通用运算放大器、比较器的电气图形符号分别存放在 OpAmp.Lib 和 Comparator.Lib 元件库文件中，对于这类元件只需在其属性窗口内指定元件序号(如 U1、U2 或 IC1、IC2 等)，无需给出其他仿真参数。

(12) TTL 及 CMOS 数字集成电路。74 系列 TTL 集成电路芯片元件电气图形符号存放在 74XX.Lib 库文件(Design Explorer 99 SE\Library\Sch\Sim.ddb)内；4000 系列 CMOS 集成电路芯片的电气图形符号存放在 CMOS.Lib 库文件(Design Explorer 99 SE\Library\Sch\Sim.ddb)内。

在放置这两类数字集成电路元器件前，需按 Tab 键进入元件属性设置窗口，指定下列仿真参数：

- Designator：元件序号(如 U1、U2 或 IC1、IC2 等)。
- Propagation：延迟时间，可选，缺省时取典型值，可以设为 Min(最小值)、“*”或空白(典型值)、Max(最大值)。
- Loading：输入特性参数，可选，缺省时取典型值。这一设置项影响所有输入参数的取值范围，如低电平输入电流 IIL、高电平输入电流 IIH 等，可以设为 Min(最小值)、“*”或空白(典型值)、Max(最大值)，一般取典型值即可。
- Drive：输出特性参数，可选，缺省时取典型值。这一设置项影响所有输出参数的取值范围，如高电平输出电流 IOH、低电平输出电流 IOL、短路输出电流 IOS 等，可以设为 Min(最小值)、“*”或空白(典型值)、Max(最大值)，一般取典型值即可。
- Current：电源电流，可选，缺省时取典型值，可以设为 Min(最小值)、“*”或空白(典型值)、Max(最大值)。这一设置项影响 ICCL(低电平输出时电源电流)、ICCH(高电平输出时电源电流)，一般取典型值即可。
- PWR Value：电源电压(不过在指定电源电压时，必须指定地电平)，可选(TTL 集成电路芯片为+5 V，CMOS 集成电路芯片为+15 V)。一般不用指定，即设为“*”。当需要改变电源电压时，可在图 11-22 的仿真高级选项框内指定，或直接在仿真原理图中给出电源供电电路。

• GND Value：地电平，可选，一般不用指定，设为“*”即可。当指定地电平时，必须指定电源电压。

• VIL Value：低电平输入电压，可选，缺省时取典型值(一般不用修改，取缺省即可。TTL 电路低电平输入最大值为 0.8 V；CMOS 电路低电平输入最大值为 0.2VDD)。

• VIH Value：高电平输入电压最小值，可选，缺省时取典型值(对于 TTL 电路约 1.4 V，对于 CMOS 电路来说，约为 0.7VDD)。

• VOL Value：低电平输出电压，可选，缺省时取典型值(对于 TTL 电路，不指定时，为 0.2 V；对于 CMOS 电路，不指定时，为 0.0 V)。

• VOH Value：高电平输出电压，可选，缺省时取典型值(对于 TTL 电路，不指定时为 4.6 V；对于 CMOS 电路，不指定时，等于电源电压 VDD)。

• WARN：警告信息，可选。

(13) 节点电压初始值(.IC)。初始条件.IC 可视为一个特殊元件，存放在 Simulation Symbols.Lib 元件库内，用于定义瞬态分析过程中零时刻某节点的电压初值(如电容上的电压初值)，直接放置在指定节点上。在.IC 元件属性窗口内仅需指定元件序号(Designator，如 IC1、IC2 等)及初值(Part，如 1、0.5 m 等)。

在原理图中，用 .IC 元件定义各节点电压初值后，进行瞬态分析时如果采用初始条件的话(即选中了瞬态分析参数设置窗内的 Use Initial Conditions 复选项)，将不再计算电路直流工作点，而采用 .IC 元件定义的节点电压初值以及器件仿真参数中的初值 IC(器件仿真参数中的 IC 优先于 .IC 元件定义的节点电位初值)作为瞬态分析的初始条件。

反之，如果瞬态分析时没有选择 Use Initial Conditions 复选项，则进行瞬态分析前依然要进行直流工作点分析，以便获得瞬态分析零时刻各节点电位的初值。但在计算直流工作点时，将使用.IC 元件定义的电压值作为对应节点电压的初值，即 .IC 值同样会影响瞬态特性。

(14) 节点电压设置(.NS)。.NS 也是一个特殊的元件，存放在 Simulation Symbols.Lib 元件库内。在分析双稳态或不稳定电路瞬态特性时，用于定义某些节点电位直流解的预收敛值，即先假设对应节点电位收敛于 .NS 指定的数值，然后进行计算，收敛后又去掉 .NS 约束继续迭代，直到真正收敛为止，也就是说 .NS 并没有影响到节点电压的最终计算值。

此外，尚有许多的其他元器件，这里不一一列举。在编辑原理图过程中，可通过如下方式了解器件各参数的含义：

单击 Help 菜单下的 Contents 命令，打开 Protel Help 窗口；指向并单击“仿真”帮助话题 Working with simulations(仿真操作)——如果单击某一帮助话题后，提示没有相应帮助文件，建议访问 Protel 站点，原因是当前工作目录不是 Protel 安装目录，可执行“打开”命令，在 Open Design Database 窗口内，选择 Design Explorer 99 SE\Help 目录作为当前目录，在不选择任何文件的情况下，执行其中的“打开”命令即可；然后单击 Simulation topics(仿真话题)下的 Configuring a schematic for simulation(仿真原理图设置)，接着单击 Links(关联话题)中的 Selecting simulation-ready schematic components(原理图元件的选择)，然后再单击相应的元件类型即可获得有关仿真参数的详细说明。

11.3.3　仿真信号源及其参数

由于所有激励源电气图形符号均作为元件存放在仿真符号图形库 Simulation Symbols.Lib 内，选择 Simulation Symbols.Lib 作为当前元件图形库后，即可在元件列表窗内找到相应的激励源，单击鼠标左键选中后，再单击【Place】按钮，即可将它放到原理图编辑区内(与放置元件电气图形符号的操作方法相同)。

(1) 直流电压源 VSRC 与直流电流源 ISRC。这两种激励源作为仿真电路工作电源，在库 Simulation Symbols.lib 中，包含了如下的直流源器件：

- VSRC：电压源。
- ISRC：电流源。

仿真库中的电压/电流源符号如图 11-31 所示。这些源提供了用来激励电路的一个不变的电压或电流输出。对直流源其属性对话框可如下设置：

- Designator——直流源器件名称。
- AC Magnitude——交流源幅值。如果设计者欲在此电源上进行交流小信号分析，可在 Part Fields 选项卡中设置此项(典型值为 1)。
- AC Phase——交流源信号的相位，在 Part Fields 选项卡中设置。这两种激励源作为仿真电路工作电源，在属性窗口内，只需指定序号(Designator，如 VDD、VSS 等)、型号(Part Type，即大小，如 5、12、5 m 等)，设置属性对话框如图 11-32 所示。

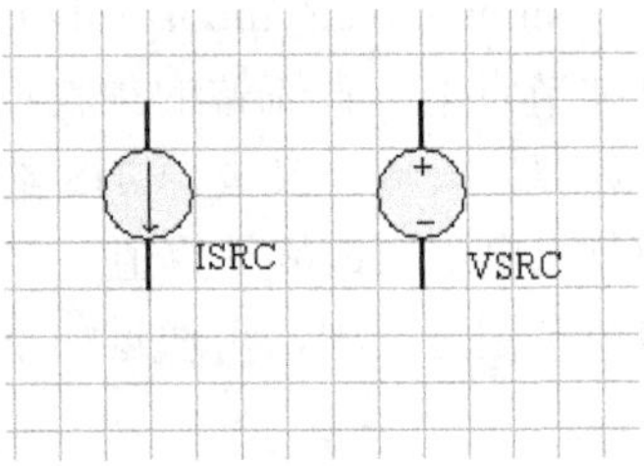

ISRC　VSRC

图 11-31　电压/电流源符号

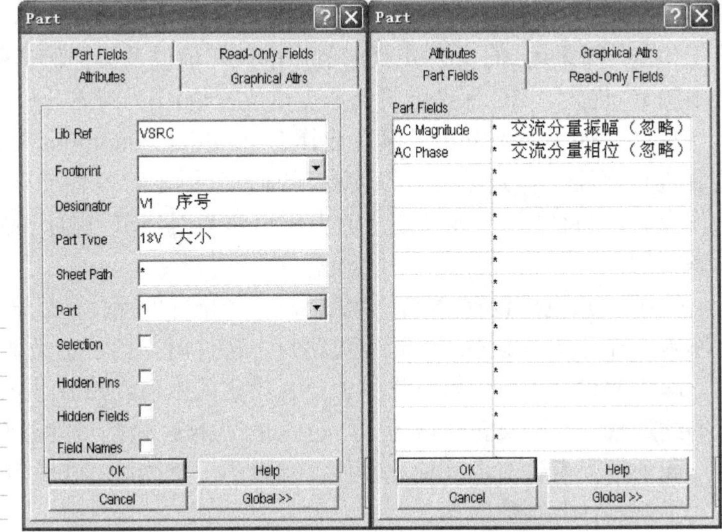

图 11-32　直流电源属性设置对话框

(2) 正弦波信号源(Sinusoid Waveform)。正弦波信号源在电路仿真分析中常作为瞬态分析、交流小信号分析的信号源。在库 Simulation Symbols.lib 中，包含了如下的正弦仿真源器件：

- VSIN：正弦电压源。
- ISIN：正弦电流源。

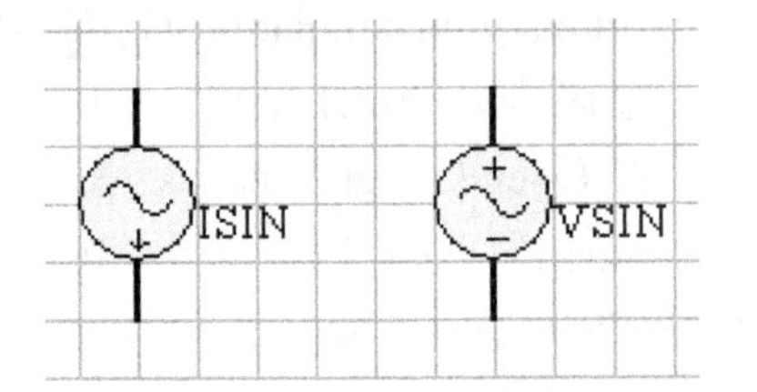

图 11-33　正弦电压/电流符号

仿真库中的正弦电压/电流源符号如图 11-33 所示。通过这些源可创建正弦波电压和电流源。

对正弦仿真源的属性对话框有如下设置：

- Designator——设置所需的激励源器件名称，如 INPUT。
- DC Magnitude——此项将不设置。
- AC Magnitude——AC 小信号分析时的信号振幅，典型值为 1 V。不需要进行 AC 小信号分析时可设为“*”或 0；对于放大器来说，一般取小于 1 V，如 1 mV、10 mV 等。如果设计者欲在此电源上进行小信号分析，可在 Part Fields 选项卡设置此项(典型值为 1)。
- Phase——AC 小信号的电压相位，在 Part Fields 选项卡中设置。
- OFFSET——叠加在交流信号上的直流电压或电流偏移量，在 Part Fields 选项卡中设置。
- Amplitude——正弦曲线的峰值，如 100 V，在 Part Fields 选项卡中设置。
- Frequency——正弦波的频率，单位为 Hz，在 Part Fields 选项卡中设置。
- Delay——延迟时间。单位为 s，在 Part Fields 选项卡设置。
- Damping Factor——阻尼因子。每秒正弦波幅值上的减少量，设置为正值将使正弦波以指数形式减少；为负值则将使幅值增加；如果为 0，则给出一个不变幅值的正弦波，在 Part Fields 选项卡中设置。
- Phase Delay——正弦信号相位，单位为度(阻尼因子需取缺省值“*”以外的值)。如该项设为 90，就变成余弦信号源，在 Part Fields 选项卡中设置。设置属性对话框如图 11-34 所示。

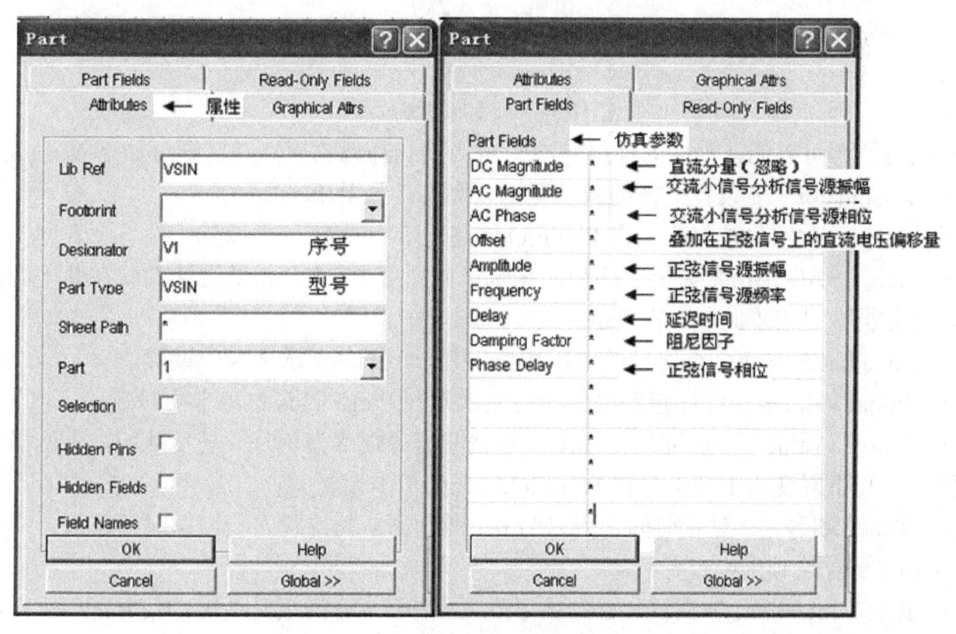

图 11-34　正弦信号源属性设置对话框

注意：对于正弦信号激励源以及后面介绍的脉冲信号激励源、分段线性激励源来说，一般只需给出序号，不宜修改 Part(型号)等参数。

根据图 11-34 正弦信号源属性所设置参数的正弦信号源的特征波形图如图 11-35 所示，

可见当直流偏压 Offset 大于 0(0.200 V)时相当于波形上移。

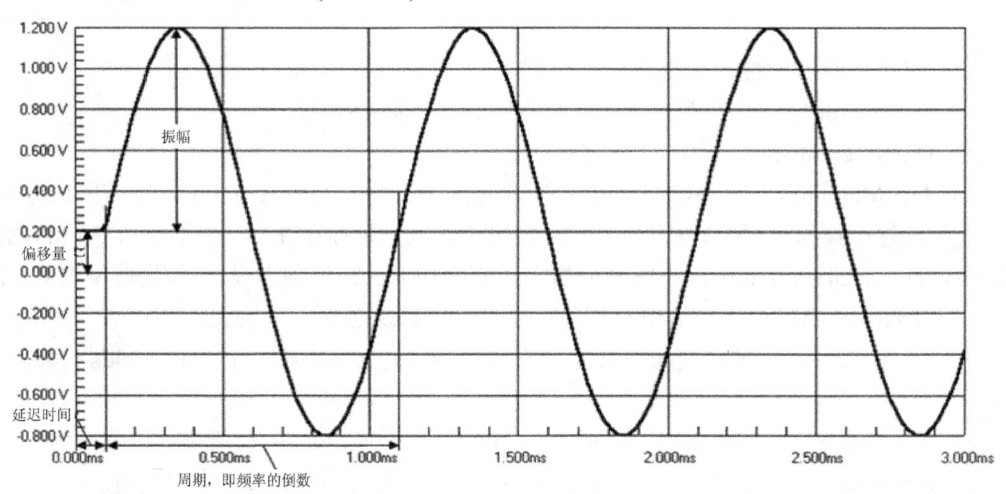

图 11-35 正弦波形信号

(3) 脉冲激励源(Pulse)。脉冲激励源在瞬态分析中用得比较多，在库 Simulation Symbols.lib 中包含了如图 11-36 所示的周期脉冲源器件：

- VPULSE：电压脉冲源。
- IPULSE：电流脉冲源。

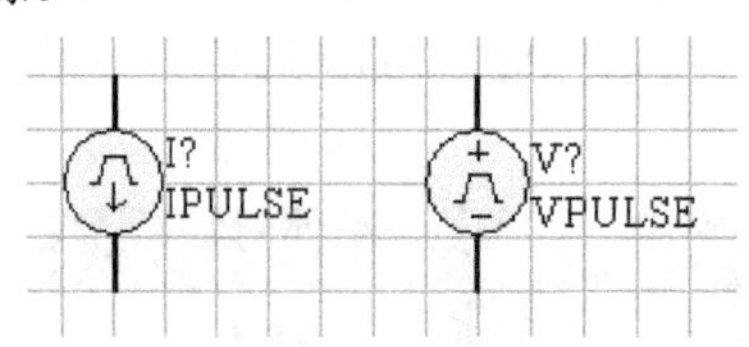

图 11-36 周期脉冲激励源

利用这些源可以创建周期的连续脉冲。对周期脉冲源的属性对话框可如下设置：

- Designator——设置所需的激励源器件名称，如 INPUT。
- DC——此项将被忽略，在 Part Fields 选项卡中设置。
- AC——AC 小信号分析时的信号振幅，典型值为 1 V。如果设计者欲在此电源上进行小信号分析，可设置此项，在 Part Fields 选项卡中设置。
- AC Phase——AC 小信号的电压相位，在 Part Fields 选项卡中设置。
- Initial Value——脉冲起始电压或电流值，在 Part Fields 选项卡中设置。
- Pulsed Value——脉冲信号幅度。当脉冲信号幅度为负时，是负脉冲，上升沿将变为下降沿，而下降变为上升沿，在 Part Fields 选项卡中设置。
- Time Delay——延迟时间，可以为 0。激励源从初始状态到激发时的延时，单位为 s，在 Part Fields 选项卡中设置。
- Rise Time——上升时间，必须大于 0，当需要上升沿很陡的脉冲信号源时，可将上升沿设为 1 ns 或更小)，在 Part Fields 选项卡中设置。
- Fall Time——下降时间，必须大于 0，当需要下降沿很陡的脉冲信号源时，可将下降沿设为 1 ns 或更小)，在 Part Fields 选项卡中设置。
- Pulse Width——脉冲宽度，即脉冲激发状态的时间，单位为 s，在 Part Fields 选项卡中设置。

- Period——脉冲周期，单位为 s，如 5 s，在 Part Fields 选项卡中设置。

脉冲激励信号源属性设置对话框如图 11-37 所示。

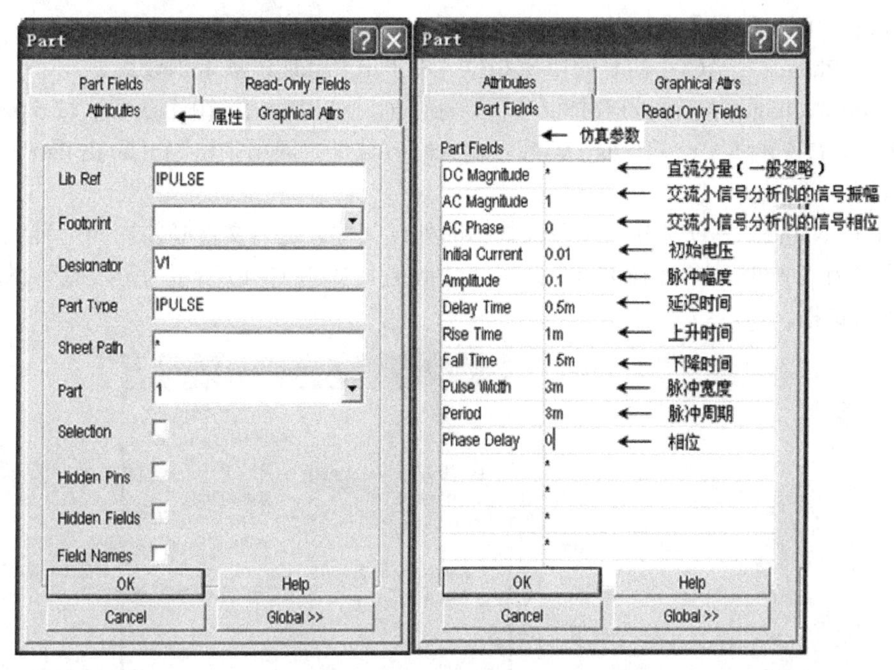

图 11-37　脉冲信号激励源属性设置对话框

上述参数描述的脉冲信号激励源特征波形如图 11-38 所示(其中 Pulsed Value = 100 mV，Period = 8 ms，Pulse Width = 3 ms)。

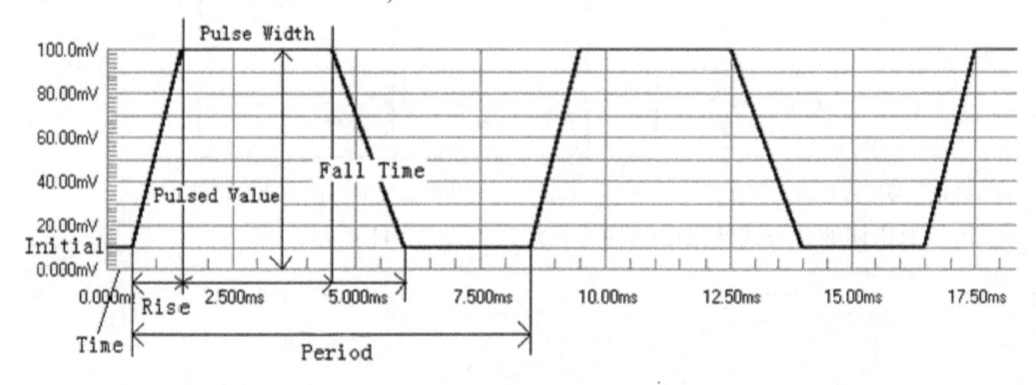

图 11-38　脉冲激励源波形图

(4) 分段线性激励源 VPWL 与 IPWL。分段线性激励源的波形由几条直线段组成，是非周期信号激励源。库 Simulation Symbols.lib 中，包含了如下的分段线性源器件：

- VPWL：分段线性电压源。
- IPWL：分段线性电流源。

为了描述这种激励源的波形特征，需给出线段各转折点时间—电压(或电流)坐标(对于 VPWL 信号源来说，转折点坐标由“时间/电压”构成；对于 IPWL 信号源来说，转折点坐标由“时间/电流”构成)，如图 11-39 所示。其中各项参数的含义如下：

- Designator——设置所需的激励源器件名称，如 INPUT。
- DC Magnitude——此项将被忽略，在 Part Fields 选项卡中设置。
- AC Magnitude——交流小信号分析时的信号幅度。如果设计者欲在此电源上进行小信号分析，可设置此项(典型值为 1)，在 Part Fields 选项卡中设置。
- AC Phase——AC 小信号的电压相位，在 Part Fields 选项卡中设置。
- Time/Voltage——转折点时间/电压坐标序列，如坐标为：(0 μs 5 V)、(2.5 μs 5 V)、(5.0 μs 2 V)、(7.5 μs 5 V)、(10 μs 1V)等。输入时各数据之间用空格隔开。在 Part Fields 选项卡中设置。
- File Name——包含分段线性源数据的外部文件。这一文件必须在同一目录下，文件的扩展名为“.pwl”，在 Part Fields 选项卡中设置。如图 11-40 所示为分段线性激励源的属性设置对话框。

图 11-39　分段线性激励源器件　　　　图 11-40　分段线性激励源属性设置对话框

上述参数描述的分段线性激励源的特征波形如图 11-41 所示。

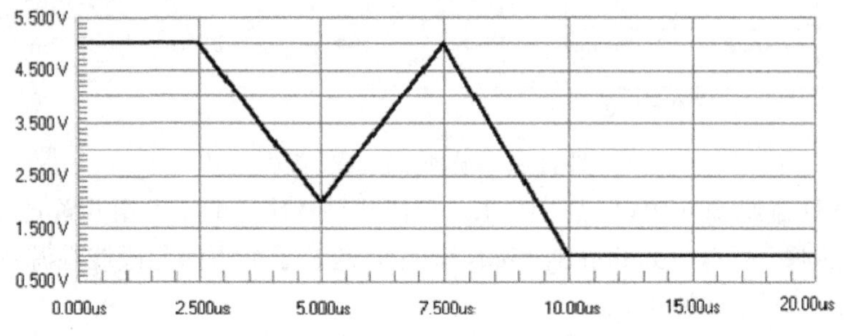

图 11-41　分段线性激励源波形图

通过设置分段线性激励源 VPWL 的参数，就可以获得电路分析所需的几种常用信号源，如阶跃函数激励源(模拟上电波形或掉电波形)、冲激响应激励源(脉冲幅度大，持续时间短的单个脉冲激励源，该激励源常用于分析干扰信号对电路性能的影响)、单脉冲激励源(如复位脉冲信号、置位脉冲信号)以及阶梯信号源等。例如，当 Time/Voltage 设为(0 0 V)、(0.001 μ 5.0 V)就是阶跃函数。在分段线性激励源中，电压或电流是时间的单值函数，或者说信号下降沿或上升沿时间不能设为 0。例如，当 Time/Voltage 设为(0 5.0 V)、(20 μ 5.0 V)、(20 μ 0)(含义是时间 t 为 0 时，电压为 5.0 V；在 0～20 μs 期间，电压为 5.0 V；时间 t 大于 20 us 后，电压为 0 V)，仿真时将给出错误提示，可改为(0 5.0 V)、(20 μ 5.0 V)、(20.001 μ 0)。

(5) 单频调频源——VSFFM 和 ISFFM。调频波激励源也是高频电路仿真分析中常用到的激励源，它位于 Sim.ddb 数据库文件包内的 Simulation Symbols.Lib 元件库文件中，在库中包含如下的单频调频源器件：

- VSFFM 电压源。
- ISFFM 电流源。

图 11-42 中是仿真库中的单频调频源器件。通过这些源可创建一个单频调频波，调频波信号源属性如图 11-43 所示。

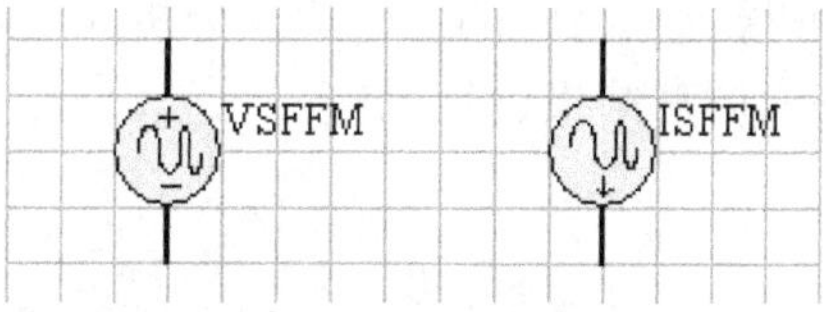

VSFFM　ISFFM

图 11-42　单频调频源

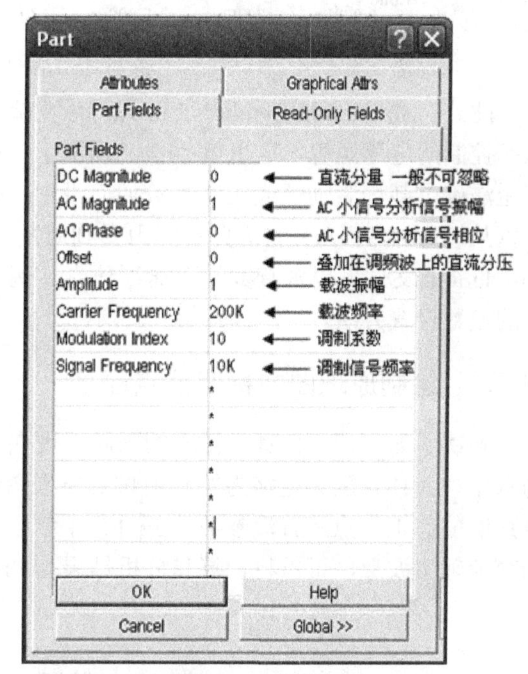

图 11-43　调频波信号源属性设置对话框

在调频波信号源属性设置对话框内，需要指定下列参数：

- Designator：在原理图中的序号(如 INPUT 等)。
- DC Magnitude：可以忽略的直流电压。
- AC Magnitude：交流小信号分析时的信号振幅。
- AC Phase：交流小信号分析时的信号相位。
- Offset：叠加在调频波上的直流偏压。
- Amplitude：载波振幅。
- Carrier Frequency：载波频率。
- Modulation Index：调制系数。
- Signal Frequency：调制信号频率。

根据图 11-43 所示的参数确定的调制波信号的数学表达式为

V(t) = VO + VA*sin(2*PI*Fc*t + MDI*sin(2*PI*Fs*t))

其中：VO = Offset；VA = Amplitude；Fc = Carrier；MDI = Modulation(也就是最大频偏与调制信号频率之比)；Fs = Signal。

根据图 11-43 所示属性设置窗中参数所定义的调频波激励源波形如图 11-44 所示。

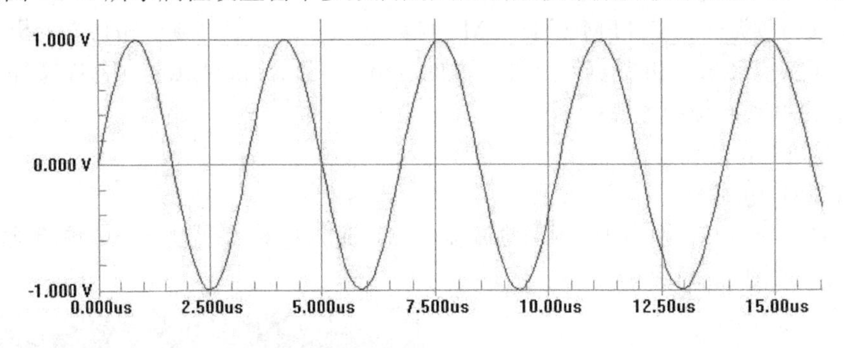

图 11-44　调频波激励波形

此外，Simulation Symbols.Lib 元件库内尚有其他激励源，如受控激励源、指数函数、频率控制的电压源等，这里就不一一列举了，根据需要可从该元件库文件中获取。如果实在无法确定某一激励源或元件参数如何设置，除了从“帮助”菜单中获得有关信息外，还可以从 Protel 99 SE 的仿真实例中受到启发。在 Design Explorer 99 SE\Example\Circuit Simulation 文件夹内含有数十个典型仿真实例，打开这些实例，即可了解元件、仿真激励源的参数设置方法。

11.3.4　绘制原理图并标明节点序号

解决了如何使用仿真元件库的问题，现在开始绘制电路原理图。下面以图 11-45 所示的双结型晶体管放大电路为例介绍仿真原理图绘制方法。该电路工作原理非常简单，因此电路的静态工作点等直流参数能够进行手算，同时能够根据三极管的工作原理分析此电路的交流输出波形，可以将计算和分析结果与 Protel 99 SE 仿真结果进行比较。

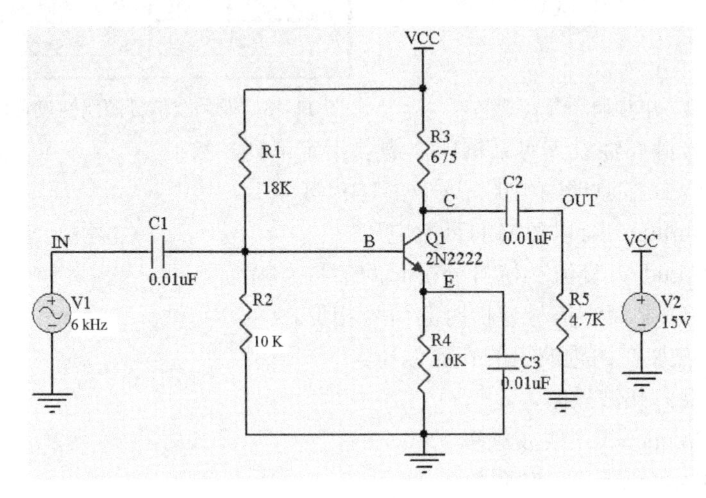

图 11-45　双结型晶体管放大电路

下面来具体说明操作步骤：

(1) 运行 Protel 99 SE，并新建设计数据库 mydesign.ddb。

(2) 加载仿真元件库 sim.ddb。

(3) 放置电阻器。在 Simulation symbols.lib 找到 RES 并选用，对照图 11-45 中所示电阻(固定电阻器 RES)及参数放置 5 个电阻(R1，R2，R3，R4，R5)。

(4) 放置电容器(固定电容器 CAP)。在 Simulation symbols.lib 找到 CAP 并选用，对照图 11-45 所示的电容及参数，设置 3 个电容(C1，C2，C3)。

(5) 放置双结型晶体管。在 BJT.lib 中找到 2N2222A 并选用，其名称为 Q1，其余属性使用缺省值即可。

(6) 加入参考地线和直流电源 VCC。

(7) 连接导线。在工作区点击右键，选择“Place Wire”。

(8) 放置正弦电压源。在 Simulation symbols.lib 找到 VSIN 并选用，再按下 Tab 键打开如图 11-46 所示的 Part 属性对话框，进行属性设置。

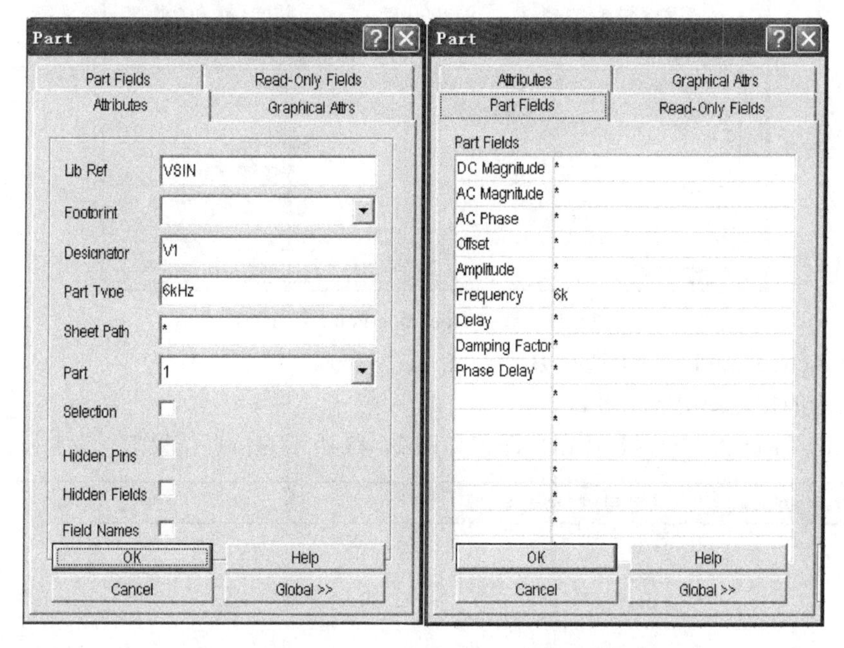

图 11-46　正弦电压源属性设置对话框

(9) 加入节点序号(NetLabel)IN、OUT、B、C、E。节点序号也称网络标号，它用于标示节点，以示区别。对于节点较少的简单电路，应该为每个节点都标上节点序号，增加整个电路的可读性。对于较大型的电路，至少要为重要节点(特别是需要观察信号的节点)表明节点序号。完成之后的电路原理图如图 11-45 所示。

11.4　实际电路仿真分析及其设置

在前面的示例中已经看到了两种类型的电路仿真分析，即静态工作点分析和瞬态分析，这里将介绍使用 Protel 99 SE 对图 11-45 所示的电路图进行详细的仿真设置。

1. 静态工作点分析

静态工作点是在分析放大电路时提出来的，它是放大电路正常工作的重要条件。当放大器的输入信号短路，即将图 11-45 中 IN 直接接地，则放大器处于无信号输入状态，称为静态。如果静态工作点选择不合适，则波形会失真，因此设置合适静态工作点是放大电路工作的前提。在图 11-45 中 R1、R3 就是放大电路的偏置电阻。静态工作点分析设置如下：

(1) 在原理图工作环境下，单击主菜单中的 Simulate 菜单，并选择 Setup 命令。

(2) 在图 11-47 所示的 General 页面中，只选择 Operating Point Analysis 项(前面打钩)。

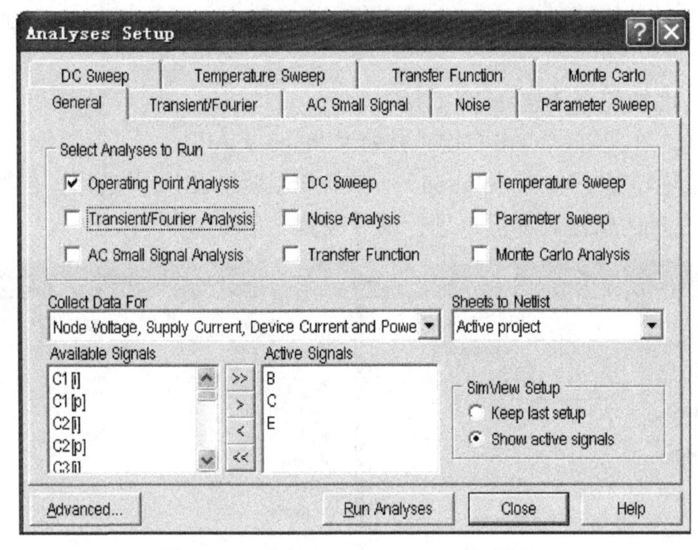

图 11-47　选择 Operating Point Analysis

(3) 在 Active Singles 栏中选择 B、C、E 三个信号。

(4) 其余的按照图中所示设置。

(5) 单击【Run Analyses】按钮，即得如图 11-48 所示的仿真结果。

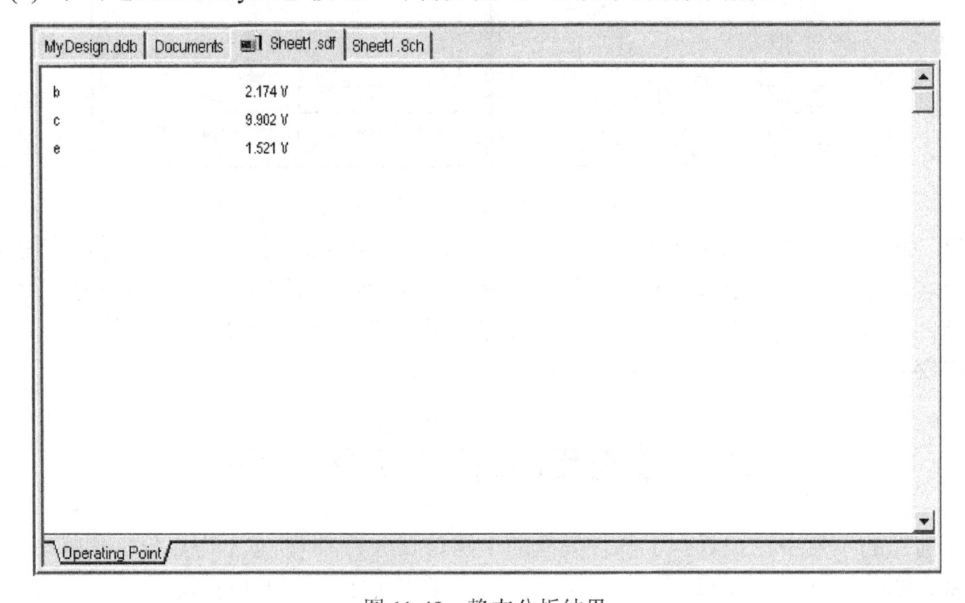

图 11-48　静态分析结果

前面已经提到，静态工作点对放大电路的工作会产生极大的影响，那么将 R1 的电阻值由 18 K 改成 100 K，在图 11-47 中同时选择静态工作点分析和瞬态分析，选择 B、C、E、IN、OUT 为激活信号，然后单击【Run Analyses】按钮进行仿真，其静态工作点仿真结果如图 11-49 所示，其瞬态分析结果如图 11-50 所示。

MyDesign.ddb | Documents | Sheet1.sdf | Sheet1.Sch

b	477.4mV
c	14.99 V
e	1.873mV
in	0.000 V
out	0.000 V

Operating Point | Transient Analysis

图 11-49　R1 = 100 K 时的静态工作点分析结果

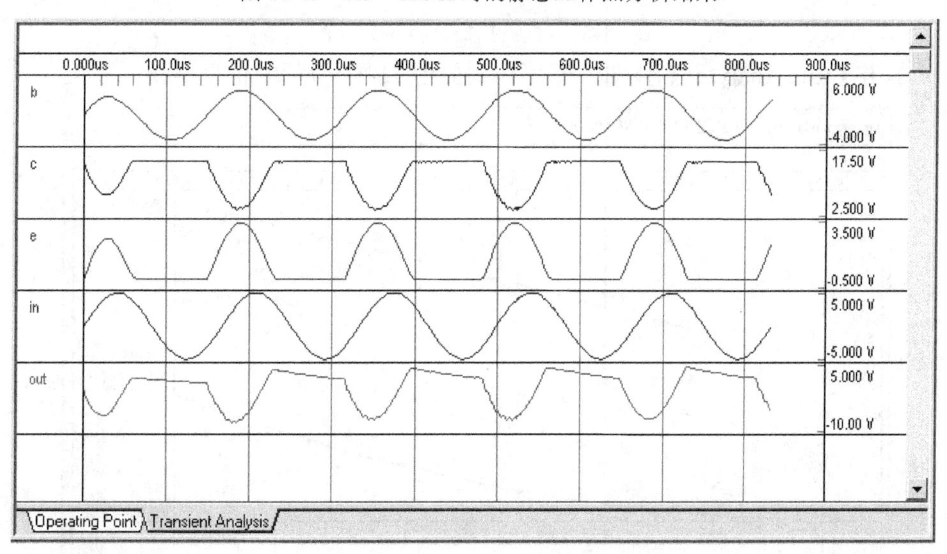

图 11-50　R1 = 100 K 时的瞬态分析结果

说明：很明显，这种波形已经严重变形，不是所需要的结果。应用静态工作点及放大电路动态分析特性知识，改变电路相关参数，即可得到截止失真和饱和失真的结果。

2. 直流扫描分析

直流扫描分析就是直流转移特性分析，输入可在一定范围内变化，例如某个电压从 1 V 变化到 20 V，步长可自己设定，每一个电压都将计算出一套电压参数，并用于显示。下面来分析图 11-45 中的电源电压当 V2 从 1 V 变化到 20 V，步长为 1 V 时，观察 R1 上的电流和功率。步骤如下：

(1) 在绘制原理图环境下，单击主菜单中的 Simulate 菜单，并选择 Setup 命令。

(2) 在图 11-47 所示的 General 页中，只选择 DC Sweep(前面打钩)。

(3) 在 Active Singles 栏中选择 R1[I]、R1[P]两个信号。

(4) 其余的按图中所示设置。

(5) 单击【DC Sweep】按钮，按图 11-51 所示完成设置。

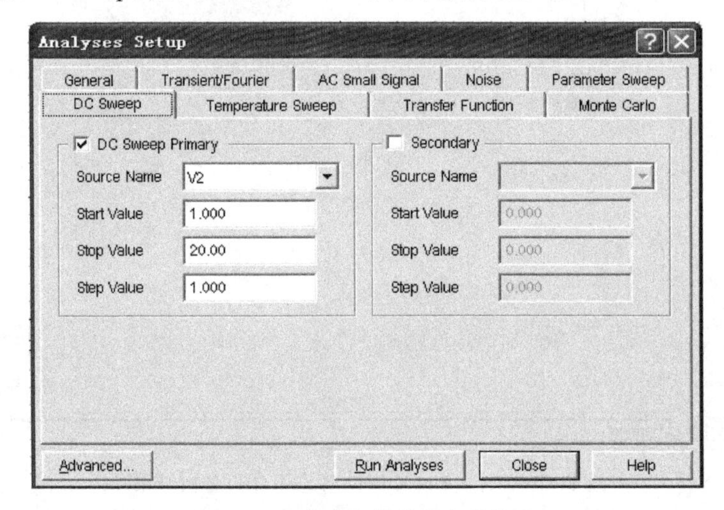

图 11-51　直流扫描分析参数设置

(6) 单击【Run Analyses】按钮，即可得到如图 11-52 所示的仿真结果。

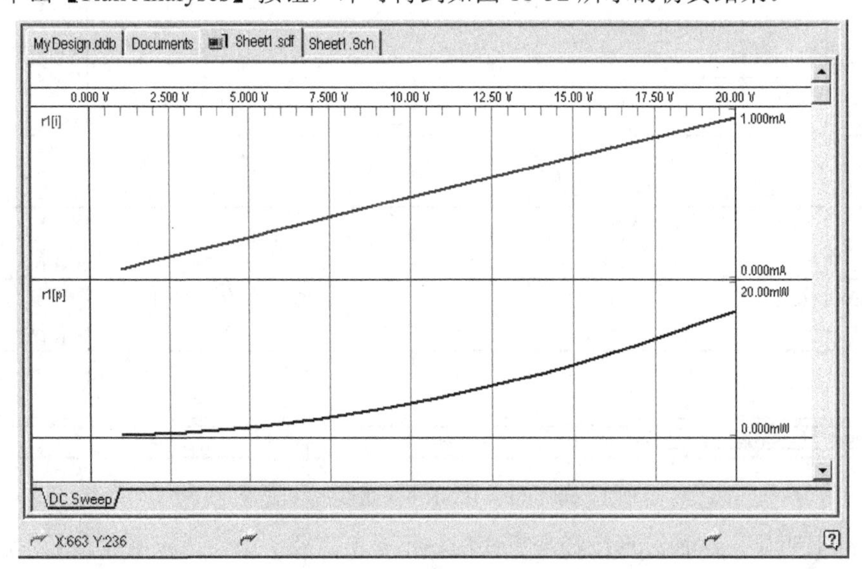

图 11-52　R1 上的电流及功率分析

3. 交流分析

AC 交流小信号分析是在一定的频率范围内计算电路和响应，用于获得电路如放大器、滤波器等的幅频特性、相频特性曲线。一般说来，电路中的器件参数，如三极管共发射极电流放大倍数 β 并不是常数，而是随着工作频率的升高而下降；另一方面，当输入信号频率较低时，耦合电容的影响就不能忽略，而当输入信号频率较高时，三极管极间寄生电容、引线电感同样不能忽略，因此在输入信号幅度保持不变的情况下，输出信号的幅度或相位总是随着输入信号频率的变化而变化。

AC 交流小信号分析属于线性频域分析，仿真程序首先计算电路的直流工作点，以确定电路中非线性器件的线性化模型参数。然后在设定的频率范围内，对已线性化的电路进行频率扫描分析，相当于用扫频仪观察电路的幅频特性。交流小信号分析能够计算出电路的幅频和相频特性或频域传递函数。在进行 AC 小信号分析时，输入信号源中至少给出一个信号源的 AC 小信号分析幅度及相位，一般情况下，激励源中 AC 小信号分析幅度设为 1 个单位(例如，对于电压源来说，AC 小信号分析电压幅度为 1 V)，相位为 0，这样输出量就是传递函数。但在分析放大器频率特性时，由于电压放大倍数往往大于 1，且电源电压有限，因此信号源中 AC 小信号分析电压幅度须小于 1 V，如取 1 mV、10 mV 等，以保证放大器不因输入信号幅度太大，使输出信号出现截止或饱和失真。

进行 AC 小信号分析时，保持激励源中 AC 小信号振幅不变，而激励源的频率在指定范围内按线性或对数变化时，计算出每一频率点对应的输出信号的振幅，这样即可获得频率—振幅曲线，从而获得电路的频谱特性(类似于通过信号源、毫伏表、频率计等仪器仪表，在保持输入信号幅度不变时，逐一测量不同频率点对应的输出信号幅度)，以便直观地了解电路的幅频特性、相频特性(且从幅频特性中还可获得电路的增益)。

下面分析图 11-45 所示的频率响应：

(1) 在绘制原理图环境下，单击主菜单中的 Simulate 菜单，并选择 Setup 命令。

(2) 在图 11-47 所示的 General 页中，只选择 AC Small Sigal Analysis(前面打钩)。

(3) 在 Active Singles 栏中选择 OUT 信号。

(4) 其余的按图 11-47 所示设置。

(5) 修改交流激励源的 AC 小信号属性，如图 11-53 所示。

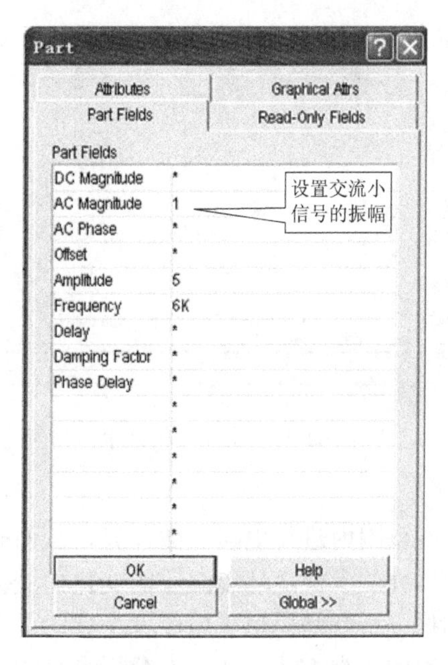

图 11-53　激励源交流小信号设置对话框

(6) 单击【AC Small Sigal Analysis】按钮，按图 11-54 所示完成设置。

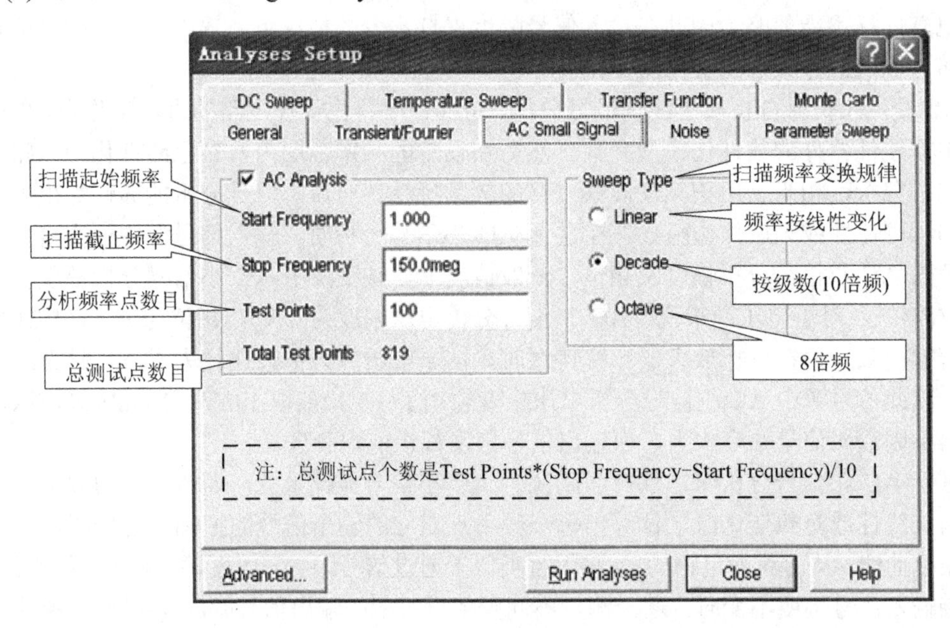

图 11-54　交流分析设置

(7) 单击【Run Analyses】按钮，即得如图 11-55 所示交流分析仿真波形。

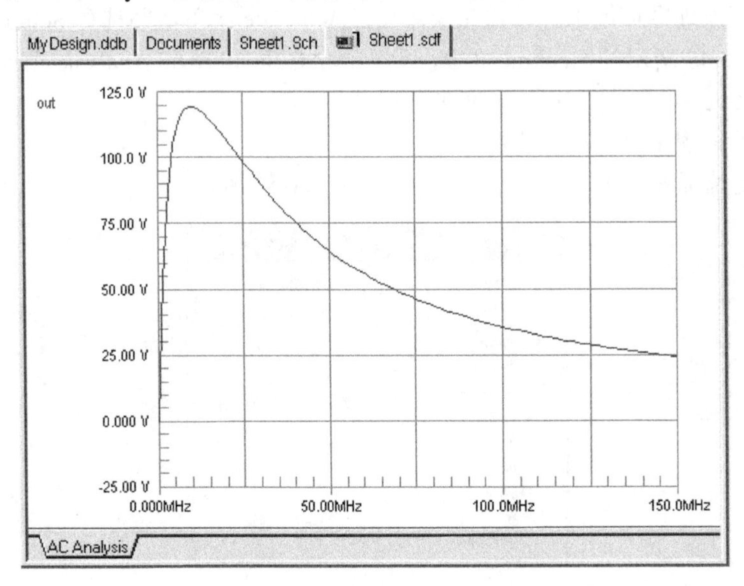

图 11-55　交流分析结果

4. 温度扫描分析

温度扫描是指在一定温度范围内进行电路参数计算，从而确定电路的温度漂移等性能指标。一般说来，电路中元器件的参数随环境温度的变化而变化，因此温度变化最终会影响电路的性能指标。温度扫描分析就是模拟环境温度变化时电路性能指标的变化情况，因此温度扫描分析也是一种常用的仿真方式，在瞬态分析、直流传输特性分析、交流小信号分析时，启用温度扫描分析即可获得电路中有关性能指标随温度变化的情况。下面以图 11-45 为例，当设置温度在 –10～100℃范围变化，步长为 30℃时，观察电路的特性。操作步骤如下：

(1) 在绘制原理图环境下，单击主菜单中的 Simulate 菜单，并选择 Setup 命令。

(2) 在图 11-47 所示的 General 页中，只选择 Temperature Sweep(前面打钩)。

(3) 在 Active Singles 栏中选择 OUT 信号。

(4) 其余的按图 11-47 所示设置。

(5) 单击【Temperature Sweep】按钮，按图 11-56 所示完成设置。

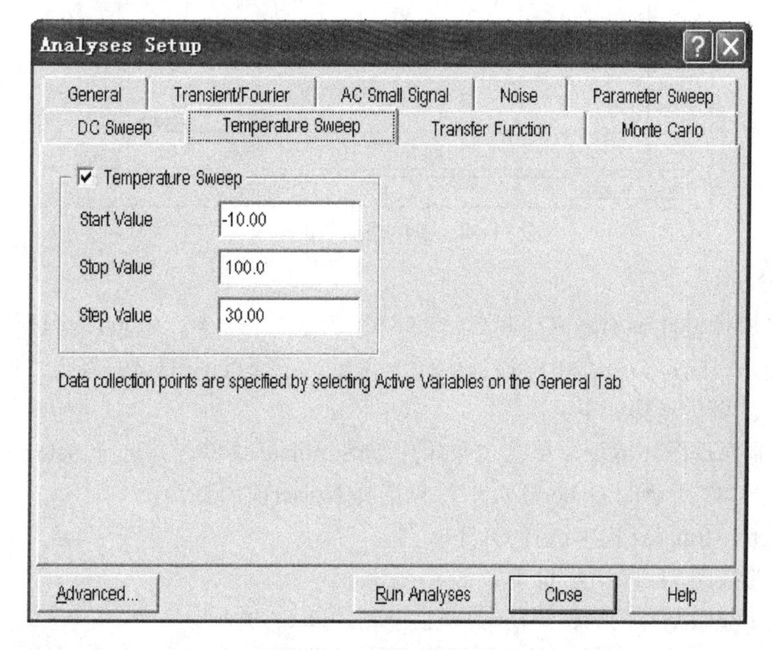

图 11-56　温度扫描设置

(6) 单击【Run Analyses】按钮，弹出如图 11-57 所示选择配合温度扫描分析类型对话框。

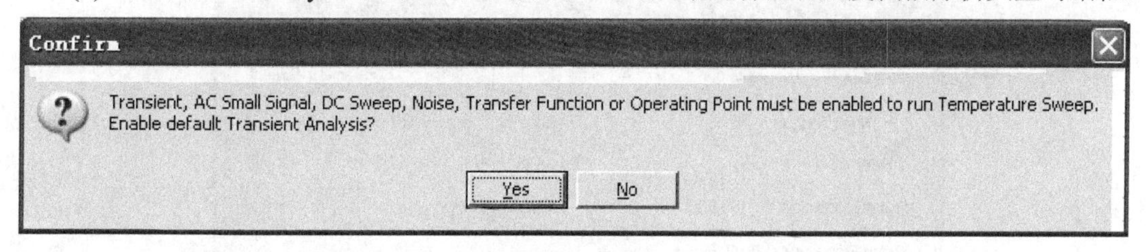

图 11-57　选择配合温度扫描分析的分析类型

此对话框表明，温度扫描分析不能单独进行，必须在进行瞬态分析、交流分析、直流扫描或传递函数分析时方可进行。

(7) 点击【Yes】按钮后将选择瞬态分析并关闭此对话框，得到如图 11-58 所示温度扫描的结果。

图 11-58 所示下面的波形是用不同颜色表示的瞬态分析结果。但是由于显示比例太小，它们重叠在一起，几乎看不出任何区别，因此需要进行单独显示，并进行局部放大，即可清楚地看到温度对瞬态分析的影响。

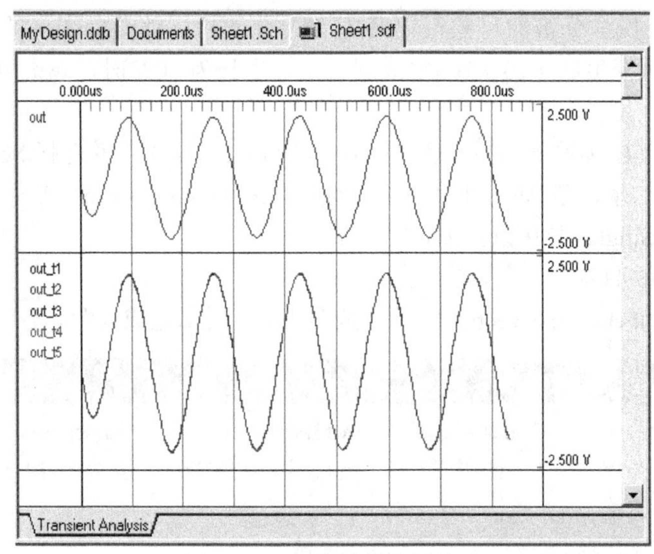

图 11-58　温度扫描分析结果

5. 噪声分析

电阻和半导体器件等都能产生噪声，噪声电平取决于频率。电阻和半导体器件会产生不同类型的噪声。噪声分析在电路设计中较为常见，下面以图 11-45 为例，说明噪声分析的设置方法，其操作步骤如下：

(1) 在绘制原理图环境下，单击主菜单中的 Simulate 菜单，并选择 Setup 命令。

(2) 在图 11-47 所示的 General 页中，只选择 Noise(前面打钩)。

(3) 在 Active Singles 栏中选择 OUT 信号。

(4) 其余的按图 11-47 所示设置。

(5) 修改交流激励源的 AC 小信号属性，如图 11-53 所示。

(6) 单击【Noise】按钮，按图 11-59 所示完成设置。

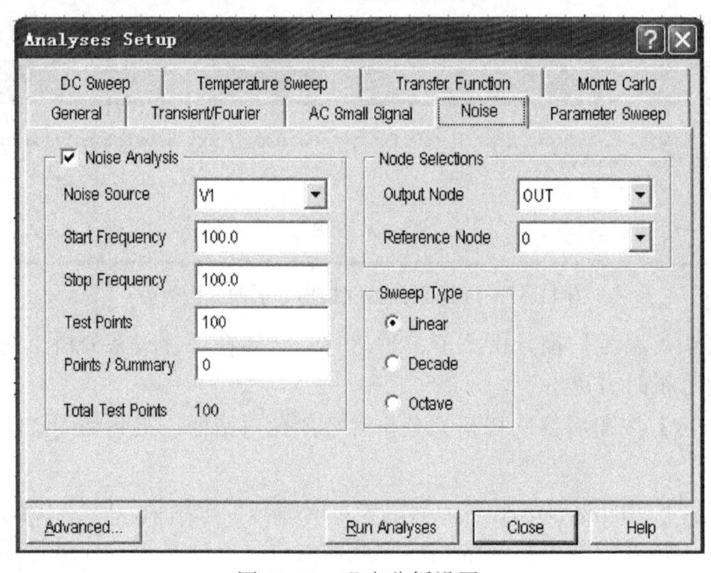

图 11-59　噪声分析设置

以下是各设置参数说明：

• Noise Source 区域：选择一个用于计算噪声的参考信号源(独立电压源或独立电流源)。

• Start Frequency 区域：指定起始频率。

• Stop Frequency 区域：指定终止频率。

• Test Point 区域：指定扫描的点数。

• Point/Summary 区域：指定计算噪声范围。在此区域中输入 0 则只计算输入和输出噪声；如果输入 1 则同时计算各个器件噪声。后者适用于用户想单独查看某个器件的噪声并进行相应的处理(比如某个器件的噪声较大，则考虑使用低噪声器件替换之)。

• OutPut Node 区域：制定输出噪声节点。

• Reference Node 区域：指定输出噪声参考节点，此节点一般为地(也即为 0 节点)。

• 在 SweepType 框中指定扫描类型。

(7) 单击【Run Analyses】按钮，即得如图 11-60 所示分析结果。

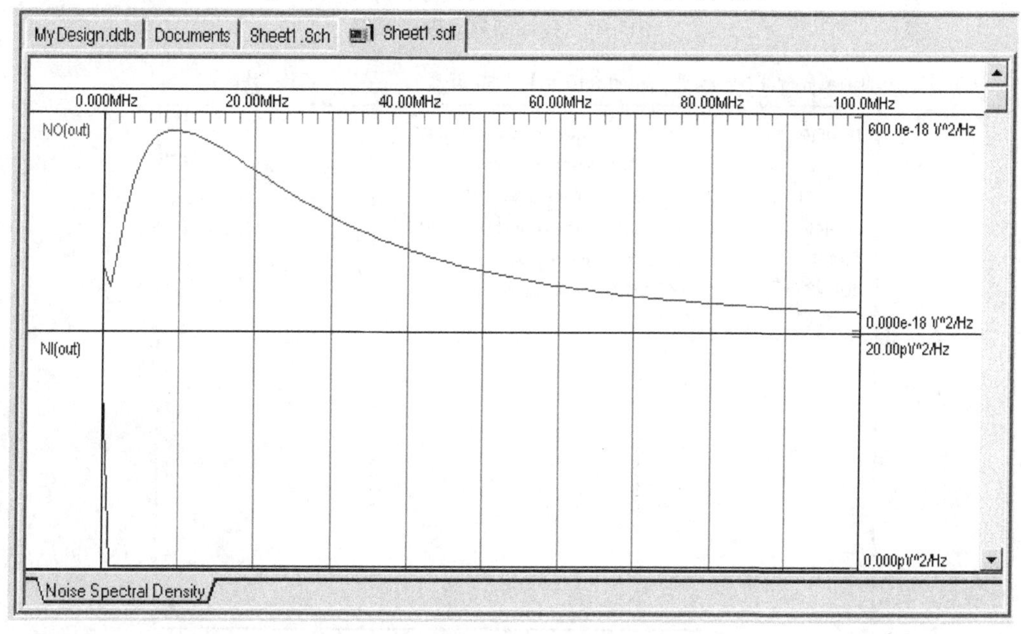

图 11-60　噪声分析结果

6. 传递函数分析

传递函数分析用于计算电路的输入电阻和输出电阻。下面以图 11-45 为例，说明传递函数分析的设置方法，操作步骤如下：

(1) 在绘制原理图环境下，单击主菜单中的 Simulate 菜单，并选择 Setup 命令。

(2) 在图 11-47 所示的 General 页中，只选择 Transfer Function(前面打钩)。

(3) 在 Active Singles 栏中选择 C、E 两个信号。

(4) 其余的按图 11-47 中所示设置。

(5) 单击【Transfer Function】按钮，按图 11-61 所示完成设置。

(6) 单击【Run Analyses】按钮，即得如图 11-62 所示分析结果。

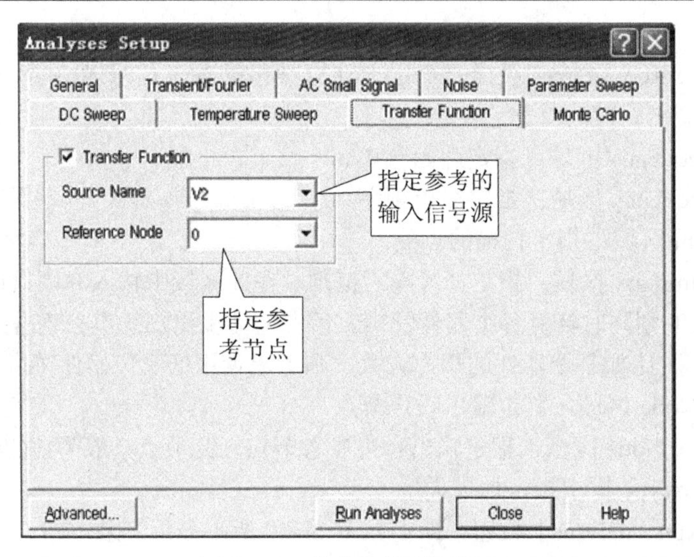

图 11-61　传递函数分析设置

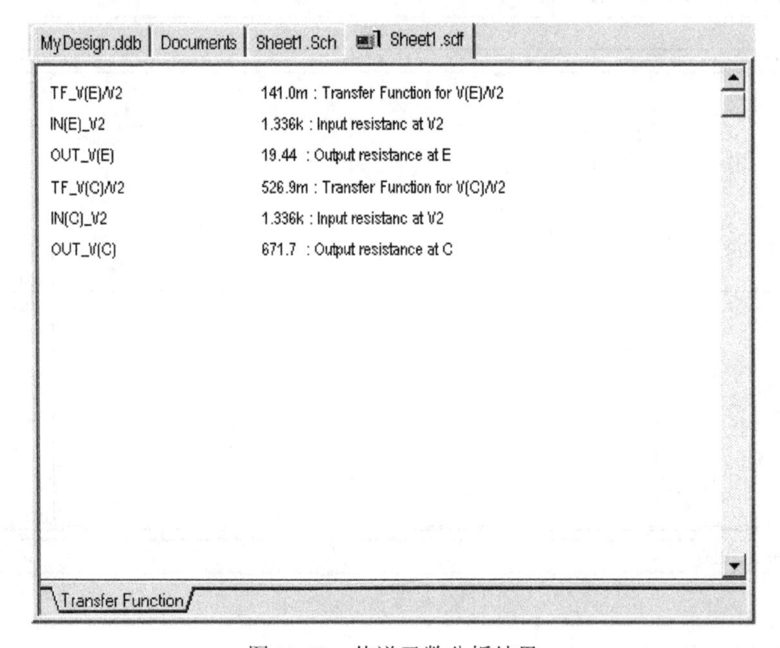

图 11-62　传递函数分析结果

从图中可以方便地查看整个电路的直流输入和输出电阻。但值得注意的是不同节点处有不同的输入输出电阻。

7. 参数扫描分析

参数扫描分析可以与直流、交流或瞬态分析等分析类型混合使用，参数扫描分析对于研究电路参数变化对电路特性的影响提供了极大的方便。下面以图 11-45 为例，说明参数扫描分析的设置方法，其操作步骤如下：

(1) 在绘制原理图环境下，单击主菜单中的 Simulate 菜单，并选择 Setup 命令。

(2) 在图 11-47 所示的 General 页中，只选择 AC Small Sigal Analysis 和 Parameter

Sweep(前面打钩)。

(3) 在 Active Singles 栏中选择 OUT 信号。

(4) 其余的按图 11-47 所示设置。

(5) 单击【Parameter Sweep】按钮，按图 11-63 所示完成设置。

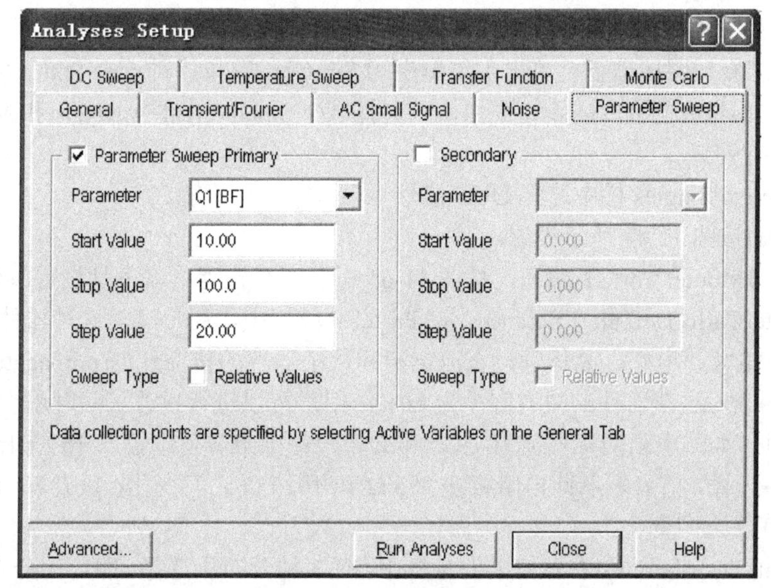

图 11-63　参数扫描分析设置

以下是设置的参数说明：

• Parameter 域列表中选择欲对其扫描分析的参数，本例选择了晶体管的正反电流放大系数(BF)。

• Relative Values 选择项：如果选择此选项，则在 Start Value 和 Stop Value 域中所输入的只是一个相对值，而不是绝对值，也即是在器件参数或缺省的基础上变化。

(6) 单击【Run Analyses】按钮，即得如图 11-64 所示分析结果。

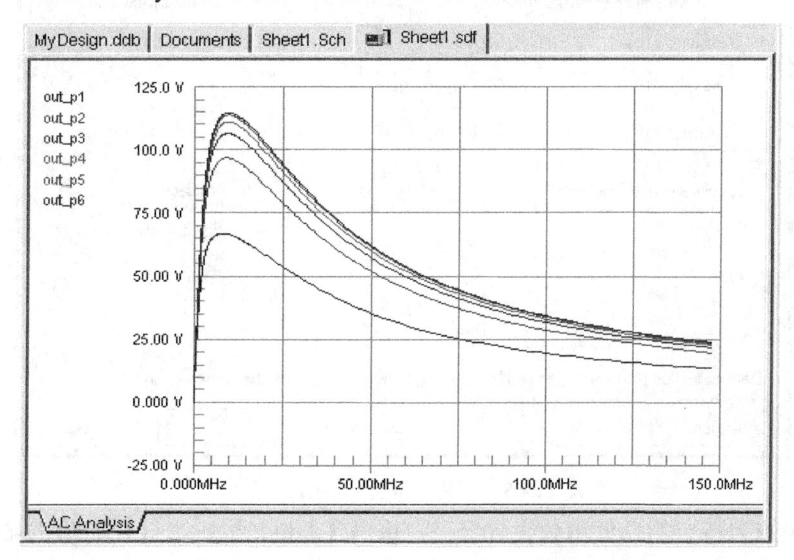

图 11-64　参数扫描分析与电路频率响应分析结果

8. 蒙特卡罗分析

蒙特卡罗分析是一种统计方法。它是在给定电路元器件参数容差为统计分布规律的情况下，用一组伪随机数求得元器件参数的随机抽样序列，对这些随机抽样的电路进行直流、交流小信号和瞬态分析，并通过多次分析结果估算出电路性能的统计分布规律。下面以图11-45为例，说明蒙特卡罗分析的设置方法，操作步骤如下：

(1) 在绘制原理图环境下，单击主菜单中的Simulate菜单，并选择Setup命令。

(2) 在图11-47所示的General页中，只选择AC Small Sigal Analysis和Montel Carlo Analysis(前面打钩)。

(3) 在Active Singles栏中选择OUT信号。

(4) 其余的按图11-47所示设置。

(5) 单击【Montel Carlo】按钮，按图11-65所示进行设置。以下是设置参数说明：

• Monte Carlo Default Tolerances 在Protel 99 SE中，用户可对6种器件进行容差设置，即电阻、电容、电感、晶体管、直流电源和数字器件的传播延迟(propagation delay for digital devices)。对这些器件的缺省容差为10%，用户可以进行更改。同时用户可以设置百分比或绝对值。如一电阻的标称值为1K，那么用户在电阻容差中输入15或15%均可，但表示的意义不一样，前者表示此电阻将在985 Ω和1015 Ω之间变化；后者表示此电阻可在850 Ω和1150 Ω之间变化。

• Default Distribution：在蒙特卡罗分析中，有三种分布供选择，即均匀分布(Uniform)、高斯分布(Gaussian)和最坏情况分布(Worst Case)。

• Simulation：在此可以设定随机数发生器的种子数并设置运行次数。

• Specific Device Tolerances：可以为特定的器件单独设置容差。

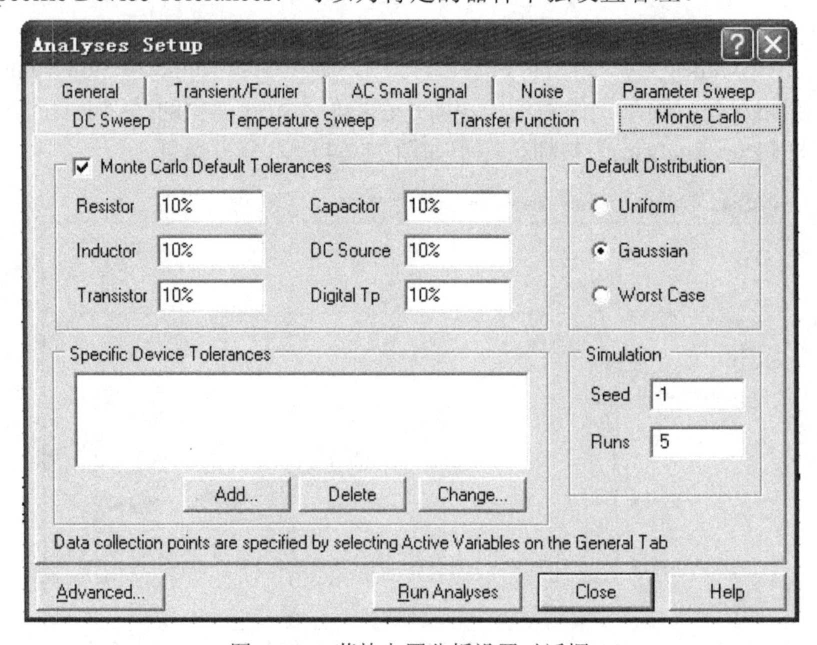

图11-65　蒙特卡罗分析设置对话框

(6) 如果想为特定的器件单独设置容差，单击【Add】按钮，打开如图11-66所示的对话框，进行设置。以下是此窗口的参数说明：

• Designator：在此下拉选框中选择所要特定设置容差的器件。

• Parameter：在必要时输入参数。如电阻、电容、电感等不需要输入参数，但晶体管则需要输入参数。在本例中选择三极管 Q1，且参数为 BF。

• Device：器件容差。

• Lot：批量容差。

• Distribution：容差分布。

• Tracking#：跟踪数(tracking number)。用户可以为多个器件设定容差。此区域用来标明在设定多个器件特定容差情况下，它们之间的变化情况。如果两个器件特定容差的 Tracking#一样，且分布一样，则在仿真时将产生同样的随机数并用于计算电路特性。

(7) 按如图 11-66 所示完成设定，并单击【OK】按钮关闭此窗口，图 11-65 变为图 11-67 所示窗口，表明已经加上了特定容差设置。

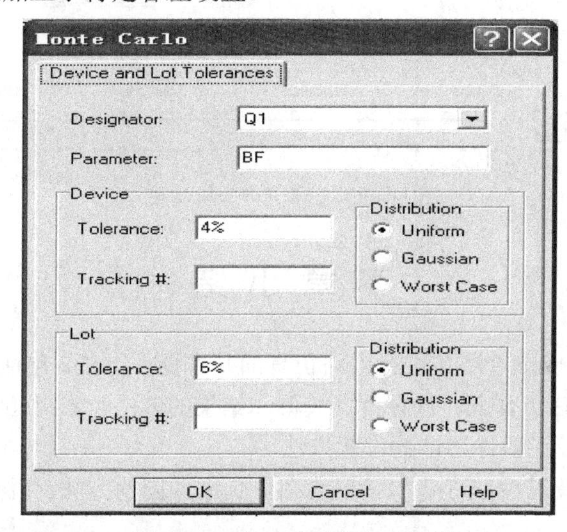

图 11-66　特定容差设定对话框

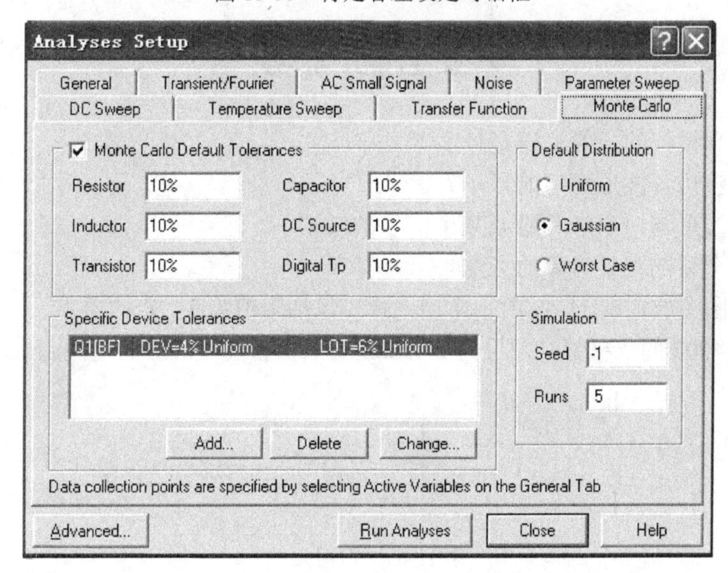

图 11-67　设定特定容差之后的窗口

(1) 执行静态工作点分析，求出 N1 的电压。

(2) 设置直流电压源的电压从 1 V 变化到 15 V 时 N1 点电压变化曲线。

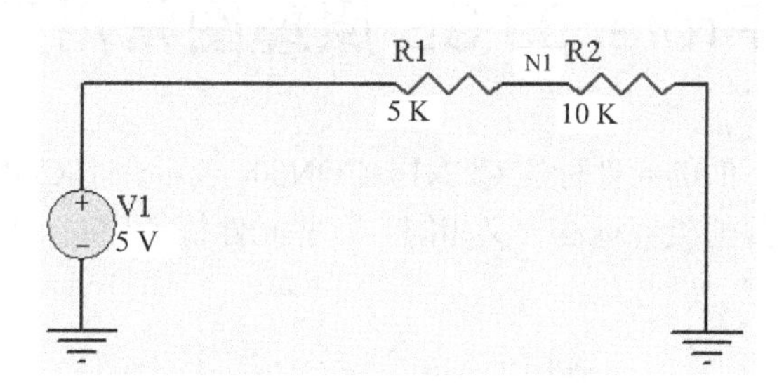

图 11-70　节点电压分析电路图

7. 绘制如图 11-71 所示仿真电路。

(1) 使用工作点分析求出该电路的静态工作点。

(2) 进行温度扫描分析，设置温度范围为 0～100℃，温度按 20℃步进，求晶体管集电极电压的输出曲线。

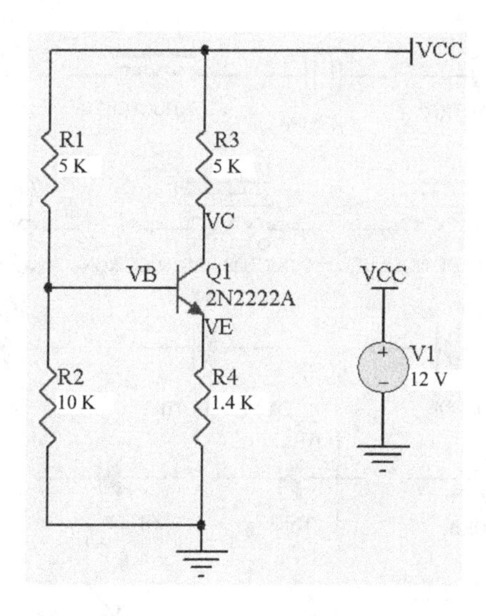

图 11-71　仿真电路

附录 A Protel 99 SE 原理图常用元件符号

本附录中元件符号下面的元件标注 CON1～CON60，表示介于 CON1～CON60 之间的所有元件符号模式相似，其他类似标注含义相同。有些元件符号相同，但在库中的名称不同。

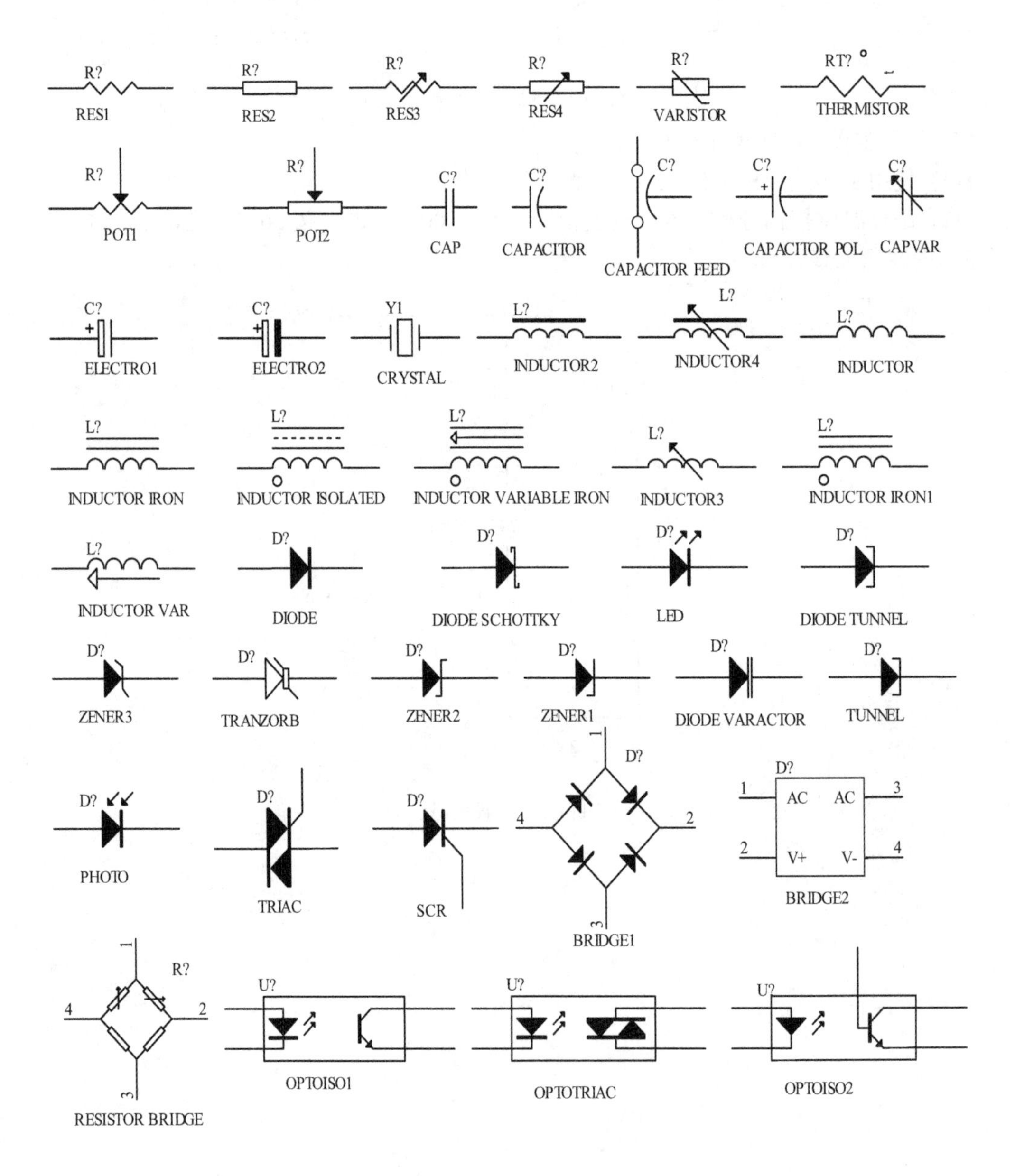

注：本附录中各元件下的英文标注是该元件符号在原理图元件库中的名称。元件上的 R? 等符号是系统默认的元件标号。

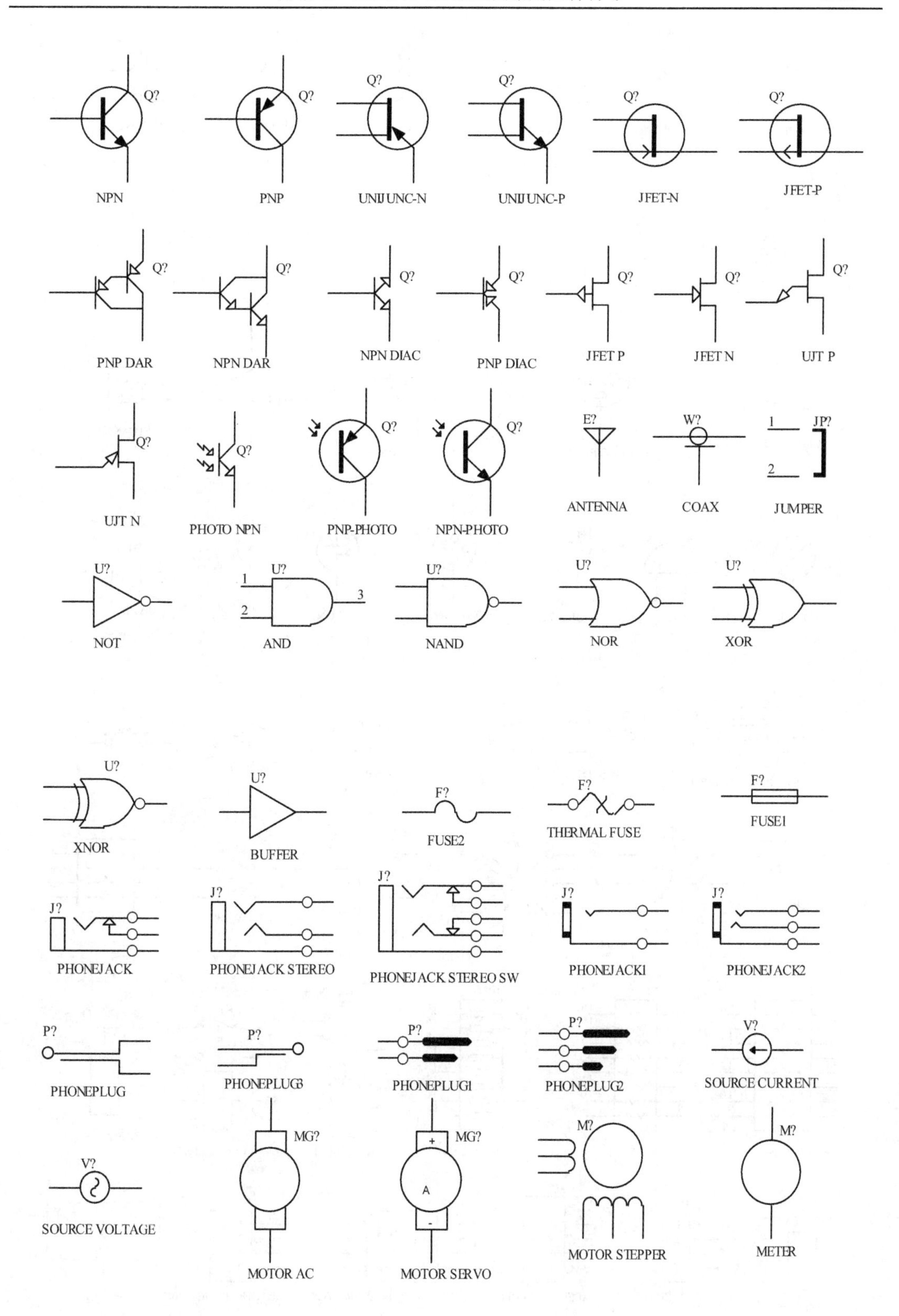
Q?
NPN
PNP
UNIJUNC-N
UNIJUNC-P
JFET-N
JFET-P
PNP DAR
NPN DAR
NPN DIAC
PNP DIAC
JFET P
JFET N
UJT P
UJT N
PHOTO NPN
PNP-PHOTO
NPN-PHOTO
E?
ANTENNA
W?
COAX
JP?
JUMPER
U?
NOT
AND
NAND
NOR
XOR
XNOR
BUFFER
F?
FUSE2
THERMAL FUSE
FUSE1
J?
PHONEJACK
PHONEJACK STEREO
PHONEJACK STEREO SW
PHONEJACK1
PHONEJACK2
P?
PHONEPLUG
PHONEPLUG3
PHONEPLUG1
PHONEPLUG2
V?
SOURCE CURRENT
SOURCE VOLTAGE
MG?
MOTOR AC
MOTOR SERVO
M?
MOTOR STEPPER
METER

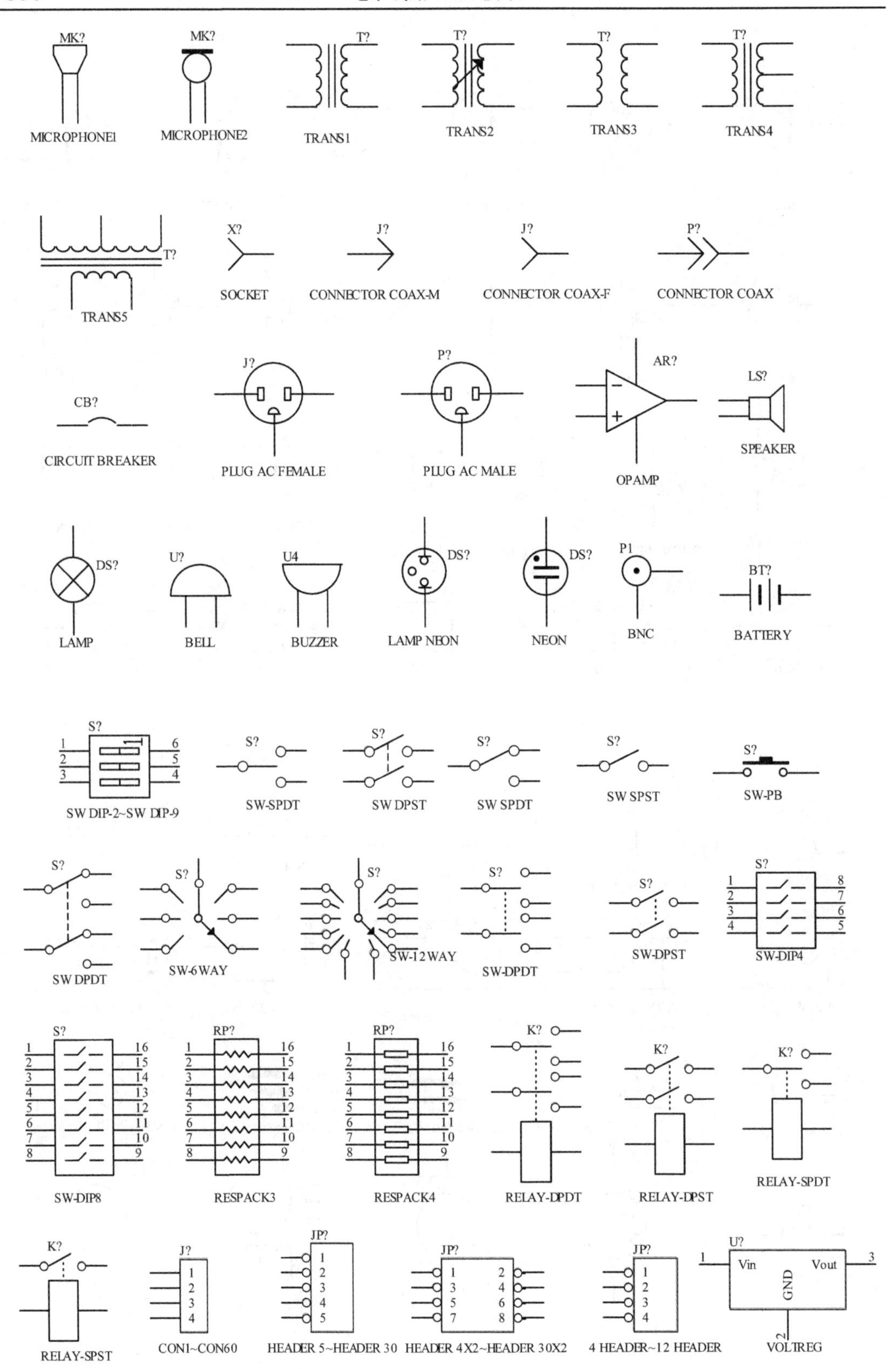
MK?
MICROPHONE1
MK?
MICROPHONE2
T?
TRANS1
T?
TRANS2
T?
TRANS3
T?
TRANS4
T?
TRANS5
X?
SOCKET
J?
CONNECTOR COAX-M
J?
CONNECTOR COAX-F
P?
CONNECTOR COAX
CB?
CIRCUIT BREAKER
J?
PLUG AC FEMALE
P?
PLUG AC MALE
AR?
OPAMP
LS?
SPEAKER
DS?
LAMP
U?
BELL
U4
BUZZER
DS?
LAMP NEON
DS?
NEON
P1
BNC
BT?
BATTERY
S?
SW DIP-2~SW DIP-9
S?
SW-SPDT
S?
SW DPST
S?
SW SPDT
S?
SW SPST
S?
SW-PB
S?
SW DPDT
S?
SW-6WAY
S?
SW-12WAY
S?
SW-DPDT
S?
SW-DPST
S?
SW-DIP4
S?
SW-DIP8
RP?
RESPACK3
RP?
RESPACK4
K?
RELAY-DPDT
K?
RELAY-DPST
K?
RELAY-SPDT
K?
RELAY-SPST
J?
CON1~CON60
JP?
HEADER 5~HEADER 30
JP?
HEADER 4X2~HEADER 30X2
JP?
4 HEADER~12 HEADER
U?
Vin
Vout
GND
VOLTREG

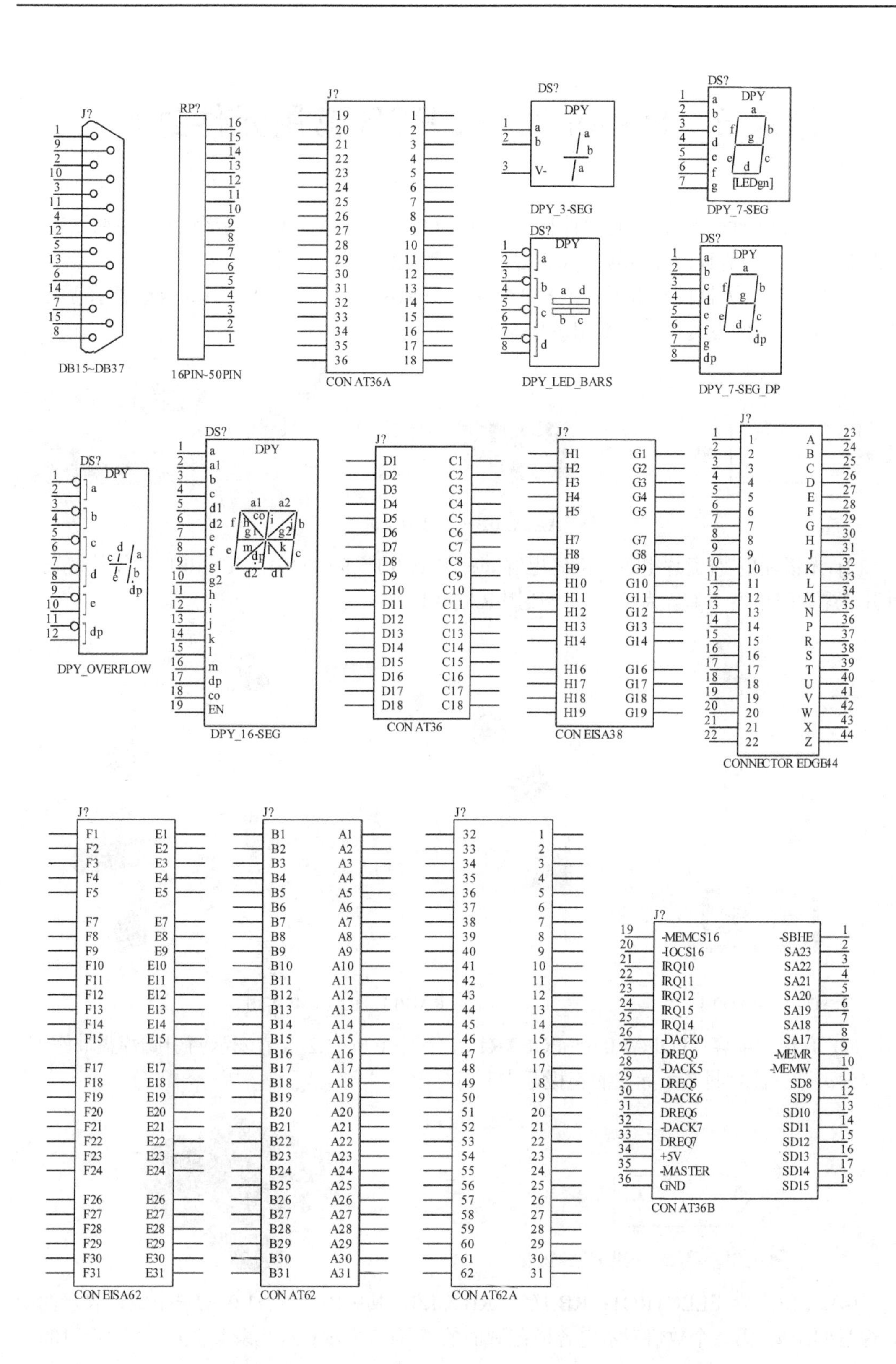
J?
DB15~DB37
RP?
16PIN~50PIN
J?
CON AT36A
DS?
DPY
DPY_3-SEG
DS?
DPY
[LEDgn]
DPY_7-SEG
DS?
DPY
DPY_LED_BARS
DS?
DPY
DPY_7-SEG_DP
DS?
DPY
DPY_OVERFLOW
DS?
DPY
DPY_16-SEG
J?
CON AT36
J?
CON EISA38
J?
CONNECTOR EDGE44
J?
CON EISA62
J?
CON AT62
J?
CON AT62A
J?
-MEMCS16
-IOCS16
IRQ10
IRQ11
IRQ12
IRQ15
IRQ14
-DACK0
DREQ0
-DACK5
DREQ5
-DACK6
DREQ6
-DACK7
DREQ7
+5V
-MASTER
GND
-SBHE
SA23
SA22
SA21
SA20
SA19
SA18
SA17
-MEMR
-MEMW
SD8
SD9
SD10
SD11
SD12
SD13
SD14
SD15
CON AT36B

附录 B　Protel 99 SE PCB 常用元件封装

本附录中元件符号下面的元件标注 AXIAL0.3～AXIAL1.0 表示介于 AXIAL0.3 到 AXIAL1.0 之间的所有元件符号模式相似，其他类似标注含义相同。

(1) 电阻类、无极性双端元件：AXIAL0.3～AXIAL1.0，其中 0.4～1.0 数值表示两引脚焊盘间距离，单位为英寸，一般用 AXIAL0.4。

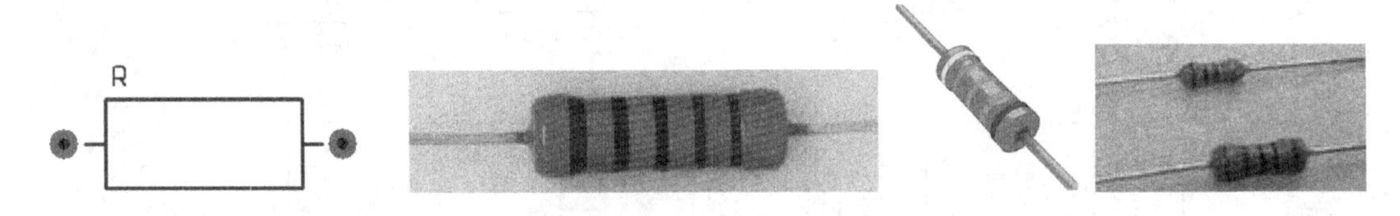

AXIAL0.3～AXIAL1.0

(2) 无极性电容(瓷片电容、涤纶电容等)：RAD0.1～RAD 0.4，其中 0.1～0.4 数值表示两引脚焊盘间距离，单位为英寸，一般用 RAD0.1。

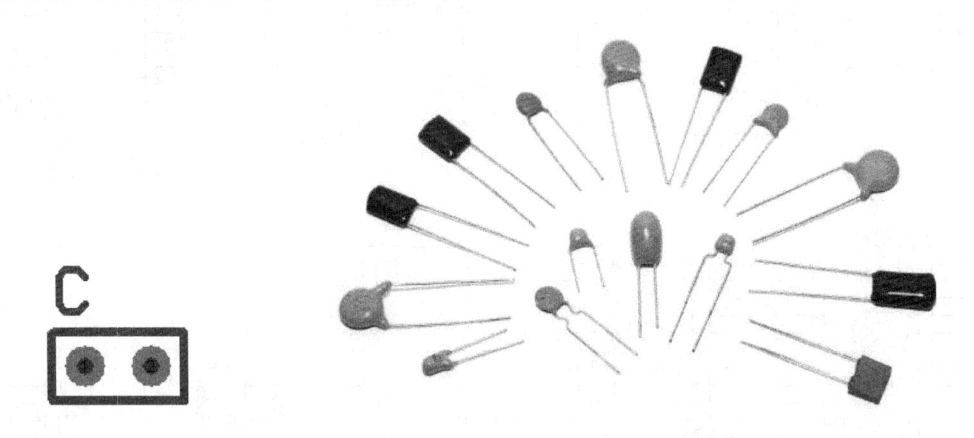

RAD0.1～RAD0.4　　　　RAD0.1～RAD0.4 实物

(3) 有极性电容：POLAR0.6～POLAR1.2，其中 0.6～1.2 数值表示两引脚焊盘间距离，单位为英寸。注意封装上标注的正极标志。

(4) 电解电容 ELECTRO1：RB.1/.2～RB.5/1.0，其中.1/.2～.5/1.0 第一个数值表示两引脚焊盘间距离，第二个数值表示电容横截圆面的直径(.2 表示 0.2，其余类似)。一般小于 100uF

用 RB.1/.2，100uF～470uF 用 RB.2/.4，大于 470uF 用 RB.3/.6。

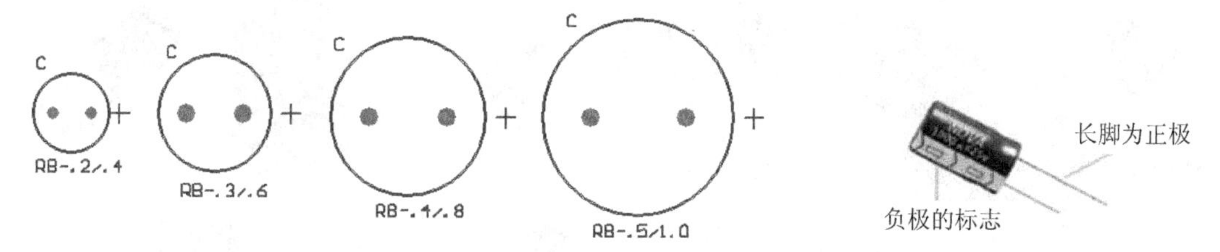

(5) 电位器：POT1、POT2；VR-1～VR-5。

(6) 二极管：封装属性为 DIODE0.4、DIODE0.7，其中 0.4、0.7 数值表示两引脚焊盘间距离，单位为英寸。DIODE0.4(小功率)，DIODE0.7(大功率)。若尺寸相同，也可应用 POLAR 系列封装。发光二极管：RB.1/.2。

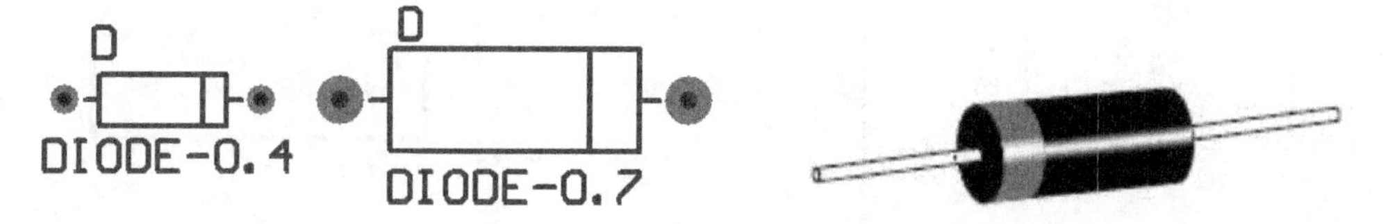

(7) 三极管、场效应管：常见的封装属性为 TO-18(普通三极管)、TO-220(大功率三极管)、TO-3(大功率达林顿管)、TO-66、TO-5，、TO-92A，TO-92B、、TO-46、TO-52、TO-126 等。

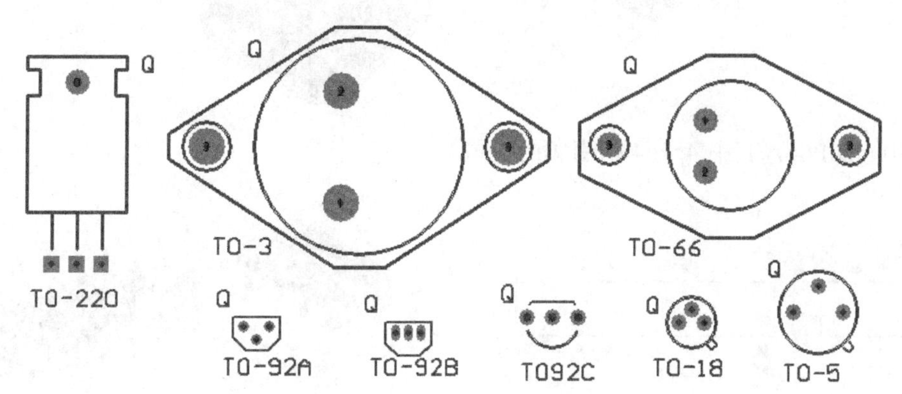

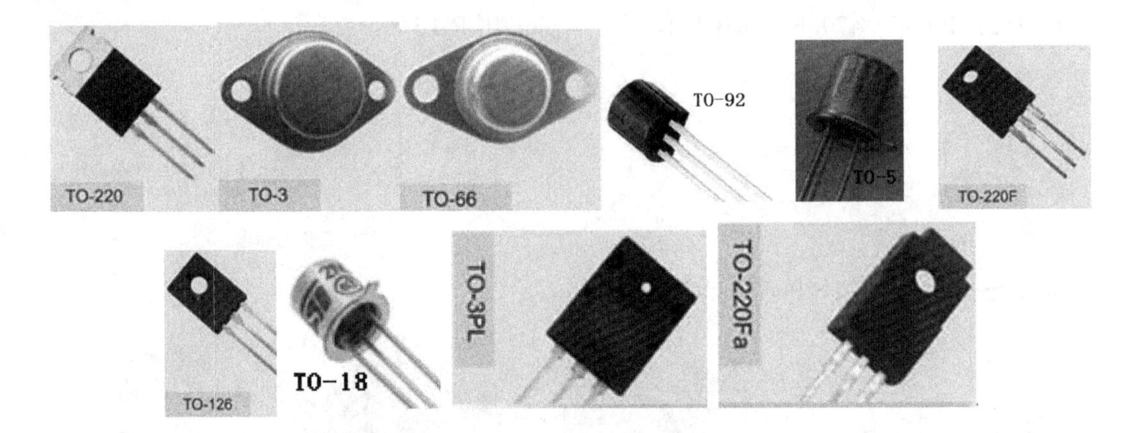

(8) 电源稳压块 78 和 79 系列：TO126H 和 TO126V。

(9) 整流硅桥 BRIDGE1、BRIDGE2：D-44、D-37、D-46F、LY-4、POWER-4。

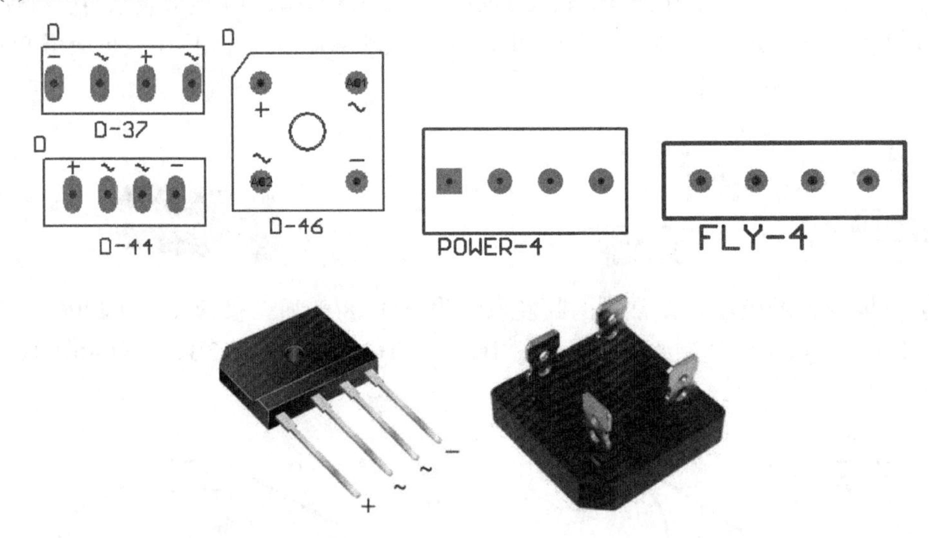

(10) DIP64，其中 4～64 指引脚的数量。

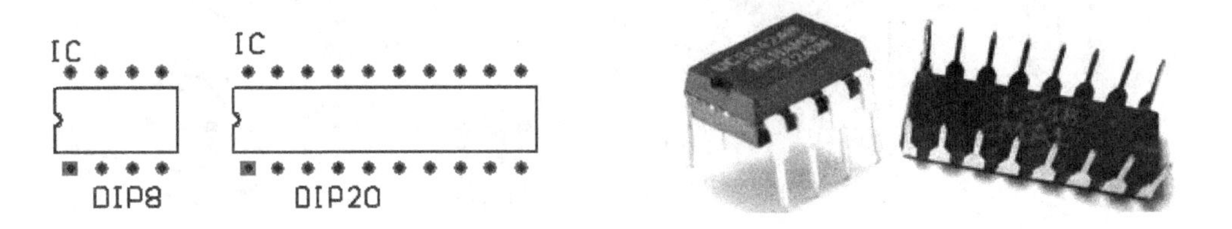

(11) 多针插座 SIPXX、IDC-XX 等，XX 为引脚的数量。

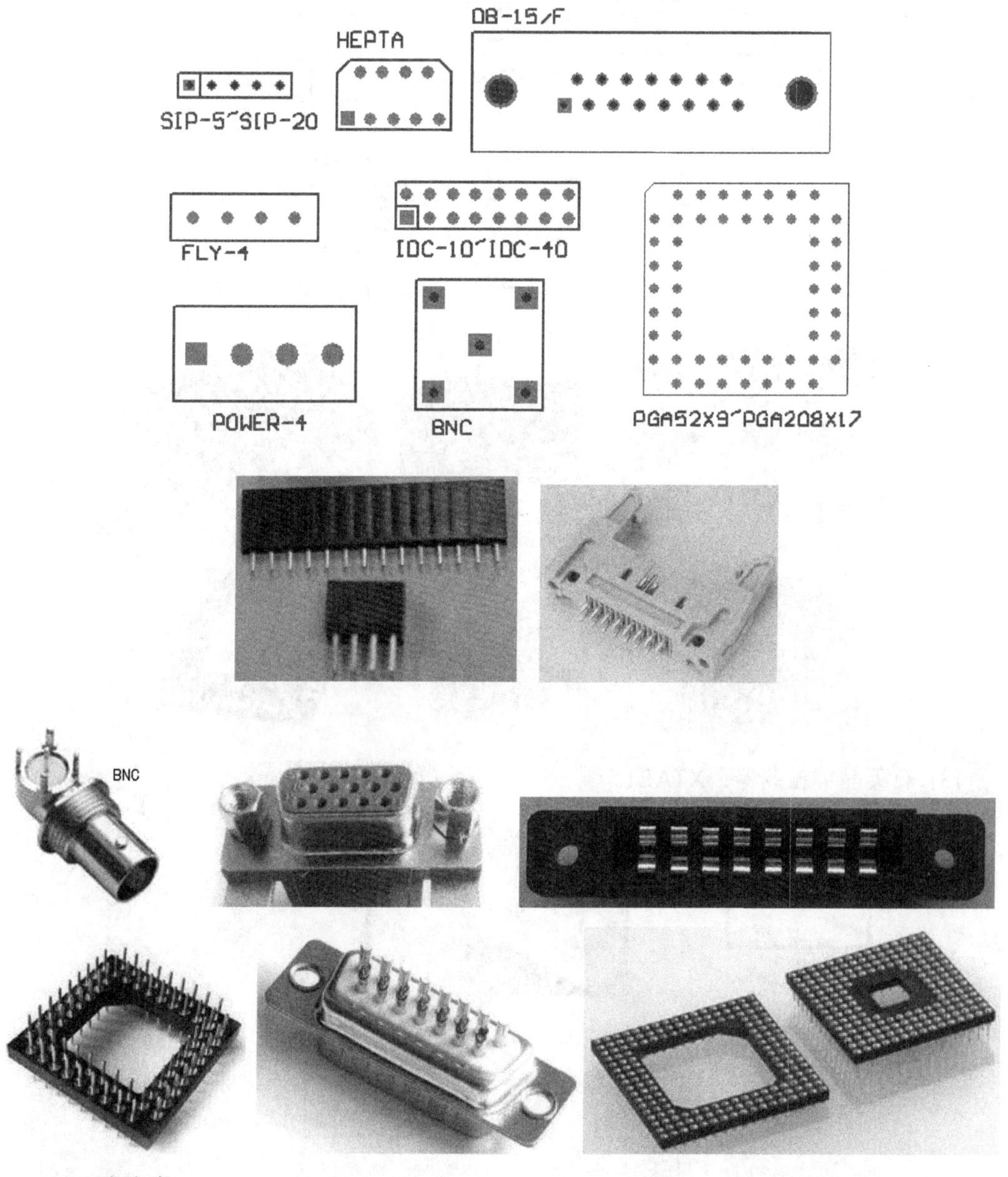

(12) 贴片类。

电阻：0201，1/20W；0402，1/16W；0603，1/10W；0805，1/8W；1206，1/4W

电容、电阻外形尺寸与封装的对应关系是：0402 = 1.0 × 0.5；0603 = 1.6 × 0.8；0805 = 2.0 × 1.2；

1206 = 3.2 × 1.6；1210 = 3.2 × 2.5；1812 = 4.5 × 3.2；2225 = 5.6 × 6.5。

(13) 石英晶体振荡器：XTAL1。

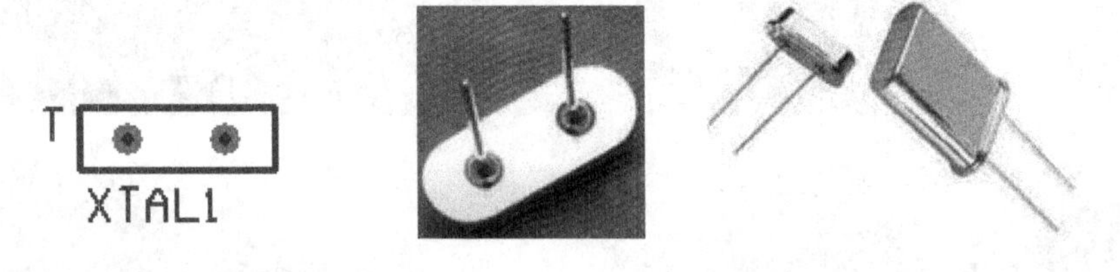

(14) 保险类：FUSE1。

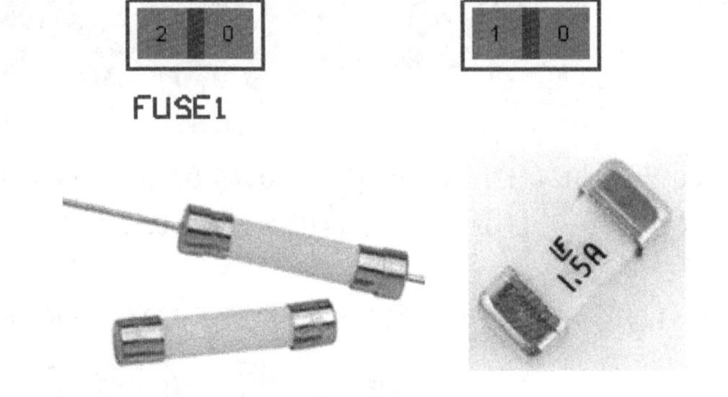

附录 C　书中非标准符号与国标符号对照表

元器件名称	书 中 符 号	国 标 符 号
电阻器		
滑动触点电位器		
电解电容器		
普通二极管		
稳压二极管		
NPN 三极管		
PNP 三极管		
线路接地		
与门		
与非门		
或门		
或非门		
非门		

附录 D　Protel 99 SE 的电路原理图元件库清单

序号	库文件名	元件库说明
1	ActelUserProgrammable.ddb	Actel 公司可编程器件库
2	AllegroIntegratedCircuits.ddb	Allegro 公司的集成电路库
3	AlteraAsic.ddb	Alera 公司 ASIC 系列集成电路库
4	AlteraInterface.ddb	Altera 公司接口集成电路库
5	AlteraMemory.ddb	Altera 公司存储器集成电路库
6	AlteraPeripheral.ddb	Altera 公司外围集成电路库
7	AMDAnalog.ddb	AMD 公司模拟集成电路库
8	AMDAsic.ddb	AMD 公司 ASIC 集成电路库
9	AMDConverter.ddb	AMD 公司转换器集成电路库
10	AMDInterface.ddb	AMD 公司接口集成电路库
11	AMDLogic.ddb	AMD 公司逻辑集成电路库
12	AMDMemory.ddb	AMD 公司存储器集成电路库
13	AMDMicrocontroller.ddb	AMD 公司微控制器集成电路库
14	AMDMicroprocessor.ddb	AMD 公司微处理器集成电路库
15	AMDMiscellaneous.ddb	AMD 公司杂合集成电路库
16	AMDPeripheral.ddb	AMD 公司外围集成电路库
17	AMDTelecommunication.ddb	AMD 公司通信集成电路库
18	AnalogDeVices.ddb	AD 公司的集成电路库
19	AtemlProgrammable.ddb	Atmel 公司可编程逻辑器件库
20	BurrBrownAnalog.ddb	BurrBrown 公司(现属 TI 公司)模拟集成电路库
21	BurrBrownConverter.ddb	BurrBrown 公司转换器集成电路库
22	BurrBrownIndustrial.ddb	BurrBrown 公司工业电路库
23	BurrBrownInterface.ddb	BurrBrow n 公司接口集成电路库
24	BurrBrownOscillator.ddb	BurrBrown 公司振荡器集成电路库
25	BurrBrownPeripheral.ddb	BurrBrown 公司外围集成电路库
26	BurrBrownTelecommunication.ddb	BurrBrown 公司通信集成电路库
27	DallasAnalog.ddb	Dallas 公司(现属 Maxim 公司)模拟集成电路库
28	DallasConsumer.ddb	Dallas 公司消费类集成电路库
29	DallasConverter.ddb	Dallas 公司转换器集成电路库
30	DallasInterface.ddb	Dallas 公司接口集成电路库

续表一

序号	库文件名	元件库说明
31	DallasLogic.ddb	Dallas 公司逻辑集成电路库
32	DallasMemory.ddb	Dallas 公司存储器集成电路库
33	DallasMicroprocessor.ddb	Dallas 公司微处理器集成电路库
34	DallasMiscellaneous.ddb	Dallas 公司杂合集成电路库
35	DallasTelecommunication.ddb	Dallas 公司通信集成电路库
36	ElantecAnalog.ddb	Elantec 公司模拟集成电路库
37	ElantecConsumer.ddb	Elantec 公司消费类集成电路库
38	ElantecIndustrial.ddb	Elantec 公司工业集成电路库
39	ElantecInterface.ddb	Elantec 公司接口集成电路库
40	GennumAnalog.ddb	Gennum 公司模拟集成电路库
41	GennumConsumer.ddb	Gennum 公司消费类集成电路库
42	GennumConverter.ddb	Gennum 公司转换器集成电路库
43	OennumDSP.ddb	Gennum 公司 DSP 集成电路库
44	GennumInterface.ddb	Gennum 公司接口集成电路库
45	GennumMiscellaneous.ddb	Gennum 公司杂合集成电路库
46	HP-Eesof.ddb	HP 公司 EEsoft 软件库
47	IntelDatabooks.ddb	Intel 公司数据手册中的集成电路库
48	InternationalRectifier.ddb	整流类器件库
49	Lattice.ddb	Lattice 公司器件库
50	LucentAnalog.ddb	Lucent 公司模拟集成电路库
51	LucentAsic.ddb	Lucent 公司 Asic 集成电路库
52	LucentConsumer.ddb	Lucent 公司消费类集成电路库
53	LucentConverter.ddb	Lucent 公司转换器集成电路库
54	LucentDSP.ddb	Lucent 公司 DSP 集成电路库
55	LucentIndustrial.ddb	Lucent 公司工业集成电路库
56	LucentInterface.ddb	Lucent 公司接口集成电路库
57	LucentlLogic.ddb	Lucent 公司逻辑集成电路库
58	LucentMemory.ddb	Lucent 公司存储器集成电路库
59	LucentMiscellaneous.ddb	Lucent 公司杂合集成电路库
60	LucentOscillator.ddb	Lucent 公司振荡器集成电路库
61	LucentPeripheral.ddb	Lucent 公司外围集成电路库
62	LucentTelecommunication.ddb	Lucent 公司通信集成电路库

续表二

序号	库文件名	元件库说明
63	MaximAnalog.ddb	Maxim(美信)公司模拟集成电路库
64	MaximInterface.ddb	Maxim 公司接口集成电路库
65	MaximMiscellaneous.ddb	Maxim 公司杂合集成电路库
66	Microchip.ddb	Microchip 公司集成电路库
67	MiscellaneousDevice.ddb	各类通用元件库
68	MitelAnalog.ddb	Mitel 公司模拟集成电路库
69	MitelInterface.ddb	Mitel 公司接口集成电路库
70	MitelLogic.dab	Mitet 公司逻辑集成电路库
71	MitelPeripheral.ddb	Mitel 公司外围集成电路库
72	MitelTelecommunication.ddb	Mitel 公司通信集成电路库
73	MotorolaAnalog.ddb	Motorola 公司模拟集成电路库
74	MotorolaConsumer.ddb	Motorola 公司消费类集成电路库
75	MotorolaConverter.ddb	Motorola 公司转换器集成电路库
76	MotorolaDatabooks.ddb	Motorola 公司数据手册提供的集成电路库
77	MotorolaDSP.ddb	Motorola 公司 DSP 集成电路库
78	MotorolaMicroprocessor.ddb	Motorola 公司微处理器集成电路库
79	Motorola Oscillator.ddb	Motorola 公司振荡器集成电路库
80	NEC Dambooks.ddb	NEC 公司集成电路库
81	Newport Analog.ddb	Newport 公司模拟集成电路库
82	Newport Consumer.ddb	Newport 公司消费类集成电路库
83	NSC Analog.ddb	NSC 公司模拟集成电路库
84	NSC Consumer.ddb	NSC 公司消费类集成电路库
85	NSC Converter.ddb	NSC 公司转换器集成电路库
86	NSCDambooks.ddb	NSC 公司数据手册提供的集成电路库
87	NSC Industrial.ddb	NSC 公司工业集成电路库
88	NSC Interface.ddb	NSC 公司接口集成电路库
89	NSC Miscellaneous.ddb	NSC 公司杂合集成电路库
90	NSC Oscillator.ddb	NSC 公司振荡器集成电路库
91	NSC Telecommunication.ddb	NSC 公司集成电路库
92	Philips.ddb	Philips 公司集成电路库
93	PLD.ddb	PLD 元件库
94	Protel DOS Schematic Libraries.ddb	DOS 版 Protel 电路原理图库

续表三

序号	库文件名	元件库说明
95	QuickLogic Asic.ddb	QuickLogic 公司 ASIC 集成电路库
96	RFMicroDevices Analog.ddb	RFMicroDevices 公司模拟集成电路库
97	RFMicro Devices Telecommunication.ddb	RFMicroDevices 公司通信集成电路库
98	SGS Analog.ddb	SGS 公司模拟集成电路库
99	SGS Asic.ddb	SGS 公司 Asic 集成电路库
100	SGS Consumer.ddb	SGS 公司消费类集成电路库
101	SGS Converter.ddb	SGS 公司转换器集成电路库
102	SGS Industrial.ddb	SGS 公司工业集成电路库
103	SGS Interface.ddb	SGS 公司接口集成电路库
104	SGS Logic SIM.ddb	SGS 公司逻辑仿真用库
105	SGS Memory.ddb	SGS 公司存储器集成电路库
106	SGS Microcontroller.ddb	SGS 公司微控制器集成电路库
107	SGS Microprocessor.ddb	SGS 公司微处理器集成电路库
108	SGS Miscellaneous.ddb	SGS 公司杂合集成电路库
109	SGS Peripheral.ddb	SGS 公司外围集成电路库
110	SGS Telecommunication.ddb	SGS 公司通信集成电路库
111	Sim.ddb	仿真器件库
112	Spice.ddb	Spice 软件的库
113	TI Databooks.ddb	TI 公司数据手册提供的集成电路库
114	TI Logic.ddb	TI 公司逻辑集成电路库
115	TI Telecommunication.ddb	TI 公司通信集成电路库
116	Westem Digital.ddb	Western Digital 公司集成电路库
117	Xilinx Databooks.ddb	Xilinx 公司集成电路库
118	Zilog Databooks.ddb	Zilog 公司集成电路库

参 考 文 献

[1] 及力. Protel 99 SE 原理图与 PCB 设计教程[M]. 2 版. 北京：电子工业出版社，2008
[2] 张玉莲. 电子 CAD(Protel 99 SE)实训指导书[M]. 西安：西安电子科技大学出版社，2007
[3] 郭勇. EDA 技术基础[M]. 2 版. 北京：机械工业出版社，2007
[4] 郑慰萱，王忠庆. 数字电子技术基础[M]. 北京：高等教育出版社，1997
[5] 关键. 电子 CAD 技术[M]. 北京：电子工业出版社，2004
[6] 黄继昌. 实用报警电路[M]. 北京：人民邮电出版社，2005
[7] 陈有卿. 新颖电子灯光控制器[M]. 2 版. 北京：机械工业出版社，2004
[8] 吉雷. Protel 99 从入门到精通[M]. 西安：西安电子科技大学出版社，2000